"十三五"高等教育规划教材

高等院校电气信息类专业"互联网+"创新规划教材

大学计算机基础

全国计算机等级考试二级 MS Office 高级应用教程

主　编　王　昆　颜　萌

主　审　张　勇

内 容 简 介

本书根据教育部考试中心最新颁布的《全国计算机等级考试二级 MS Office 高级应用考试大纲(2015年版)》编写而成。本书重点介绍计算机的基本概念、基本原理和基本应用、数据结构基础知识、程序设计基础知识、软件工程基础知识、数据库基础知识，以及办公软件 MS Office 2010 中的 Word 2010、Excel 2010 及 PowerPoint 2010 组件的特点、功能及综合应用。

本书内容丰富，实例鲜明，方法多样，在注重科学性和系统性的基础上，突出了实用性及操作性。读者可以通过扫描二维码，查看重点实例的完整操作视频。

本书不仅可以作为普通高校非计算机专业学生的理论教学用书，也可以作为中、高等学校及其他各类计算机培训机构的 MS Office 高级应用参考用书。

图书在版编目 (CIP) 数据

大学计算机基础：全国计算机等级考试二级 MS Office 高级应用教程 / 王昆，颜萌主编．—北京：北京大学出版社，2016.8

(高等院校电气信息类专业“互联网 +”创新规划教材)

ISBN 978-7-301-27303-6

Ⅰ. ①大… Ⅱ. ①王… ②颜… Ⅲ. ①办公自动化—应用软件—高等学校—教材 Ⅳ. ① TP317.1

中国版本图书馆 CIP 数据核字 (2016) 第 173224 号

书　　名　大学计算机基础：全国计算机等级考试二级 MS Office 高级应用教程
DAXUE JISUANJI JICHU: QUANGUO JISUANJI DENGJI KAOSHI ERJI MS Office GAOJI YINGYONG JIAOCHENG

著作责任者　王　昆　颜　萌　主编

策划编辑　郑　双

责任编辑　李瑞芳

数字编辑　刘志秀

标准书号　ISBN 978-7-301-27303-6

出版发行　北京大学出版社

地　　址　北京市海淀区成府路 205 号　100871

网　　址　http://www.pup.cn　　新浪微博：@ 北京大学出版社

电子信箱　pup_6@163.com

电　　话　邮购部 62752015　　发行部 62750672　　编辑部 62750667

印 刷 者　北京鑫海金澳胶印有限公司

经 销 者　新华书店

787 毫米 ×1092 毫米　16 开本　23 印张　549 千字

2016 年 8 月第 1 版　2019 年 11 月第 5 次印刷

定　　价　49.00 元

前　言

本书是根据2015年3月《全国计算机等级考试二级MS Office高级应用考试大纲(2015年版)》，并结合计算机软件发展及当代大学生特点编写的普通高等教育计算机基础教学改革教材。

本书的主要内容包括5章，第1章介绍计算机基础知识，包括计算机的产生与发展、计算机系统和网络的基础知识以及信息的表示方法等。第2章介绍全国计算机等级二级考试MS Office高级应用考试大纲的公共基础知识，包括数据结构基础知识、数据库设计基础知识、程序设计基础以及软件工程基础知识等。第3章介绍办公软件Office 2010中的文字处理、文档的基本操作、文档的格式化操作、表格与图表的基本操作、文档美化以及长文档的编辑、封面的插入以及邮件合并等。第4章介绍电子表格软件Excel 2010，包括电子表格的基础知识、表格的基本操作、公式与函数的基本操作、图表的基本操作以及数据分析与处理等。第5章介绍演示文稿制作软件PowerPoint 2010的基本操作、演示文稿的编辑、演示文稿的美化以及放映和打印输出演示文稿等。本书第3章至第5章配有视频文件。

本书行文流畅、内容翔实、知识丰富、案例经典，在体系、内容、方法上进行了全面的创新，有利于培养操作熟练、技能扎实的应用型人才。

本书第1章由王昆编写，第2章由李倩编写，第3章由恽鸿峰编写，第4章由田纪亚编写，第5章由唐立新编写。视频文件第3章由任乾华录制，第4章由吴巍录制，第5章由颜萌录制。全书由王昆、颜萌担任主编，张勇担任主审。

由于作者水平有限，尽管经过了反复修改，但书中难免存在疏漏和不足之处，恳请广大读者在使用过程中及时提出宝贵意见及建议，我们的邮箱guanghuajichu@163.com。

编　者

2016年5月

【精彩抢先看】

目　　录

学习目标

了解计算机的产生和发展历史；了解计算机的特点、应用和发展趋势；初识计算机的硬件系统和软件系统；了解计算机网络与计算机病毒；理解并掌握计算机中的信息表示。

知识结构

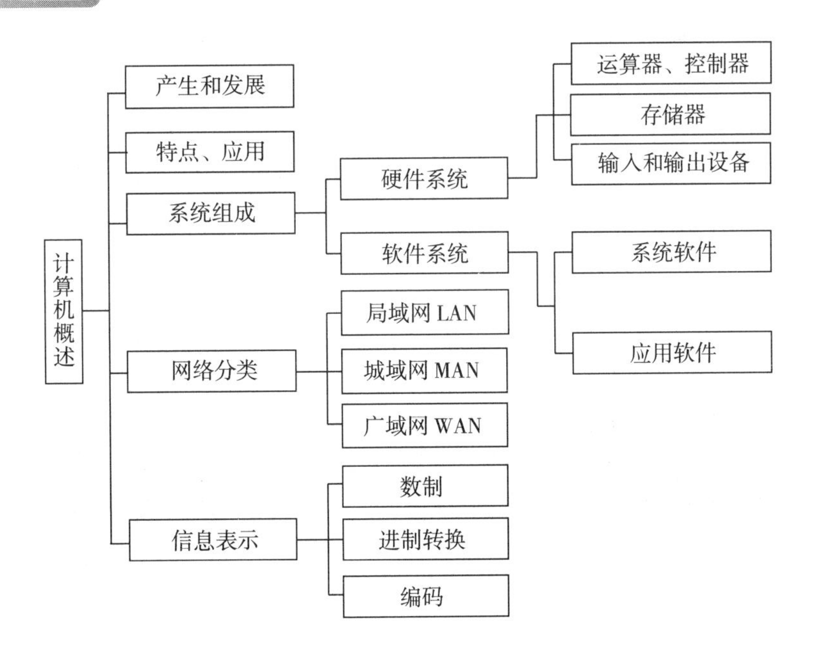

1.1　计算机的产生与发展

1.1.1　计算机的产生

在科学技术发展的历史长河中，计算工具经历了由简单到复杂、从低级到高级的不同阶段，例如从原始社会的“结绳记事”到中国古代的算盘等。他们在不同的历史时期发挥了各自的作用，同时也孕育了计算机的设计思想和雏形。

1. 机械计算机

机械计算机是工业革命的产物，比古老的算盘已经跨出了很大的一步。

1642 年，法国数学家帕斯卡(Blaise Pascal)发明了世界上第一台机械式的加法计算器，如图 1.1 所示。它是利用齿轮传动原理制成的机械式计算器，通过手摇方式操作运算。它被认为是世界上第一台机械式计算机。1971 年发明的一种程序设计语言—PASCAL 语言，就是为了纪念这位先驱，使帕斯卡的名字永远留在计算机领域。

1671 年，德国数学家莱布尼兹(G. W. Leibnitz)发明了世界上第一台能够进行加、减、乘、除四则运算的机械式计算机。

1822 年，英国数学家巴贝奇(Charles Babbage)设计了差分机和分析机，如图 1.2 所示，其设计理论非常超前，特别是利用卡片输入程序和数据的设计被早期电子计算机所采用。可以说，分析机是现代计算机的雏形。

图 1.1　机械式加法器

图 1.2　差分机

2. 电子计算机

20 世纪初，随着机电子工业的发展，出现了一些具有控制功能的电器元件，并逐步为计算工具所采用。

1936 年，英国数学家图灵(Alan. M. Turing)发表了著名的《论可计算数及其在判定问

题中的应用》一文，在这篇论文中，图灵给“可计算性”下了一个严格的数学定义，并提出了一种用机器来模拟人们用纸和笔进行数学运算过程的一种思想模型，通过这种模型，可以制造一种十分简单但运算能力极强的计算装置，用来计算所有能想象到的可计算函数，这就是著名的“图灵机”。图灵机被公认为是现代计算机的原型，这台机器可以读入一系列的 0 和 1，这些数字代表了解决某一问题所需要的步骤，按照这个步骤走下去，就可以解决某一特定的问题。图灵的杰出贡献使他成为计算机界的第一人，人们为了纪念这位伟大的科学家，将计算机界的最高奖项定名为“图灵奖”。

3. 电子计算机的诞生

1946 年 2 月 14 日，世界上第一台“电子数值积分式计算机”（Electronic Numerical Integrator And Computer，ENIAC）诞生于美国的宾夕法尼亚大学，如图 1.3 所示，并于次日正式对外公布。

图 1.3　ENIAC

ENIAC 长 30.48 米，宽 1 米，占地面积约 170 平方米，有 30 个操作台，重达 30 吨，耗电量 150 千瓦，造价 48 万美元，它包含了 17468 个电子管，每秒执行 5000 次加法或者 400 次乘法，是手工计算的 20 万倍。

ENIAC 诞生后，其本身还存在两大缺点：一是没有存储器，存储量太小，最多只能存储 20 个 10 位的 10 进制数；二是用布线接板进行程序控制，电路连线烦琐耗时，每进行一次新的计算，都要用几小时甚至几天的时间重新连接线路，这完全抵消了计算机本身计算速度快所节省的时间，参与研发 ENIAC 的美籍匈牙利数学家冯·诺依曼(John Von Neumann)，如图 1.4 所示，为了解决这些问题，在 1946 年提出了关于“存储程序”的改进方案。这个方案包含以下三点。

（1）将计算机中程序运行和处理所需的数据以二进制形式存放在计算机的存储器中。

（2）程序和数据按执行顺序存放在存储器中，计算机在执行程序时，无须人工干预，能自动地、连续地执行程序，并得到预期结果，这就是存储程序的概念。

（3）明确指出计算机应该由运算器、控制器、存储器、输入设备和输出设备五部分组成。

人们把冯·诺依曼的这个理论称为冯·诺依曼体系结构，如图 1.5 所示。冯·诺依曼提出的体系结构奠定了现代计算机结构的理论，被誉为计算机发展史上的里程碑。从第一代电子计算机到当前最先进的计算机都是采用冯·诺依曼体系结构，直到现在，各类计算机仍没有完全突破冯·诺依曼结构的框架。冯·诺依曼被称为“计算机之父”。

图 1.4　冯·诺依曼

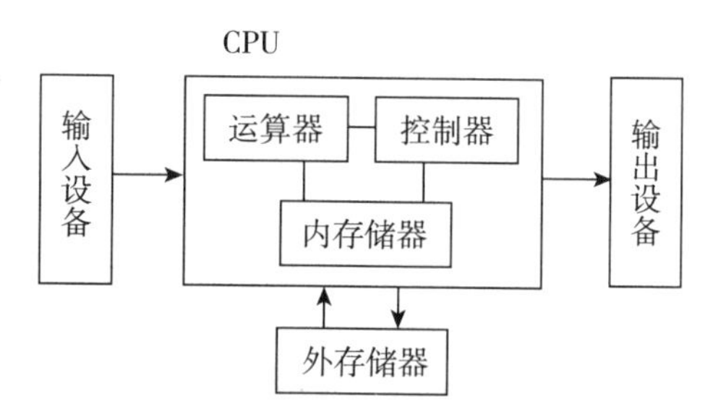

图 1.5　冯·诺依曼计算机结构

4. 电子计算机的发展

自世界上第一台电子计算机诞生至今 70 年中，计算机技术以前所未有的速度迅猛发展，根据计算机所采用的物理器件，通常将计算机的发展分为 4 个阶段。

第一代(1946—1959)：电子管计算机

硬件方面，逻辑元件采用的是真空电子管，主存储器采用汞延迟线，外存储器采用的是穿孔卡带、纸带。软件方面采用的是机器语言、汇编语言。应用领域以军事和科学计算为主。其特点是体积大、功耗高、可靠性差、速度慢(一般为每秒数千次至数万次)、价格昂贵，但它为以后的计算机发展奠定了基础。

第二代(1959—1964)：晶体管计算机

硬件方面，逻辑元件采用晶体管，主存储器采用磁芯存储器，外存储器采用的是磁带。软件方面采用高级语言及其编译程序。应用领域以科学计算和事务处理为主，并开始进入工业控制领域。特点是体积缩小、能耗降低、可靠性提高、运算速度加快(一般为每秒数十万次，可高达三百万次)，性能比第 1 代计算机有很大的提高。

第三代(1964—1970)：中小规模集成电路

硬件方面，逻辑元件采用中、小规模集成电路(MSI、SSI)，主存储器采用半导体存储器，外存储器采用磁带、磁盘。软件方面出现了分时操作系统以及结构化、规模化程序设计方法。其特点是速度更快(一般为每秒数百万次至数千万次)，而且可靠性有了显著提高，价格进一步下降，产品走向了通用化、系列化和标准化。应用领域开始进入文字处理和图形图像处理领域。

第四代(1970 至今)：大规模和超大规模集成电路

硬件方面，逻辑元件采用大规模和超大规模集成电路(LSI 和 VLSI)。主存储器采用半导体存储器，外存储器采用磁带、磁盘、光盘、硬盘等大容量存储器。软件方面出现了数据库管理系统、网络管理系统和面向对象语言等。其特点是运算速度大幅度提高(一般为每秒数几亿次至上万亿次)、体积小、价格便宜、使用方便。1971 年，世界上第一台微处理器在美国硅谷诞生，开创了微型计算机的新时代。应用领域从科学计算、事务管理、过程控制逐步走向家庭。

1.1.2　计算机的分类

随着计算机技术的发展，计算机家族日渐庞大，种类繁多。我们可以从不同角度对计算机进行分类。

1. 按信息的表示方式分类

1）模拟计算机

模拟式电子计算机是用连续变化的模拟向量即电压来表示信息，其基本运算部件是由运算放大器构成的微分器、积分器、通用函数运算器等运算电路组成。模拟式电子计算机解题速度快、但精度不高、信息不易存储、通用性差，它一般用于解微分方程或自动控制系统设计中的参数模拟。

2）数字计算机

数字式电子计算机是用不连续的数字向量即“0”和“1”来表示信息，其基本运算部件是数字逻辑电路。数字式电子计算机的精度高、存储量大、通用性强，能胜任科学计算、信息处理、实时控制、智能模拟等方面的工作。人们通常所说的计算机就是指数字式电子计算机。

3）数模混合计算机

数字模拟混合式电子计算机是综合了数字和模拟两种计算机的长处设计出来的。它既能处理数字量，又能处理模拟量。但是这种计算机结构复杂，设计困难，应用较少。

2. 按应用范围分类

1）专用计算机

专用计算机是为了解决一个或一类特定问题而设计的计算机。它的硬件和软件的配置依据解决特定问题的需要而定，并不求全。专用计算机功能单一，配有解决特定问题的固定程序，能高速、可靠地解决特定问题。一般在过程控制中使用此类计算机。

2）通用计算机

通用计算机是为了能够解决各种问题，具有较强的通用性而设计的计算机。它具有一定的运算速度，有一定的存储容量，带有通用的外部设备，配备各种系统软件、应用软件。一般的数字式电子计算机多属此类计算机。

3. 按规模和处理能力分类

1）巨型机(Super Computer)

巨型机通常是指目前运算速度最快、处理能力最强的计算机，也称为超级计算机。

巨型计算机实际上是一个巨大的计算机系统，主要用来承担重大的科学研究、国防尖端技术和国民经济领域的大型计算课题及数据处理任务。如大范围天气预报，整理卫星照片，原子核的探索，研究洲际导弹、宇宙飞船等，以及制定国民经济的发展计划，这种项目繁多，时间性强，要综合考虑各种各样的因素，需要依靠巨型计算机才能比较顺利地完成的工作。

2013 年 5 月发布的由中国国防科技大学研制的天河二号超级计算机系统，以峰值计算速度每秒 5.49 亿亿次、持续计算速度每秒 3.39 亿亿次双精度浮点运算的优异性能，成为全球最快超级计算机，如图 1.6 所示。天河二号超级计算机系统由 170 个机柜组成，包括 125 个计算机柜、8 个服务机柜、13 个通信机柜和 24 个存储机柜，占地面积 720 平方米，内存总容量 1400 万亿字节，存储总容量 12400 万亿字节，最大运行功耗 17.8 兆瓦。天河二号运算 1 小时，相当于 13 亿人同时用计算器计算一千年，其存储总容量相当于存储每册 10 万字的图书 600 亿册。

图 1.6　天河二号

天河二号已应用于生物医药、新材料、工程设计与仿真分析、天气预报、智慧城市、电子商务、云计算与大数据、数字媒体和动漫设计等多个领域，还将广泛应用于大科学、大工程、信息化等领域，为经济社会转型升级提供重要支撑。

2）大型机(Mainframe)

大型机，或者称大型主机。大型机使用专用的处理器指令集、操作系统和应用软件。大型机一词，最初是指装在非常大的带框铁盒子里的大型计算机系统，以用来同小一些的迷你机和微型机有所区别。大多数时候它是指 system/360 开始的一系列的 IBM 计算机。这个词也可以用来指由其他厂商，如 Amdahl，Hitachi Data Systems(HDS)制造的兼容的系统。

3）小型机(Mini Computer)

小型机是指采用 8 ~ 32 颗处理器，性能和价格介于 PC 服务器和大型主机之间的一种高性能 64 位计算机。小型机具有高 RAS(Reliability 高可靠性，Availability 高可用性，Serviceability 高服务性)特性。

小型机一般为中小企事业单位或某一部门所用，例如高等院校的计算机中心可以以一台小型机为主机，配以几十台甚至上百台终端机，以满足大量学生学习计算机的需要。

4）微型机(Personal Computer)

微型计算机简称“微型机”“微机”(图 1.7)，是由大规模集成电路组成的、体积较小的电子计算机。它是以微处理器为基础，配以内存储器及输入/输出(I/O)接口电路和相应的辅助电路而构成的裸机。它的特点是体积小、灵活性大、价格便宜、使用方便。把微型计算机集成在一个芯片上，即构成单片微型计算机(Single Chip Microcomputer)。由微型计算机配以相应的外围设备(如打印机)及其他专用电路、电源、面板、机架以及足够的软件构成的系统叫作微型计算机系统(Microcomputer System)，也就是人们通常说的电脑。

图 1.7　微型计算机

自 1981 年美国 IBM 公司推出第一代微型计算机 IBM-PC 以来，微型机以其执行结果精确、处理速度快、性价比高、轻便小巧等特点迅速进入社会各个领域，且技术不断更新、产品快速换代，从单纯的计算工具发展成为能够处理数字、符号、文字、语言、图形、图像、音频、视频等多种信息的强大的多媒体工具。如今的微型机产品无论从运算速度、多媒体功能、软硬件支持还是易用性等方面，都比早期产品有了很大飞跃。便携机更是以使用便捷、无线联网等优势越来越多地受到移动办公人士的喜爱，一直保持着高速发展的态势。

5）工作站(Workstation)

工作站是介于微型计算机和小型计算机之间的一种高档微型机，是一种以个人计算机和分布式网络计算为基础，通常配有高档的处理器、高分辨率的大屏幕显示器和大容量的内存储器和外存储器，具有较强的数据处理能力和高性能的图形功能的计算机。1980 年，美国 Apollo 公司推出了世界上第一台工作站 DN－100。几十年来，工作站迅猛发展，现在已经成为专门用于处理某种特殊事务的一种独立的计算机系统。它是一种主要面向专业应用领域，具备强大的数据运算与图形、图像处理能力，为满足工程设计、动画制作、科学研究、软件开发、金融管理、信息服务、模拟仿真等专业领域而设计开发的高性能计算机。

6）服务器(Server)

服务器，也称伺服器。服务器是网络环境中的高性能计算机，它侦听网络上的其他计算机(客户机)提交的服务请求，并提供相应的服务，为此，服务器必须具有承担服务并且保障服务的能力。服务器是网站的灵魂，是打开网站的必要载体，没有服务器的网站用户无法浏览。

相对于普通 PC 来说，服务器的高性能主要体现在高速度的运算能力、长时间的可靠运行、强大的外部数据吞吐能力等方面。服务器在稳定性、安全性、性能等方面都要求更高。服务器的构成与微机基本相似，有处理器、硬盘、内存、系统总线等，但是 CPU、芯片组、内存、磁盘系统、网络等硬件和普通 PC 又有所不同。因为服务器是针对具体的网络应用特别制定的。

1.1.3 计算机的特点

计算机具有强大的生命力，能够在短短几十年在各个领域飞速地发展，带动社会的变革，是由计算机本身具有的特点所决定的。

1. 运算速度快

计算机的运算速度是指计算机在单位时间内执行指令的平均速度，可以用每秒完成的指令条数来描述。当今计算机系统的运算速度最快已达到每秒亿亿次，微型机也可达每秒亿次以上，使大量复杂的科学计算问题得以解决。例如原来卫星轨道的计算、大型水坝的计算、24 小时天气计算需要几年甚至几十年，而在现代社会里，用计算机只需几分钟就可完成。

2. 计算精确度高

科学技术的发展特别是尖端科学技术的发展，需要高度精确的计算。计算机控制的导弹之所以能准确地击中预定的目标，是与计算机的精确计算分不开的。一般计算机可以有十几位甚至几十位(二进制)有效数字，计算精度可由千分之几到百万分之几，是任何计算工具所望尘莫及的。

3. 准确的逻辑判断能力

计算机不仅能进行精确的计算，还具有逻辑运算功能，能对信息进行比较和判断。计算机实现“思考”是计算机科学界一直为之努力实现的，虽然现有的逻辑判断性“思考”还不具备人类的思考能力，但在信息检索等方面，已经实现了常规应用。

4. 大容量的存储记忆能力

计算机内部的存储器具有记忆特性，可以存储大量的数字、文字、图像、视频、声音等各种信息。其存储不仅表现在存储量大，还表现在存储时间长久。

5. 自动化运行

由于计算机具有存储记忆能力和逻辑判断能力，所以人们可以将预先编写好的程序组写入计算机内存，在程序控制下，计算机能连续地、自动地工作，不需要人工干预。

1.1.4　计算机的应用

计算机问世初期主要是为了数值计算，随着计算机技术的迅猛发展，数据处理能力和逻辑判断能力增强，计算机的应用已经遍及科学研究、军事技术和人们日常生活等各个方面。

1. 科学计算

科学计算也称数值计算，是指利用计算机解决科学研究和工程设计方面的数学计算问题。应用计算机进行科学计算大大提高了科学研究的速度，如卫星运行轨迹预测、天气预报预测等往往需要专家几天、几周甚至几个月才能完成的计算，用计算机运算可能只用几分钟就取得正确结果。

2. 数据处理

数据处理也称信息处理，是对原始数据进行收集、整理、分类、选择、存储、制表、检索、输出等的加工过程。这个“数据”不仅包含纯的数字，还包含文字、图像、声音等信息。数据处理是计算机应用最重要的一个方面，涉及范围十分广泛。如文档排版、图书检索、财务管理等。

3. 过程控制

过程控制是指利用计算机对生产过程、制造过程或运行过程进行检测与控制，及时搜集监测数据，按最佳值对进程进行调节控制。过程控制被广泛应用于工业环境控制，通过计算机监测可以减少对人的潜在损害，同时可以保证产品的质量。

4. 计算机辅助

计算机辅助是计算机应用较为广泛的一个领域，现有的设计几乎都可以让计算机全部或部分实现。计算机辅助主要包括：计算机辅助设计(CAD)、计算机辅助教学(CAI)、计算机辅助制造(CAM)等。

5. 网络通信

计算机技术和数字通信技术发展相融合产生了计算机网络。计算机网络是由一些独立的和具备信息交换能力的计算机互联构成，以实现资源共享的系统。计算机在网络方面的应用使人类之间的交流跨越了时间和空间障碍。计算机网络已成为人类建立信息社会的物质基础，它给我们的工作带来极大的方便和快捷，如在全国范围内的银行信用卡的使用，火车和飞机票系统的使用等。可以在全球的互联网上进行浏览、检索信息、收发电子邮件、阅读书报、玩网络游戏、选购商品、参与众多问题的讨论、实现远程医疗服务等。

6. 人工智能

人工智能(AI)是指使用计算机执行某些人类的智能活动。人工智能的主要内容是研究如何让计算机来完成过去只有人才能做的智能的工作，核心目标是赋予计算机人脑一样的智能。人工智能一直是计算机界不断摸索的一个领域，也是一个前沿领域。其主要研究内容包括智能机器人、专家系统等。目前人工智能已经应用于机器人、医疗、计算机辅助教育等诸多方面。

7. 多媒体应用

多媒体应用是指人们利用计算机实现文本、图形、图像、声音、视频、动画等多种信息综合的表现形式。多媒体应用拓宽了计算机的应用范围，使之可以应用于商业、服务业、广告宣传和家庭等各个方面。同时，多媒体技术还与人工智能技术有机结合，促进了虚拟现实技术的发展。

1.1.5 计算机的发展趋势

随着科技的进步，各种计算机技术、网络技术的飞速发展，计算机的发展已经进入一个快速而又崭新的时代，计算机已经从功能单一、体积巨大发展到了功能复杂、体积微小、资源网络化等。那么未来计算机技术的发展又会沿着什么样的轨迹前进呢?

1. 巨型化

巨型化是指为了适应尖端科学技术的需要，发展速度高、存储容量大和功能强大的超级计算机。随着人们对计算机的依赖性越来越强，特别是在军事和科研教育方面对计算机的存储空间和运行速度等要求会越来越高。此外计算机的功能更加多元化。

2. 微型化

随着微型处理器(CPU)的出现，计算机中开始使用微型处理器，使计算机体积缩小了，成本降低了。另外，软件行业的飞速发展提高了计算机内部操作系统的便捷度，计算机的外部设备也趋于完善。计算机理论和技术上的不断完善，促使微型计算机很快渗透到全社会的各个行业和部门中，并成为人们生活和学习的必需品。七十年来，计算机的体积不断地缩小，台式电脑、笔记本电脑、掌上电脑、平板电脑，体积逐步微型化，为人们提供了便捷的服务。因此，未来计算机仍会不断趋于微型化，体积将越来越小。

3. 网络化

互联网将世界各地的计算机连接在一起，从此进入了互联网时代。计算机网络化彻底改变了人类世界，人们通过互联网进行沟通、交流、教育资源共享(文献查阅和远程教育等)、信息查阅共享等，特别是无线网络的出现，极大地提高了人们使用网络的便捷性，未来计算机将会进一步向网络化方向发展。

4. 智能化

计算机人工智能化是未来发展的必然趋势。现代计算机具有强大的功能和运行速度，但与人脑相比，其智能化和逻辑能力仍有待提高。人类在不断探索如何让计算机能够更好地反映人类思维，使计算机能够具有人类的逻辑思维判断能力，可以通过思考与人类进行沟通交流，抛弃以往的依靠通过编码程序来运行计算机的方法，可以直接对计算机发出指令。

1.2　计算机系统

一个完整的计算机系统包括硬件系统和软件系统两大部分。软件是运行、管理、维护计算机而编制各种程序、数据、文档的集合；硬件是组成计算机系统的各种物理设备的总称。

1.2.1　计算机硬件系统

计算机硬件系统是指构成计算机的所有实体部件的集合。硬件系统是指构成计算机的一些看得见、摸得着的物理设备，它是计算机软件运行的基础，也是计算机软件发挥作用、施展其技能的舞台。

计算机硬件系统的基本功能是接受计算机程序的控制来实现数据输入、运算、数据输出等一系列根本性的操作。虽然计算机的制造技术从计算机出现到今天已经发生了极大的变化，但在基本的硬件结构方面，一直沿袭着冯·诺伊曼的传统框架，即计算机硬件系统由运算器、控制器、存储器、输入设备、输出设备五大部分构成。

1. 运算器

运算器(Arithmetic Logic Unit，ALU)是对信息进行加工、运算的部件，其主要部件是算术逻辑单元。运算器主要功能是对二进制数进行算术运算(加、减、乘、除)、逻辑运算(与、或、非)和位运算(移位、置位、复位)。运算器能实现的运算非常有限，而复杂运算可以通过简单运算的组合实现。运算器具有惊人的运算速度，也正因为如此，计算机才具有高速的特点。

运算器的性能指标是衡量整个计算机性能的重要因素之一，与运算器相关的性能指标包括计算机的字长和运算速度。

字长是指计算机运算一次能处理的二进制数据的位数。作为存储数据，字长越长，则计算机的运算精度就越高；作为存储指令，字长越长，则计算机的处理能力就越强。目前普通的 Intel 公司和 AMD 公司的微处理器基本上都是 32 位和 64 位，这就意味着现有的微型计算机可以并行处理 32 位或 64 位二进制数的算术运算和逻辑运算。

运算速度是指计算机每秒钟所能执行的加法指令条数。常用百万次/秒(MIPS)来表示。这个指标更能直接地反映计算机的速度。

2. 控制器

控制器(Control Unit，CU)是整个计算机的控制指挥中心，其功能是控制计算机各部件自动协调地工作。控制器负责从存储器中取出指令，然后进行指令的译码和分析，并产生一系列控制信号。这些控制信号按照一定的时间顺序发往各部件，控制各部件协调工作，并控制程序的执行顺序。

运算器与控制器都存在于CPU(中央处理器)内部。

3. 存储器

存储器(Memory)的作用是存放数据和程序，供控制器和运算器执行程序和处理数据之用。存储器可以存储原始数据和处理过程中的数据以及最后的处理结果，存储器是计算机中数据的存储、交换和传输中心，是计算机系统内部的数据仓库。

存储器分为内存储器和外存储器，也称为主存和辅存。其中内存可以直接被CPU访问，存储容量小，运算速度快，断电后数据消失；外存不可以直接被CPU访问，存储容量大，运算速度慢，断电后数据不消失。

为了解决内存与CPU的速度不匹配问题，计算机引入了高速缓冲存储器(Cache)，Cache一般用SRAM存储芯片实现。Cache可以分为CPU内部的一级高速缓存和CPU外部的二级高速缓存。

随着用户对信息处理数据量的增大和对数据长期存储的需求，产生了外存。外存主要包括硬盘、U盘和光盘等。

硬盘的容量以兆字节(MB)、千兆字节(GB)或百万兆字节(TB)为单位，换算公式为：1TB=1024GB，1GB=1024MB而1MB=1024KB。但硬盘厂商通常使用的是1GB=1000MB的近似值，因此我们在BIOS中或在格式化硬盘时看到的容量会比厂家的标称值要小。

4. 输入/输出设备

计算机通过输入/输出设备(Input/Output Device，I/O)及其接口完成信息的输入与输出，从而实现了人机通信。输入/输出设备种类繁多，工作原理各异，是计算机系统中最具多样性的设备。

输入设备(Input Device)可分为输入设备、图形输入设备和声音输入设备等，其作用是接收计算机外部的数据和程序，即通过输入设备向计算机输入人们编写的程序和数据。常见的输入设备有键盘、鼠标、扫描仪和麦克风等。

输出设备(Output Device)显示计算机的运算结果或工作状态，将存储在计算机中的二进制数据转换成人们需要的各种形式的信号。常见的输出设备有显示器、打印机和音响等。

就计算机各部分硬件分工而言，输入设备负责把用户的信息(包括程序和数据)输入到计算机中；输出设备负责将计算机中的信息(包括程序和数据)传送到外部媒介，供用户查看或保存；存储器负责存储数据和程序，并根据控制命令提供这些数据和程序，它包括内存(储器)和外存(储器)；运算器负责对数据进行算术运算和逻辑运算(即对数据进行加工处理)；控制器负责对程序所规定的指令进行分析，控制并协调输入、输出操作或对内存的访问。

1.2.2　计算机软件系统

计算机软件系统是指为运行、管理和维护计算机而编写的各种程序、数据和文档的集合。通常，人们把不装备任何软件的计算机称为硬件计算机或裸机。裸机由于不装备任何软件，所以只能运行机器语言程序，这样的计算机，它的功能显然不会得到充分有效的发挥。普通用户使用的是在裸机之上配置若干软件之后构成的计算机系统。有了软件，就把一台实实在在的物理机器变成了一台具有抽象概念的逻辑机器，从而使人们不必更多地了解机器本身就可以使用计算机，软件在计算机和计算机使用者之间架起了桥梁。正是由于软件的丰富多彩，可以出色地完成各种不同的任务，才使得计算机的应用领域日益广泛。当然，计算机硬件是支撑计算机软件工作的基础，没有足够的硬件支持，软件也就无法正常工作。实际上，在计算机技术的发展进程中，计算机软件随硬件技术的迅速发展而发展；反过来，软件的不断发展与完善又促进了硬件的新发展，两者的发展密切地交织着，缺一不可。

1. 软件

软件是计算机的灵魂，没有软件的计算机没有任何用处。软件是用户与硬件之间的接口，用户通过软件使用计算机的硬件资源。

软件是由计算机语言编写的程序和相关文档组成的。所谓程序实际上是用户用于指挥计算机执行各种动作以便完成指定任务的指令的集合。用户要让计算机做的工作可能是很复杂的，因而指挥计算机工作的程序也可能是庞大而复杂的，有时还可能要对程序进行修改与完善。因此，为了便于阅读和修改，必须对程序作必要的说明或整理出有关的资料。这些说明或资料(称之为文档)在计算机执行过程中可能是不需要的，但对于用户阅读、修改、维护、交流这些程序却是必不可少的。因此，也有人简单地用一个公式来说明包括其基本内容：软件 = 程序 + 文档。

2. 程序设计语言

人与计算机的交流是通过语言进行的，计算机能够直接识别的是由 0 和 1 组成的机器语言，但随着计算机技术的不断进步，程序设计语言也发生了翻天覆地的变化，并形成低级语言体系和高级语言体系。其中低级语言包括机器语言和汇编语言，高级语言是指接近于人类自然语言和数学公式的程序设计语言。

1) 机器语言

机器语言(Machine Language)是一种指令集的体系。这种指令集，称为机器码(Machine Code)，是电脑的 CPU 可以直接解读的数据。

机器语言是用二进制代码(0 和 1)表示的计算机能直接识别和执行的一种机器指令的

集合。机器语言是唯一能被计算机直接识别的语言。它是计算机的设计者通过计算机的硬件结构赋予计算机的操作功能。机器语言具有灵活、直接执行和速度快等特点。但同时机器语言要求全部用二进制编写程序，通用性差，因此修改和移植非常烦琐，不易为普通人员使用。

2）汇编语言

汇编语言(Assembly Language)是面向机器的程序设计语言。在汇编语言中，用助记符(Memonic)代替机器指令的操作码，用地址符号(Symbol)或标号(Label)代替指令或操作数的地址，如此就增强了程序的可读性并且降低了编写难度，像这样符号化的程序设计语言就是汇编语言，因此亦称为符号语言。使用汇编语言编写的程序，机器不能直接识别，还要由汇编程序或者叫汇编语言编译器转换成机器指令。汇编程序将符号化的操作代码组装成处理器可以识别的机器指令，这个组装的过程称为组合或者汇编。因此，有时候人们也把汇编语言称为组合语言。

3）高级语言

由于汇编语言依赖于硬件体系，且助记符量大难记，于是人们又发明了更加易用的所谓高级语言。在这种语言下，其语法和结构更类似汉字或者普通英文，且由于远离对硬件的直接操作，使得一般人经过学习之后都可以编程。高级语言通常按其基本类型、代系、实现方式、应用范围等分类。

高级语言并不是特指的某一种具体的语言，它是指一系列比较接近自然语言和数学公式的编程，它基本脱离了机器的硬件系统，用人们更易理解的方式编写程序。如目前流行的 Java、C、C++、C#、Pascal、Python、Prolog、FoxPro 等。

但是很显然高级语言是不可以直接被计算机识别和执行的，必须翻译成机器语言程序。通常采用编译方式和解释方式翻译成机器语言。

编译方式：源程序的执行分编译和运行两步。即先通过一个存放在计算机内称为编译程序的机器语言程序，把源程序全部翻译成和机器语言等价的目标程序代码，然后计算机再运行此目标代码，以完成源程序要处理的运算并取得结果。

解释方式：源程序输入计算机后，解释程序将源程序逐句翻译，翻译一句执行一句，边翻译边执行，不产生目标程序。

区别：编译方式把源程序的执行过程严格地分成编译和运行两大步。即先把源程序全部翻译成目标代码，然后再运行此目标代码，获得执行结果。

解释方式则不然：它是按照源程序中语句的动态顺序，直接地逐句进行分析解释，并立即执行。

3. 软件系统及组成

计算机软件分为系统软件(System Software)和应用软件(Application Software)两大类。

1）系统软件

系统软件是指控制和协调计算机及外部设备，支持应用软件开发和运行的系统，是无须用户干预的各种程序的集合，主要功能是调度、监控和维护计算机系统；负责管理计算机系统中各种独立的硬件，使得它们可以协调工作。系统软件使得计算机使用者和其他软件将计算机当作一个整体而不需要顾及到底层每个硬件是如何工作的。

系统软件主要包括操作系统(OS)、语言处理系统、数据库管理程序和系统辅助处理程序等。

操作系统(Operating System，OS)是管理和控制计算机硬件与软件资源的计算机程序，是直接运行在“裸机”上的最基本的系统软件，任何其他软件都必须在操作系统的支持下才能运行。操作系统的功能包括管理计算机系统的硬件、软件及数据资源，控制程序运行，改善人机界面，为其他应用软件提供支持等，使计算机系统所有资源最大限度地发挥作用，提供了各种形式的用户界面，使用户有一个好的工作环境，为其他软件的开发提供必要的服务和相应的接口。常用的操作系统有 Windows、Mac OS X、Linux 等。

语言处理系统是对软件语言进行处理的程序子系统。除了机器语言外，其他用任何软件语言书写的程序都不能直接在计算机上执行，都需要对它们进行适当的处理。语言处理系统的作用是把用软件语言书写的各种程序处理成可在计算机上执行的程序或最终的计算结果或其他中间形式。

数据库管理程序用于建立、使用和维护数据库，把各种不同性质的数据进行组织，以便能够有效地进行查询、检索，并管理这些数据。

系统辅助处理程序也称为“软件研制开发工具”“支持软件”“软件工具”，主要有编辑程序、调试程序、连接程序。

2）应用软件

应用软件(Application Software)是用户可以使用的各种程序设计语言，以及用各种程序设计语言编制的应用程序的集合，分为应用软件包和用户程序。应用软件包是利用计算机解决某类问题而设计的程序的集合，供多用户使用。

应用软件是为满足用户不同领域、不同问题的应用需求而提供的那部分软件。它可以拓宽计算机系统的应用领域，放大硬件的功能。

应用软件包括办公软件、多媒体处理软件和 Internet 工具软件等。

办公软件指可以进行文字处理、表格制作、幻灯片制作、简单数据库的处理等方面工作的软件。

多媒体处理软件主要是一些创作工具或多媒体编辑工具，包括字处理软件、绘图软件、图像处理软件、动画制作软件、声音编辑软件以及视频软件。

Internet 工具软件是基于 Internet 环境产生的应用软件，是随着计算机网络技术的发展和 Internet 的普及产生的。

1.3 计算机网络

计算机网络是 20 世纪最伟大的发明之一。人们只要用鼠标、键盘就可以在网络上查找、订购、交流。计算机网络已经深深地影响和改变了人们的工作和生活方式，并正以极快的速度不断地发展和更新。

1.3.1 计算机网络基础

1. 计算机网络的基本概念

计算机网络，是指将地理位置不同的具有独立功能的多台计算机及其外部设备，通过通信线路连接起来，在网络操作系统、网络管理软件及网络通信协议的管理和协调下，实现资源共享和信息传递的计算机系统。

2. 计算机网络的分类

按地理范围划分这种标准可以把各种网络类型划分为局域网、城域网、广域网三种。下面简要介绍这几种计算机网络。

（1）局域网(Local Area Network，LAN)：就是在局部地区范围内的网络，它所覆盖的地区范围较小。局域网在计算机数量配置上没有太多的限制，少的可以只有两台，多的可达几百台。一般来说在企业局域网中，工作站的数量在几十到两百台次左右。在网络所涉及的地理距离上一般来说可以是几米至10公里以内。局域网一般位于一个建筑物或一个单位内，不存在寻径问题，不包括网络层的应用。

（2）城域网(Metropolitan Area Network，MAN)：这种网络一般来说是在一个城市，但不在同一地理小区范围内的计算机互联。这种网络的连接距离可以在10～100公里。在一个大型城市或都市地区，一个MAN网络通常连接着多个LAN网。如连接政府机构的LAN、医院的LAN、电信的LAN、公司企业的LAN等。由于光纤连接的引入，使MAN中高速的LAN互连成为可能。

（3）广域网(Wide Area Network，WAN)：也称为远程网，是在不同城市之间的LAN或者MAN网络互联，地理范围可从几百公里到几千公里。这种城域网因为所连接的用户多，总出口带宽有限，所以用户的终端连接速率一般较低，通常为9.6Kbps～45Mbps，如：邮电部的CHINANET、CHINAPAC和CHINADDN网。

3. 网络拓扑结构

网络拓扑(Topology)结构是指用传输介质互连各种设备的物理布局，指构成网络的成员之间特定的物理的即真实的或者逻辑的即虚拟的排列方式。如果两个网络的连接结构相同，我们就说它们的网络拓扑相同，尽管它们各自内部的物理接线、结点之间距离可能会有不同。常见的网络拓扑结构如图1.8所示，主要有星型、环型、总线型、树型和网状等几种。

（1）星型拓扑：在星型拓扑结构中，网络中的各结点通过点到点的方式连接到一个中央结点(一般是集线器或交换机)上，由该中央结点向目的结点传送信息。中央结点执行集中式通信控制策略，在星型网中任何两个结点要进行通信都必须经过中央结点控制，因此中央结点相当复杂，负担比各结点重得多，容易形成“瓶颈”，一旦发生故障，则全网受影响。总的来说星型拓扑结构相对简单，便于管理，建网容易。

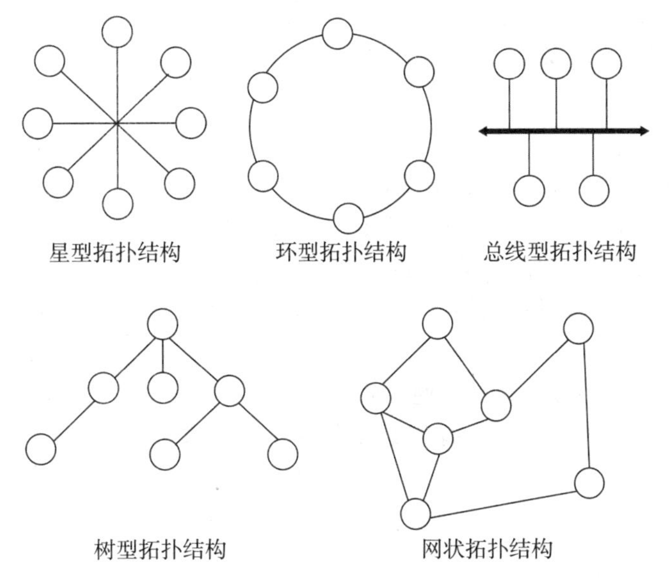

图1.8 网络拓扑结构

(2) 环型拓扑：环型拓扑结构是使用公共电缆组成一个封闭的环，各结点直接连到环上，信息沿着环按一定方向从一个结点传送到另一个结点。优点是所有站点都能公平访问网络的其他部分，网络性能稳定。但是因为数据传输需要通过环上的每一个结点，如某一结点故障，则引起全网故障。

(3) 总线型拓扑：总线型拓扑是采用单根传输作为共用的传输介质，将网络中所有的计算机通过相应的硬件接口和电缆直接连接到这根共享的总线上。优点是结点加入和退出比较简单。总线上某个结点故障不会影响其他结点之间的通信，不会造成网络瘫痪，可靠性较高，是局域网普遍采用的拓扑形式。

(4) 树型拓扑：树型拓扑是结点按照层次进行连接，像树一样，有分支、根结点、叶子结点等，信息交换主要在上下结点之间进行，可以看作是星型拓扑结构的一种扩展。

(5) 网状拓扑：这种拓扑结构主要指各结点通过传输线互相连接起来，并且每一个结点至少与其他两个结点相连。网状拓扑结构具有较高的可靠性，但其结构复杂，实现起来费用较高，不易管理和维护，不常用于局域网。

1.3.2 Internet基础

Internet也称为国际互联网，始于1968年美国国防部高级研究计划局(ARPA)提出并资助的ARPANET网络计划，其目的是将各地不同的主机以一种对等的通信方式连接起来，最初只有四台主机。此后，大量的主机和用户接入这个网络，形成了现在的国际互联网。

我国于1994年4月正式接入Internet，从此中国的网络建设进入了快速发展的阶段。经过多年发展，我国的互联网主干网络已经发展到了8个，中国公用计算机互联网(ChinaNet)、网通宽带中国China169网、中国科技网(CSTNET)、中国教育和科研计算机网

(CERNET)、中国移动互联网(CMNET)、中国联通互联网(UNINET)、中国铁通互联网(CRNET)和中国国际经济贸易互联网(CIETNET)。

1. TCP/IP 协议

传输控制协议/因特网互联协议(Transmission Control Protocol/Internet Protocol, TCP/IP),又名网络通信协议,是 Internet 最基本的协议,是 Internet 的基础。TCP/IP 协议不是 TCP 和 IP 这两个协议的合称,而是指因特网整个 TCP/IP 协议族。从协议分层模型方面来讲,TCP/IP 由 4 个层次组成:网络接口层、网络层、传输层、应用层。每一层都呼叫它的下一层所提供的协议来完成自己的需求。TCP/IP 定义了电子设备如何连入因特网,以及数据如何在它们之间传输的标准。通俗而言,TCP 负责发现传输的问题,一旦有问题就发出信号,要求重新传输,直到所有数据安全正确地传输到目的地。而 IP 是给因特网的每一台电脑规定一个地址。

2. IP 地址

IP 协议中还有一个非常重要的内容,那就是给因特网上的每台计算机和其他设备都规定了一个唯一的地址,叫作“IP 地址”。网络地址是因特网协会的 ICANN(the Internet Corporation for Assigned Names and Numbers)分配的,下有负责北美地区的 InterNIC、负责欧洲地区的 RIPENIC 和负责亚太地区的 APNIC,目的是为了保证网络地址的全球唯一性。主机地址是由各个网络的系统管理员分配。因此,网络地址的唯一性与网络内主机地址的唯一性确保了 IP 地址的全球唯一性。由于有这种唯一的地址,才保证了用户在联网的计算机上操作时,能够高效而且方便地从千千万万台计算机中选出自己所需的对象来。

按照 TCP/IP 协议规定,IP 地址用二进制来表示,每个 IP 地址长 32bit,比特换算成字节,就是 4 个字节。例如一个采用二进制形式的 IP 地址是一串很长的数字,人们处理起来也太费劲了。为了方便人们的使用,IP 地址经常被写成十进制的形式,中间使用符号“.”分开不同的字节。于是,上面的 IP 地址可以表示为“10.0.0.1”。IP 地址的这种表示法叫作“点分十进制表示法”,这显然比 1 和 0 容易记忆得多。

3. 域名系统

IP 地址是 Internet 主机的作为路由寻址用的数字型标识,不容易记忆。因而产生了域名(Domain Name)这一种字符型标识。

域名系统(Domain Name System, DNS)是因特网的一项核心服务,它作为可以将域名和 IP 地址相互映射的一个分布式数据库,能够使人更方便地访问互联网,而不用去记住能够被机器直接读取的 IP 数串。

域名系统是一个树型结构,其形式有:COM(企业)、NET(网络运行服务机构)、GOV(政府机构)、ORG(非营利性组织)、EDU(教育),其注册、运行工作由 Network Solution 公司负责。

域名可分为不同级别,包括顶级域名、二级域名等。

顶级域名分为两类：一是国家顶级域名，200 多个国家都按照 ISO3166 国家代码分配了顶级域名，例如中国是 CN，美国是 US，日本是 JP 等；二是国际顶级域名，例如表示工商企业的 COM，表示网络提供商的 NET，表示非营利组织的 ORG 等。大多数域名争议都发生在 COM 的顶级域名下，因为多数公司上网的目的都是为了营利。为加强域名管理，解决域名资源的紧张，Internet 协会、Internet 分址机构及世界知识产权组织(WIPO)等国际组织经过广泛协商，在原来三个国际通用顶级域名的基础上，新增加了 7 个国际通用顶级域名：FIRM(公司企业)、STORE(销售公司或企业)、WEB(突出 WWW 活动的单位)、ARTS(突出文化、娱乐活动的单位)、REC(突出消遣、娱乐活动的单位)、INFO(提供信息服务的单位)、NOM(个人)，并在世界范围内选择新的注册机构来受理域名注册申请。

二级域名是指顶级域名之下的域名，在国际顶级域名下，它是指域名注册人的网上名称，例如 IBM、Yahoo、Microsoft 等；在国家顶级域名下，它是表示注册企业类别的符号，例如 COM、EDU、GOV、NET 等。

中国在国际互联网络信息中心(Inter NIC)正式注册并运行的顶级域名是 CN，这也是中国的一级域名。在顶级域名之下，中国的二级域名又分为类别域名和行政区域名两类。类别域名共 6 个，包括用于科研机构的 AC；用于工商金融企业的 COM；用于教育机构的 EDU；用于政府部门的 GOV；用于互联网络信息中心和运行中心的 NET；用于非营利组织的 ORG。而行政区域名有 34 个，分别对应于中国各省、自治区和直辖市。

4. Internet 应用

Internet 的应用方式随着时代的发展不断地创新，但是最常用的依然是万维网、电子邮件等。

1) 万维网(WWW)

WWW(World Wide Web)是中文称为万维网、环球网等，简称为 Web。分为 Web 客户端和 Web 服务器程序。WWW 可以让 Web 客户端(常用浏览器)访问浏览 Web 服务器上的页面。WWW 提供丰富的文本和图形、音频、视频等多媒体信息，并将这些内容集合在一起，并提供导航功能，使得用户可以方便地在各个页面之间进行浏览。由于 WWW 内容丰富，浏览方便，目前已经成为互联网最重要的服务。

万维网是一个资料空间。在这个空间里中：一样有用的事物，称为一种“资源”；并且由一个全域“统一资源标识符”(URL)标识。这些资源通过超文本传输协议 HTTP(Hypertext Transfer Protocol)传送给使用者，而后者通过点击链接来获得资源。

万维网常被当成因特网的同义词，但万维网与因特网有着本质的差别。因特网指的是一个硬件的网络，全球的所有电脑通过网络连接后便形成了因特网。而万维网更倾向于一种浏览网页的功能。

2) 电子邮件(E-mail)

电子邮件(E-mail)，是一种用电子手段提供信息交换的通信方式，是互联网应用最广的服务。通过网络的电子邮件系统，用户可以以非常低廉的价格、非常快速的方式与世界上任何一个角落的网络用户联系。

电子邮件在 Internet 上发送和接收的原理可以形象地用我们日常生活中邮寄包裹来形容：当我们要寄一个包裹时，我们首先要找到一个有这项业务的邮局，在填写完收件人姓名、地址等之后，包裹就寄出并到了收件人所在地的邮局，那么对方取包裹的时候就必须去这个邮局才能取出。同样，当我们发送电子邮件时，这封邮件是由邮件发送服务器(任何一个都可以)发出，并根据收信人的地址判断对方的邮件接收服务器，而将这封信发送到该服务器上，收信人要收取邮件，也只能访问这个服务器才能完成。

电子邮件地址的格式由三部分组成：用户名@电子邮件服务器名。

第一部分用户名代表用户信箱的账号，对于同一个邮件接收服务器来说，这个账号必须是唯一的；第二部分“@”是分隔符；第三部分是用户信箱的邮件接收服务器域名，用以标志其所在的位置。

1.4 计算机病毒

计算机病毒，是指编制或者在计算机程序中插入的破坏计算机功能或者毁坏数据，影响计算机使用，并能自我复制的一组计算机指令或者程序代码。

1.4.1 计算机病毒的特点

计算机病毒一般具有寄生性、破坏性、传染性、可触发性、潜伏性和隐蔽性等的特征。

(1) 寄生性：计算机病毒可以寄生在其他可执行的程序中，因此，它能享有被寄生的程序所能得到的一切权利。

(2) 破坏性：计算机病毒可以导致正常的程序无法运行，把计算机内的文件删除或受到不同程度的损坏。通常表现为：增、删、改、移。

(3) 传染性：传染性是病毒的基本特征。计算机病毒是一段人为编制的计算机程序代码，这段程序代码一旦进入计算机并得以执行，它就会搜寻其他符合其传染条件的程序或存储介质，确定目标后再将自身代码插入其中，达到自我繁殖的目的。只要一台计算机染毒，如不及时处理，那么病毒会在这台电脑上迅速扩散，计算机病毒可通过各种可能的渠道，如 U 盘、硬盘、移动硬盘、计算机网络去传染其他的计算机。当您在一台机器上发现了病毒时，往往曾在这台计算机上用过的优盘已感染上了病毒，而与这台机器相连网的其他计算机也许也被该病毒染上了。是否具有传染性是判别一个程序是否为计算机病毒的最重要条件。

(4) 可触发性：病毒因某个事件或数值的出现，诱使病毒实施感染或进行攻击的特性称为可触发性。病毒的触发机制就是用来控制感染和破坏动作的频率的。病毒具有预定的触发条件，这些条件可能是时间、日期、文件类型或某些特定数据等。病毒运行时，触发机制检查预定条件是否满足，如果满足，启动感染或破坏动作，使病毒进行感染或攻击；如果不满足，使病毒继续潜伏。

（5）潜伏性：一个编制精巧的计算机病毒程序，进入系统之后一般不会马上发作，因此病毒可以静静地躲在磁盘或磁带里潜伏上几天，甚至几年，一旦时机成熟，得到运行机会，就又要四处繁殖、扩散，继续危害。有些病毒像定时炸弹一样，让它什么时间发作是预先设计好的。比如黑色星期五病毒，不到预定时间一点都觉察不出来，等到条件具备的时候一下子就爆炸开来，对系统进行破坏。

（6）隐蔽性：计算机病毒具有很强的隐蔽性，有的可以通过病毒软件检查出来，有的根本就查不出来，有的时隐时现、变化无常，这类病毒处理起来通常很困难。

1.4.2　计算机病毒的分类

计算机病毒的分类方式有很多，其中按照计算机病毒的感染方式，分为以下五类。

1. 引导型病毒

引导型病毒是指寄生在磁盘引导区或主引导区的计算机病毒。此种病毒利用系统引导时，不对主引导区的内容正确与否进行判别的缺点，在引导型系统的过程中侵入系统，驻留内存，监视系统运行，伺机传染和破坏。按照引导型病毒在硬盘上的寄生位置又可细分为主引导记录病毒和分区引导记录病毒。主引导记录病毒感染硬盘的主引导区，如大麻病毒、2708 病毒、火炬病毒等；分区引导记录病毒感染硬盘的活动分区引导记录，如小球病毒等。

2. 文件型病毒

文件型病毒主要通过感染计算机中的可执行文件(. exe)和命令文件(. com)。文件型病毒是对计算机的源文件进行修改，使其成为新的带有计算机病毒的文件。一旦计算机运行该文件就会被感染，从而达到传播的目的。

3. 混合型病毒

混合型病毒是指具有引导型病毒和文件型病毒寄生方式的计算机病毒。所以它的破坏性更大，传染的机会也更多，杀灭也更困难。这种病毒扩大了病毒程序的传染途径，它既感染磁盘的引导记录，又感染可执行文件。当染有此种病毒的磁盘用于引导系统或调用执行染毒文件时，病毒都会被激活。因此在检测、清除复合型病毒时，必须全面彻底地根治，如果只发现该病毒的一个特性，把它只当作引导型或文件型病毒进行清除。虽然好像是清除了，但还留有隐患，这种经过消毒后的“洁净”系统更赋有攻击性。这类病毒有 Flip 病毒、新世纪病毒、One-half 病毒等。

4. 宏病毒

宏病毒是一种寄存在文档或模板的宏中的计算机病毒。一旦打开这样的文档，其中的宏就会被执行，于是宏病毒就会被激活并转移到计算机上，并驻留在 Normal 模板上。从此以后，所有自动保存的文档都会“感染”上这种宏病毒，而且如果其他用户打开了感染病毒的文档，宏病毒又会转移到他的计算机上。

5. 网络病毒

网络病毒通过计算机网络传播感染网络中的可执行文件。如果在 E-mail 中收到带有网络病毒的可执行文件，计算机数据就会被监测或者被破坏。

1.4.3 计算机感染病毒的常见症状及预防

计算机病毒虽然难以检测，但是，只要细心观察计算机的运行状况，依然可以发现计算机感染病毒的一些异常状况。

（1）在特定情况下屏幕上出现某些异常字符或特定画面。

（2）文件长度异常增减或莫名产生新文件。

（3）一些文件打开异常或突然丢失。

（4）系统无故进行大量磁盘读写或未经用户允许进行格式化操作。

（5）系统出现异常的重启现象，经常死机、蓝屏或者无法进入系统。

（6）可用的内存或硬盘空间变小。

（7）打印机等外部设备出现工作异常。

（8）在汉字字库正常的情况下，无法调用和打印汉字或者汉字字库无故损坏。

（9）磁盘上无故出现扇区损坏。

（10）程序或数据神秘地消失了，文件名不能辨认等。

随着制造计算机病毒和反病毒双方的技术的不断发展，病毒制造者的技术越来越高，病毒的欺骗性和隐蔽性也越来越强。要在具体实践中细心观察，发现计算机的异常现象。

提高系统的安全性是预防计算机感染计算机病毒的一个重要方面，但完美的系统是不存在的，过于强调提高系统的安全性将使系统多数时间用于病毒检查，系统失去了可用性、实用性和易用性。加强内部网络管理人员以及使用人员的安全意识，利用多计算机系统常用口令来控制对系统资源的访问，这是防病毒进程中最容易和最经济的方法之一。另外，安装杀毒软件并定期更新也是预防病毒的重中之重。不使用来历不明的程序或数据；不轻易打开来历不明的电子邮件；使用新的计算机系统或软件时要先杀毒后使用；备份系统和参数，建立系统的应急计划等；专机专用；分类管理数据。这些方法都可以预防计算机被病毒感染。

1.5 信息在计算机中的表示

在计算机系统中，各种字母、数字、符号、语音、图形、图像等统称为数据。数据经过加工以后就成为信息，信息是对我们有用的数据。

1.5.1 数据的表示单位

在计算机中数据的表示单位通常有位、字节和字三种。

1. 位

计算机中存储的数据都是二进制的数据，二进制数只包括0和1，因此在表示0和1的时候只需要用二进制的一位就可以了。位是计算机存储的最小单位。

位的英文是bit，bit代表binary digit（二进制数字）。

2. 字节

计算机存储数据的基本单位是字节，每个字节包含8个位。

字节的英文单词是byte，简写为B。计算机存储单位一般用B、KB、MB、GB、TB、PB、EB、ZB、YB来表示，它们之间的关系是：

1B（Byte字节）=8bit

1KB（Kilobyte千字节）=1024B

1MB（Megabyte兆字节，简称“兆”）=1024KB

1GB（Gigabyte吉字节，又称“千兆”）=1024MB

1TB（Trillionbyte万亿字节，太字节）=1024GB

1PB（Petabyte千万亿字节，拍字节）=1024TB

1EB（Exabyte百亿亿字节，艾字节）=1024PB

1ZB（Zettabyte十万亿亿字节，泽字节）=1024EB

1YB（Yottabyte一亿亿亿字节，尧字节）=1024ZB

这里，各个单位之间的进制是2^{10}（2的10次方，即1024），比如2G内存的容量为：$2\times1024\times1024\times1024$B。

3. 字

一般来说，计算机一次处理的一组二进制数称为一个计算机的“字”，计算机一次处理的二进制数的位数就叫作“字长”。字长与计算机的功能和用途有很大的关系，是计算机的一个重要技术指标。早期的微机字长一般是8位和16位，386以及更高的处理器大多是32位。目前市面上的计算机的处理器大部分已达到64位。字长直接反映了一台计算机的计算精度。在其他指标相同的情况下，字长越长，计算机处理数据的速度就越快。

1.5.2 进位计数制

数据的表示单位有位、字节、字等，那么计算机中的数据，如字符、数字、汉字、图像、声音等究竟是怎么表示的呢？在说明这个问题之前我们要先介绍数制，尤其是二进制数，因为计算机中的数据信息就是用二进制数表示的。

按照进位的原则进行计数，称为进位计数制；见表1-1。

数制有三个要素：进制、基数和权值。进制就是一个数制当中包含的不同数值的个数，如十进制就是数据中只包含10个不同的数值。这10个不同的数值分别是0、1、2、3、4、5、6、7、8、9，我们把0~9叫作十进制的基数。权值就是某一位数据的单位，比如十进制数135，5的单位是10^0，3的单位是10^1，1的单位是10^2。一个数就是它的数值与其对应的权值相乘之后再相加得到的结果，比如$1\times10^2+2\times10^1+3\times10^0=123$。

1.5.3 计算机中的常用数制

1. 二进制

计算机中用的是二进制(二进制的英文单词是binary，简写为B)，只有0和1构成，它也是最简单的数制，见表1-1。

表1-1 进制的基本内容

进制	二进制	八进制	十进制	十六进制
规则	逢2进1，借1当2	逢8进1，借1当8	逢10进1，借1当10	逢16进1，借1当16
基数	2	8	10	16
基本符号	0，1	0~7	0~9	0~9，A~F
权	2^i	8^i	10^i	16^i
字符代号	B	O	D	H

二进制数在运算时要在数据后面加个“2”或者“B”，从而区分开十进制数据。如在计算机中十进制数10用二进制表示为$(1010)_2$或者1010B。

1）计算机中使用二进制的原因

为什么在计算机中用二进制呢？这是因为：

（1）技术实现简单，计算机是由逻辑电路组成的，逻辑电路通常只有两个状态，即开关的接通与断开，这两种状态正好可以用“1”和“0”表示。

（2）简化运算规则：两个二进制数和、积运算组合各有三种，运算规则简单，有利于简化计算机内部结构，提高运算速度。

（3）适合逻辑运算：逻辑代数是逻辑运算的理论依据，二进制只有两个数码，正好与逻辑代数中的“真”和“假”相吻合。

（4）易于进行转换，二进制与十进制数易于互相转换。

（5）用二进制表示数据具有抗干扰能力强、可靠性高等优点。因为每位数据只有高、低两个状态，当受到一定程度的干扰时，仍能可靠地分辨出它是高还是低。

2）二进制数的表示方式

二进制和十进制的表示方式一样，只是每位的权值是2的幂，基数只有0和1，如

1011.01，它对应的十进制数是 $1\times2^3+0\times2^2+1\times2^1+1\times2^0+0\times2^{-1}+1\times2^{-2}=11.25$。

3）二进制数运算法则

二进制数的运算法则是“逢 2 进 1，借 1 当 2”，运算时在运算数的后面加个“2”或者“B”，代表这个数是二进制数据，从而区分开十进制数据。

【例】 求 $(1101)_2+(101)_2=(10010)_2$，求解过程如下：

$$\begin{array}{r} 1101 \\ +\ 0101 \\ \hline 10010 \end{array}$$

2. 八进制

八进制数的基数是 0 ~ 7，权值是 8 的幂。运算时在运算数的后面加个“8”或者“O”（八进制的英文单词是 octal，简写为 O），从而区分开十进制数据。如在计算机中十进制数 10 用八进制表示为 $(12)_8$ 或者 12O。

八进制的运算法则是“逢 8 进 1，借 1 当 8”。比如 $(40)_8+(40)_8=(100)_8$。

3. 十六进制

十六进制的基数是 0 ~ 9，A ~ F（或 a ~ f，看输出的格式要求用大写字符还是小写字符），权值是 16 的幂，运算时在运算数的后面加个“16”或“H”（十六进制的英文单词是 hexadecimal，简写为 H），从而区分开十进制数据。如在计算机中十进制数 10 用十六进制表示为 $(A)_{16}$ 或者 AH。

十六进制的运算法则是“逢 16 进 1，借 1 当 16”。比如 $(8F)_{16}+(8A)_{16}=(119)_{16}$。

1.5.4　数制转换

不同数制数据之间的换算就是数制转换，我们研究以下四种类型的转换：非十进制转换成十进制，十进制转换成非十进制，二进制转换成八、十六进制，八、十六进制转换成二进制。最后给出十六进制基数转换成二、八、十进制数对应的数值，读者可以根据这些数值进行相应数制之间的快速转换。

1. 非十进制转换成十进制

只要将进制数按权值展开即可得到对应的十进制数。如：

【例】 求 $(1001.01)_2$ 对应十进制数。

解：$1\times2^3+0\times2^2+0\times2^1+1\times2^0+0\times2^{-1}+1\times2^{-2}=9.25$。

【例】 求 $(56.5)_8$ 对应的十进制数。

解：$5\times8^1+6\times8^0+5\times8^{-1}=46.625$

【例】 求 $(F9)_{16}$ 对应的十进制数。

解：$15\times16^{1}+9\times16^{0}=249$

2. 十进制转换成非十进制

将十进制数转化为 R 进制数，只要对其整数部分采用“除 R 取余逆读取，商为零为止”，对其小数部分则采用“乘 R 取整正读取，小数位为零为止”即可。

【例】 求 35.6875 对应的二进制数。

详细求解过程如图 1.9 所示。

在图 1.9 中，对整数 35 除以 2 求余数，然后倒序排列得到整数部分的二进制数是 100011，对小数 0.6875 乘以 2 取整，然后顺序排列得到小数部分的二进制数是 1011，因此 35.6875 对应的二进制数是 100011.1011。

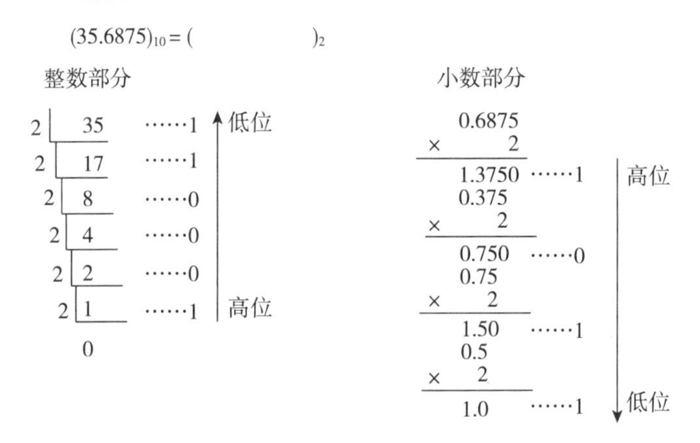

图 1.9　35.6875 的求解过程

十进制转换成其他非十进制方法是一样的，只是在转换成八进制时整数部分除以八，小数部分乘以八；转换成十六进制时整数部分除以十六，小数部分乘以十六。

3. 二进制转换成八、十六进制

二进制转换成八进制：以小数点为分界点，向左或向右将每 3 位二进制数转换成 1 位八进制数，若不足 3 位，整数部分在前面补 0，小数部分在后面补 0。

二进制转换成十六进制：以小数点为分界点，向左或向右将每 4 位二进制数转换成 1 位十六进制数，若不足 4 位，整数部分在前面补 0，小数部分在后面补 0。

【例】 将二进制数 1101001.1101 转换成八进制数。

解：$(\underline{001}\ \underline{101}\ \underline{001}.\ \underline{110}\ \underline{100})_2=(151.64)_8$

【例】 将二进制数 1101001.11 转换成十六进制数。

解：$(\underline{0110}\ \underline{1001}.\ \underline{1100})_2=(69.C)_{16}$

4. 八、十六进制转换成二进制

八进制转换成二进制：以小数点为分界点，向左或向右将每 1 位八进制数转换成 3 位二进制数，并去掉无意义的 0。

二进制转换成十六进制：以小数点为分界点，向左或向右将每 1 位十六进制数转换成 4 位二进制数，去掉无意义的 0。

【例】　将八进制数 37.4 转换成二进制数。

解：$(37.6)_8=(\underline{011}\ \underline{111}.\underline{110})_2=(11111.11)_2$

【例】　将 7A.D 转换成二进制数。

解：$(7A.C)_{16}=(\underline{0111}\ \underline{1010}.\underline{1101})_2=(1111010.1101)_2$

5. 十六进制基数转换成二、八、十进制数

十六进制基数一共有 16 个，分别是 0 ~ 9 和 A ~ F，表 1 - 2 列出了将十六进制数转换成二进制、八进制和十进制数对应的数值。

表 1 - 2　十六进制基数转换成二、八、十进制数对照表

十六进制数	二进制数	八进制数	十进制数
0	0	0	0
1	1	1	1
2	10	2	2
3	11	3	3
4	100	4	4
5	101	5	5
6	110	6	6
7	111	7	7
8	1000	10	8
9	1001	11	9
A	1010	12	10
B	1011	13	11
C	1100	14	12
D	1101	15	13
E	1110	16	14
F	1111	17	15

1.6 电子商务

电子商务(Electronic Commerce)通常指在不同地域进行的商业贸易活动中，在因特网开放的网络环境下，基于浏览器/服务器应用方式，买卖双方无需面对面地进行各种商贸活动，而是实现消费者的网上购物、商户之间的网上交易和在线电子支付以及各种商务活动、交易活动、金融活动和相关的综合服务活动的一种新型的商业运营模式。

按照不同的标准，电子商务课划分为不同的类型。目前比较流行的标准是按照参加主体将电子商务进行分类，如企业间的电子商务(Business-to-Business，B2B)，企业与消费者之间的电子商务(Business-to-Customer，B2C)，消费者与消费者之间的电子商务(Customer-to-Customer，C2C)，线上与线下结合的电子商务(Online-to-Offline，O2O)，以及代理商、商家和消费者三者之间的电子商务(Agents-Business-to-Customer，ABC)。

从电子商务的含义及发展历程可以看出电子商务具有如下基本特征：

1. 普遍性

电子商务作为一种新型的交易方式，将生产企业、流通企业以及消费者和政府带入了一个网络经济、数字化生存的新天地。

2. 方便性

在电子商务环境中，人们不再受地域的限制，客户能以非常简捷的方式完成过去较为繁杂的商业活动。如通过网络银行能够全天候地存取账户资金、查询信息等，同时使企业对客户的服务质量得以大大提高。在电子商务商业活动中，有大量的人脉资源开发和沟通，从业时间灵活。

3. 整体性

电子商务能够规范事务处理的工作流程，将人工操作和电子信息处理集成为一个不可分割的整体，这样不仅能提高人力和物力的利用率，也可以提高系统运行的严密性。

4. 安全性

在电子商务中，安全性是一个至关重要的核心问题，它要求网络能提供一种端到端的安全解决方案，如加密机制、签名机制、安全管理、存取控制、防火墙、防病毒保护等等，这与传统的商务活动有着很大的不同。

5. 协调性

商业活动本身是一种协调过程，它需要客户与公司内部、生产商、批发商、零售商间的协调。在电子商务环境中，它更要求银行、配送中心、通信部门、技术服务等多个部门的通力协作，电子商务的全过程往往是一气呵成的。

6. 集成性

电子商务以计算机网络为主线，对商务活动的各种功能进行了高度集成，同时也对参加商务活动的商务主体各方进行了高度集成，高度的继承性可使电子商务进一步提高效率。

本章小结

本章介绍了计算机的入门知识，主要讲述了以下内容。

（1）计算机的产生和发展，并对我国计算机的发展情况进行了介绍。

（2）计算机系统分类：硬件系统与软件系统。其中硬件系统由运算器、控制器、存储器、输入设备、输出设备。软件系统由系统软件与应用软件组成。

（3）计算机网络按作用范围分为局域网、城域网和广域网。计算机网络的拓扑结构有：总线型、星型、环型、树型和网状型。

（4）信息在计算机的表示以及转换方法。

习　题

1. 某企业为了建设一个可供客户在互联网上浏览的网站，需要申请一个(　　)。

A. 密码　　B. 邮编

C. 门牌号　　D. 域名

2. 为了保证公司网络的安全运行，预防计算机病毒的破坏，可以在计算机上采取以下哪种方法(　　)。

A. 磁盘扫描　　B. 安装浏览器加载项

C. 开启防病毒软件　　D. 修改注册表

3. 1MB 的存储容量相当于(　　)。

A. 一百万个字节　　B. 2 的 10 次方个字节

C. 2 的 20 次方个字节　　D. 1000KB

4. Internet 的四层结构分别是(　　)。

A. 应用层、传输层、通信子网层和物理层　　B. 应用层、表示层、传输层和网络层

C. 物理层、数据链路层、网络层和传输层　　D. 网络接口层、网络层、传输层和应用层

5. 微机中访问速度最快的存储器是(　　)。

A. CD－ROM　　B. 硬盘

C. U 盘　　D. 内存

6. 计算机能直接识别和执行的语言是(　　)。

A. 机器语言　　B. 高级语言

C. 汇编语言　　D. 数据库语言

7. 某企业需要为普通员工每人购置一台计算机，专门用于日常办公，通常选购的机型是(　　)。

A. 超级计算机　　B. 大型计算机

C. 微型计算机(PC)　　D. 小型计算机

8. JAVA 属于(　　)。

A. 操作系统　　B. 办公软件

C. 数据库系统　　D. 计算机语言

9. 手写板或鼠标属于(　　)。

A. 输入设备　　B. 输出设备

C. 中央处理器　　D. 存储器

10. 某企业需要在一个办公室构建适用于 20 多人的小型办公网络环境，这样的网络环境属于(　　)。

A. 城域网　　B. 局域网

C. 广域网　　D. 互联网

11. 第四代计算机的标志是微处理器的出现，微处理器的组成是(　　)。

A. 运算器和存储器　　B. 存储器和控制器

C. 运算器和控制器　　D. 运算器、控制器和存储器

12. 在计算机内部，大写字母“G”的 ASCⅡ码为“1000111”，大写字母“K”的 ASCⅡ码为(　　)。

A. 1001001　　B. 1001100

C. 1001010　　D. 1001011

13. 以下软件中属于计算机应用软件的是(　　)。

A. IOS　　B. Andriod

C. Linux　　D. QQ

14. 以下关于计算机病毒的说法，不正确的是(　　)。

A. 计算机病毒一般会寄生在其他程序中　　B. 计算机病毒一般会传染其他文件

C. 计算机病毒一般会具有自愈性　　D. 计算机病毒一般会具有潜伏性

15. 台式计算机中的 CPU 是指(　　)。

A. 中央处理器　　B. 控制器

C. 存储器　　D. 输出设备

16. CPU 的参数如 2800MHz，指的是(　　)。

A. CPU 的速度　　B. CPU 的大小

C. CPU 的时钟主频　　D. CPU 的字长

17. 描述计算机内存容量的参数，可能是(　　)。

A. 1024dpi　　B. 4GB

C. 1Tpx　　D. 1600MHz

18. HDMI 接口可以外接(　　)。

A. 硬盘　　B. 打印机

C. 鼠标或键盘　　D. 高清电视

19. 研究量子计算机的目的是为了解决计算机中的(　　)。

A. 速度问题　　B. 存储容量问题

C. 计算精度问题　　D. 能耗问题

20. 计算机中数据存储容量的基本单位是(　　)。

A. 位　　B. 字

C. 字节　　D. 字符

21. 某家庭采用 ADSL 宽带接入方式连接 Internet，ADSL 调制解调器连接一个 4 口的路由器，路由器再连接 4 台计算机实现上网的共享，这种家庭网络的拓扑结构为(　　)。

A. 环型拓扑　　B. 总线型拓扑

C. 网状拓扑　　D. 星型拓扑

22. 在声音的数字化过程中，采样时间、采样频率、量化位数和声道数都相同的情况下，所占存储空间最大的声音文件格式是(　　)。

A. WAV 波形文件　　B. MPEG 音频文件

C. RealAudio 音频文件　　D. MIDI 电子乐器数字接口文件

23. 办公软件中的字体在操作系统中有对应的字体文件，字体文件中存放的汉字编码是(　　)。

A. 字形码　　B. 地址码

C. 外码　　D. 内码

24. 某种操作系统能够支持位于不同终端的多个用户同时使用一台计算机，彼此独立互不干扰，用户感到好像一台计算机全为他所用，这种操作系统属于(　　)。

A. 批处理操作系统　　B. 分时操作系统

C. 实时操作系统　　D. 网络操作系统

25. 下列不能用作存储容量单位的是(　　)。

A. Byte　　B. GB

C. MIPS　　D. KB

26. 若对音频信号以 10kHz 采样率、16 位量化精度进行数字化，则每分钟的双声道数字化声音信号产生的数据量约为(　　)。

A. 1.2MB　　B. 1.6MB

C. 2.4MB　　D. 4.8MB

27. 下列设备中，可以作为微机输入设备的是(　　)。

A. 打印机　　B. 显示器

C. 鼠标器　　D. 绘图仪

28. 下列各组软件中，属于应用软件的一组是(　　)。

A. Windows XP 和管理信息系统　　B. Unix 和文字处理程序

C. Linux 和视频播放系统　　D. Office 2003 和军事指挥程序

29. 1946 年诞生的世界上公认的第一台电子计算机是(　　)。

A. UNIVAC－1　　B. EDVAC

C. ENIAC　　D. IBM560

30. 已知英文字母 m 的 ASCII 码值是 109，那么英文字母 j 的 ASCII 码值是(　　)。

A. 111　　B. 105

C. 106　　D. 112

31. 用 8 位二进制数能表示的最大的无符号整数等于十进制整数(　　)。

A. 255　　B. 256

C. 128　　D. 127

32. 下列各组设备中，同时包括了输入设备、输出设备和存储设备的是(　　)。

A. CRT，CPU，ROM　　B. 绘图仪，鼠标器，键盘

C. 鼠标器，绘图仪，光盘　　D. 磁带，打印机，激光印字机

33. 1GB 的准确值是(   )。

A. 1024×1024 Bytes
B. 1024 KB
C. 1024 MB
D. 1000×1000 KB

34. 从用户的观点看，操作系统是(   )。

A. 用户与计算机之间的接口
B. 控制和管理计算机资源的软件
C. 合理地组织计算机工作流程的软件
D. 由若干层次的程序按照一定的结构组成的有机体

35. 下列软件中，属于系统软件的是(   )。

A. 用 C 语言编写的求解一元二次方程的程序
B. Windows 操作系统
C. 用汇编语言编写的一个练习程序
D. 工资管理软件

36. 中央处理器(CPU)主要由(   )组成。

A. 控制器和内存
B. 运算器和内存
C. 控制器和寄存器
D. 运算器和控制器

37. 在微型计算机中，I/O 设备的含义是(   )。

A. 输入/输出设备
B. 通信设备
C. 网络设备
D. 控制设备

38. ROM 与 RAM 的主要区别是(   )。

A. ROM 是内存储器，RAM 是外存储器
B. ROM 是外存储器，RAM 是内存储器
C. 断电后，ROM 中保存的信息会丢失，而 RAM 中的信息则可长期保存、不会丢失
D. 断电后，RAM 中保存的信息会丢失，而 ROM 中的信息则可长期保存、不会丢失

39. 下面各组设备中，全部属于输入设备的一组是(   )。

A. 键盘、磁盘和打印机
B. 键盘、扫描仪和鼠标
C. 键盘、鼠标和显示器
D. 硬盘、打印机和键盘

40. 在计算机领域中通常用 MIPS 来描述(   )。

A. 计算机的运算速度
B. 计算机的可靠性
C. 计算机的可运行性
D. 计算机的可扩充性

41. 计算机病毒是指(   )。

A. 带细菌的磁盘
B. 已损坏的磁盘
C. 具有破坏性的特制程序
D. 被破坏的程序

42. 计算机病毒可以使整个计算机瘫痪，危害极大。计算机病毒是(   )。

A. 一条命令
B. 一种特殊的程序
C. 一种生物病毒
D. 一种芯片

43. 目前使用的杀毒软件，能够(   )。

A. 检查计算机是否感染了某些病毒，如有感染，可以清除其中一些病毒
B. 检查计算机是否感染了任何病毒，如有感染，可以清除其中一些病毒
C. 检查计算机是否感染了病毒，如有感染，可以清除所有的病毒
D. 防止任何病毒再对计算机进行侵害

44. 计算机网络最突出的特点是(   )。

A. 资源共享和快速传输信息
B. 高精度计算和收发邮件
C. 运算速度快和快速传输信息
D. 存储容量大和高精度

45. 以太网的拓扑结构是(   )。

A. 星型　　B. 总线型
C. 环型　　D. 树型

46. 20GB 的硬盘表示容量约为(　　)。
A. 20 亿个字节　　B. 20 亿个二进制位
C. 200 亿个字节　　D. 200 亿个二进制位

47. 在微机中，西文字符采用的编码是(　　)。
A. EBCDIC 码　　B. ASCII 码
C. 国标码　　D. BCD 码

48. 在一个非零无符号的二进制整数之后加一个 0，则此数的值为原来的(　　)。
A. 4 倍　　B. 2 倍
C. 1/2 倍　　D. 1/4 倍

49. 在计算机中，组成一个字节的二进制位位数是(　　)。
A. 1　　B. 2
C. 4　　D. 8

50. 下列关于 ASCII 编码的叙述中正确的是(　　)。
A. 一个字符的标准 ASCII 码占一个字节，其最高二进制位总为 1
B. 所有大写英文字母的 ASCII 码值都小于小写英文字母'a'的 ASCII 码值
C. 所有大写英文字母的 ASCII 码值都大于小写英文字母'a'的 ASCII 码值
D. 标准 ASCII 码表有 256 个不同的字符编码

51. 如果删除一个非零无符号二进制偶整数后的 2 个 0，则此数的值为原数的(　　)。
A. 4 倍　　B. 2 倍
C. 1/2　　D. 1/4

52. 假设某台式计算机的内存储器容量为 256MB，硬盘容量为 40G，硬盘的容量是内存容量的(　　)。
A. 200 倍　　B. 160 倍
C. 120 倍　　D. 100 倍

53. 在 ASCII 码表中，根据码值由小到大的排列顺序是(　　)。
A. 空格字符、数字符、大写英文字符、小写英文字符
B. 数字符、空格字符、大写英文字符、小写英文字符
C. 空格字符、数字符、小写英文字符、大写英文字符
D. 数字符、大写英文字符、小写英文字符、空格字符

54. 十进制数 18 转换成二进制数是(　　)。
A. 010101　　B. 101000
C. 010010　　D. 001010

55. 下列不能用作存储容量单位的是(　　)。
A. Byte　　B. GB
C. MIPS　　D. KB

第2章 公共基础知识

学习目标

掌握算法与数据结构的概念、线性结构和非线性结构的应用；掌握结构化程序设计的方法，面向对象的程序设计的基本概念，掌握软件的生命周期，了解数据库的定义、数据模型。

知识结构

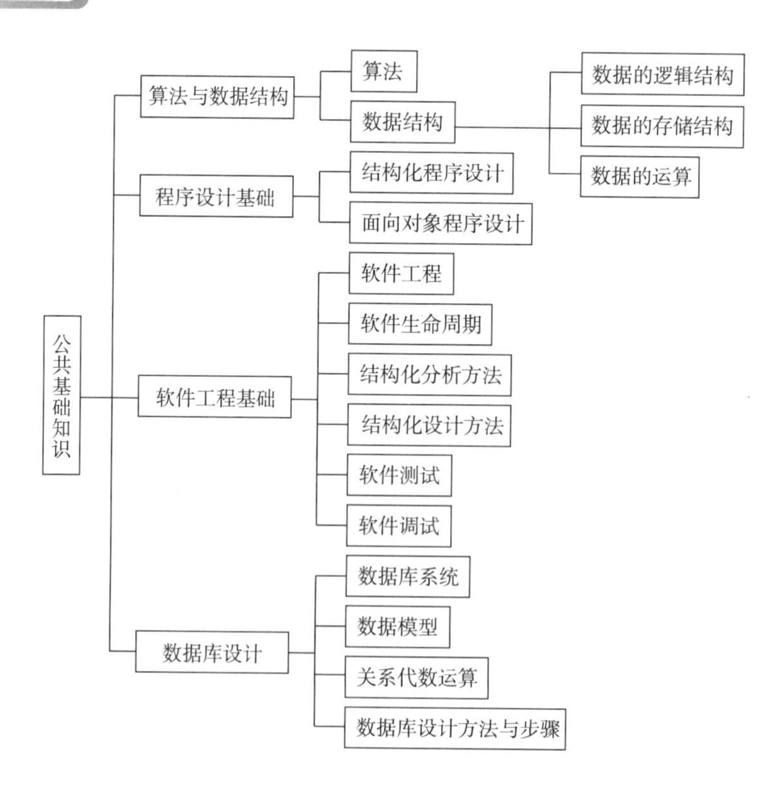

计算机二级考试是全国计算机等级考试（National Computer Rank Examination，NCRE）四个等级中的一个等级，考核计算机基础知识和使用一种高级计算机语言编写程序以及上机调试的基本技能。其中，计算机基础知识是所有二级科目必考的内容，因此公共基础知识在整个二级考试中尤为重要。

计算机二级公共基础主要内容包括以下四个方面。

（1）基本数据结构与算法，主要考查的是算法、数据结构的定义、线性结构与非线性结构、查找和排序等。

（2）程序设计基础，主要考查的是程序设计方法和风格、结构化程序设计、面向对象的程序设计等。

（3）软件工程基础，主要考查的是软件工程、软件生命周期、软件工具与软件开发环境、结构化分析方法、结构化设计方法、软件测试、软件调试等。

（4）数据库设计基础，主要考查的是数据库的定义、组成、数据模型、关系代数运算、数据库设计方法和步骤等。

2.1　算法与数据结构

经过对近年真题的总结分析，常考查的是算法复杂度、数据结构的概念、栈、队列、二叉树的遍历、二分法查找，读者应对此部分进行重点学习。

重要的知识点如下。

（1）算法的概念、算法时间复杂度及空间复杂度的概念。

（2）数据结构的定义、数据逻辑结构及物理结构的定义。

（3）栈、队列的定义及其运算、线性链表的存储方式。

（4）树与二叉树的概念、二叉树的基本性质、完全二叉树的概念、二叉树的遍历。

（5）二分查找法。

（6）排序的算法复杂度。

2.1.1　算法

1. 程序设计的基本概念

1）程序

程序（Program）是为实现特定目标或解决特定问题而用计算机语言编写的命令序列的集合，即指令的集合。它是用汇编语言、高级语言等开发编制出来的可以运行的文件。所以人们要控制计算机，一定要通过计算机语言向计算机发出命令。

人与计算机交流要使用语言，以便让计算机工作，计算机也通过语言把结果告诉使用计算机的人——以便进行“人机对话”。而人与计算机交流的语言非平常人与人之间交流的语言，是专门的语言——程序设计语言。

2）程序设计语言

计算机所能识别的语言只有机器语言，即由 0 和 1 构成的代码。但通常人们编程时，不采用机器语言，因为它非常难于记忆和识别。

程序设计语言，通常简称为编程语言，是一组用来定义计算机程序的语法规则。它是一种被标准化的交流技巧，用来向计算机发出指令。一种计算机语言让程序员能够准确地定义计算机所需要使用的数据，并精确地定义在不同情况下所应当采取的行动。程序设计语言原本是被设计成专门使用在计算机上的，但它们也可以用来定义算法或者数据结构。正是因为如此，程序员才会试图使程序代码更容易阅读。

按语言级别，有低级语言和高级语言之分。低级语言包括机器语言和汇编语言。它的特点与特定的机器有关，功效高，但使用复杂、烦琐、费时、易出差错。其中，机器语言是表示成数码形式的机器基本指令集，或者是操作码经过符号化的基本指令集。汇编语言是机器语言中地址部分符号化的结果，或进一步包括宏构造。高级语言的表示方法要比低级语言更接近于待解问题的表示方法，其特点是在一定程度上与具体机器无关，易学、易用、易维护。当高级语言程序翻译成相应的低级语言程序时，一般来说一个高级语言程序单位要对应多条机器指令，相应的编译程序所产生的目标程序往往功效较低。常见的高级语言有 C、C++、Java 等。

计算机每做的一次动作、一个步骤，都是按照已经用计算机语言编好的程序来执行的，程序是计算机要执行的指令的集合，而程序全部都是用我们所掌握的语言来编写的。对程序设计来说，另外一个重要的问题是如何确定数据处理的流程，即确定解决问题的步骤，这就是算法问题。

2. 算法的基本概念

1）算法

算法是指解题方案的准确而完整的描述。换句话说，算法是对特定问题求解步骤的一种描述。算法是一组严谨地定义运算顺序的规则，并且每一个规则都是有效的，同时是明确的；此顺序将在有限的次数后终止。它是对特定问题求解步骤的一种描述，是指令的有限序列，其中每一条指令表示一个或者多个操作。

算法不等于程序，也不等于计算方法。程序的编制不可能优于算法的设计。这是因为，在编写程序时要受到计算机系统运行环境的限制，程序通常还要考虑很多与方法和分析无关的细节问题。这是因为在编写程序时要受到计算机系统运行环境的限制，通常程序的编制不可能优于算法的设计。

2）算法的基本特征

（1）可行性。针对实际问题而设计的算法，执行后能够得到满意的结果。

（2）确定性。每一条指令的含义明确，无二义性。并且在任何条件下，算法只有唯一的一条执行路径，即相同的输入只能得出相同的输出。

（3）有穷性。算法必须在有限的时间内完成。有两重含义，一是算法中的操作步骤为有限步，二是每个步骤都能在有限时间内完成。

（4）拥有足够的情报。算法中各种运算总是要施加到各个运算对象上，而这些运算对象又可能具有某种初始状态，这就是算法执行的起点或依据。因此，一个算法执行的结果总是与输入的初始数据有关，不同的输入将会有不同的结果输出。当输入不够或输入错误时，算法将无法执行或执行有错。一般说来，当算法拥有足够的情报时，此算法才是有效的；而当提供的情报不够时，算法可能无效。

3）算法的基本要素

一个算法通常由两种基本要素组成，一是对数据对象的运算和操作；二是算法的控制结构。

算法中对数据的运算和操作：计算机可以执行的基本操作是以指令的形式描述的。一个计算机系统能执行的所有指令的集合，称为该计算机系统的指令系统。计算机算法就是计算机处理的操作所组成的指令系统。

在一般的计算机系统中，基本的运算和操作有以下四类。

（1）算术运算：主要包括加、减、乘、除等运算。

（2）逻辑运算：主要包括“与”“或”“非”等运算。

（3）关系运算：主要包括“大于”“小于”“等于”“不等于”等运算。

（4）数据传输：主要包括赋值、输入、输出等操作。

算法的控制结构：一个算法的功能不仅取决于所选用的操作，而且还与各操作之间的执行顺序有关。算法中各操作之间的执行顺序称为算法的控制结构。

算法的控制结构给出了算法的基本框架，它不仅决定了算法中各操作的执行顺序，而且也直接反映了算法的设计是否符合结构化原则。描述算法的工具通常有传统流程图、N-S 结构化流程图和算法描述语言等。一个算法一般都可以用顺序、选择、循环三种基本控制结构组合而成。

4）算法设计的基本方法

（1）列举法。列举法的思想是：根据提出的问题，列举所有可能的情况，并用问题中给定的条件检验哪些是需要的，哪些是不需要的。

（2）归纳法。归纳法的基本思想是：通过列举少量的特殊情况，经过分析，最后找出一般的关系。

（3）递推。递推的基本思想是：从已知的初始条件出发，逐次推出所要求的各中间结果和最后结果。

（4）递归。递归的基本思想是：将问题逐层分解，但并没有对问题进行求解，而只是当解决了最后那些最简单的问题后，再沿着原来分解的逆过程逐步进行综合。

（5）减半递推技术。减半递推技术的基本思想是：利用分治法解决实际问题。所谓分治法，就是对问题分而治之。工程上常用的分治法就是减半递推技术。所谓的“减半”，是指将问题的规模减半，而性质不变。所谓“递推”，是指重复“减半”的过程。

（6）回溯法。回溯法的基本思想是：通过对问题的分析，找出一个解决问题的线索，然后沿着这条线索逐步试探。若试探成功，就解决问题；若试探失败，就逐步退回，换别的路线再逐步试探。回溯法在处理复杂数据结构方面有着广泛的应用。

5）算法设计的要求

（1）正确性：程序不含语法错误；程序对于几组输入数据能够得出满足规格说明要求的结果；程序对于精心选择的典型、苛刻而带有刁难性的几组输入数据能够得到满足规格说明要求的结果；程序对于一切合法的输入数据都能产生满足规格说明要求的结果。

（2）可读性：有助于用户对算法的理解。

（3）健壮性：当输入数据非法时，算法也能适当地作出反应或进行处理，而不会产生莫名其妙的输出结果。

（4）效率与低存储量需求：效率指程序执行时，对于同一个问题如果有多个算法可以解决，执行时间短的算法效率高；存储量需求指算法执行过程中所需要的最大存储空间。

3. 算法复杂度

算法复杂度主要包括时间复杂度和空间复杂度。

1）算法时间复杂度

算法时间复杂度是指执行算法所需要的计算工作量，可以用执行算法的过程中所需基本运算的执行次数来度量。

算法执行的基本运算次数还与问题的规模有关，因此在分析算法的工作量时，还必须对问题的规模进行度量。综上所述，算法的工作量用算法所执行的基本运算次数来度量，而算法所执行的基本运算次数是问题规模的函数。

2）算法空间复杂度

算法空间复杂度是指执行这个算法所需要的内存空间。

一个算法所占用的存储空间包括算法程序所占的空间、输入的初始数据所占的存储空间以及某种数据结构所需要的附加存储空间。

注：算法的时间复杂度和空间复杂度不一定相关。

2.1.2 数据结构的基本概念

利用计算机进行数据处理是计算机应用的一个重要领域。在进行数据处理时，实际需要处理的数据元素很多，而这些大量的数据元素都需要存放在计算机中。因此，大量的数据元素在计算机中如何组织，以便提高数据处理的效率，并且节省计算机的存储空间，这是进行数据处理的关键问题。

数据结构作为计算机的一门学科，主要研究和讨论以下三个方面的问题。

（1）数据集合中各数据元素之间所固有的逻辑关系，即数据的逻辑结构。

（2）在对数据元素进行处理时，各数据元素在计算机中的存储关系，即数据的存储结构。

（3）对各种数据元素进行的运算。

1. 数据结构的定义

数据是对客观事物的符号表示，且能存储在计算机中并被处理。数据分为数据元素和数据对象。

数据元素是在数据处理领域中，每一个需要处理的对象都可以抽象成数据元素。数据元素一般简称为元素。数据元素是数据的基本单位，即数据集合中的个体。有时一个数据元素可由若干数据项(Data Item)组成。数据项是数据的最小单位，如图 2.1 所示。数据元素亦称结点或记录。

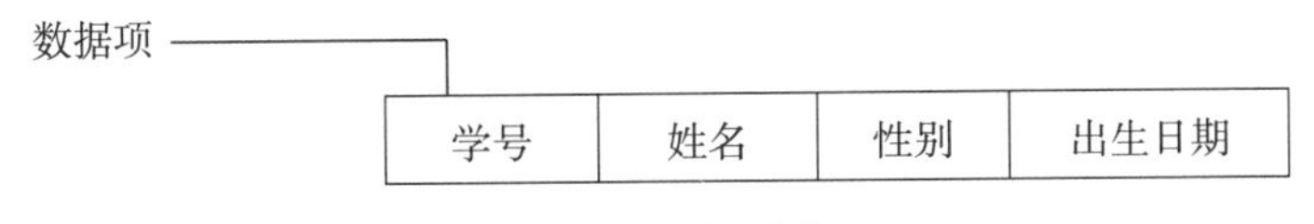

图 2.1　数据元素

数据对象是性质相同的数据元素的集合，是数据的一个子集。

数据结构是指相互有关联的数据元素的集合，指反映数据元素之间关系的数据元素集合的表示。一般来说，数据元素之间的任何关系都可以用前件、后件关系来描述。

2. 数据的逻辑结构

数据的逻辑结构是对数据元素之间的逻辑关系的描述，它可以用一个数据元素的集合和定义在此集合中的若干关系来表示。数据的逻辑结构有两个要素：一是数据元素的集合，通常记为 D；二是 D 上的关系，它反映了数据元素之间的前件、后件关系，通常记为 R。一个数据结构可以表示为

$$B=(D, R)$$

其中 B 表示数据结构。为了反映 D 中各数据元素之间的前件、后件关系，一般用二元组来表示。如在考虑家庭成员之间的辈分关系时，则“父亲”是“儿子”和“女儿”的前件，而“儿子”与“女儿”都是“父亲”的后件，如图 2.2 所示。

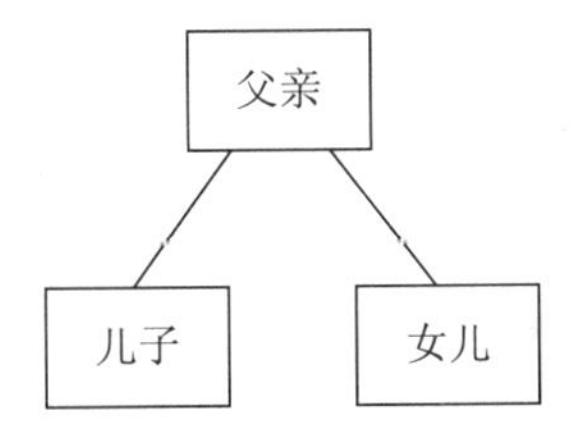

图 2.2　家庭成员之间辈分关系数据结构

一般来说，数据元素之间的任何关系都可以用前件、后件关系来描述。数据元素之间的前件、后件关系是指它们的逻辑关系，而与它们在计算机中的存储位置无关。因此，数据的逻辑结构就是数据的组织形式。数据元素之间有四类基本逻辑结构(集合、线性结构、树型结构和图型结构)，如图 2.3 所示。

(1) 集合：集合中任何两个数据元素之间都没有逻辑关系，组织形式松散。

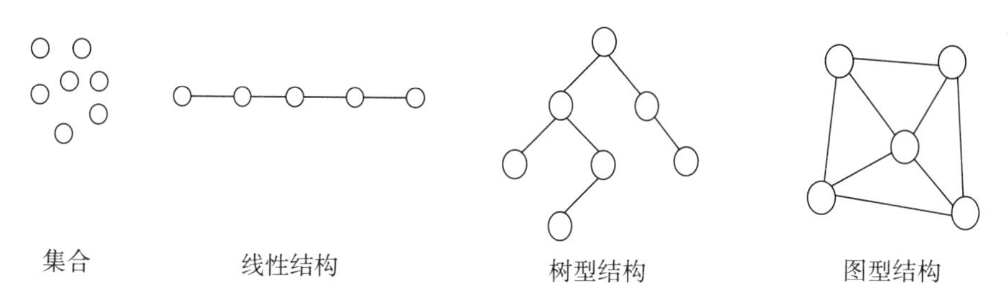

图 2.3　数据的逻辑结构

（2）线性结构：线性结构中数据元素之间存在一对一的关系。

（3）树型结构：树型结构具有分支、层次特性。其形状有点像自然界中的树，数据元素之间存在一对多的关系。

（4）图型结构：图型结构最复杂，结构中数据元素之间存在多对多的关系。

（5）非线性结构：在非线性结构中，一个结点可以有多个直接后继，或者有多个直接前驱，或者既有多个直接后继又有多个直接前驱。树型结构和图型结构都是非线性结构。

3）数据的物理结构

数据的逻辑结构在计算机存储空间中的存放形式称为数据的存储结构(也称数据的物理结构)。

由于数据元素在计算机存储空间中的位置关系可能与逻辑关系不同，因此，为了表示存放在计算机存储空间中的各数据元素之间的逻辑关系(即前件、后件关系)，在数据的存储结构中，不仅要存放各数据元素的信息，还需要存放各数据元素之间的前件、后件关系的信息。

数据的存储结构有顺序存储、链接存储和索引存储等。

（1）顺序存储。它是把逻辑上相邻的结点存储在物理位置相邻的存储单元里，结点之间的逻辑关系由存储单元的邻接关系来体现。由此得到的存储表示称为顺序存储结构。

（2）链接存储。它不要求逻辑上相邻的结点在物理位置上也相邻，结点之间的逻辑关系是由附加的指针字段表示的。由此得到的存储表示称为链式存储结构。

（3）索引存储：除建立存储结点信息外，还建立附加的索引表来标识结点的地址。

同一种逻辑结构的数据可以采用不同的存储结构，但影响数据处理效率。因此，在进行数据处理时，选择适合的存储结构尤为重要。

4）数据的运算

数据运算主要包括查找(检索)、排序、插入、更新及删除等。

5）数据结构的图形表示

一个数据结构除了用二元关系表示外，还可以直观地用图形表示。在数据结构的图形表示中，对于数据集合 D 中的每一个数据元素用中间标有元素值的方框表示，一般称之为数据结点，并简称为结点；为了进一步表示各数据元素之间的前件、后件关系，对于关系 R 中的每一个二元组，用一条有向线段从前件结点指向后件结点，如图 2.4 所示。

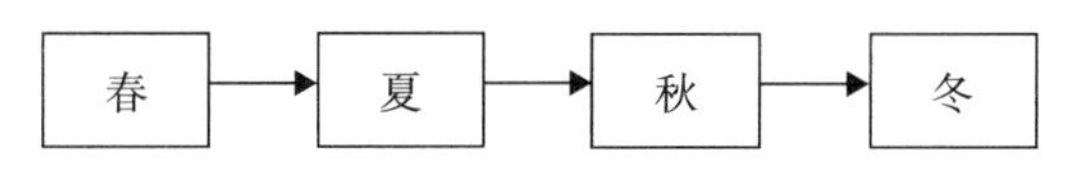

图 2.4　数据结构的图形表示

6）数据结构的分类

如果一个数据结构中没有一个数据元素，则称该数据结构为空的数据结构。在一个空的数据结构中插入一个新的元素后，就变成为非空；在只有一个数据元素的数据结构中，将该元素删除后就变为空的数据结构。

根据数据结构中各数据元素之间前件、后件关系的复杂程度，一般数据结构分为两大类型：线性结构和非线性结构。

（1）线性结构(非空的数据结构)。

条件：①有且只有一个根结点；注意：在数据结构中，没有前件的结点称为根结点。②每一个结点最多有一个前件，也最多有一个后件。在一个线性结构中插入或删除任何一个结点后还应是线性结构。图 2.5 所示为一个线性结构的实例。线性结构又称为线性表。常见的线性结构有线性表、栈、队列和线性链表等。

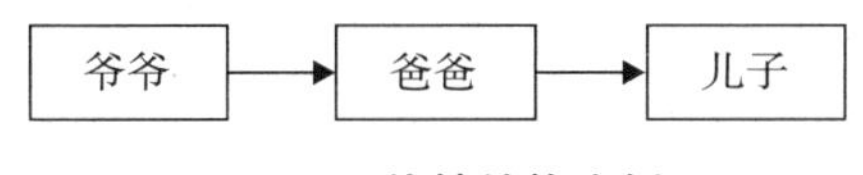

图 2.5　线性结构实例

（2）非线性结构。

不满足线性结构条件的数据结构，即如果一个数据结构不是线性结构，则一定是非线性结构。常见的非线性结构有树、二叉树和图等。图 2.6 所示为非线性结构的实例。

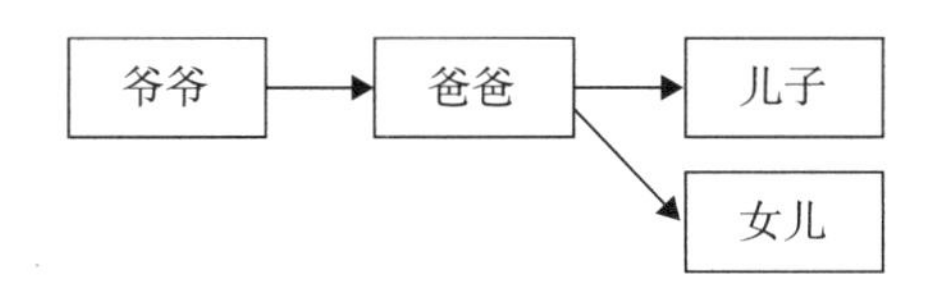

图 2.6　非线性结构实例

一个空的数据结构究竟是属于线性结构，还是属于非线性结构，需根据具体情况来确定。

2.1.3　线性表及顺序存储结构

1. 线性表的基本概念

线性表是最简单、最常用的一种数据结构。

线性表由一组数据元素构成，数据元素的位置只取决于自己的序号，元素之间的相对位置是线性的。

线性表是由 $n(n\geqslant 0)$ 个数据元素组成的一个有限序列，表中的每一个数据元素，除了第一个外，有且只有一个前件，除了最后一个外，有且只有一个后件。可以表示为

$$(a_1, a_2, \cdots, a_i, \cdots, a_n)$$

其中 $a_i(i=1, 2, \cdots, n)$属于数据对象的元素，通常也称其为一个线性表的结点。线性表中数据元素的个数称为线性表的长度。线性表可以为空表。

非空线性表的结构特征如下。

(1) 且只有一个根结点 a_1，它无前件。

(2) 有且只有一个终端结点 a_n，它无后件。

(3) 除根结点与终端结点外，其他所有结点有且只有一个前件，也有且只有一个后件。

2. 线性表的顺序存储

线性表在计算机存储时，它的存储方式有顺序存储和链式存储两种。

1) 线性表的顺序存储结构

计算机中存放线性表最简单的方法是顺序存储。线性表的顺序存储具有两个基本特点。

(1) 线性表中所有元素所占的存储空间是连续的。

(2) 线性表中各数据元素在存储空间中是按逻辑顺序依次存放的。

由此可以看出，在线性表的顺序存储结构中，其前件、后件两个元素在存储空间中是紧邻的，且前件元素一定存储在后件元素的前面，可以通过计算机直接确定第 i 个结点的存储地址。a_i 的存储地址为

$$ADR(a_i) = ADR(a_1) + (i-1)k$$

其中 $ADR(a_1)$为第一个元素的地址，k 代表每个元素占的字节数。即数据元素在表中的位置只取决于它自身的序号。

注：在用一维数组存放线性表时，该数组的长度通常要定义得比线性表的实际长度大一些。

2) 线性表的基本运算

(1) 顺序表的插入运算。

在一般情况下，要在第 $i(1\leqslant i\leqslant n)$个元素之前插入一个新元素时，首先要从最后一个(即第 n 个)元素开始，直到第 i 个元素之间共 $n-i+1$ 个元素依次向后移动一个位置，移动结束后，第 i 个位置就被空出，然后将新元素插入第 i 项。插入结束后，线性表的长度就增加了 1，如图 2.7 所示。

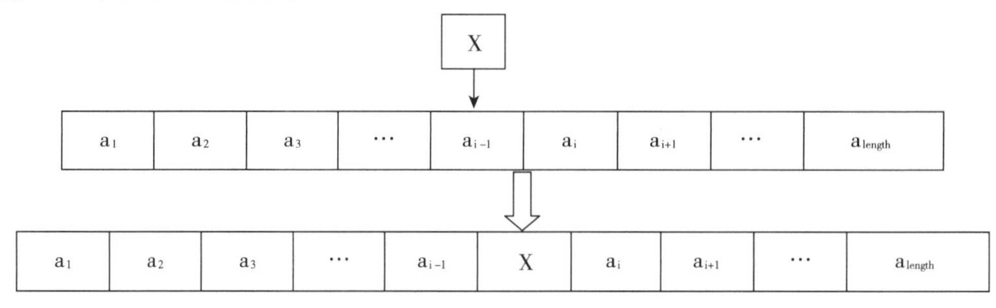

图 2.7　顺序表的插入运算

顺序表的插入运算时需要移动元素，在等概率情况下，平均需要移动n/2个元素。

注：在顺序表较大的情况下，插入一个新元素，会由于数据元素的移动，而消耗较多的处理时间，其效率很低。

（2）顺序表的删除运算。

在一般情况下，要删除第i(1≤i≤n)个元素时，则要从第i+1个元素开始，直到第n个元素之间共n－i个元素依次向前移动一个位置。删除结束后，线性表的长度就减小了1。

进行顺序的删除运算时也需要移动元素，在等概率情况下，平均需要移动(n－1)/2个元素。

顺序存储结构表示的线性表，在做插入或删除操作时，平均需要移动大约一半的数据元素。当线性表的数据元素量较大，并且经常要对其做插入或删除操作时，插入、删除运算不方便。

3）线性表的顺序存储结构的特点

（1）线性表中数据元素类型一致，只有数据域，存储空间利用率高。

（2）所有元素所占的存储空间是连续的。

（3）各数据元素在存储空间中是按逻辑顺序依次存放的。

（4）做插入、删除操作时，需移动大量元素。

（5）空间估计不明时，按最大空间分配。

因此，这种顺序存储的方式对元素经常需要变动的大线性表就不太适合了，会消耗较多的处理时间。

2.1.4　线性链表及其运算

线性表的顺序存储结构具有简单、运算方便等优点，特别是对于小线性表或者长度固定的线性表，采用顺序存储结构的优越性更加突出。但是对于复杂的大的线性表，特别是元素变动频繁的线性表不宜采用顺序存储结构，而是采用下面介绍的链式存储结构。这是因为线性表顺序存储具有以下几个缺点。

（1）插入或删除的运算效率很低。在顺序存储的线性表中，插入或删除数据元素时需要移动大量的数据元素。

（2）线性表的顺序存储结构下，线性表的存储空间不便于扩充。

（3）线性表的顺序存储结构不便于对存储空间的动态分配。

1. 线性链表

线性表的链式存储结构称为线性链表，是一种物理存储单元上非连续、非顺序的存储结构，数据元素的逻辑顺序是通过链表中的指针链接来实现的。因此，在链式存储方式中，每个结点由两部分组成：一部分用于存放数据元素的值，称为数据域；另一部分用于存放指针，称为指针域，用于指向该结点的前一个或后一个结点（即前件或后件），如图2.8所示。

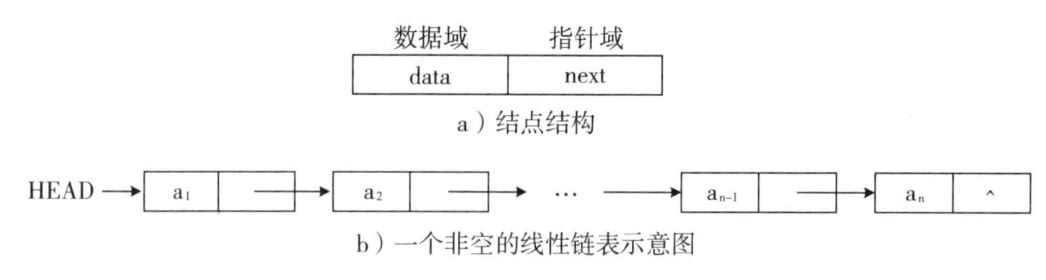

a）结点结构

b）一个非空的线性链表示意图

图 2.8　线性表的链式结构

下面举例说明线性链表的存储结构。

设线性链表为(ZHAO、QIAN、SUN、LI、ZHOU、WU、ZHENG、WANG)，存储空间具有 8 个存储结点，该线性链表在存储空间中的存储情况如图 2.9 所示。为了更直观地表示该线性链表中各元素之间的前件、后件关系，还可用如图 2.10 所示的逻辑状态来表示，其中每一个结点上面的数字表示该结点的存储序号(简称结点号)。

头指针 H

31

存储地址	数据域	指针域
1	数学	43
7	语文	13
13	英语	1
19	政治	NULL
25	历史	37
31	生物	7
37	物理	19
43	化学	25

图 2.9　线性链表的物理状态

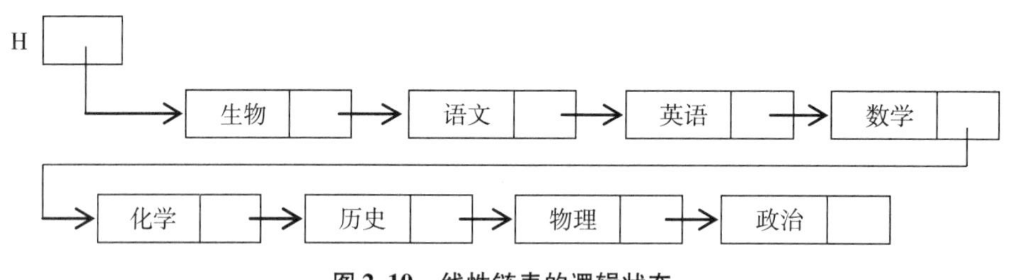

图 2.10　线性链表的逻辑状态

图 2.9 为链式存储结构中，存储数据结构的存储空间可以不连续，各数据结点的存储顺序与数据元素之间的逻辑关系可以不一致，而数据元素之间逻辑上的联系由指针来体现。其中指向线性表中第一结点的指针 HEAD 称为头指针，当 HEAD = NULL(或 0)时称为空表。

线性链表分为单链表、双向链表和循环链表三种类型。

2. 双链表

上面讨论的线性链表又称线性单链表，在这种链表中，每一个结点只有一个指针域，由这个指针只能找到其后件结点，而不能找到其前件结点。因此，在某些应用中，对于线性链表中的每个结点设置两个指针，一个称为左指针(LLink)，指向其前件结点；另一个称为右指针(RLink)，指向其后件结点，这种链表称为双向链表，如图2.11所示。

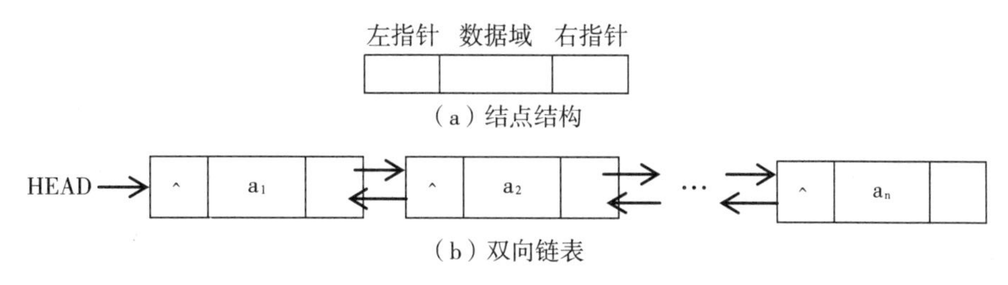

图2.11　双向链表示意图

3. 线性链表的基本运算操作

1）线性链表的插入操作

在线性链表中包含指定元素的结点之前插入一个新元素。在线性链表中插入元素时，不需要移动数据元素，只需要修改相关结点指针即可，也不会出现“上溢”现象。其中，当为一个线性表分配顺序存储结构后，如果出现线性表的存储空间已满，但还需要插入新的元素时，就会发生“上溢”现象。

2）线性链表的删除操作

在线性链表中删除包含指定元素的结点。在线性链表中删除元素时，也不需要移动数据元素，只需要修改相关结点指针即可。

3）线性链表的查询操作

在链表中，即使知道被访问结点的序号i，也不能像顺序表中那样直接按序号i访问结点，而只能从链表的头指针出发，顺着链域逐个结点往下搜索，直至搜索到第i个结点为止。因此，链表不是随机存储结构。

4. 循环链表及其基本运算

在线性链表中，其插入与删除的运算虽然比较方便，但还存在一个问题，在运算过程中对于空表和对第一个结点的处理必须单独考虑，使空表与非空表的运算不统一。为了克服线性链表的这个缺点，可以采用另一种链接方式，即循环链表。

与前面所讨论的线性链表相比，循环链表具有以下两个特点。

(1) 在链表中增加了一个表头结点，其数据域为任意或者根据需要来设置，指针域指向线性表的第一个元素的结点，而循环链表的头指针指向表头结点。

(2) 循环链表中最后一个结点的指针域不是空，而是指向表头结点，即在循环链表中，所有结点的指针构成了一个环状链。

图2.12中（a）是一个非空的循环链表，（b）是一个空的循环链表。

循环链表的优点主要体现在两个方面：一是在循环链表中，只要指出表中任何一个结点的位置，就可以从它出发访问到表中其他所有的结点，而线性单链表做不到这一点；二

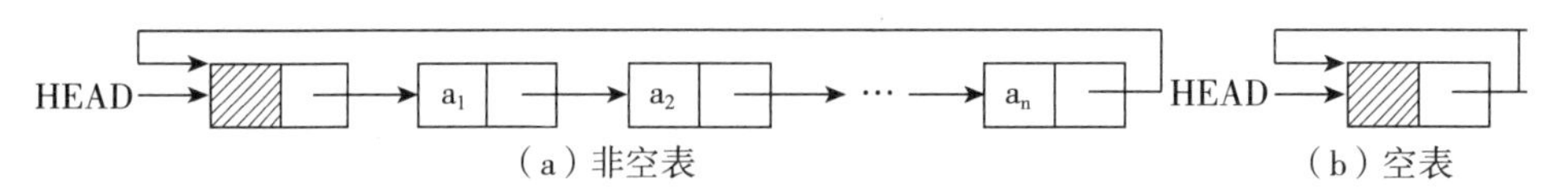

图 2.12　循环链表的逻辑状态

是由于在循环链表中设置了一个表头结点，在任何情况下，循环链表中至少有一个结点存在，从而使空表与非空表的运算统一。

循环链表是在单链表的基础上增加了一个表头结点，其插入和删除运算与单链表相同。但它可以从任意一个结点出发来访问表中其他所有结点，并实现空表与非空表的运算的统一。

5. 链表的存储特点

（1）插入和删除运算方便。
（2）各数据元素是随机存放的。
（3）所有数据元素所占的存储空间是不连续的。
（4）需要增加额外的存储空间，存储密度比顺序表低。

2.1.5　栈和队列

栈和队列是两种特殊的线性表，它们是运算时要受到某些限制的线性表，故也称为限定性的数据结构。

1. 栈及其基础运算

1）栈的定义

栈是限定在一端进行插入与删除运算的线性表。

在栈中，允许插入与删除的一端称为栈顶，不允许插入与删除的另一端称为栈底。栈顶元素总是最后被插入的元素，栈底元素总是最先被插入的元素。即栈是按照“先进后出”或“后进先出”的原则组织数据的，栈结构如图 2. 13 所示。

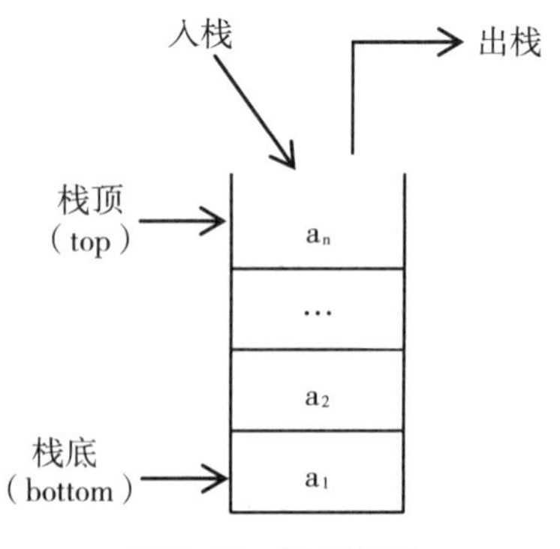

图 2.13　栈示意图

设栈 s =(a_1，a_2，…，a_i，…，a_n)其中 a_1 是栈底元素，a_n 是栈顶元素。

栈具有记忆作用。

2）栈的基本运算

栈的基本运算有3种：入栈、退栈与读栈顶元素。

(1) 插入元素称为进栈(入栈)运算，指在栈顶位置插入一个新元素。将栈顶指针进一(即 top +1)后，在将新元素入栈。

(2) 删除元素称为出栈(退栈)运算，是指取出栈顶元素并赋给一个指定的变量。将栈顶元素删除，然后将栈顶指针退一(即 top -1)。

(3) 读栈顶元素是将栈顶元素赋给一个指定的变量，此时指针无变化(top 不变)。

注：当栈顶指针 top =0 时，为空栈。

栈的存储方式和线性表类似，也有两种，即顺序栈和链式栈。

2. 队列及其运算

1）队列的定义

队列是指允许在一端(队尾)进行插入，而在另一端(队头)进行删除的线性表。尾指针(rear)指向队尾元素，头指针(front)指向排头元素的前一个位置(队头)。即队列是“先进先出”或“后进后出”的线性表，如图2.14所示。

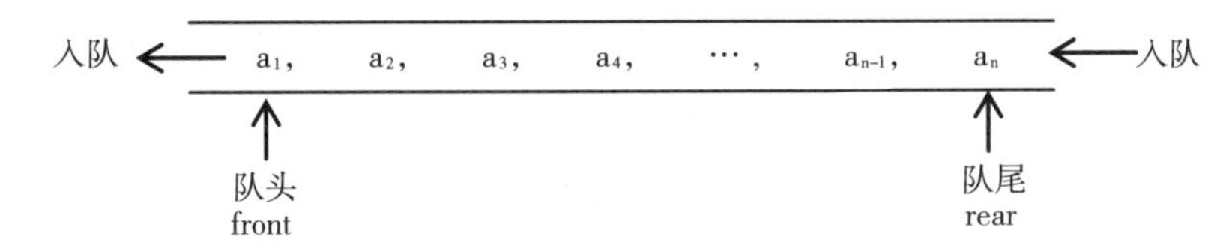

图2.14　队列示意图

2）队列的基本运算

队列的基本运算有2种：入队和出队，图2.15为队列的基本运算示意图。

入队运算：从队尾插入一个元素，队尾指针进一(rear +1)

退队运算：从队头删除一个元素，队头指针进一(front +1)

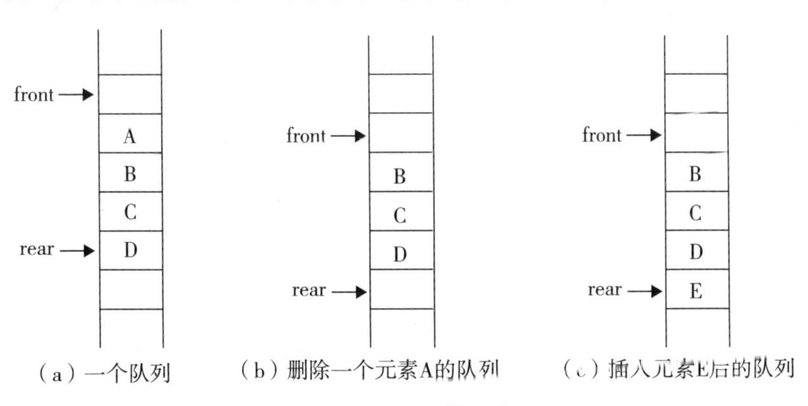

图2.15　队列运算示意图

3）循环队列及其运算

队列的存储方式也有顺序存储和链式存储两种。在实际应用中，队列的顺序存储结构一般采用循环队列的形式。

所谓循环队列，就是将队列存储空间的最后一个位置绕到第一个位置，形成逻辑上的环状空间，供队列循环使用，如图 2.16 所示。在循环队列中，用队尾指针 rear 指向队列中的队尾元素，用队头指针 front 指向队头元素的前一个位置。因此，从队头指针 front 指向的后一个位置直到队尾指针 rear 指向的位置之间，所有的元素均为队列中的元素。

循环队列主要有两种运算：入队与退队运算。每次入队运算，队尾指针就进一；当 rear = m + 1 时，则置 rear = 1；每次退队运算，队头指针就进一；当 front = m + 1 时，则置 front = 1。当循环队列：s = 0 且 front = rear 表示队列空；s = 1 且 front = rear 表示队列满；若 front≠rear，循环队列中元素的个数 = (rear - front + maxsize) % maxsize；若队满时在进行入队运算，这种情况称为“上溢”；若队空时在进行出队运算，这种情况称为“下溢”。

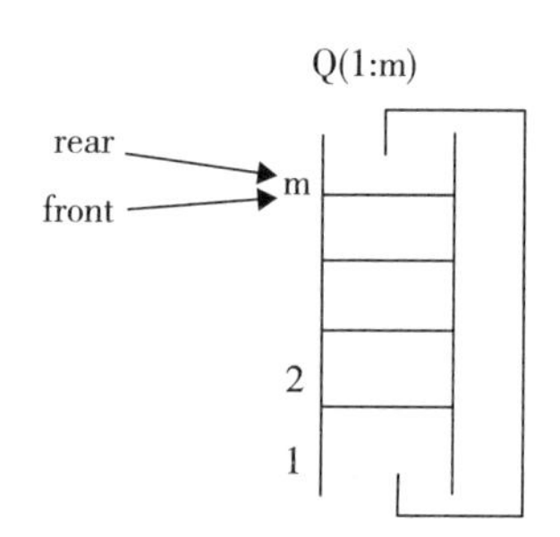

图 2.16　循环队列存储空间示意图

2.1.6　树与二叉树

1. 树的基本概念

树是一种简单的非线性结构。在树这种数据结构中，所有数据元素之间的关系具有明显的层次特性，如图 2.17 所示。

在树结构中，每一个结点只有一个前件，称为父结点。没有前件的结点只有一个，称为树的根结点，简称树的根。每一个结点可以有多个后件，称为该结点的子结点。没有后件的结点称为叶子结点。如上图中 A 为根结点，K、L、F、G、M、I、J 为叶子结点。

在树结构中，一个结点所拥有的后件的个数称为该结点的度，所有结点中最大的度称为树的度。树的最大层次称为树的深度。例如，在图 2.17 中，根结点 A、D 的度为 3；结点 E、B 的度为 2；结点 C、H 的度为 1，叶子结点的度为 0；该树的深度为 4，树的度为 3。

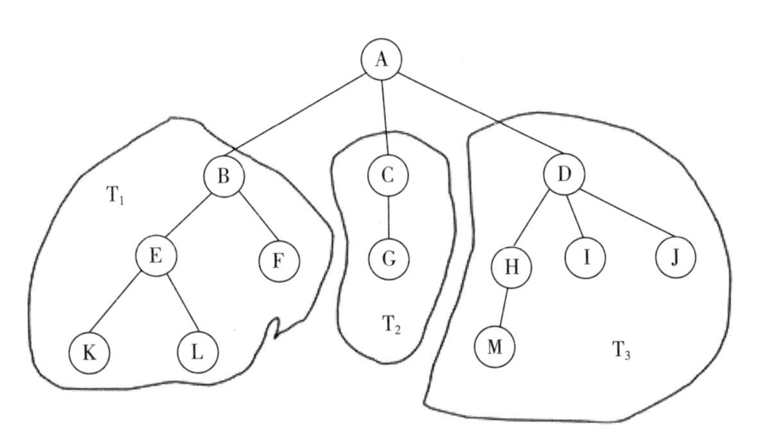

图2.17　一般的树

2. 二叉树及其基本性质

1）二叉树

二叉树是一种很有用的非线性结构，它具有以下两个特点。

(1) 非空二叉树只有一个根结点。

(2) 每一个结点最多有两棵子树，且分别称为该结点的左子树与右子树。

根据二叉树的概念可知，二叉树的度可以为0(叶结点)、1(只有一棵子树)或2(有2棵子树)。

2）二叉树的基本性质

性质1　在二叉树的第k层上，最多有$2^{k-1}(k\geqslant 1)$个结点。

性质2　深度为m的二叉树最多有个2^m-1个结点。

性质3　在任意一棵二叉树中，度数为0的结点(即叶子结点)总比度为2的结点多一个。

性质4　具有n个结点的二叉树，其深度至少为$\log_2 n+1$，其中$[\log_2 n]$表示取$\log_2 n$的整数部分。

【例】　如图2.18中的二叉树，应用二叉树的基本性质。

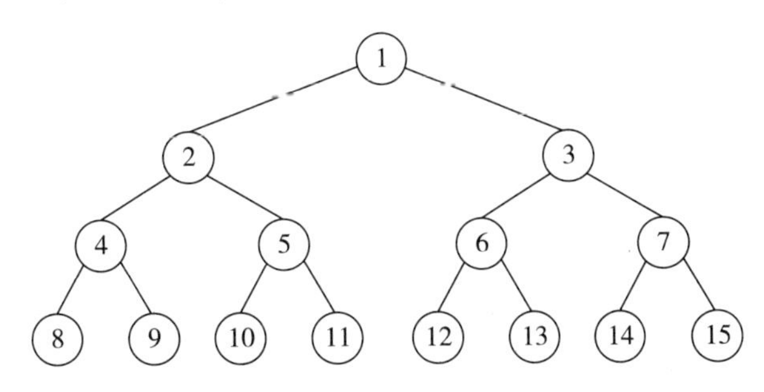

图2.18　二叉树

图中树的第三层上(i=3)，有$2^{3-1}=4$个结点。第四层上(i=4)，有$2^{4-1}=8$个结点。

图中树的深度 $h=4$，共有 $2^4-1=15$ 个结点。

图中树中叶子结点个数为 $n_0=8$，度为2的结点个数为 $n_2=7$，所以 $n_0=n_2+1$。

图中树的深度是 $\log_2 15+1=4$。

3. 满二叉树与完全二叉树

满二叉树：除最后一层外，每一层上的所有结点都有两个子结点。

完全二叉树：除最后一层外，每一层上的结点数均达到最大值；在最后一层上只缺少右边的若干结点。

根据完全二叉树的定义可得出：度为1的结点的个数为0或1。图2.19中a表示的是满二叉树，b表示的是完全二叉树。

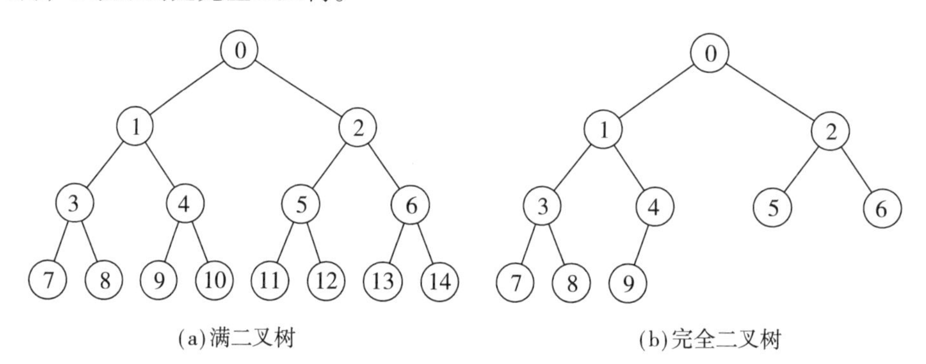

图2.19　满二叉树与完全二叉树

完全二叉树还具有如下两个特性。

性质5　具有n个结点的完全二叉树深度为$[\log_2 n]+1$。

性质6　设完全二叉树共有n个结点，如果从根结点开始，按层序(每一层从左到右)用自然数1，2，…，n给结点进行编号，则对于编号为k(k=1，2，…，n)的结点有以下结论。

(1) 若 $k=1$，则该结点为根结点，它没有父结点；若 $k>1$，则该结点的父结点的编号为INT(k/2)。

(2) 若 $2k\leqslant n$，则编号为k的左子结点编号为2k；否则该结点无左子结点(显然也没有右子结点)。

(3) 若 $2k+1\leqslant n$，则编号为k的右子结点编号为 $2k+1$；否则该结点无右子结点。

4. 二叉树的存储结构

在计算机中，二叉树通常采用链式存储结构。

与线性链表类似，用于存储二叉树中各元素的存储结点也由两部分组成：数据域和指针域。但在二叉树中，由于每一个元素可以有两个后件(即两个子结点)，因此，用于存储二叉树的存储结点的指针域有两个：一个用于指向该结点的左子结点的存储地址，称为左指针域；另一个用于指向该结点的右子结点的存储地址，称为右指针域。

一般二叉树通常采用链式存储结构，对于满二叉树与完全二叉树来说，可以按层序进行顺序存储。这样，不仅节省了存储空间，又能方便地确定每一个结点的父结点与左右子结点的位置，但顺序存储结构对于一般的二叉树不适用。

5. 二叉树的遍历

二叉树的遍历是指不重复地访问二叉树中的所有结点。二叉树的遍历可以分为以下三种。

1）前序遍历（DLR）

若二叉树为空，则结束返回。否则：首先访问根结点，然后遍历左子树，最后遍历右子树；并且，在遍历左右子树时，仍然先访问根结点，然后遍历左子树，最后遍历右子树。

2）中序遍历（LDR）

若二叉树为空，则结束返回。否则：首先遍历左子树，然后访问根结点，最后遍历右子树；并且，在遍历左、右子树时，仍然先遍历左子树，然后访问根结点，最后遍历右子树。

3）后序遍历（LRD）

若二叉树为空，则结束返回。否则：首先遍历左子树，然后遍历右子树，最后访问根结点，并且，在遍历左、右子树时，仍然先遍历左子树，然后遍历右子树，最后访问根结点。

如果对如图 2. 20 所示的二叉树进行遍历：

前序遍历，则遍历的结果为：F，C，A，D，B，E，G，H，P

中序遍历，则遍历的结果为：A，C，B，D，F，E，H，G，P

后序遍历，则遍历的结果为：A，B，D，C，H，P，G，E，F

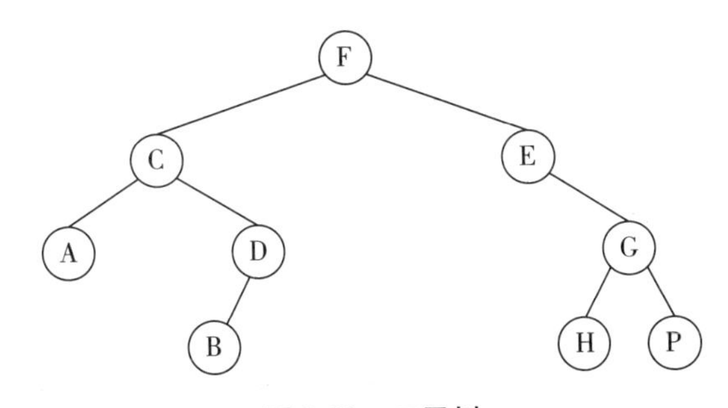

图 2. 20　二叉树

2. 1. 7　查找

查找是数据处理领域中的一个重要内容，查找的效率将直接影响到数据处理的效率。

所谓查找是指在一个给定的数据结构中查找某个指定的元素。通常，根据不同的数据结构，应采用不同的查找方法。查找的效率直接影响数据处理的效率。

查找结果：①查找成功：找到；②查找不成功：没找到。

平均查找长度：查找过程中关键字和给定值比较的平均次数。

1. 顺序查找

1）基本思想

从表中的第一个元素开始，将给定的值与表中逐个元素的关键字进行比较，直到两者相符，查到所要找的元素为止。否则就是表中没有要找的元素，查找不成功。

在平均情况下，利用顺序查找法在线性表中查找一个元素，大约要与线性表中一半的元素进行比较，最坏情况下需要比较 n 次。

顺序查找一个具有 n 个元素的线性表，其平均复杂度为 O(n)。

2）下列两种情况下只能采用顺序查找。

（1）如果线性表是无序表(即表中的元素是无序的)，则不管是顺序存储结构还是链式存储结构，都只能用顺序查找。

（2）即使是有序线性表，如果采用链式存储结构，也只能用顺序查找。

2. 二分法查找

1）基本思想

先确定待查找记录所在的范围，然后逐步缩小范围，直到找到或确认找不到该记录为止。

前提：必须在具有顺序存储结构的有序表中进行。

查找过程：

（1）若中间项(中间项 mid = (n − 1)/2，mid 的值四舍五入取整)的值等于 x，则说明已查到。

（2）若 x 小于中间项的值，则在线性表的前半部分查找。

（3）若 x 大于中间项的值，则在线性表的后半部分查找。

2）特点

（1）比顺序查找方法效率高。最坏的情况下，需要比较 $\log_2 n$ 次。

（2）二分法查找只适用于顺序存储的线性表，且表中元素必须按关键字有序(升序)排列。

（3）对于无序线性表和线性表的链式存储结构只能用顺序查找。在长度为 n 的有序线性表中进行二分法查找，其时间复杂度为 $O(\log_2 n)$。

2.1.8 排序技术

排序是指将一个无序序列整理成按值非递减顺序排列的有序序列，即是将无序的记录序列调整为有序记录序列的一种操作。即首先比较两个关键字的大小；然后将记录从一个位置移动到另一个位置。

1. 交换类排序法

交换排序的特点在于交换，是指借助数据元素之间的互相交换进行排序的一种方法。它包括冒泡和快速排序两种。

2. 插入类排序法

插入排序的主要思路是不断地将待排序的数值插入有序段中，使有序段逐渐扩大，直至所有数值都进入有序段中位置。它包括简单插入排序和希尔排序。

3. 选择类排序法

选择排序是指在排序过程中，依次从待排序的记录序列中选择出关键字值最小的记录、关键字值次小的记录、……，并分别将它们定位到序列左侧的第一个位置、第二个位置、……，最后剩下一个关键字值最大的记录位于序列的最后一个位置，从而使待排序的记录序列成为按关键字值由小到大排列的有序序列。它包括简单选择排序和堆排序。

4. 各种排序法比较

各种排序算法的比较如表2－1所示。

表2－1　排序算法比较

类别	排序方法	基本思想	时间复杂度
交换类	冒泡排序	相邻元素比较，不满足条件时交换	$n(n-1)/2$
	快速排序	选择基准元素，通过交换，划分成两个子序列	$n(n-1)/2$
插入类	简单插入排序	待排序的元素看成为一个有序表和一个无序表，将无序表中元素插入有序表中	$n(n-1)/2$
	希尔排序	分割成若干个子序列分别进行直接插入排序	$0(n^{1.5})$
选择类	简单选择排序	扫描整个线性表，从中选出最小的元素，将它交换到表的最前面	$n(n-1)/2$
	堆排序	选建堆，然后将堆顶元素与堆中最后一个元素交换，再调整为堆	$0(nlog_2^n)$

2.2　程序设计基础

经过对近年真题的总结分析，经常考查的是结构化程序设计的原则、面向对象方法的基本概念，读者应对此部分进行重点学习。

重要的知识点如下。

（1）结构化程序设计方法的四个原则。

（2）对象、类、消息、继承的概念、类与实例的区别。

2.2.1 程序设计方法和风格

程序设计是一门技术，需要相应的理论、技术、方法和工具来支持。就程序设计方法和技术的发展而言，主要经过了结构化程序设计和面向对象的程序设计两个阶段。

1. 风格

一般来说，程序设计风格是指编写程序时所表现出的特点、习惯和逻辑思路。因此，程序设计的风格主要强调："清晰第一，效率第二"。

2. 方法

要形成良好的程序设计风格，主要应注重和考虑下述一些因素。

1）源程序文档化

（1）符号名的命名。符号名能反映它所代表的实际东西，应有一定的实际含义。

（2）程序的注释。分为序言性注释和功能性注释。

（3）视觉组织。利用空格、空行、缩进等技巧使程序层次清晰。

2）数据说明的方法

（1）数据说明的次序规范化。

（2）说明语句中变量安排有序化。

（3）使用注释来说明复杂数据的结构。

3）语句的结构

（1）在一行内只写一条语句。

（2）程序编写应优先考虑清晰性。

（3）程序编写要做到清晰第一，效率第二。

（4）在保证程序正确的基础上再要求提高效率。

（5）避免使用临时变量而使程序的可读性下降。

（6）避免不必要的转移。

（7）尽量使用库函数。

（8）避免采用复杂的条件语句。

（9）尽量减少使用"否定"条件语句，数据结构要有利于程序的简化。

（10）要模块化，使模块功能尽可能单一化。

（11）利用信息隐蔽，确保每一个模块的独立性。信息隐蔽是指采用封装技术，将程序模块的实施细节隐藏起来，使模块接口尽量简单。在设计和确定模块时，使得一个模块内包含的信息（过程或数据），对于不需要这些信息的其他模块来说，是不能访问的。

（12）从数据出发去构造程序。

（13）不要修补不好的程序，要重新编写。

4）输入和输出

（1）对输入数据检验数据的合法性。

（2）检查输入项的各种重要组合的合法性。

（3）输入格式要简单，使得输入的步骤和操作尽可能简单。

（4）输入数据时，应允许使用自由格式。

（5）应允许默认值。

（6）输入一批数据时，最好使用输入结束标志。

（7）在以交互式输入/输出方式进行输入时，要在屏幕上使用提示符明确提示输入的请求，同时在数据输入过程中和输入结束时，应在屏幕上给出状态信息。

（8）当程序设计语言对输入格式有严格要求时，应保持输入格式与输入语句的一致性；给所有的输出加注释，并设计输出报表格式。

2.2.2　结构化程序设计

20世纪70年代提出了“结构化程序设计”的思想和方法。结构化程序设计方法引入了工程化思想和结构化思想，使大型软件的开发和编程得到了极大的改善。

1. 结构化程序设计的原则

结构化程序设计方法的主要原则为：自顶向下、逐步求精、模块化和限制使用goto语句。

1）自顶向下

程序设计时，应先考虑总体，后考虑细节；先考虑全局目标，后考虑局部目标。不要一开始就过多追求众多的细节，先从最上层总目标开始设计，逐步使问题具体化。

2）逐步求精

对复杂问题，应设计一些子目标作为过渡，逐步细化。

3）模块化

一个复杂问题，肯定是由若干稍简单的问题构成。模块化是把程序要解决的总目标分解为分目标，再进一步分解为具体的小目标，把每个小目标称为一个模块。

4）限制使用goto语句

2. 结构化程序的基本结构

结构化程序的基本结构有：顺序结构，选择结构，循环结构。仅仅使用顺序、选择和循环三种基本控制结构就足以表达各种其他形式结构，从而实现任何单入口/单出口的程序。

2.2.3　面向对象的程序设计

客观世界中任何一个事物都可以被看成是一个对象，面向对象方法的本质就是主张从客观世界固有的事物出发来构造系统，提倡人们在现实生活中常用的思维来认识、理解和描述客观事物，强调最终建立的系统能够映射问题域。也就是说，系统中的对象及对象之间的关系能够如实地反映问题域中固有的事物及其关系。

面向对象方法涵盖对象及对象属性与方法、类、继承、多态性几个基本要素。

1. 对象

对象是面向对象方法中最基本的概念，可以用来表示客观世界中的任何实体，对象是实体的抽象。对象是属性和方法的封装体。

1）属性

对象所包含的信息，它在设计对象时确定，一般只能通过执行对象的操作来改变。

2）操作

描述了对象执行的功能，操作也称为方法或服务。操作是对象的动态属性。

3）对象的基本特点

一个对象由对象名、属性和操作三部分组成。

（1）标识唯一性。指对象是可区分的，并且由对象的内在本质来区分，而不是通过描述来区分。

（2）分类性。指可以将具有相同属性的操作的对象抽象成类。

（3）多态性。指同一个操作可以是不同对象的行为。

（4）封装性。从外面看只能看到对象的外部特性，即只需知道数据的取值范围和可以对该数据施加的操作，根本无须知道数据的具体结构以及实现操作的算法。对象的内部，即处理能力的实行和内部状态，对外是不可见的。从外面不能直接使用对象的处理能力，也不能直接修改其内部状态，对象的内部状态只能由其自身改变。

注：信息隐蔽是通过对象的封装性来实现的。

（5）模块独立性好。对象是面向对象的软件的基本模块，它是由数据及可以对这些数据施加的操作所组成的统一体，而且对象是以数据为中心的，操作围绕对其数据所需做的处理来设置，没有无关的操作。从模块的独立性考虑，对象内部各种元素彼此结合得很紧密，内聚性强。

2. 类和实例

类是具有共同属性、共同方法的对象的集合。它描述了属于该对象类型的所有对象的性质，而一个对象则是其对应类的一个实例。

类是关于对象性质的描述，它同对象一样，包括一组数据属性和在数据上的一组合法操作。当使用“对象”这个术语时，既可以指一个具体的对象，也可以泛指一般的对象，但是当使用“实例”这个术语时，必须是指一个具体的对象。

例如，char 型是字符型数据，它描述了字符数据的性质。因此，任何字符型数据都是字符类的对象，而一个具体的‘a’是类 char 型的一个实例。

3. 消息

消息是实例之间传递的信息，它请求对象执行某一处理或回答某一要求的信息，它统一了数据流和控制流。一个消息由三部分组成：接收消息的对象的名称、消息标识符(消息名)和零个或多个参数。

注：在面向对象方法中，一个对象请求另一个对象为其服务的方式是通过发送消息。

4. 继承

广义地说，继承是指能够直接获得已有的性质和特征，而不必重复定义它们。因此，继承是有传递性的。

继承分为单继承与多重继承。单继承是指，一个类只允许有一个父类，即类等级为树形结构。多重继承是指，一个类允许有多个父类。

注：类的继承性是类之间共享属性和操作的机制，它提高了软件的可重用性。

5. 多态性

对象根据所接收的消息而做出动作，同样的消息被不同的对象接收时可导致完全不同的行动，该现象称为多态性。

注：多态性提高了软件的可重用性和可扩展性。

2.3　软件工程基础

经过对近年真题的总结分析，常考查的是软件生命周期、软件设计的基本原理，软件测试的目的、软件调试的基本概念，读者应对此部分进行重点学习。

重要的知识点如下。

（1）软件的概念、软件生命周期的概念及各阶段所包含的活动。

（2）概要设计与详细设计的概念、模块独立性及其度量的标准、详细设计常用的工具。

（3）软件测试的目的、软件测试的 4 个步骤。

（4）软件调试的任务。

2.3.1　软件工程基本概念

1. 软件

1）软件的定义

计算机软件是包括程序、数据及相关文档的完整集合。

2）软件的特点

（1）软件是逻辑实体，而不是物理实体，具有抽象性。

(2) 没有明显的制作过程，可进行大量的复制。

(3) 使用期间不存在磨损、老化问题。

(4) 软件的开发、运行对计算机系统具有依赖性。

(5) 软件复杂性高，成本昂贵。

(6) 软件开发涉及诸多社会因素。

3) 软件的分类

根据应用目标的不同，软件可分为应用软件、系统软件和支撑软件(工具软件)三类。

(1) 应用软件：特定应用领域内专用的软件。

(2) 系统软件：居于计算机系统中最靠近硬件的一层，是计算机管理自身资源、提高计算机使用效率并为计算机用户提供各种服务的软件。如操作系统。

(3) 支撑软件：介于系统软件和应用软件之间，是支援其他软件开发与维护的软件。

2. 软件危机与软件工程

软件工程源自软件危机。所谓软件危机是泛指在计算机软件的开发和维护过程中所遇到的一系列严重问题。总之，可以将软件危机归结为成本、质量、生产率等问题。

软件工程是应用于计算机软件的定义、开发和维护的一整套方法、工具、文档、实践标准和工序。软件工程的目的就是要建造一个优良的软件系统，它所包含的内容概括为以下两点。

(1) 软件开发技术，主要有软件开发方法学、软件工具、软件工程环境。

(2) 软件工程管理，主要有软件管理、软件工程经济学。软件工程的主要思想是将工程化原则运用到软件开发过程，软件工程包括3个要素：方法、工具和过程。方法是完成软件工程项目的技术手段；工具支持软件的开发、管理、文档生成；过程支持软件开发的各个环节的控制和管理。

3. 软件生命周期

软件生命周期是指软件产品从提出、实现、使用维护到停止使用退役的过程。分为三个阶段：软件定义、软件开发、运行维护。

1) 软件定义阶段

(1) 可行性研究与计划的制订。确定总目标；可行性研究；探讨解决方案；制订开发计划。

(2) 需求分析。对待开发软件提出的需求进行分析并给出详细的定义。

2) 软件开发阶段

(1) 软件设计。分为概要设计和详细设计。

(2) 软件实现。把软件设计转换成计算机可以接受的程序代码。

(3) 软件测试。在设计测试用例的基础上检验软件的各个组成部分。

3) 软件维护阶段

(1) 运行和维护。

（2）退役。

注：软件生命周期中所花费最多的阶段是软件运行维护阶段。

4. 软件工程的目标与原则

1）软件工程的目标

在给定成本、进度的前提下，开发出具有有效性、可靠性、可理解性、可维护性、可重用性、可适应性、可移植性、可追踪性和可互操作性，且满足用户需求的产品。

基于软件工程的目标，软件工程的理论和技术性研究的内容主要包括：软件开发技术和软件工程管理。现代软件工程方法之所以得以实施，其重要的保证是软件开发工具和环境的保证。

2）软件工程的原则

（1）抽象。抽象是事物最基本的特性和行为，忽略非本质细节，采用分层次抽象，自顶向下，逐层细化的办法控制软件开发过程的复杂性。

（2）信息隐蔽。采用封装技术，将程序模块的实现细节隐蔽起来，使模块接口尽量简单。

（3）模块化。模块是程序中相对独立的成分，一个独立的编程单位，应有良好的接口定义。模块的大小要适中，模块过大会使模块内部的复杂性增加，不利于模块的理解和修改，也不利于模块的调试和重用；模块太小会导致整个系统表示过于复杂，不利于控制系统的复杂性。

（4）局部化。保证模块之间具有松散的耦合关系，模块内部有较强的内聚性。

（5）确定性。软件开发过程中所有概念的表达应是确定、无歧义且规范的。

（6）一致性。程序内外部接口应保持一致，系统规格说明与系统行为应保持一致。

（7）完备性。软件系统不丢失任何重要成分，完全实现系统所需的功能。

（8）可验证性。应遵循容易检查、测评、评审的原则，以确保系统的正确性。

2.3.2　结构化分析方法

软件开发方法是软件开发过程所遵循的方法和步骤，包括分析方法、设计方法和程序设计方法。结构化方法是结构化程序设计理论在软件需求分析阶段的运用，其目的是帮助弄清用户对软件的需求。

1. 需求分析阶段

需求分析的任务就是导出目标系统的逻辑模型，解决“做什么”的问题。

需求分析一般分为需求获取、需求分析、编写需求规格说明书和需求评审四个步骤进行。

2. 结构化分析方法

需求分析方法有结构化需求分析方法和面向对象的分析方法。

1）结构化分析方法的定义

结构化分析方法是结构化程序设计理论在软件需求分析阶段的应用。其实质：着眼于数据流，自顶向下，逐层分解，建立系统的处理流程，以数据流图和数据字典为主要工具，建立系统的逻辑模型。

2）结构化分析的常用工具

（1）数据流图(DFD)：描述数据处理过程的工具，是需求理解的逻辑模型的图形表示，它直接支持系统功能建模。图 2. 21 所示为数据流图的基本图形元素。

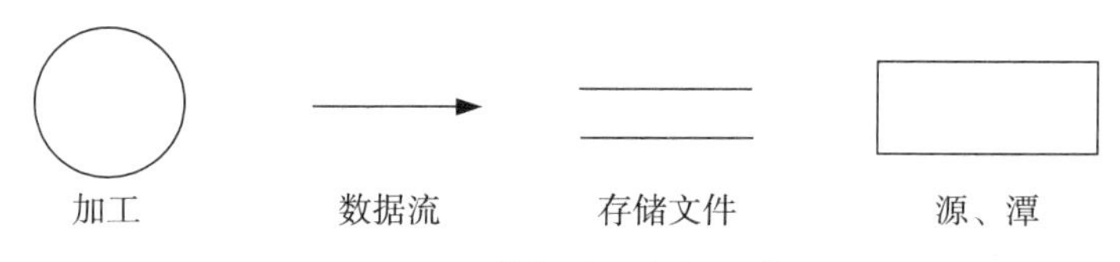

图 2. 21　数据流图数据元素

（2）数据字典(DD)：对所有与系统相关的数据元素的一个有组织的列表，以及精确的、严格的定义，使得用户和系统分析员对于输入、输出、存储成分和中间计算结果有共同的理解。

注：数据字典是结构化分析方法的核心。

（3）判定树：从问题定义的文字描述中分清哪些是判定的条件，哪些是判定的结论，根据描述材料中的连接词找出判定条件之间的从属关系、并列关系、选择关系，根据它们构造判定树。

（4）判定表：与判定树相似，当数据流图中的加工要依赖于多个逻辑条件的取值，即完成该加工的一组动作是由于某一组条件取值的组合而引发的，使用判定表描述比较适宜。

3）软件需求规格说明书(SRS)

软件需求规格说明书是需求分析阶段的最后成果，通过建立完整的信息描述、详细的功能和行为描述、性能需求和设计约束的说明、合适的验收标准，给出对目标软件的各种需求。

软件需求规格说明书的特点：①正确性；②无歧义性；③完整性；④可验证性；⑤一致性；⑥可理解性；⑦可追踪性。

2. 3. 3　结构化设计方法

需求分析主要解决“做什么”的问题，而软件设计主要解决“怎么做”的问题。

软件设计的基本目标是用比较抽象概括的方式确定目标系统如何完成预定的任务，软件设计是确定系统的物理模型。软件设计是开发阶段最重要的步骤，是将需求准确地转化为完整的软件产品或系统的唯一途径。

1. 技术观点

从技术观点来看，软件设计包括软件结构设计、数据设计、接口设计、过程设计。

（1）结构设计：定义软件系统各主要部件之间的关系。

（2）数据设计：将分析时创建的模型转化为数据结构的定义。

（3）接口设计：描述软件内部、软件和协作系统之间以及软件与人之间如何通信。

（4）过程设计：把系统结构部件转换成软件的过程描述。

2. 工程管理角度

从工程管理角度来看分为，概要设计和详细设计。

（1）概要设计：又称结构设计，将软件需求转化为软件体系结构，确定系统级接口、全局数据结构或数据库模式。

（2）详细设计：确定每个模块的实现算法和局部数据结构，用适当方法表示算法和数据结构的细节。

3. 软件设计的基本原理

软件设计的基本原理：抽象、模块化、信息屏蔽、模块独立性。

模块分解的主要指导思想是信息隐蔽和模块独立性。模块的耦合性和内聚性是衡量软件的模块独立性的两个定性指标。

（1）内聚性：是一个模块内部各个元素之间彼此结合的紧密程度的度量。

注：按内聚性由弱到强排列，内聚可以分为以下几种：偶然内聚、逻辑内聚、时间内聚、过程内聚、通信内聚、顺序内聚及功能内聚。

（2）耦合性：是模块间互相连接的紧密程度的度量。

注：按耦合性由高到低排列，耦合可以分为以下几种：内容耦合、公共耦合、外部耦合、控制耦合、标记耦合、数据耦合以及非直接耦合。

一个设计良好的软件系统应具有高内聚、低耦合的特征。

4. 软件概要设计

1）基本任务

设计软件系统结构；数据结构及数据库设计；编写概要设计文档；概要设计文档评审。

2）常用的软件结构设计工具

程序结构图(SC)，使用它描述软件系统的层次和结构关系。程序结构图的基本图符如图 2.22 所示。

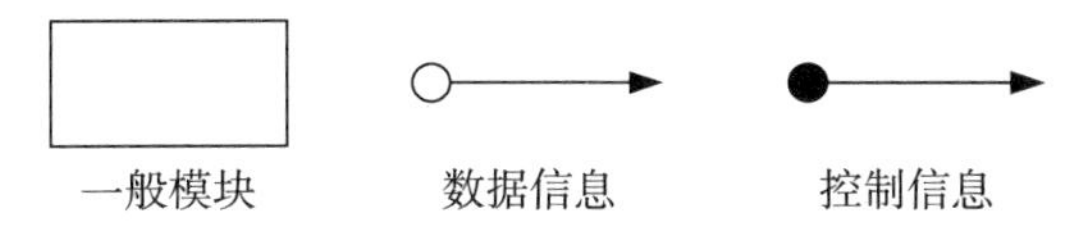

图 2.22　程序结构图数据元素

模块用一个矩形表示，箭头表示模块之间的调用关系。在结构图中还可以用带注释的箭头表示模块调用过程中来回传递的信息。还可用带实心圆的箭头表示传递的是控制信息，空心圆箭心表示传递的是数据信息。

程序结构图的例图及有关术语列举如图 2.23 所示。

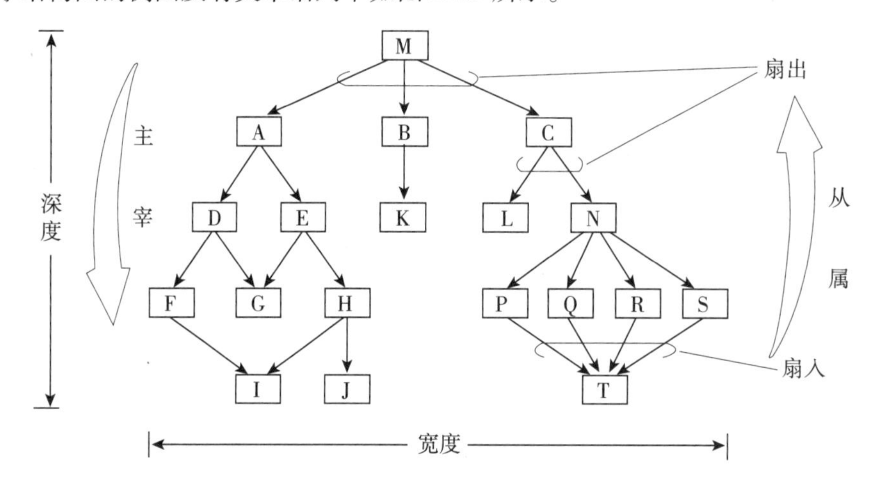

图 2.23　程序结构图

（1）深度：表示控制的层数。

（2）上级模块、从属模块：上、下两层模块 a 和 b，且有 a 调用 b，则 a 是上级模块，b 是从属模块。

（3）宽度：整体控制跨度(最大模块数的层)的表示。

（4）扇入：调用一个给定模块的模块个数。

（5）扇出：一个模块直接调用的其他模块数。

3）面向数据流的设计方法

在需求分析阶段，主要分析信息在系统中加工和流动的情况。面向数据流的设计方法定义一些映射方法，把数据流图变换成结构图表示的软件结构。典型的数据流类型有两种：变换型和事务型。

5. 详细设计

详细设计是为软件结构图中的每一个模块确定实现算法和局部数据结构，用某种选定的表达工具表示算法和数据结构的细节。

注：详细设计的任务是确定实现算法和局部数据结构，不同于编码或编程。

常见的过程设计工具如下。

（1）图形工具：程序流程图、N－S(方框图)、PAD(问题分析图)、HIPO(层次图＋输入/处理/输出图)。

（2）表格工具：判定表。

（3）语言工具：PDL。

2.3.4　软件测试

软件测试是保证软件质量的重要手段，其主要过程涵盖了整个软件生命周期的过程，包括需求定义阶段的需求测试、编码阶段的单元测试、集成测试以及后期的确认测试、系统测试。

1. 软件测试定义

使用人工或自动手段来运行或测定某个系统的过程，其目的在于检验它是否满足规定的需求或是弄清预期结果与实际结果之间的差别。

2. 软件测试的目的

发现错误而执行程序的过程。

一个好的测试用例是指很可能找到迄今为止尚未发现的错误的用例。一个成功的测试是发现了至今尚未发现的错误的测试。测试要以查找错误为中心，测试只能证明程序中有错误，不能证明程序中没有错误。

3. 软件测试方法

从是否需要执行被测软件的角度，分为静态测试和动态测试。按照功能划分可以分为白盒测试和黑盒测试。

1）静态测试和动态测试

（1）静态测试：包括代码检查、静态结构分析、代码质量度量。不实际运行软件，主要通过人工进行。

（2）动态测试：是基本计算机的测试，是为了发现错误而执行程序的过程（利用测试用例去运行程序，以发现程序错误的过程）。

测试用例是为测试设计的数据。

2）白盒测试和黑盒测试

动态测试主要包括白盒测试方法和黑盒测试方法。

（1）白盒测试也称结构测试，根据软件产品的内部工作过程，检查内部成分，以确认每种内部操作符合设计规格要求。在程序内部进行，主要用于完成软件内部操作的验证。主要方法有逻辑覆盖、基本路径测试。

（2）黑盒测试：也称功能测试，是对软件已经实现的功能是否满足需求进行测试和验证。不考虑内部的逻辑结构和内部特性，只依据程序的需求和功能规格说明，检查程序的功能是否满足功能说明。黑盒测试是在软件接口处进行，完成功能验证。

主要诊断功能不对或遗漏、界面错误、数据结构或外部数据库访问错误、性能错误、初始化和终止条件错，主要用于软件确认测试。主要方法有等价类划分法、边界值分析法、错误推测法等。

3）软件测试过程

一般按以下 4 个步骤进行。

（1）单元测试：是对软件设计的最小单位—模块（程序单元）进行正确性检测的测试，目的是发现各模块内部可能存在的各种错误。

（2）集成测试：是测试和组装软件的过程，它是把模块在按照设计要求组装起来的同时进行测试，主要目的是发现与接口有关的错误。集成测试的依据是概要设计说明书。

（3）验收测试：也称确认测试，其任务是验证软件的有效性，即验证软件的功能和性能及其他特性是否与用户的要求一致。确认测试的主要依据是软件需求规格说明书。

（4）系统测试：目的在于通过与系统的需求定义进行比较，发现软件与系统定义不符合或与之矛盾的地方。系统测试的测试用例应根据需求分析规格说明来设计，并在实际使用环境下来运行。

2.3.5 程序的调试

程序调试的任务是诊断和改正程序中的错误，主要在开发阶段进行，调试程序应该由编制源程序的程序员来完成。

注意程序测试与调试的区别：测试是尽可能多地发现软件中的错误，软件测试贯穿软件的整个生命期。调试是诊断和改正程序中的错误，主要在开发阶段进行。

1）程序调试的基本步骤

（1）错误定位。

（2）修改设计和代码，以排除错误。

（3）进行回归测试，防止引进新的错误。

2）软件调试的方法

可分为静态调试和动态调试。静态调试主要是指通过人的思维来分析源程序代码和排错，是主要的设计手段，而动态调试是辅助静态调试。主要调试方法如下。

（1）强行排错法（设置断点、程序暂停、监视表达式等）。

（2）回溯法。

（3）原因排除法。

2.4 数据库设计基础

经过对近年真题的总结分析，经常考查的是数据库管理系统、数据库基本特点、数据库系统的三级模式及二级映射、E－R 模型、关系模型和关系代数，读者应对此部分进行重点学习。

重要的知识点如下。

（1）数据的概念、数据库管理系统提供的数据语言、数据管理员的主要工作、数据库系统阶段的特点、数据的物理独立性及逻辑独立性、数据统一管理与控制、三级模式及两级映射的概念。

（2）数据模型3个描述内容、E－R模型的概念及其E－R图表示法、关系操纵、关系模型三类数据约束。

（3）关系模型的基本操作、关系代数中的扩充运算。

（4）数据库设计生命周期法的4个阶段。

2.4.1　数据库系统的基本概念

1. 数据、数据库、数据库管理系统

1）数据

数据实际上就是描述事物的符号记录。数据的特点：有一定的结构，有型与值之分。数据的型给出了数据表示的类型，如整型、实型、字符型等。而数据的值给出了符合给定型的值，如整型(INT)值15。

2）数据库(DB)

数据库是数据的集合，具有统一的结构形式并存放于统一的存储介质内，是多种应用数据的集成，并可被各个应用程序所共享。

数据库存放数据是按数据所提供的数据模式存放的，具有集成与共享的特点，也就是数据库集中了各种应用的数据，进行统一的构造和存储，而使它们可被不同应用程序所使用。

3）数据库管理系统(DBMS)

数据库管理系统是一种系统软件，负责数据库中的数据组织、数据操纵、数据维护、控制及保护和数据服务等，是数据库的核心。

数据库管理系统功能如下。

（1）数据模式定义：即为数据库构建其数据框架。

（2）数据存取的物理构建：为数据模式的物理存取与构建提供有效的存取方法与手段。

（3）数据操纵：为用户使用数据库的数据提供方便，如查询、插入、修改、删除等以及简单的算术运算及统计。

（4）数据的完整性、安全性定义与检查：数据完整性与安全性的维护是数据库系统的基本功能。

（5）数据库的并发控制与故障恢复。

（6）数据的服务：如复制、转存、重组、性能监测、分析等。

4）数据库管理员(DBA)

数据库管理员对数据库进行规划、设计、维护、监视等的专业管理人员。

5）数据库系统(DBS)

数据库系统由数据库(数据)、数据库管理系统(软件)、数据库管理员(人员)、硬件平台(硬件)、软件平台(软件)五个部分构成的运行实体。

6）数据库应用系统

数据库应用系统由数据库系统、应用软件及应用界面三者组成。

注：数据库技术的根本目标是解决数据的共享问题。

为了完成以上六个功能，数据库管理系统提供以下的数据语言。

（1）数据定义语言(DDL)：负责数据的模式定义与数据的物理存取构建。

（2）数据操纵语言(DML)：负责数据的操纵，如查询与增、删、改等。

（3）数据控制语言(DCL)：负责数据完整性、安全性的定义与检查以及并发控制、故障恢复等。

2. 数据库系统的发展

数据库管理发展至今已经历了三个阶段：人工管理阶段、文件系统阶段和数据库系统阶段。表2－2是数据管理三个阶段的比较。

表2－2　数据管理各阶段特点的详细说明

		人工管理阶段	文件系统阶段	数据库系统阶段
背景	应用背景	科学计算	科学计算、管理	大规模管理
	硬件背景	无直接存取存储设备	磁盘、磁鼓	大容量磁盘
	软件背景	没有操作系统	有文件系统	有数据库管理系统
	处理方式	批处理	联机实时处理、批处理	联机实时处理、分布处理、批处理
特点	数据的管理者	用户(程序员)	文件系统	数据库管理系统
	数据面向的对象	某一应用程序	某一应用	现实世界
	数据的共享程度	无共享，冗余度极大	共享性差，冗余度大	共享性高，冗余度小
	数据的独立性	不独立，完全依赖于程序	独立性差	具有高度的物理独立性和一定的逻辑独立性
	数据的结构化	无结构	记录内有结构，整体无结构	整体结构化，用数据模型描述
	数据控制能力	应用程序自己控制	应用程序自己控制	由数据库管理系统提供数据安全性、完整性、并发控制和恢复能力

3. 数据库系统的基本特点

数据库系统的基本特点如下。

（1）数据的集成性。

（2）数据的高共享性与低冗余性。数据库系统可以减少数据冗余，但无法避免一切冗余。

（3）数据独立性。数据独立性是数据与程序之间的互不依赖性，即数据库中的数据独立于应用程序而不依赖于应用程序。

数据的独立性一般分为物理独立性与逻辑独立性两种。

物理独立性：指用户的应用程序与存储在磁盘上的数据库中数据是相互独立的。当数据的物理结构(包括存储结构、存取方式等)改变时，如存储设备的更换、物理存储的更换、存取方式改变等，应用程序都不用改变。

逻辑独立性：指用户的应用程序与数据库的逻辑结构是相互独立的。数据的逻辑结构改变了，如修改数据模式、增加新的数据类型、改变数据之间联系等，用户程序都可以不变。

(4) 数据统一管理与控制。主要包括 3 个方面：数据的完整性检查、数据的安全性保护和并发控制。

4. 数据库系统的内部结构体系

1) 数据统系统的三级模式

(1) 概念模式：也称逻辑模式，是对数据库系统中全局数据逻辑结构的描述，是全体用户(应用)公共数据视图。一个数据库只有一个概念模式。

(2) 外模式：也称子模式或用户模式，是用户的数据视图，也就是用户所见到的数据模式一个概念模式可以有若干个外模式。

(3) 内模式：也称内模式或物理模式，它给出了数据库物理存储结构与物理存取方法。内模式对一般用户是透明的，但它的设计直接影响数据库的性能。

内模式处于最底层，它反映了数据在计算机物理结构中的实际存储形式，概念模式处于中间层，它反映了设计者的数据全局逻辑要求，而外模式处于最外层，它反映了用户对数据的要求。

2) 数据库系统的两级映射

两级映射保证了数据库系统中数据的独立性。三级模式与两种映射的关系如图 2. 24 所示。

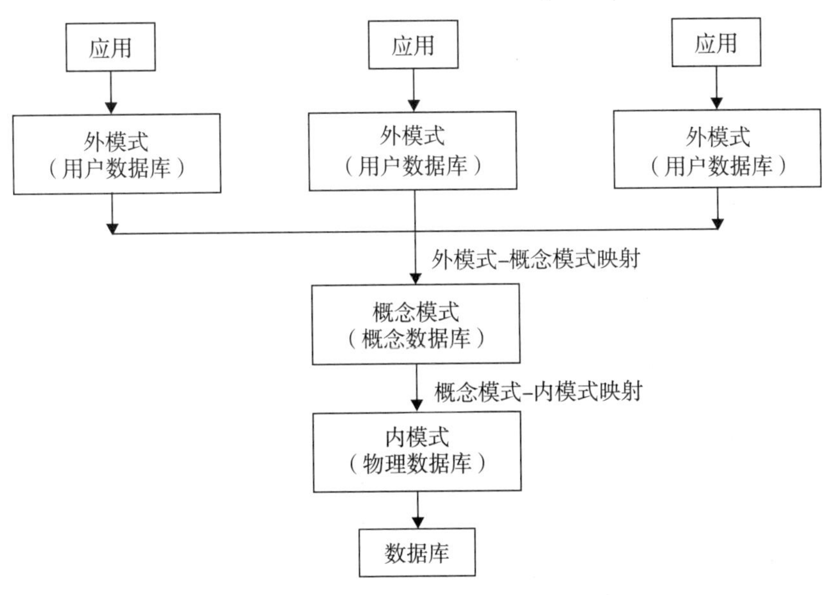

图 2. 24　三级模式、两种映射关系图

概念模式到内模式的映射。该映射给出了概念模式中数据的全局逻辑结构到数据的物理存储结构之间的对应关系。从而保证数据具有很高的物理独立性。

外模式到概念模式的映射。实现了外模式到概念模式之间的相互转换。当逻辑模式发生变化时，通过修改相应的外模式/逻辑模式映射，使得用户所使用的那部分外模式不变，从而应用程序不必修改，保证数据具有较高的逻辑独立性。

2.4.2 数据模型

1. 数据模型

1）数据模型的定义

数据模型的定义是数据特征的抽象，从抽象层次上描述了系统的静态特征、动态行为和约束条件，为数据库系统的信息表与操作提供一个抽象的框架。描述了数据结构、数据操作及数据约束。

2）数据模型的分类

数据模型分为概念模型、逻辑数据模型和物理模型三类。

（1）概念数据模型：简称概念模型，是对客观世界复杂事物的结构描述及它们之间的内在联系的刻画。概念模型主要有：E－R 模型（实体联系模型）、扩充的 E－R 模型、面向对象模型及谓词模型等。

（2）逻辑数据模型：又称数据模型，是一种面向数据库系统的模型，该模型着重于在数据库系统一级的实现。逻辑数据模型主要有：层次模型、网状模型、关系模型、面向对象模型等。

（3）物理数据模型：又称物理模型，它是一种面向计算机物理表示的模型，此模型给出了数据模型在计算机上物理结构的表示。

2. 实体联系模型及 E－R 图

1）E－R 模型的基本概念

实体：现实世界中的事物可以抽象成为实体，实体是概念世界中的基本单位，它们是客观存在的且又能相互区别的事物。

属性：现实世界中事物均有一些特性，这些特性可以用属性来表示。

码：唯一标识实体的属性集称为码。

域：属性的取值范围称为该属性的域。

联系：在现实世界中事物之间的关联称为联系。

两个实体集之间的联系实际上是实体集之间的函数关系，这种函数关系可以有下面几种：一对一的联系、一对多或多对一联系、多对多。

2）E－R 模型的图示法

E－R 模型用 E－R 图来表示。E－R 图如图 2.25 所示。

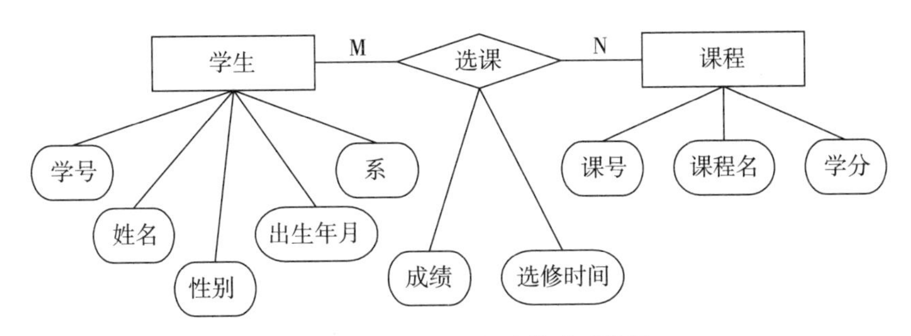

图 2.25　学生 – 课程实体联系模型

（1）实体表示法：在 E – R 图中用矩形表示实体集，在矩形内写上该实体集的名字。

（2）属性表示法：在 E – R 图中用椭圆形表示属性，在椭圆形内写上该属性的名称。

（3）联系表示法：在 E – R 图中用菱形表示联系，菱形内写上联系名。

3）常见的数据模型

数据库管理系统常见的数据模型有层次模型、网状模型和关系模型三种。

（1）层次模型的基本结构是树形结构，具有以下特点：①每棵树有且仅有一个无双亲结点，称为根；②树中除根外所有结点有且仅有一个双亲，如图 2.26 所示。

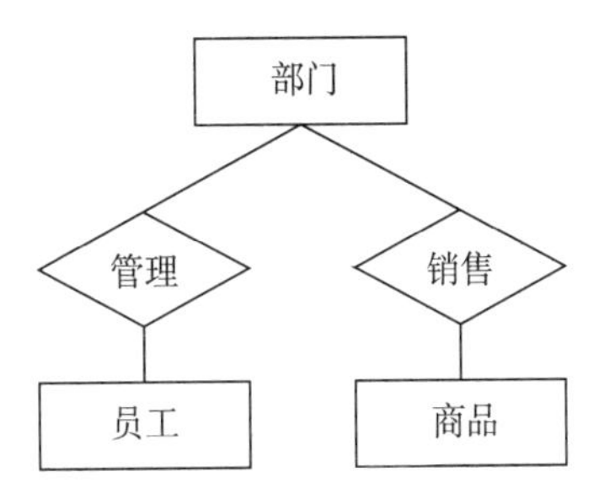

图 2.26　层次模型

（2）网状模型是层次模型的一个特例，从图论的角度上看，网状模型是一个不加任何条件限制的无向图，如图 2.27 所示。

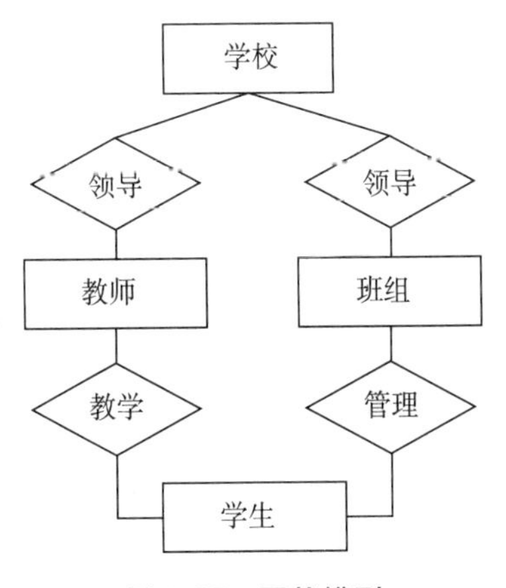

图 2.27　网状模型

（3）关系模型采用二维表来表示，简称表，由表框架及表的元组组成。一个二维表就是一个关系，如表2-3所示。

表2-3 关系模型

学号	姓名	性别	出生年月	班级	籍贯
2007102	张洁然	男	07-07-88	07动画1班	天津
2007203	李一明	男	05-01-87	07播音5班	广西南宁
2007305	王　丽	女	04-09-88	07管理4班	辽宁沈阳
2007406	刘　宏	男	10-11-88	07新闻3班	江苏南京

二维表的表框架由n个命名的属性组成，n称为属性元数。每个属性有一个取值范围称为值域。表框架对应了关系的模式，即类型的概念。在表框架中按行可以存放数据，每行数据称为元组，实际上，一个元组是由n个元组分量所组成，每个元组分量是表框架中每个属性的投影值。

同一个关系模型的任两个元组值不能完全相同。因此，每个元组都要有个能够区别于其他元组的属性或属性组。

主码：或称为关键字、主键，简称码、键，表中的一个属性或几个属性的组合、其值能唯一地标识表中一个元组的，称为关系的主码或关键字。例如，学生的学号。主码属性不能取空值。

外部关键字：或称为外键，在一个关系中含有与另一个关系的关键字相对应的属性组称为该关系的外部关键字。外部关键字取空值或为外部表中对应的关键字值。例如，在学生表中含有的所属班级名字，是班级表中的关键字属性，它是学生表中的外部关键字。

关系中的数据约束如下。

（1）实体完整性约束：约束关系的主键中属性值不能为空值。

（2）参照完全性约束：是关系之间的基本约束。

（3）用户定义的完整性约束：它反映了具体应用中数据的语义要求。

2.4.3 关系代数

1. 关系模型的基本操作

关系模型的基本操作：插入、删除、修改和查询。其中查询包含如下运算。

（1）投影：从R中选择出若干属性列组成新的关系。是对列操作。可以写成：$\Pi_{属性}$（关系）。

（2）选择：选择指的是从二维关系表的全部记录中，把那些符合指定条件的记录挑出来，是对行操作：$\sigma_{条件}$（关系）。

（3）广义笛卡儿积（×）：设关系R和S的属性个数分别为n、m，则R和S的广义笛卡儿积是一个有(n + m)列的元组的集合。每个元组的前 n 列来自 R 的一个元组，后 m 列来自 S 的一个元组，记为 R × S。即行相乘，列相加。

2. 关系代数中的扩充运算

关系代数中的扩充运算如下。

(1) 并(∪)：关系 R 和 S 具有相同的关系模式，R 和 S 的并是由属于 R 或属于 S 的元组构成的集合。

(2) 差(-)：关系 R 和 S 具有相同的关系模式，R 和 S 的差是由属于 R 但不属于 S 的元组构成的集合。

(3) 交(∩)：关系 R 和 S 具有相同的关系模式，R 和 S 的交是由属于 R 且属于 S 的元组构成的集合。

(4) 连接：将两个关系模式拼接成一个更宽的关系模式，生成的新关系中包含满足连接条件的元组。

(5) 自然连接：是一种特殊的等值连接，它要求两个关系中进行比较的分量是相同的属性组，并且在结果中把重复的属性列去掉。

2.4.4　数据库设计与管理

数据库设计是数据应用的核心。

1. 数据库设计的两种方法

面向数据：以信息需求为主，兼顾处理需求。

面向过程：以处理需求为主，兼顾信息需求。

2. 数据库设计阶段

1) 需求分析阶段

这是数据库设计的第一个阶段，任务主要是收集和分析数据，这一阶段收集到的基础数据和数据流图是下一步设计概念结构的基础。

需求分析常用结构析方法和面向对象的方法。结构化分析(简称 SA)方法用自顶向下、逐层分解的方式分析系统。用数据流图表达数据和处理过程的关系。对数据库设计来讲，数据字典是进行详细的数据收集和数据分析所获得的主要结果。

数据字典是各类数据描述的集合，包括 5 个部分：数据项、数据结构、数据流(可以是数据项，也可以是数据结构)、数据存储、处理过程。

2) 概念设计阶段

分析数据之间的内在语义关联，在此基础上建立一个数据的抽象模型，即形成 E - R 图。数据库概念设计的过程包括选择局部应用、视图设计和视图集成。

数据库概念设计的目的是分析数据内在语义关系。设计的方法有以下两种。

(1) 集中式模式设计法(适用于小型或并不复杂的单位或部门)。

（2）视图集成设计法。

设计方法：E－R 模型与视图集成。

3）逻辑设计阶段

将 E－R 图转换成指定 RDBMS 中的关系模式。

（1）从 E－R 图向关系模式的转换。

（2）逻辑模式规范化及调整、实现。

（3）关系视图设计。

4）物理设计阶段

对数据库内部物理结构作调整并选择合理的存取路径，以提高数据库访问速度及有效利用存储空间。

数据库的物理设计主要目标是对数据内部物理结构作调整并选择合理的存取路径，以提高数据库访问速度及有效利用存储空间。一般 RDBMS 中留给用户参与物理设计的内容大致有索引设计、集成簇设计和分区设计，如图 2.28 所示。

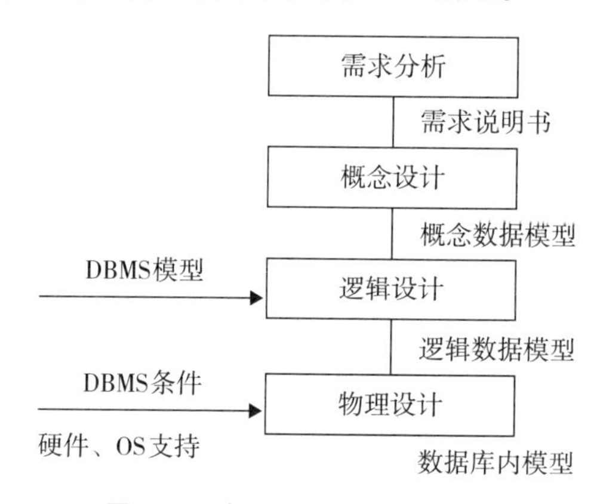

图 2.28　数据库设计的四个阶段

3. 数据库管理的内容

数据库管理的内容包括：数据库的建立；数据库的调整；数据库的重组；数据库安全性与完整性控制；数据库的故障恢复；数据库监控。

本章小结

本章介绍了计算机公共基础知识，主要讲述了以下内容。

（1）算法与数据结构。介绍了算法的定义、特征、基本要素、基本方法以及算法的复杂度问题。数据结构主要从数据的逻辑结构、存储结构和运算三个方面进行讲解，其中逻辑结构和存储结构为重点和难点。

（2）程序设计基础。介绍了程序设计的基本概念，程序设计的风格、方法。可将程序设计分为结构化程序设计和面向对象的程序设计，并详细解说了结构化程序设计的原则和基本结构，而面向对象的程序设计则以对象以及对象属性、方法、类、继承、多态性等各要素为主要内容进行讲解。

（3）软件工程基础。按照软件、软件危机、软件工程、软件生命周期的发展过程进行讲解，并对软件生命周期的结构化分析方法、结构化设计方法、软件测试、软件调试等几阶段进行详细说明，方便考生掌握软件工程的考点和重点。

（4）数据库设计。数据库设计从数据库系统的组成、数据模式的分类、关系代数运算、数据库设计方法与步骤四个方面进行讲解。其中数据模型的分类、关系代数运算为考试的难点和重点，进行了详细的说明和讲解。

习　题

1. 算法的有穷性是指(　　)。
   A. 算法程序的运行时间是有限的　　B. 算法程序所处理的数据量是有限的
   C. 算法程序的长度是有限的　　D. 算法只能被有限的用户使用
2. 下列选项中，哪个不是一般算法应该有的特征(　　)。
   A. 无穷性　　B. 可行性
   C. 确定性　　D. 有穷性
3. (2011.9)下列叙述中正确的是(　　)。
   A. 设计算法时只需要考虑数据结构的设计　　B. 算法就是程序
   C. 设计算法时只需要考虑结果的可靠性　　D. 以上三种说法都不对
4. (2009.9)算法的空间复杂度是指(　　)。
   A. 算法在执行过程中所需要的计算机存储空间
   B. 算法所处理的数据量
   C. 算法程序中的语句或指令条数
   D. 队头指针可以大于队尾指针，也可以小于队尾指针
5. (2010.3)算法的时间复杂是指(　　)。
   A. 算法的执行时间　　B. 算法所处理的数据量
   C. 算法程序中的语句或指令条数　　D. 算法在执行过程中所需要的基本运算次数
6. (2007.9)下列叙述中正确的是(　　)。
   A. 数据的逻辑结构与存储结构必定是一一对应的
   B. 由于计算机存储空间是向量式的存储结构，因此，数据的存储结构一定是线性结构
   C. 程序设计语言中的数据一般是顺序存储结构，因此，利用数组只能处理线性结构
   D. 以上三种说法都不对
7. 下列叙述中正确的是(　　)。
   A. 顺序存储结构的存储一定是连续的，链式存储结构的存储空间不一定是连续的
   B. 顺序存储结构只针对线性结构，链式存储结构只针对非线性结构
   C. 顺序存储结构能存储有序表，链式存储结构不能存储有序表
   D. 链式存储结构比顺序存储结构节省存储空间
8. 下列叙述中正确的是(　　)。

A. 有一个以上根结点的数据结构不一定是非线性结构
B. 只有一个根结点的数据结构不一定是线性结构
C. 循环链表是非线性结构
D. 双向链表是非线性结构

9. 下列线性链表的叙述中，正确的是(　　)。
A. 各数据结点的存储空间可以不连续，但它们的存储顺序与逻辑顺序必须一致
B. 各数据结点的存储顺序与逻辑顺序可以不一致，但它们的存储空间必须连续
C. 进行插入与删除时，不需要移动表中的元素
D. 以上三种说法都不对

10. 下列叙述中正确的是(　　)。
A. 程序执行的效率与数据的存储结构密切相关
B. 程序执行的效率只取决于程序的控制结构
C. 程序执行的效率只取决于所处理的数据量
D. 以上三种说法都不对

11. 支持子程序调用的数据结构是(　　)。
A. 栈　　B. 树
C. 队列　　D. 二叉树

12. 列叙述中正确的是(　　)。
A. 在栈中，栈中元素随栈底指针与栈顶指针的变化而动态变化
B. 在栈中，栈顶指针不变，栈中元素随栈底指针的变化而动态变化
C. 在栈中，栈底指针不变，栈中元素随栈顶指针的变化而动态变化
D. 上述三种说法都不对

13. 下列关于栈叙述正确的是(　　)。
A. 栈顶元素最先能被删除　　B. 栈顶元素最后才能被删除
C. 栈底元素永远不能被删除　　D. 以上三种说法都不对

14. 下列关于栈的叙述中正确的是(　　)。
A. 在栈中只能插入数据，不能删除数据　　B. 在栈中只能删除数据，不能插入数据
C. 栈是先进后出(FILO)的线性表　　D. 栈是先进先出(FIFO)的线性表

15. 一个栈的初始状态为空。现将元素 1、2、3、4、5、A、B、C、D、E 依次入栈，然后依次出栈，则元素出栈的顺序是(　　)。
A. 12345ABCDE　　B. EDCBA54321
C. ABCDE12345　　D. 54321EDCBA

16. 下列关于栈的叙述正确的是(　　)。
A. 栈按“先进先出”组织数据　　B. 栈按“先进后出”组织数据
C. 只能在栈底插入数据　　D. 不能删除数据

17. 一个栈的初始状态为空。首先将元素 5，4，3，2，1 依次入栈，然后退栈一次，再将元素 A，B，C，D 依次入栈，之后将所有元素全部退栈，则所有元素退栈(包括中间退栈的元素)的顺序为(　　)。
A. 12345ABCD　　B. DCBA54321
C. ABCD12345　　D. 1DCBA2345

18. 下列叙述中正确的是(　　)。
A. 循环队列有队头和队尾两个指针，因此，循环队列是非线性结构

B. 在循环队列中，只需要队头指针就能反映队列中元素的动态变化情况

C. 在循环队列中，只需要队尾指针就能反映队列中元素的动态变化情况

D. 循环队列中元素的个数是由队头指针和队尾指针共同决定

19. 下列关于栈的叙述正确的是(　　)。

A. 栈按“先进先出”组织数据　　B. 栈按“先进后出”组织数据

C. 只能在栈底插入数据　　D. 不能删除数据

20. 在长度为 n 的有序线性表中进行二分查找，最坏情况下需要比较的次数是(　　)。

A. $O(n)$　　B. $O(n^2)$

C. $O(\log_2 n)$　　D. $O(n\log_2 n)$

21. 对长度为 n 的线性表排序，在最坏情况下，比较次数不是 $n(n-1)/2$ 的排序方法是(　　)。

A. 快速排序　　B. 冒泡排序

C. 直接插入排序　　D. 堆排序

22. 软件是指(　　)。

A. 程序　　B. 程序和文档

C. 算法加数据结构　　D. 程序、数据与相关文档的完整集合

23. 软件按功能可以分为：应用软件、系统软件和支撑软件(或工具软件)。下面属于系统软件的是(　　)。

A. 编辑软件　　B. 操作系统

C. 教务管理系统　　D. 浏览器

24. 软件按功能可以分为应用软件、系统软件和支撑软件(或工具软件)，下面属于应用软件的是(　　)。

A. 学生成绩管理系统　　B. C 语言编译程序

C. UNIX 操作系统　　D. 数据库管理系统

25. 软件按功能可以分为：应用软件、系统软件和支撑软件(或工具软件)。下面属于应用软件的是(　　)。

A. 编译程序　　B. 操作系统

C. 教务管理系统　　D. 汇编程序

26. (2010.9)下面描述中，不属于软件危机表现的是(　　)。

A. 软件过程不规范　　B. 软件开发生产率低

C. 软件质量难以控制　　D. 软件成本不断提高

27. (2005.9)下列关于软件工程的描述中正确的是(　　)。

A. 软件工程只是解决软件项目的管理问题

B. 软件工程主要解决软件产品的生产率问题

C. 软件工程的主要思想是强调在软件开发过程中需要应用工程化原则

D. 软件工程只是解决软件开发中的技术问题

28. (2010.3)软件生命周期可分为定义阶段，开发阶段和维护阶段。详细设计属于(　　)。

A. 定义阶段　　B. 开发阶段

C. 维护阶段　　D. 上述三个阶段

29. (2010.9)软件生命周期是指(　　)。

A. 软件产品从提出、实现、使用维护到停止使用退役的过程

B. 软件从需求分析、设计、实现到测试完成的过程

C. 软件的开发过程

D. 软件的运行维护过程

30. (2012.3)软件生命周期中的活动不包括(　　)。

A. 市场调研　　B. 需求分析

C. 软件测试　　D. 软件维护

31. (2006.9)下列选项中不属于软件生命周期开发阶段任务的是(　　)。

A. 软件测试　　B. 概要设计

C. 软件维护　　D. 详细设计

32. (2012.3)下面不属于需求分析阶段任务的是(　　)。

A. 确定软件系统的功能需求　　B. 确定软件系统的性能需求

C. 需求规格说明书评审　　D. 制定软件集成测试计划

33. (2011.3)在软件开发中，需求分析阶段产生的主要文档是(　　)。

A. 软件集成测试计划　　B. 软件详细设计说明书

C. 用户手册　　D. 软件需求规格说明书

34. (2012.9)软件需求规格说明书的作用不包括(　　)。

A. 软件设计的依据　　B. 软件可行性研究的依据

C. 软件验收的依据　　D. 用户与开发人员对软件要做什么的共同理解

35. (2008.9)在软件开发中，需求分析阶段可以使用的工具是(　　)。

A. N-S 图　　B. DFD 图

C. PAD 图　　D. 程序流程图

36. (2010.3)数据流图(DFD 图)是(　　)。

A. 软件概要设计的工具　　B. 软件详细设计的工具

C. 结构化方法的需求分析工具　　D. 面向对象方法的需求分析工具

37. (2012.9)数据字典(DD. 所定义的对象都包含于(　　)。

A. 软件结构图　　B. 方框图

C. 数据流图(DFD 图)　　D. 程序流程图

38. (2008.9)数据流图中带有箭头的线段表示的是(　　)。

A. 控制流　　B. 事件驱动

C. 模块调用　　D. 数据流

39. 数据流图由一些特定的图符构成。下列图符名标识的图符不属于数据流图合法图符的是(　　)。

A. 加工　　B. 控制流

C. 数据存储　　D. 数据流

40. (2006.9)从工程管理角度，软件设计一般分为两步完成，它们是(　　)。

A. 概要设计与详细设计　　B. 数据设计与接口设计

C. 软件结构设计与数据设计　　D. 过程设计与数据设计

41. (2011.9)某系统总体结构图如下图所示：

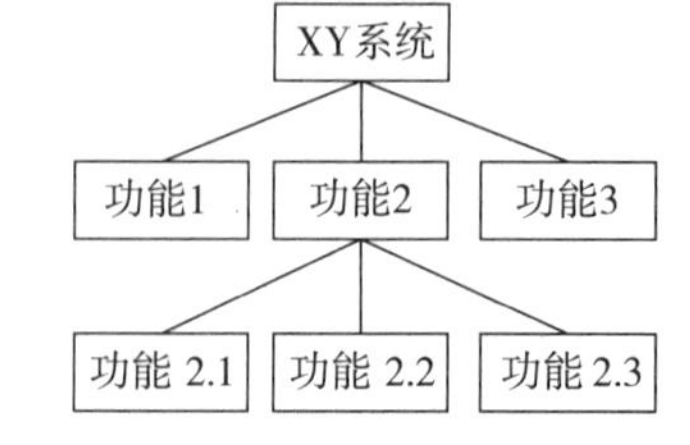

该系统总体结构图的深度是(　　)。

A. 7　　B. 6

C. 3　　D. 2

42. (2005.9)在软件设计中，不属于过程设计工具的是(　　)。

A. PDL(过程设计语言)　　B. PAD 图

C. N－S 图　　D. DFD 图

43. (2012.3)在软件设计中不适用的工具是(　　)。

A. 系统结构图　　B. PAD 图

C. 数据流图(DFD 图)　　D. 程序流程图

44. (2007.4)在结构化程序设计中，模块划分的原则是(　　)。

A. 各模块应包括尽量多的功能　　B. 各模块的规模应尽量大

C. 各模块之间的联系应尽量紧密　　D. 模块内具有高内聚度、模块间具有低耦合度

45. (2006.4)两个或两个以上模块之间关联的紧密程度称为(　　)。

A. 耦合度　　B. 内聚度

C. 复杂度　　D. 数据传输特性

46. (2009.3)耦合性和内聚性是对模块独立性度量的两个标准。下列叙述中正确的是(　　)。

A. 提高耦合性降低内聚性有利于提高模块的独立性

B. 降低耦合性提高内聚性有利于提高模块的独立性

C. 耦合性是指一个模块内部各个元素间彼此结合的紧密程度

D. 内聚性是指模块间互相连接的紧密程度

47. (2005.4)为了使模块尽可能独立，要求(　　)。

A. 模块的内聚程度要尽量高，且各模块间的耦合程度要尽量强

B. 模块的内聚程度要尽量高，且各模块间的耦合程度要尽量弱

C. 模块的内聚程度要尽量低，且各模块间的耦合程度要尽量弱

D. 模块的内聚程度要尽量低，且各模块间的耦合程度要尽量强

48. (2008.4)软件设计中模块划分应遵循的准则是(　　)。

A. 低内聚低耦合　　B. 高内聚低耦合

C. 低内聚高耦合　　D. 高内聚高耦合

49. (2008.4)程序流程图中带有箭头的线段表示的是(　　)。

A. 图元关系　　B. 数据流

C. 控制流　　D. 调用关系

50. (2009.9)软件详细设计产生的图如下，该图是(　　)。

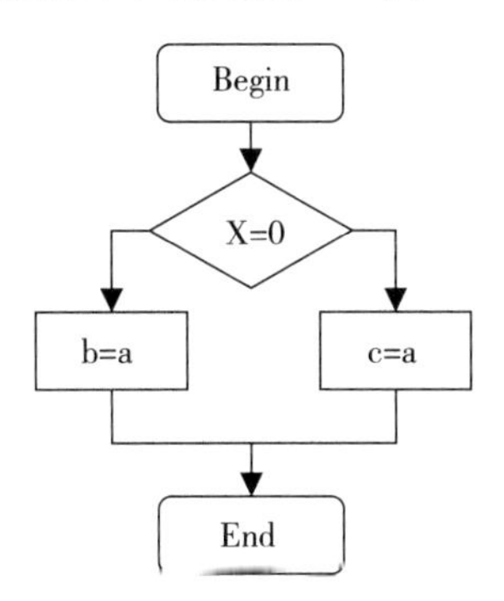

A. N－S 图　　B. PAD 图
C. 程序流程图　　D. E－R 图

51. (2009. 9)数据库管理系统是(　　)。

A. 操作系统的一部分　　B. 在操作系统支持下的系统软件
C. 一种编译系统　　D. 一种操作系统

52. (2010. 3)数据库管理系统中负责数据模式定义的语言是(　　)。

A. 数据定义语言　　B. 数据管理语言
C. 数据操纵语言　　D. 数据控制语言

53. (2011. 3)负责数据库中查询操作的数据库语言是(　　)。

A. 数据定义语言　　B. 数据管理语言
C. 数据操纵语言　　D. 数据控制语言

54. (2008. 4)数据库系统中对数据库进行管理的核心软件是(　　)。

A. DBMS　　B. DB
C. OS　　D. DBS

55. (2009. 3)数据库(DB. 、数据库系统(DBS)和数据库管理系统(DBMS)三者之间的关系是(　　)。

A. DBS 包括 DB 和 DBMS　　B. DBMS 包括 DB 和 DBS
C. DB 包括 DBS 和 DBMS　　D. DBS 就是 DB，也就是 DBMS

56. (2007. 9)下列叙述中正确的是(　　)。

A. 数据库系统是一个独立的系统，不需要操作系统的支持
B. 数据库技术的根本目标是要解决数据的共享问题
C. 数据库管理系统就是数据库系统
D. 以上三种说法都不对

57. (2007. 4)下列叙述中错误的是(　　)。

A. 在数据库系统中，数据的物理结构必须与逻辑结构一致
B. 数据库技术的根本目标是要解决数据的共享问题
C. 数据库设计是指在已有数据库管理系统的基础上建立数据库
D. 数据库系统需要操作系统的支持

58. (2008. 9)在数据管理技术发展的三个阶段中，数据共享最好的是(　　)。

A. 人工管理阶段　　B. 文件系统阶段
C. 数据库系统阶段　　D. 三个阶段相同

59. (2012. 9)不属于数据管理技术发展三个阶段的是(　　)。

A. 手工管理阶段　　B. 文件系统管理阶段
C. 数据库系统阶段　　D. 高级文件管理阶段

60. 下列叙述中正确的是(　　)。

A. 数据库不需要操作系统的支持
B. 数据库设计是指设计数据库管理系统
C. 数据库是存储在计算机存储设备中的、结构化的相关数据的集合
D. 数据库系统中，数据的物理结构必须与逻辑结构一致

61. (2010. 9)层次型、网状型和关系型数据库划分原则是(　　)。

A. 记录长度　　B. 文件的大小
C. 联系的复杂程度　　D. 数据之间的联系方式

62. (2010. 3)在学生管理的关系数据库中，存取一个学生信息的数据单位是(　　)。

A. 文件　　B. 数据库

C. 字段　　D. 记录

63. (2010. 9)一个工作人员可以使用多台计算机，而一台计算机可被多个人使用，则实体工作人员与实体计算机之间的联系是(　　)。

A. 一对一　　B. 一对多

C. 多对多　　D. 多对一

64. (2011. 3)一个教师可讲授多门课程，一门课程可由多个教师讲授。则实体教师和课程间的联系是(　　)。

A. 1∶1 联系　　B. 1∶m 联系

C. m∶1 联系　　D. m∶n 联系

65. (2008. 9)一间宿舍可住多个学生，则实体宿舍和学生之间的联系是(　　)。

A. 一对一　　B. 一对多

C. 多对一　　D. 多对多

66. (2010. 3)设有学生和班级两个实体，每个学生只能属于一个班级，一个班级可以有多名学生，则学生和班级之间的联系类型是(　　)。

A. 一对一　　B. 一对多

C. 多对多　　D. 多对一

67. (2008. 4)在超市营业过程中，每个时段要安排一个班组上岗值班，每个收款口要配备两名收款员配合工作，共同使用一套收款设备为顾客服务，在超市数据库中，实体之间属于一对一关系的是(　　)。

A. "顾客"与"收款口"的关系　　B. "收款口"与"收款员"的关系

C. "班组"与"收款口"的关系　　D. "收款口"与"设备"的关系

68. (2012. 9)公司中有多个部门和多名职员，每个职员只能属于一个部门，一个部门可以有多名职员。则实体部门和职员间的联系是(　　)。

A. 1∶m 联系　　B. m∶n 联系

C. 1∶1 联系　　D. m∶1 联系

69. (2009. 9)在 E－R 图中，用来表示实体联系的图形是(　　)。

A. 矩形　　B. 椭圆形

C. 菱形　　D. 三角形

70. (2012. 3)在满足实体完整性约束的条件下(　　)。

A. 一个关系中应该有一个或多个候选关键字　　B. 一个关系中只能有一个候选关键字

C. 一个关系中必须有多个候选关键字　　D. 一个关系中可以没有候选关键字

71. (2009. 3)数据库应用系统中的核心问题是(　　)。

A. 数据库设计　　B. 数据库系统设计

C. 数据库维护　　D. 数据库管理员培训

72. (2011. 9)下列关于数据库设计的叙述中，正确的是(　　)。

A. 在需求分析阶段建立数据字典　　B. 在概念设计阶段建立数据字典

C. 在逻辑设计阶段建立数据字典　　D. 在物理设计阶段建立数据字典

73. (2010. 3)数据库设计中，用 E－R 图来描述信息结构但不涉及信息在计算机中的表示，它属于数据库设计的(　　)。

A. 需求分析阶段
B. 逻辑设计阶段
C. 概念设计阶段
D. 物理设计阶段

74. (2008.4)在数据库设计中，将E－R图转换成关系数据模型的过程属于(　　)。

A. 需求分析阶段
B. 概念设计阶段
C. 逻辑设计阶段
D. 物理设计阶段

75. (2009.3)将E－R图转换为关系模式时，实体和联系都可以表示为(　　)。

A. 属性
B. 键
C. 关系
D. 域

76. (2011.3)结构化程序所要求的基本结构不包括(　　)。

A. 顺序结构
B. GOTO跳转
C. 选择(分支)结构
D. 重复(循环)结构

77. (2008.4)结构化程序设计的基本原则不包括(　　)。

A. 多态性
B. 自顶向下
C. 模块化
D. 逐步求精

78. 下面描述中，符合结构化程序设计风格的是(　　)。

A. 使用顺序、选择和重复(循环)三种基本控制结构表示程序的控制逻辑
B. 模块只有一个入口，可以有多个出口
C. 注重提高程序的执行效率
D. 不使用goto语句

79. (2008.9)在面向对象方法中，不属于“对象”基本特点的是(　　)。

A. 一致性
B. 分类性
C. 多态性
D. 标识唯一性

80. (2010.9)面向对象方法中，继承是指(　　)。

A. 一组对象所具有的相似性质
B. 一个对象具有另一个对象的性质
C. 各对象之间的共同性质
D. 类之间共享属性和操作的机制

学习目标

掌握 Word 文档中文字的相关操作；熟练完成文字格式、段落格式和页面布局的设置；掌握样式和级别的概念和相关操作；掌握 Word 表格和 Excel 图表的相关操作；理解域的概念，熟悉域的使用；熟练完成图形和 SmartArt 的插入和格式设置；掌握长文档排版的相关操作；熟悉邮件合并的基本过程。

知识结构

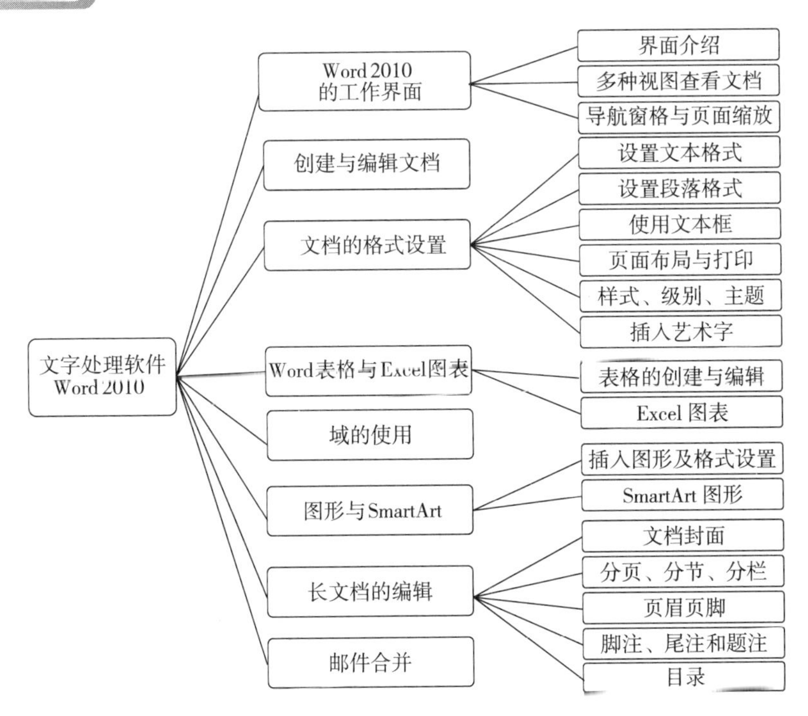

Office 2010 是微软公司继 Office 2007 之后推出的一款办公软件，其开发代号为 Office 14，实际是第 12 个发行版。Office 2010 共有 6 个版本，分别是初级版、家庭及学生版、家庭及商业版、标准版、专业版和专业高级版，而初级版是完全免费的，但其中仅包括 Word 和 Excel 两大常用工具。

Word 2010 是微软公司推出的文字处理软件，是 Microsoft Office 2010 软件中的一个重要的组成部分。它适用于制作各种类型的文档，如信件、传真、公文、报纸、书刊和简历等。

3.1 Word 2010 的工作界面

3.1.1 Word 2010 的启动和退出

1. 启动

方法一：利用桌面快捷方式。若桌面上已经建立了 Word 的快捷方式，双击该图标即可启动 Word 2010。

方法二：利用 Windows 的“开始”菜单。依次单击“开始”按钮→“所有程序”选项→“Microsoft Office”选项→“Microsoft Word 2010”选项。

方法三：利用文档启动 Word 2010。双击某个 Word 文档，可以启动 Word 2010 并打开指定文件。

2. 退出

方法一：单击 Word 界面右上角的关闭按钮 ✕ 关闭文档。

方法二：单击“文件”选项卡，选择“退出”命令。

方法三：双击标题栏左侧的 W 按钮。

方法四：右键单击标题栏，在弹出的快捷菜单中执行“关闭”命令。

退出 Word 时，如果没对编辑的内容进行保存，系统将弹出“提示”对话框提示用户进行保存操作。

3.1.2 Word 2010 界面介绍

为了使用户更加便捷地按照日常事务的处理流程、处理方式操作软件，Office 2010 应用程序提供了一套以工作成果为向导的用户界面，使用户以最高效的方式完成日常工作。这个用户界面应用于所有 Office 2010 的组件，Word 2010、Excel 2010、PowerPoint 2010 都有着十分类似的界面。

Word 2010 界面由“标题栏”“快速访问工具栏”“功能区”“文档编辑区”“滚动条（垂直、水平）”以及“状态栏”组成。启动 Word 2010 后将打开如图 3.1 所示的 Word 2010 窗口。

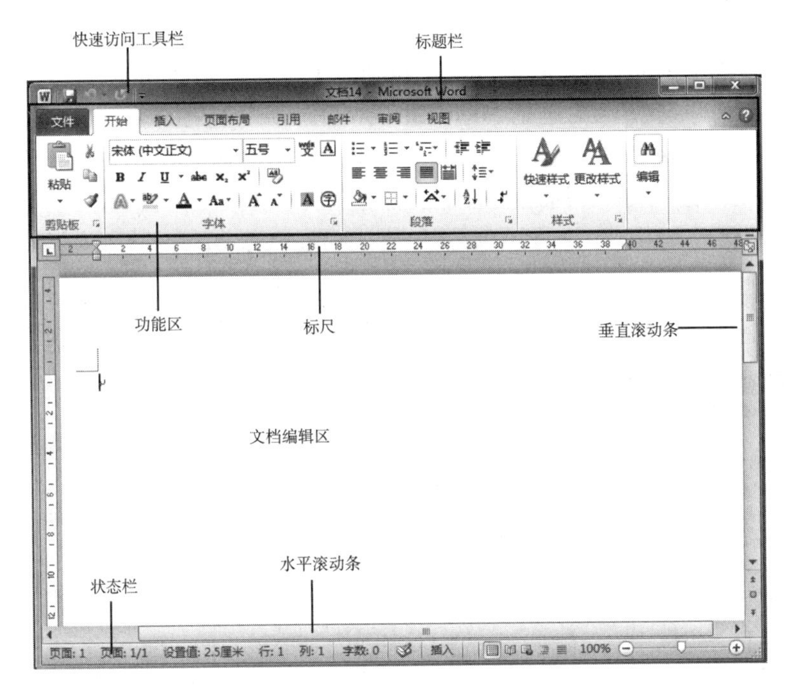

图 3.1　Word 2010 的窗口

1. 标题栏

标题栏显示应用程序的名称及所编辑文档的文件名。首次启动 Word 时，当前的文档编辑区为空，Word 自动为该文档命名为“文档 1”，用户可以在存盘的时候进行修改。几乎所有的 Windows 应用程序都有标题栏，双击标题栏，还可以对窗口进行最大化与还原的转换操作。

2. 快速访问工具栏

Word 2010 标题栏不仅显示打开或新建文档的名称，在其左侧还有一个“快速访问工具栏”。有些命令频繁使用，如保存、撤销等命令，为了使用户无论处于哪个选项卡下都可以方便地执行这些命令，因此设计了快速访问工具栏。在默认状态下，快速访问工具栏包含“保存”“撤销”“恢复”三个按钮，用户可以根据需要添加其他按钮。

例如，某企业职工张三做工作汇报时，经常需要将 Word 文档导入 PowerPoint 演示文稿中，如果逐个复制必然费时费力，因此想在快速访问工具栏添加“发送到 Microsoft PowerPoint ”按钮。

具体操作步骤如下。

① 单击“快速访问工具栏”右侧的下三角按钮，在弹出的菜单中包含了一些常用命令，如果希望添加的命令位于其中，选择相应命令即可。本例应选择“其他命令”选项，如图 3.2 所示。

② 打开“Word 选项”对话框，并自动定位在“快速访问工具栏”选项组中。如图3.3所示，在“从下列位置选择命令”下拉列表中选择“不在功能区的命令”选项，在命令列表框中找到并选择“发送到 Microsoft PowerPoint ”选项，单击“添加”按钮。将“发送到 Microsoft PowerPoint ”命令添加到右侧列表框中，单击“确定”按钮，关闭“Word 选项”对话框。此时，所选择的命令出现在快速访问工具栏中。

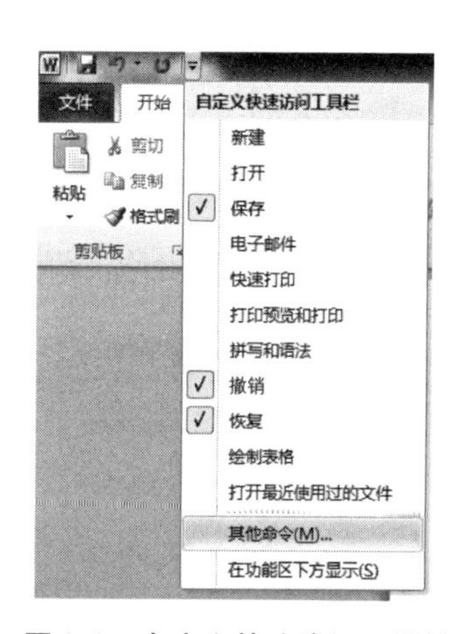

图3.2　自定义快速访问工具栏

图3.3　选择出现在快速访问工具栏中的命令

③ 在需要转换的文档中，单击快速访问工具栏中“发送到 Microsoft PowerPoint ”按钮，即可将文档的内容发送到 PowerPoint 中。此时在 PowerPoint 中，可查看发送过来的内容。

提示：“快速访问工具栏”的位置是不固定的，我们可以右击“快速访问工具栏”右侧的下三角按钮，从弹出的快捷菜单中执行“在功能区下方显示快速访问工具栏”命令，改变其显示位置。也可通过右击功能区任意位置的操作方法，从弹出的快捷菜单中执行“在功能区下方显示快速访问工具栏”命令，改变其显示位置。

3. 功能区

从 Word 2007 开始，功能区取代了 Word 早期版本中的菜单、工具栏和大部分任务窗格。Word 2010 延续了 Word 2007 的界面风格，并做了适当的改进以贴近 Windows 7 的风格。功能区以选项卡的形式对命令进行分组和显示，每个选项卡中都包含一些功能组，功能组是一些具有类似属性的命令的集合。

功能区主要包含“文件”“开始”“插入”“页面布局”“引用”“邮件”“审阅”等编辑文档的选项卡，如图3.4所示。这些选项卡引导用户展开各种工作，简化对应用程序中多种功能的使用方式，并根据用户正在执行的任务显示相关命令。

功能区显示的内容并不是一成不变的，随着应用程序窗口的宽度的变化，功能区显示的内容会自动调整。当功能区较窄时，一些图标会缩小以节省空间，如果进一步变窄，某些功能组就会只显示图标。

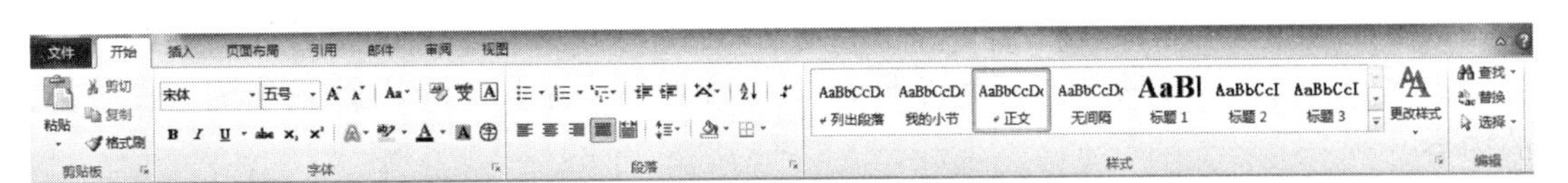

图 3.4　Word 2010 中的功能区

4. 上下文选项卡

在功能区中，有些选项卡只有在编辑、处理某些特定对象的时候才在功能区显示出来。例如，在 Word 2010 中，只有当文档存在图片并且用户选择图片后才出现“图片工具”选项卡，此类选项卡称为上下文选项卡，如图 3. 5 所示。上下文选项卡只在需要时才显示，以供用户使用，不仅智能、灵活，同时也保证了用户界面的整洁性。

图 3. 5　“图片工具”选项卡

5. 文本编辑区

在文本区可以进行文字的输入，图片、表格的插入操作等。在该区域中有闪烁的“｜”，称为光标，光标所在的位置称为插入点。单击可以确定插入点的位置。文本区的最左边是文本选定区，鼠标指针在该区呈“↗”形。在该区内单击，可以快速选择整行数据；拖动鼠标，可以快速选择多行数据区域。

6. 滚动条

Word 2010 窗口中包含水平滚动条和垂直滚动条，滚动条可用来滚动文档，将窗口之外的文本移到窗口可视区域中。垂直滚动条上方包含“标尺”按钮，下方包含“前一页”“选择浏览对象”和“下一页”按钮。单击垂直滚动条上的“选择浏览对象”按钮，显示如图 3. 6 所示的“选择浏览对象”菜单。该菜单有 12 个命令按钮，用于快速定位插入点。水平滚动条的右下方有五个视图切换按钮，可以通过不同的视图查看文档。

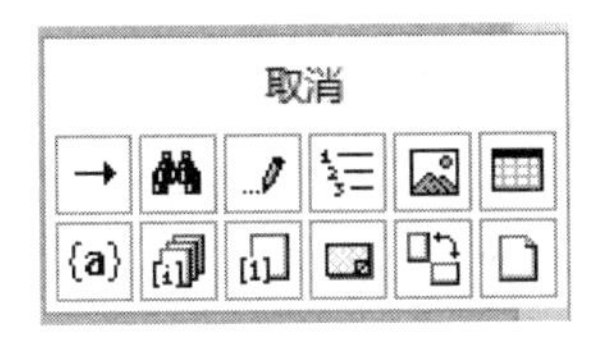

图 3. 6　选择浏览对象菜单

7. 状态栏

状态栏位于 Word 窗口的底部，用于显示文档的相关信息（如页码、字数统计列号、签名、权限、修订等）。例如，打开某一篇文档，在状态栏中看到如图 3.7 所示的内容。

页面: 7 页面: 7/10 设置值: 20.1厘米 行: 28 列: 23 字数: 6,871 插入 110%

图 3.7 自定义状态栏

表示目前视图位于本文档的第 7 页，本文档共 10 页，插入点距离页面顶端 20.1 厘米，位于第 28 行第 23 列；文档字数为 6871，处于修订关闭状态，输入文字处于插入状态。位于页面视图，视图缩放比例为 110%。在状态栏上右击，在快捷菜单中可以选择需要显示的项目。

提示：Word 中输入文字分为插入和改写两种状态，如果处于改写状态，新输入的字符会将该位置上原有的字符覆盖，有时会发现新输入的文字会把原有位置上的字符替换掉，这时需要观察自定义状态栏上是不是已经变为改写状态，若处于改写状态，按 Insert 键就会变成插入状态。

8. 后台视图

在 Office 2010 应用程序中单击“文件”选项卡，即可查看 Office 后台视图。后台视图中包括打开文档及完成文档时经常使用的命令和定义文档属性以及共享信息时所需使用的命令。后台视图让文档处理变得更轻松，例如，以前分布在若干命令中的打印工具现在都集中在后台视图的“打印”选项组中，在后台视图中进行几次单击便可共享、打印和发布文档。

9. 定制自己的功能区

Office 2010 根据大多数用户的习惯来设计功能区中选项卡及其命令的分布，这可能不能满足各种不同的使用需求，因此，用户可以根据自己的习惯调整 Office 2010 的功能区。具体操作步骤如下。

① 在功能区空白处右击，执行“自定义功能区”命令。

② 打开“Word 选项”对话框，并自动定位在“自定义功能区”选项组中，如图 3.8所示，用户可以在该对话框右侧区域中单击“新建选项卡”或“新建组”按钮，自己新建一个选项卡，同时在新选项卡中新建若干个命令组并将相关的命令添加其中。

③ 主选项卡可以根据需要进行取舍，如果需要去除不常用的选项卡，例如“审阅”选项卡，只要在右侧区域去掉“审阅”前的勾选即可。

图 3.8　自定义功能区

3.1.3　多种视图查看文档

Word 2010 提供了包括“页面视图”“阅读版式”“Web 版式视图”“大纲视图”“草稿”五种视图方式来显示文档内容。对于同一篇文档，如果目的不同，则观察文档的角度也不相同，Word 的视图就是满足用户从不同角度观察文档的需求而设置的。用户可以通过“视图”选项卡选择不同的视图方式，Word 默认的视图方式是“页面视图”方式。

1. 所见即所得的页面视图

页面视图用于显示整个页面的分布状况和整个文档在每一页上的内容、位置。它具有“所见即所得”的显示效果，并与打印效果完全相同。

页面视图对图文混合编排最为方便。例如，图片在一页中放不下时，Word 会把它放到下一页，但在本页将留下空白位置。对于这种情况，用户可以调整图片与文档的分布，准确地填补空白，有效地利用版面。

2. 方便屏幕阅读的阅读版式视图

阅读版式视图提高了文档的可读性。它隐藏了功能区使阅读空间更大，并允许突出显示部分文档、添加的批注，但不显示页眉、页脚。

3. 以网页形式显示的Web版式视图

Word能优化Web页面，使其外观与在Web或Internet上发布时的外观一致；还可以看到背景、自选图形和其他在Web文档及屏幕上查看文档时的效果。

4. 提纲挈领的大纲视图

大纲视图用于显示文档的框架，用户可以用这种视图方式来观察文档的结构并组织文档。同时也为用户在文档中进行大块文本移动、生成目录提供了一个方便的途径。

大纲视图提供了“大纲”选项卡，如图3.9所示，给用户调整文档的结构提供了方便。比如移动标题以及下属标题与文本的位置、提升或降低标题的级别等。在这种方式下用户先将文档标题的格式对应为一级标题，而将其中各章的标题格式定义为二级标题，每章的各小节标题定义为三级标题，以此类推，将文档的各标题分级定义。在组织文档或观察文档结构时可只显示所需级别的标题，而不必将下级标题以及文本一同显示出来。

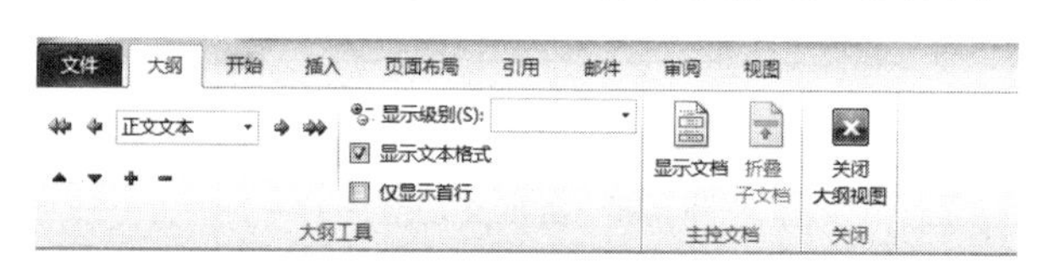

图3.9 “大纲”选项卡

5. 节省资源的草稿视图

“草稿”视图取消了页面边距、分栏、页眉页脚和图片等元素，仅显示标题和正文，当输入的内容多于一页时，系统自动加虚线表示分页线，是最节省计算机系统硬件资源的视图方式。

3.1.4 导航窗格与页面缩放

1. 导航窗格

在页面视图下单击“视图”选项卡，选中显示选项组“导航窗格”即可调出导航窗格。导航窗格常见用法如下。

（1）快速查看文档中应用了标题样式的段落文本。

对于已经设置了标题样式或大纲级别的文档，在导航窗格中可以快速查看文中的各级标题，鼠标单击某一标题可以实现页面的跳转，还可以通过拖曳的方式调整文档结构，给用户带来了便利，如图3.10所示。

（2）浏览文档中的页面。

为了用户能够从整体上查看文档的面貌，导航窗格不但可以显示文档章节结构，还可以缩略图的形式显示文档页面，单击导航窗格中“浏览您的文档中的页面”按钮，如图3.11所示。

图 3.10　查看文档章节结构

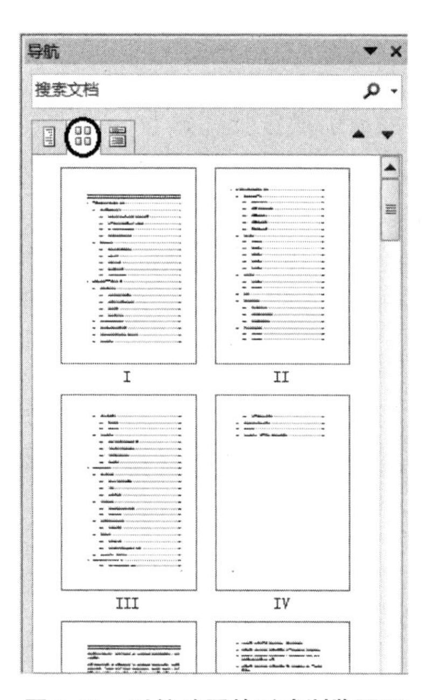

图 3.11　以缩略图的形式浏览页面

（3）使用搜索栏浏览搜索结果。

通过导航窗格中的搜索栏，不但可以特定的文本，还可以方便地查找图形、表格、公式、脚注、尾注和批注，如图 3.12 所示，搜索结果会以不同的形式在导航窗格的三个标签中显示，例如“在浏览您的文档中的标题”窗格显示结果，如图 3.13 所示，单击某项可以直接跳转到搜索结果所在位置。

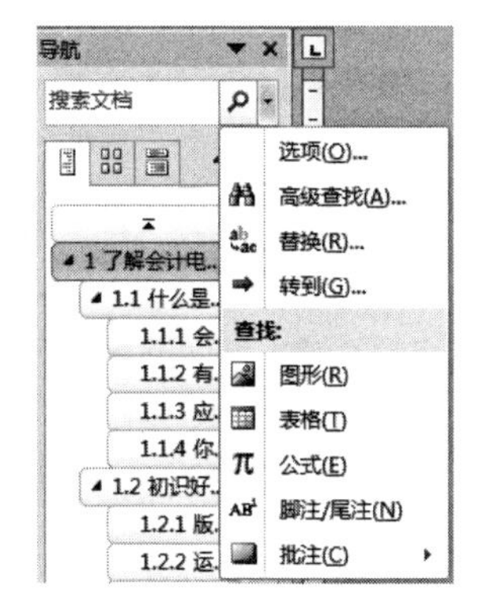

图 3.12　可供选择的查找类型

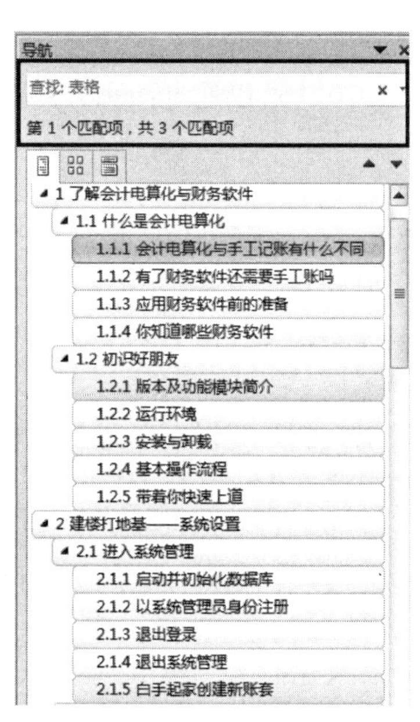

图 3.13　搜索结果的显示

2. 页面缩放

页面缩放的操作步骤如下。

① 在状态栏中，通过拖动“显示比例滑动杆” 120% 中的滑块，可以方便地改变文档编辑区的大小。

② 按住 Ctrl 键，并将鼠标滚轮向上滚动可以放大文档，向下滚动可以缩小文档。

③ 单击“视图”选项卡，显示比例选项组中的“显示比例”按钮也可以进行精确调整，如图 3.14 所示。

图 3.14　调整页面显示比例

3.2　创建与编辑文档

3.2.1　创建文档

在 Word 2010 中可以通过两种方式新建文档，创建空白的新文档和使用模板创建新文档。

1. 创建空白的新文档

方法一：首次启动 Word 2010 应用程序，系统会自动创建一个基于 Normal 模板的空白文档。在文档未被保存之前，使用此方法会依次创建名为“文档 1”“文档 2”“文档 3”等的空白文档。

方法二：有些用户习惯在桌面上使用右键菜单中的命令直接创建文档，还可以直接输入文档名称，如图 3.15 所示。

方法三：如果用户已经启动了 Word 2010 应用程序，在编辑文档的过程中，还需要创建一个新的空白文档，则可以单击“文件”选项卡，打开后台视图，执行“新建”命令，在“可用模板”选项区中选择“空白文档”选项，单击“创建”按钮，即可创建出一个空白文档，如图 3.16 所示。

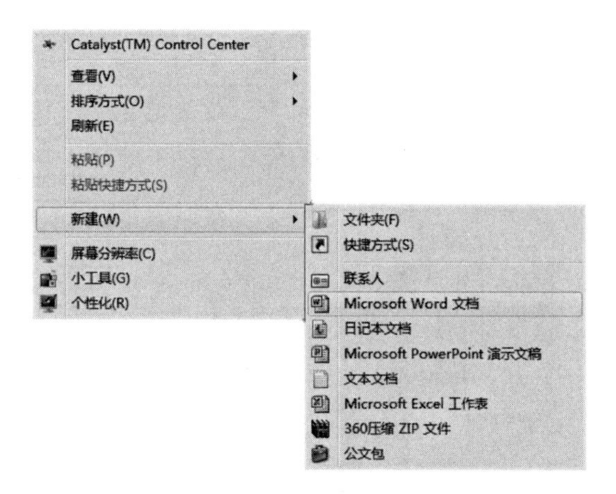

图 3.15　利用右键菜单新建 Word 文档

图 3.16　创建空白文档

2. 使用模板创建新文档

使用模板可以快速创建出外观精美、格式专业的文档，Word 2010 提供了多种模板资源，用户可以根据具体的应用需求选择不同的模板，对于 Word 2010 的初学者而言，使用模板能够有效减轻工作负担。

使用模板创建新文档的操作步骤如下。

① 单击“文件”选项卡，在打开的后台视图中执行“新建”命令。

② 在“可用模板”选项区中选择“样本模板”选项，即可打开已经安装的 Word 模板类型，选择需要的模板后，在窗口右侧预览利用本模板创建的文档外观，如图 3.17 所示。

③ 单击“创建”按钮，即可创建一个带有格式和内容的文档。

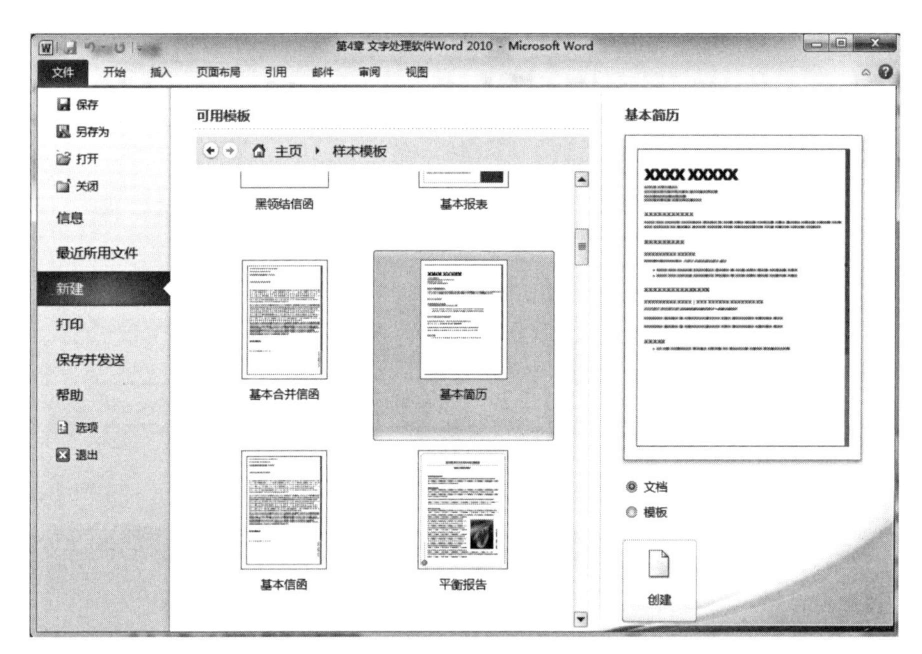

图 3.17　使用已安装的模板创建新文档

值得一提的是，Office 2010 已将 Office Online 中的模板融合到后台视图中，也就是"文件"选项卡下。如果本机上已安装的模板不能满足用户的需求，还可以到微软公司网站的模板库中选择并下载。例如，用户想发送一份专业性的传真，又苦于没有合适的编排方式，即可在后台视图 Office. com 选项区中单击"传真"按钮，即可出现很多传真模板供用户选择。在 Office Online 上，用户可以浏览并下载近 40 个分类，上万个文档模板。通过使用 Office Online 上的模板，用户可以节省几倍甚至十几倍的时间，极大地提高处理 Word 文档的职业水平。

3.2.2　输入文本

建议用户在编写文档时，特别是文字较多的文档，用户可先在光标闪烁的插入点处输入文本内容，然后再统一进行格式的设置。输入内容时，插入点会自动后移。若用户输入的文本到达右边界，Word 会自动换行即插入点移到下一行的左边界，用户可继续输入；若用户想在文本内容未达到右边界之前换行输入内容，可单击键盘中 Enter 键，这时会显示一个"↵"符号，称为硬回车符，又称段落标记，它能够使文本强制换行并开始一个新的段落。

在文档中，用户还要注意符号的输入。例如，图 3.18 为某小型公司财务管理制度，现在需要为段落添加编号，编号格式为带圈的数字，输入方法如下。

方法一：

① 将光标定位到需要输入带圈数字处。

② 单击"插入"选项卡"符号"选项组中的"符号"按钮。

③ 打开的符号对话框，在“字体”下拉列表中选择“普通文本”选项，“子集”下拉列表中选择“带括号的字母数字”，在字符区选择需要的带圈数字，单击“插入”按钮即可，如图 3. 19 所示。

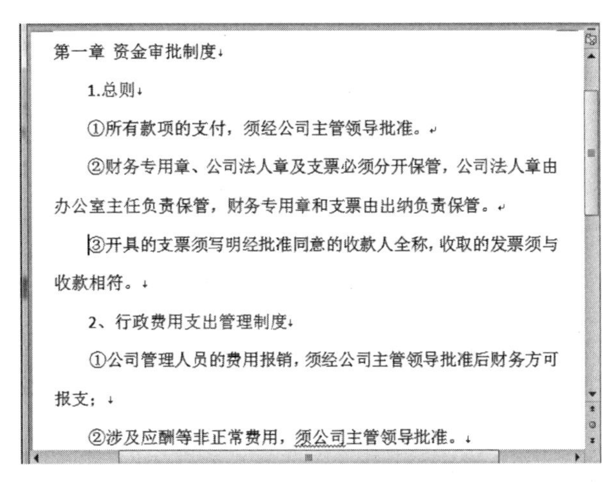
第一章 资金审批制度

1.总则

①所有款项的支付，须经公司主管领导批准。

②财务专用章、公司法人章及支票必须分开保管，公司法人章由办公室主任负责保管，财务专用章和支票由出纳负责保管。

③开具的支票须写明经批准同意的收款人全称，收取的发票须与收款相符。

2、行政费用支出管理制度

①公司管理人员的费用报销，须经公司主管领导批准后财务方可报支；

②涉及应酬等非正常费用，须公司主管领导批准。

图 3. 18　某公司财务管理制度

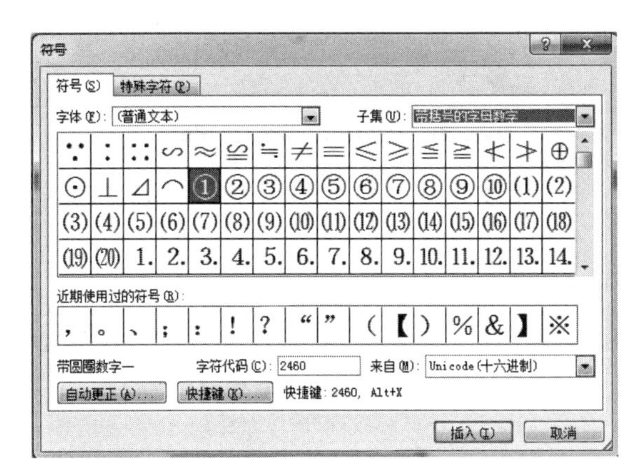

图 3. 19　“符号”对话框

方法二：

① 打开中文输入法，以“微软拼音 - 简捷 2010”为例，单击输入语言栏上的“软键盘”按钮 ，在弹出的列表中单击“数字序号”按钮，如图 3. 20 所示。

② 在打开“数字序号”软键盘中，按住 Shift 键，单击所需要的带圈数字，如图 3. 21 所示。

例如，因工作种类的不同，某用户在编辑 Word 文档时，经常需要输入商标符号、版权符号等字符，下面介绍如何快速输入这些字符。

① 单击功能区的“插入”选项卡“符号”选项组中的“符号”按钮。

② 在打开的符号对话框中，单击“特殊符号”选项卡，选择需要的“商标”字符 TM，单击“插入”按钮即可，如图 3. 22 所示。

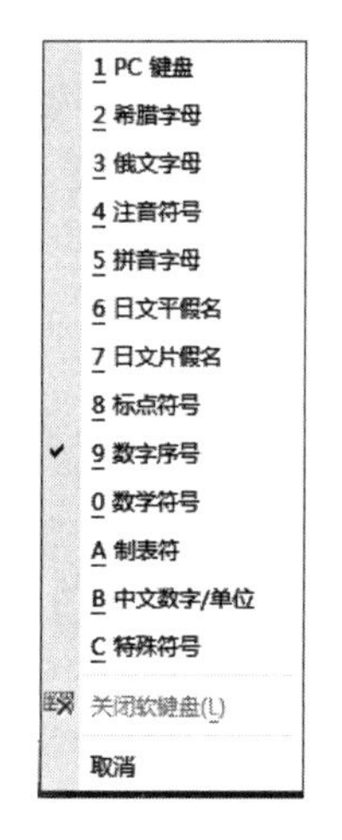

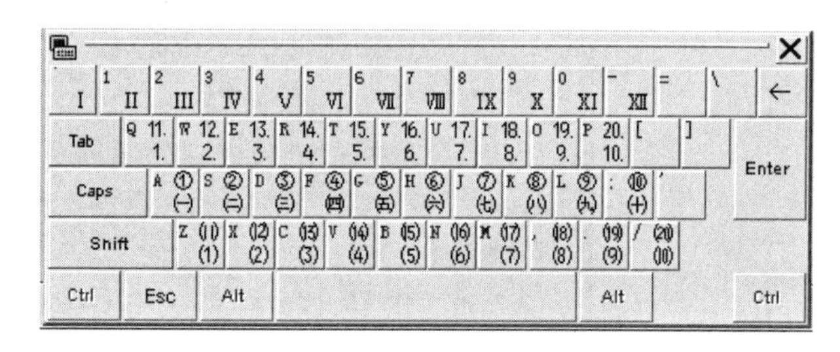

图 3.20　启动软键盘　　　　图 3.21　“数字序号”软键盘

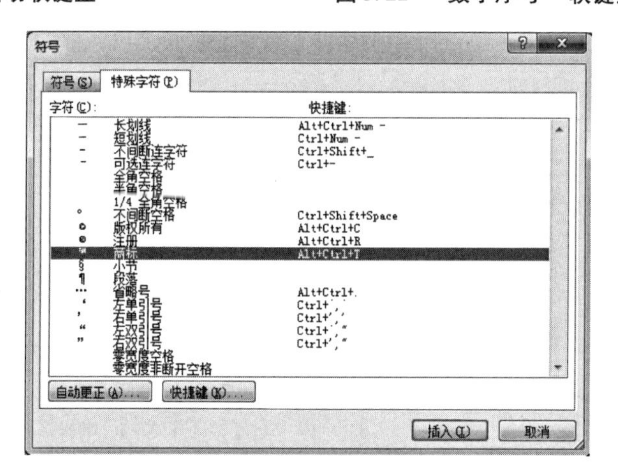

图 3.22　插入特殊字符

3.2.3　保存文档

为了使用户能够再次使用编辑过的文档，则需要对该文档进行保存操作。保存文档不仅应该在编辑结束时保存，同时在编辑的过程中也应该进行保存。

1. 保存新建的文档

若要对新建的文档进行保存操作，可通过以下步骤完成。

① 单击“文件”选项卡，在打开的后台视图中选择“保存”命令，或单击快速访问工具栏上的“保存”按钮。

② 打开“另存为”对话框，选择文档需要保存的位置，在“文件名”文本框中输入文档的名称，如图 3.23 所示。

③ 单击“保存”按钮，即可完成新文档的保存。

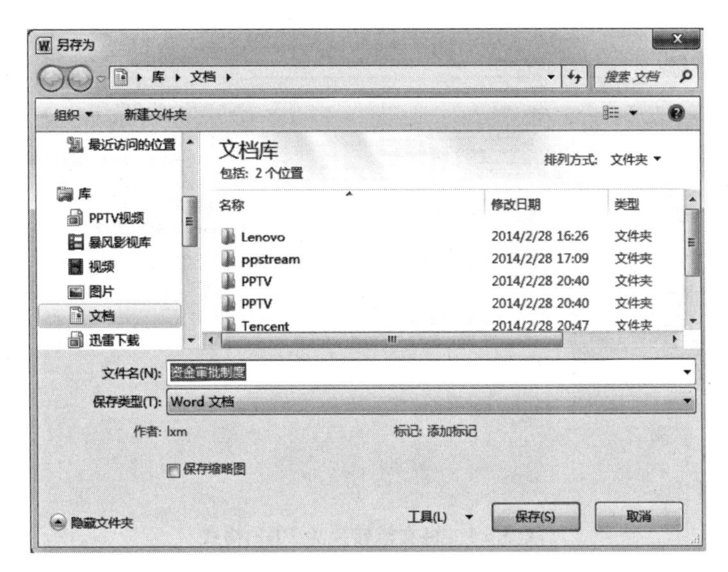

图 3.23　保存文档

在默认情况下，Word 自动将文档的第一行的前几个字作为文件名，并将文档保存在“文档库”中。Word 2010 文档默认的扩展名为 . docx，并自动添加。

2. 另存为其他文档

如果用户要保存的文档已经保存过，并且希望原有的文档与改变内容后的文档同时存在，这时就需要对该文档进行“另存为”的操作。

具体操作步骤如下。

① 单击“文件”选项卡，在打开的后台视图中执行“另存为”命令，启动“另存为”对话框，如图 3.23 所示。

② 在“另存为”对话框中设置文档“保存路径”“文件名”以及“保存类型”(注意：这三者不能同时与原文件的一致)。

③ 单击“保存”按钮。

3. 保存为 PDF 文档

在 Word 2010 中，可以将 Word 文档保存为 PDF 文档格式，使得没有安装 Office 产品的用户也可以浏览文档内容，同时也保证了文档的只读性。

将 Word 文档保存为 PDF 格式的操作步骤如下。

① 单击“文件”选项卡，在“保存并发送”选项卡中单击“创建 PDF/XPS 文档”按钮，在随后打开的右侧窗格中，单击“创建 PDF/XPS”按钮，如图 3.24 所示。

② 打开“发布为 PDF 或 XPS”对话框，确定文件名和存放位置后，单击“发布”按钮。

图 3.24　将文档转换为 PDF 格式

4. 自动保存文档

为了防止突然断电或其他事故，Word 提供了在指定时间间隔(10 分钟)为用户自动保存文档的功能。若想对指定的时间间隔进行调整，可以通过以下操作步骤完成。

① 选择“文件”选项卡，单击“选项”按钮，打开“Word 选项”对话框。

② 选择“保存”选项，调整“保存自动恢复信息时间间隔”列表框的微调按钮，或直接输入用户自定义时间。同时，还可对该文档的“自动恢复文件位置”以及“默认文件位置”进行自定义修改，如图 3.25 所示。

③ 单击“确定”按钮。

图 3.25　设置文档自动保存时间、格式和位置

3.2.4　选择文本内容

如果用户想在 Word 中对文本内容进行格式设置或进行更多操作，必须首先选定文本。选定文本内容后，被选中的部分变为蓝底黑字(反向显示)。这样就可以对选定的文本进行删除、替换、移动、复制等操作。选定文本一般用鼠标操作比较方便。

1. 拖动鼠标选定文本

将鼠标移到欲选定文本的首部(或尾部)，按住鼠标左键拖曳到文本的尾部(或首部)，放开鼠标，此时选定的文本反向显示表示选定完成。

2. 选择一行

鼠标指针移到文本选定区，即该行左侧，当鼠标指针变成一个指向右边的箭头时，单击即可选择一行文字。

3. 选择一个段落

鼠标指针移到文本选定区，即该段落左侧，当鼠标指针变成一个指向右边的箭头时，双击即可选定该段落。另外，移动鼠标指向段落内部的任意位置处，快速单击三次也可选中一个段落。

4. 选择不相邻的多段文本

采用上述任一方法选择一段文本后，按住 Ctrl 键，再选择另外一处或多处文本。

5. 选择垂直文本

在 Word 中，用户可以选择一块垂直的文本。按住 Alt 键，同时将鼠标指针移动到要选择文本的开始位置，单击，然后拖动鼠标，直到要选择文本的结尾处，松开鼠标和 Alt 键，垂直文本就被选中了，如图 3.26 所示。

6. 选择整篇文档

鼠标指针移到文本选定区，当鼠标指针变成一个指向右边的箭头时，快速单击三次即可选定整篇文档。在“开始”选项卡的“编辑”选项组中，单击“选择”按钮，在弹出的下拉列表中执行“全选”命令，也可以选择整篇文档。选择整篇文档也常使用组合键 Ctrl + A。

除上述选择文本的方法外，还有一些其他选择文本的方法，简要介绍如下。

▶ 选择一个单词：双击该单词。

▶ 选择一个句子：按住 Ctrl 键，在该句的任一位置处单击。

▶ 选择长文本：若选定的内容较多，可单击欲选定的文本首(或尾)，按住 Shift 键，单击文本末尾(或首)。

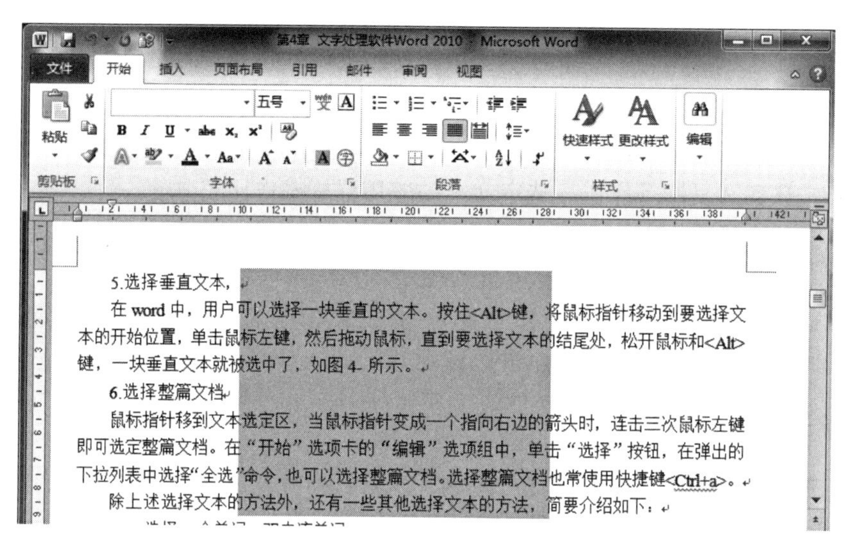

图 3.26　选定垂直文本

3.2.5　复制与粘贴

复制文本就是将原有的文本变为多份相同的文本，几乎每次编写文档都要涉及复制与粘贴操作。

1. 复制文本

方法一：选中要复制的文本，按组合键 Ctrl + C 完成复制，将光标定位到目标位置，按组合键 Ctrl + V 完成粘贴。这是最常用、最便捷的复制文本的方法。

方法二：用户也可以在功能区中通过执行命令的方式复制文本，操作步骤如下。

① 选中要复制的文本。

② 选择“开始”选项卡，单击“剪贴板”选项组中的“复制”按钮。

③ 将插入点定位到目标位置。

④“开始”选项卡的“剪贴板”组中，单击“粘贴”按钮，完成粘贴。

提示：被复制的内容被放入“剪贴板”任务中，在“开始”选项卡的“剪贴板”选项组中，单击“对话框启动器”按钮，即可打开“剪贴板”任务窗格，如图 3.27 所示。“剪贴板”任务窗格最多可存储 24 个对象，用户在执行粘贴操作时，可以从剪贴板中选择相应对象。在 Office 2010 的所有组件中，剪贴板信息是共用的，可以在 Office 文档之间进行复制和移动操作。

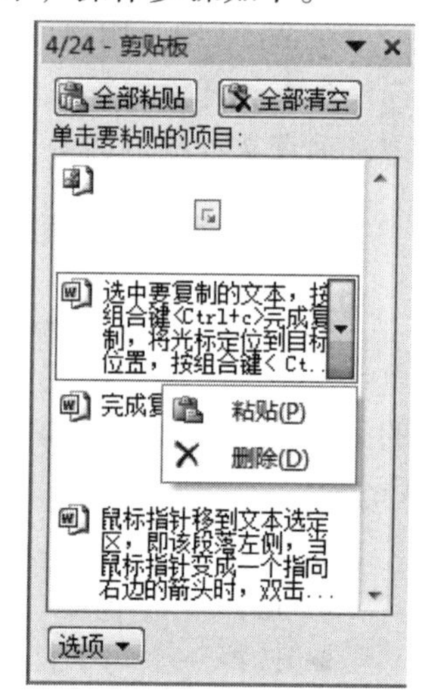

图 3.27　“剪贴板”任务窗格

2. 选择性粘贴

选择性粘贴功能在跨文档之间进行粘贴时非常实用，例如从某网页复制文本粘贴到 Word 文档中，粘贴之后页面显得很凌乱，有些内容无法粘贴到文档中，还多了一些网页上使用的控件，如图 3. 28 所示。Word 2010 提供的解决方式是，根据用途有选择地将复制的内容粘贴到新文档中，这就是“选择性粘贴”功能。

利用选择性粘贴功能，可以将文本或对象进行多种效果的粘贴，满足粘贴对象在格式和功能上的需求，而不再是简单的“克隆”。

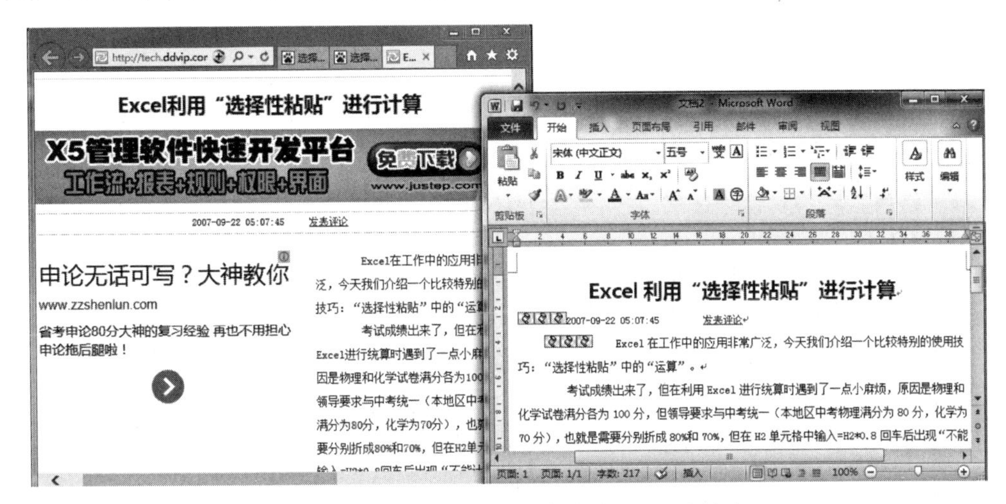

图 3. 28　将网页内容复制粘贴到 Word 文档中

在 Word 2010 文档中使用“选择性粘贴”功能的步骤如下。

① 选中需要复制或剪切的文本或对象，并执行“复制”或“剪切”操作。

② 在“开始”选项卡的“剪贴板”选项组中单击“粘贴”按钮下方的下拉三角按钮，并执行下拉菜单中的“选择性粘贴”命令。

③ 在打开的“选择性粘贴”对话框中选中“粘贴”单选框，然后在“形式”列表中选中一种粘贴格式，并单击“确定”按钮即可，如图 3. 29 所示。

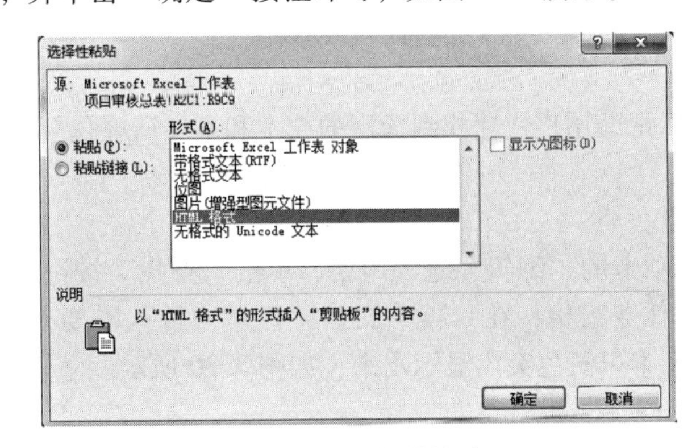

图 3. 29　选择性粘贴

3.2.6 删除与移动文本

1. 删除文本

若文档中出现了多余或错误的文本，需要将其删除，可使用以下方法。

（1）按 BackSpace 键删除光标左侧的字符。

（2）按 Delete 键删除光标右侧的字符。

（3）对于大段的文本，可以先选中，再按 Delete 键或 BackSpace 键即可删除。

2. 移动文本

对文本进行编辑时，有时需要改变其位置，即进行移动操作。用户可通过“剪切”和“粘贴”操作来实现。操作步骤如下。

（1）选定要移动的文本，按 Ctrl + X 组合键(此时选定的文本已从原位置处删除并存放到剪贴板中)。

（2）将光标定位到文档中欲插入的位置，按 Ctrl + V 组合键。

用户也可将选定的文本拖动到新的位置。具体操作步骤如下。

① 选择要移动的文本，把鼠标指针放到已选定的文本上。

② 按住鼠标左键，鼠标箭头处会出现一个小虚线框和一个指示插入点的虚线。

③ 拖动鼠标，直到虚线到达目标插入点处，释放鼠标。

3.2.7 查找与替换文本

在编辑文档的过程中，用户可能会发现有些词语、符号使用不够妥当，而且在多处出现。这时，如果在整篇文档中人工逐行搜索，然后再逐一手动修改，将是一件极其浪费时间的事情，而且也不能确保毫无遗漏。Word 为用户提供了强大的查找和替换功能，使用户从烦琐的人工修改中解脱出来，提高了工作效率。

例如，小李在撰写论文时，对“免疫球蛋白”均采用了缩写“Ig”，老师要求将全部“Ig”换为中文全称，小李使用了 Word 提供的查找与替换功能。

1. 查找文本

查找文本功能可以帮助用户快速找到指定的文本和本文所在位置，同时也可以核对该文本是否存在。

具体操作步骤如下。

① 在“开始”选项卡的“编辑”选项组中，单击“查找”按钮。

② 打开“导航”任务窗格，在“搜索文档”区域中输入需要查找的文本“Ig”，这时，文档中查找到的文本以黄色突出显示出来，如图 3.30 所示。

文档3 - Microsoft Word
导航
Ig
7 个匹配项
Ig是一类具有抗体活性或化学结构与抗体相似的球蛋白,动物乳汁、血液、胃肠液、胆汁和鸡蛋中均含 Ig，其中的动物初乳和血液中含 Ig 最高，是提取和分离 Ig 的最适原料(牛初乳 600mg/L、血清 200 mg/L)。
Ig是动物体内的重要免疫活性物质，在动物的营养代谢和生理调节方面具有重要作用，但由于常乳中含量极微(0.8mg/L)，使得靠牛乳类喂养的婴儿在生长发育、抗疾病能力等方面均较食用母乳的婴儿差，据此母乳化婴儿食品不仅在成分上而且应在生物活性上对母乳加以模拟，这已成为近年来婴儿食品研究开发的一大趋势。
作为人乳免疫性质中具有决定意义的 Ig 的开发显得尤为重要，它可添加于婴儿配方中，

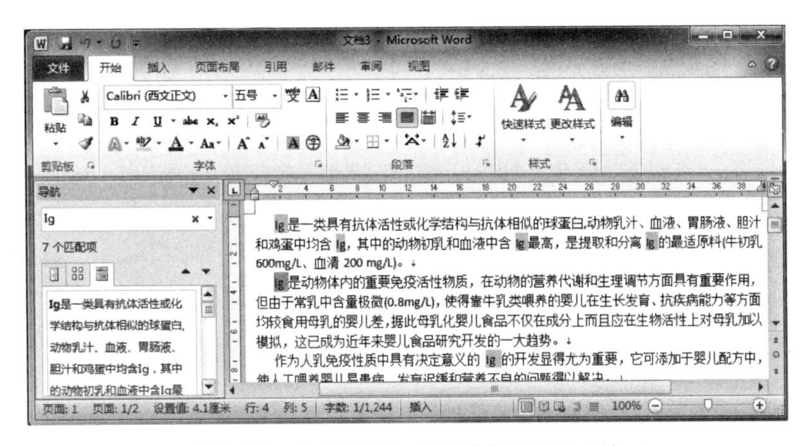

图 3.30　在“导航”任务窗格中查找文本

2. 替换文本

通常查找是方法，替换是目的，编辑文档时经常不是为了查找而查找，而是要将查找到的目标进行替换。

具体操作步骤如下。

① 在“开始”选项卡的“编辑”选项组中，单击“替换”按钮。

② 打开“查找和替换”对话框，在“替换”选项卡中的“查找内容”文本框中输入用户需要查找的文本(本例因进行过查找操作，无须输入)，在“替换为”文本框中输入要替换的文本“免疫球蛋白”，如图 3.31 所示。

③ 单击“全部替换”按钮，弹出如图 3.32 所示的提示性对话框，单击“确定”按钮。用户也可以连续单击“替换”按钮，逐一进行查找和替换。

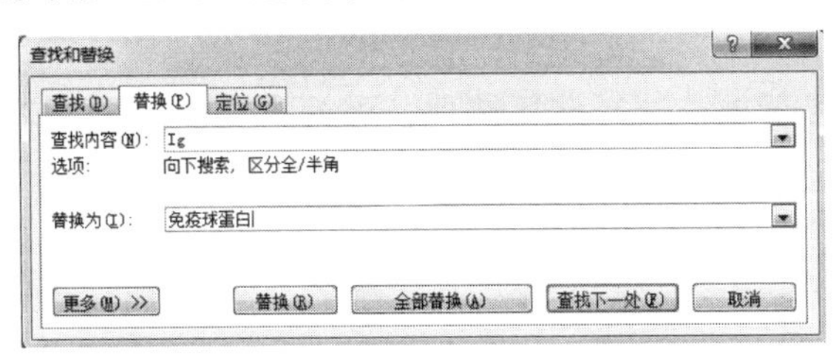

查找和替换
查找(D)　替换(P)　定位(G)
查找内容(N): Ig
选项:　向下搜索，区分全/半角
替换为(I): 免疫球蛋白
更多(M) >>　替换(R)　全部替换(A)　查找下一处(F)　取消

图 3.31　“查找和替换”对话框

Microsoft Word
Word 已完成对 文档 的搜索并已完成 6 处替换。
确定　帮助(H)

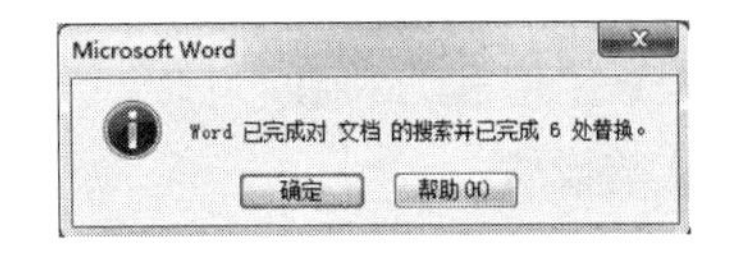

图 3.32　替换完成提示对话框

④ 替换完成后，效果如图 3.33 所示。

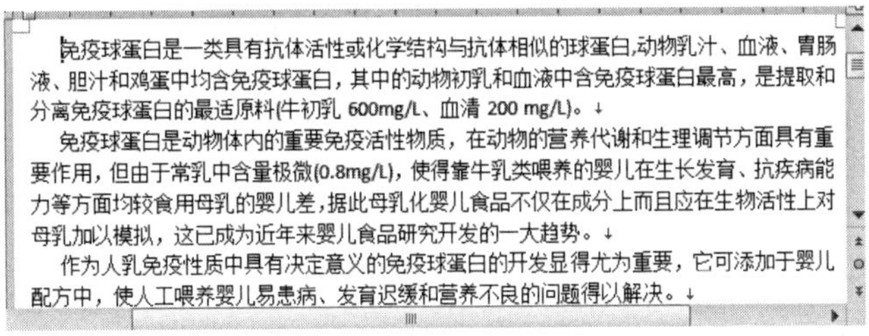

免疫球蛋白是一类具有抗体活性或化学结构与抗体相似的球蛋白,动物乳汁、血液、胃肠液、胆汁和鸡蛋中均含免疫球蛋白，其中的动物初乳和血液中含免疫球蛋白最高，是提取和分离免疫球蛋白的最适原料(牛初乳 600mg/L、血清 200 mg/L)。
免疫球蛋白是动物体内的重要免疫活性物质，在动物的营养代谢和生理调节方面具有重要作用，但由于常乳中含量极微(0.8mg/L)，使得靠牛乳类喂养的婴儿在生长发育、抗疾病能力等方面均较食用母乳的婴儿差，据此母乳化婴儿食品不仅在成分上而且应在生物活性上对母乳加以模拟，这已成为近年来婴儿食品研究开发的一大趋势。
作为人乳免疫性质中具有决定意义的免疫球蛋白的开发显得尤为重要，它可添加于婴儿配方中，使人工喂养婴儿易患病、发育迟缓和营养不良的问题得以解决。

图 3.33　替换完成效果

除了查找或替换输入的文字外，有时需要查找或替换某些设置了带有格式的特定的文本或符号等，这就要通过“查找和替换”对话框中的“更多”按钮来扩展该对话框，进行高级查找和替换设置；关闭扩展对话框单击“更少”按钮，如图 3.34 所示。

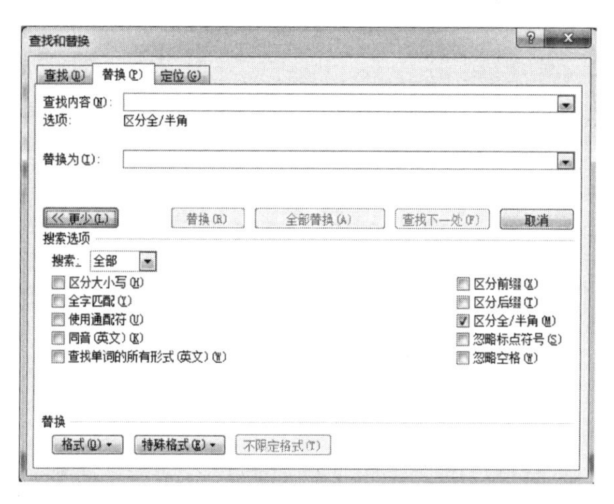

图 3.34 “查找和替换”扩展对话框

▶“搜索”下拉列表框：用来设置搜索的范围。

▶“区分大小写”复选框：选中该复选框，可在搜索时区分大小写。

▶“全字匹配”复选框：选中该复选框，可在文档中搜索符合条件的完整单词，而不是搜索单词中的一部分。

▶“使用通配符”复选框：选中该复选框，可搜索输入“查找内容”文本框中的通配符、特殊字符或特殊搜索操作符。

▶“同音(英文)”复选框：选中该复选框，可搜索与“查找内容”文本框中文字发音相同但拼写不同的英文单词。

▶“查找单词的所有形式(英文)”复选框：选择该复选框，可搜索与“查找内容”文本框中的英文单词相同的所有形式。

▶“格式”按钮：涉及“查找内容”或“替换为”内容的排版格式，如字体、段落、样式的设置。

▶“特殊格式”按钮：查找对象是特殊字符，如通配符、制表符、分栏符、分页符等。

3.3 文档的格式设置

编辑 Word 文档的时候，为了使文档醒目美观、便于阅读，需要对其格式进行多方面的设置，Word 2010 为用户提供了丰富的格式化功能。

3.3.1　设置文本格式

1. 使用“字体”选项组进行格式设置

使用“开始”选项卡“字体”选项组中相应的命令按钮，可以进行字体、字号、字体颜色等设置，如图 3.35 所示。若用户对各个命令按钮功能不熟悉，可将鼠标停留到各按钮上而不进行其他操作，这时鼠标指针的箭头下方会出现按钮的相应中文提示。

（1）设置字体。

新建 Word 文档后默认的字体是宋体五号字，在“开始”选项卡的“字体”选项组中，单击“字体”下拉列表右侧的下三角按钮，在弹出的列表框中，即可选择所需的字体，如图 3.36 所示。Word 2010 中不仅有超出 20 种中文字体，同时，鼠标在“字体”下拉列表框中滑动时，凡是经过的字体选项会实时地反映到文档中，用户可以实时预览不同字体的显示效果，便于用户做出最终的选择。

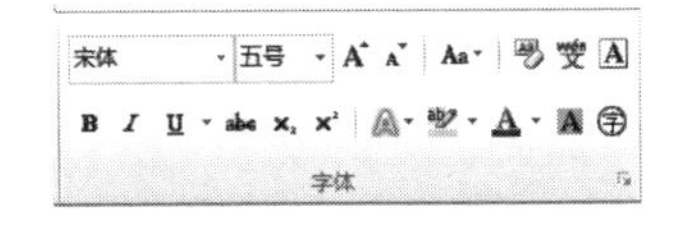

图 3.35　字体选项组

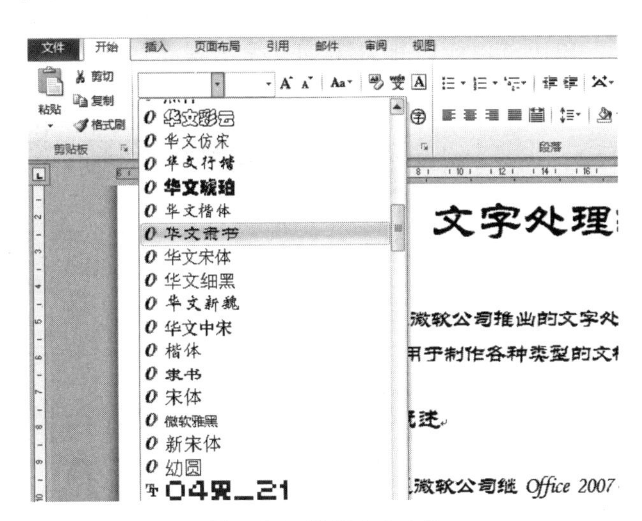

图 3.36　设置文本字体

（2）设置字号。

用户可在“字号”下拉列表框中自己定义字号或选择所需字号。中文字号从八号到初号，英文磅值从 5 ~ 72。

若用户需要使用“加粗”“倾斜”“下划线”“增大字体”“缩小字体”等开关型按钮时，可单击该按钮一次，则对应设置起作用；再次单击，则取消该设置。用户也可以单击“清除格式”按钮还原文本格式。

（3）设置字体颜色。

单击“字体”选项组“字体颜色”按钮旁边的下三角按钮，在弹出的下拉列表中选择颜色即可，如图 3.37 所示。

如果系统提供的标准色不能满足用户的需求，可以在弹出的下拉列表中单击“其他颜色”命令，打开“颜色”对话框，在“标准”选项卡和“自定义”选项卡中选择合适的字体颜色，如图 3.38 所示。

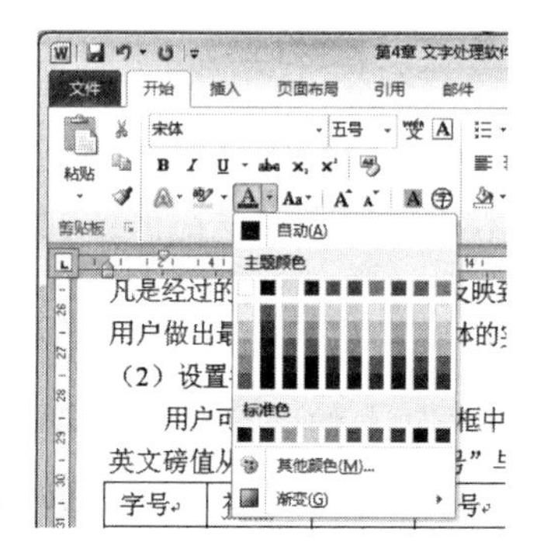

图 3.37　设置字体颜色

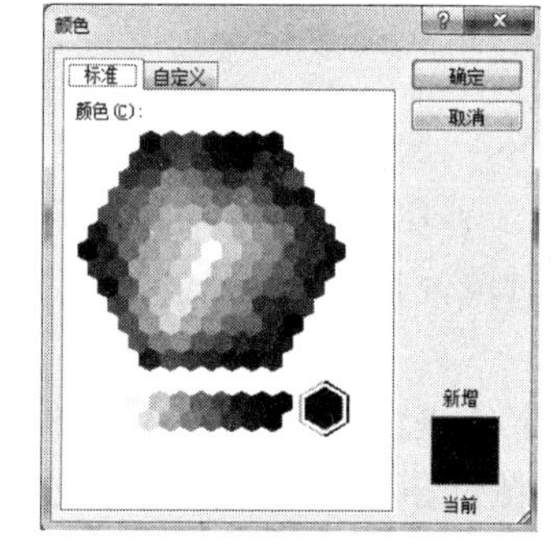

图 3.38　“颜色”对话框的“标准”和“自定义”选项卡

(4) 设置文本效果。

用户可以单击“字体”选项组的“文本效果”按钮，为选中的文字套用文本效果格式，用户可以实时预览不同文本效果的显示效果，也可以自定义文本效果格式，如图 3.39所示。

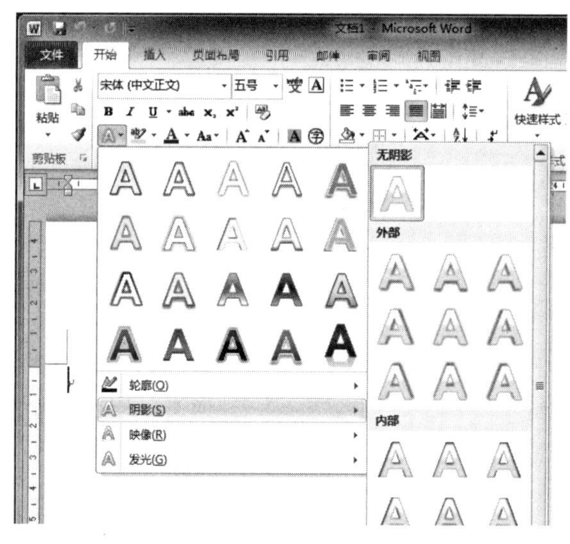

图 3.39　设置文本效果

(5) 使用“文字凸显”。

“文字凸显”命令包含 4 个命令按钮，各功能如下。

▶ 拼音指南：此功能对选定的文字加拼音，如图 3.40 所示。该对话框列出了基准文字对应的默认读音及声调。用户可根据需要，进行拼音“对齐方式”“字体”和“字号”等格式设置。

▶ 字符边框：在选定文字周围添加边框，以增加可读性。

▶ 字符底纹：在选定文字下方添加底纹，突出内容。

▶ 带圈字符㊫：此功能只能对选定文本中的第一个字符加圈，如图 3.41 所示。在该对话框内，可直接选择不同的圈号和样式。

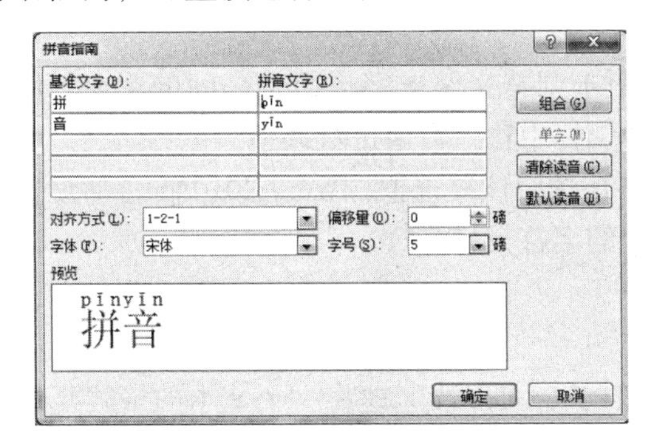

图 3.40　“拼音指南”对话框

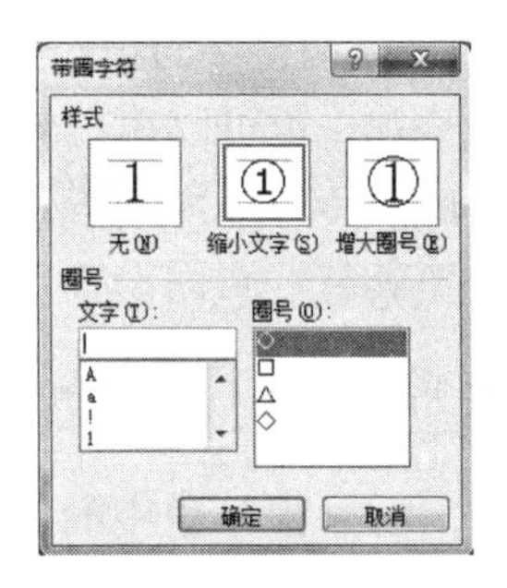

图 3.41　“带圈字符”对话框

2. 使用“字体”对话框设置字符间距

在“字体”选项组中单击“字体”对话框启动器按钮，将启动“字体”对话框，该对话框包括“字体”“高级”两个选项卡。在“字体”选项卡中用户可根据需要选择各项命令来设置字体、字形、大小、下划线类型、颜色及文字效果等字符格式，如图 3.42 所示。设置字符间距需要切换到“高级”选项卡，如图 3.43 所示。

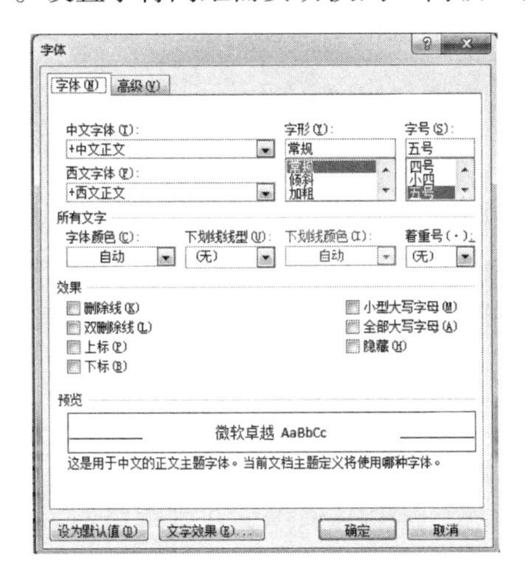

图 3.42　设置字体

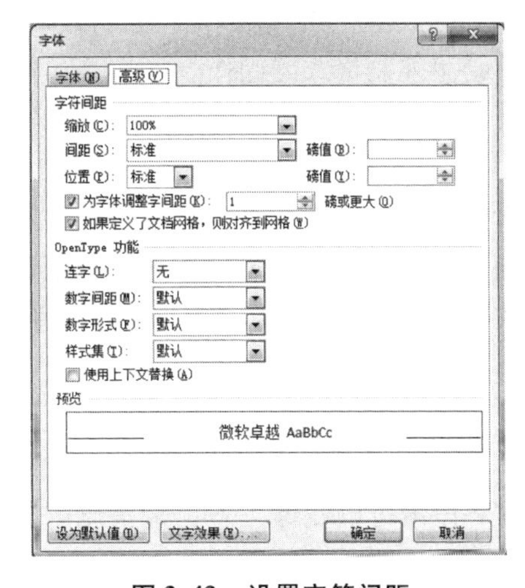

图 3.43　设置字符间距

在“高级”选项卡的“字符间距”区域包括多项设置，用户可以通过这些设置调整字符的间距。

▶ 缩放：单击“缩放”下拉列表，有多种缩放比例可供选择，也可以直接输入缩放比例。

▶ 间距：单击“间距”下拉列表，有“标准”“加宽”和“紧缩”3 种字符间距可供选择，“加宽”方式使字符间距比“标准”方式宽 1 磅，“紧缩”使字符间距比“标准”方式窄 1 磅。也可以在右侧的“磅值”微调框中输入合适的字符间距。

▶ 位置：单击“位置”下拉列表，有“标准”“提升”和“降低”3种字符位置可供选择，也可以在右侧的“磅值”微调框中输入合适字符位置来调整所选文本相对于基准线的位置。

▶ 为字体调整字间距：选中该复选框用于调整文字或字母组合之间的距离，使文字更加均匀美观，也可以在右侧的“磅值”微调框中输入数值进行调整。

▶ 如果定义了文档网格，则对齐到网格：选中该复选框，Word 2010将自动设置每行字符数，使其与“页面设置”对话框中设置的字符数相一致。

3. 使用“格式刷”按钮进行格式设置

利用“剪贴板”组中的“格式刷”按钮，可以快速地将一个文本的格式复制到另一处文本上。格式越复杂，效率越高。

具体操作步骤如下。

① 在文档中选择所需的文本格式或将插入点定位在此文本上。

② 单击“格式刷”按钮，此时“格式刷”按钮下沉。

③ 将鼠标指针指向欲排版的文本头部，此时鼠标指针的形状变为一个格式刷，按住鼠标左键，移动鼠标直至拖曳到文本尾，此时欲排版的文本被反向显示。

④ 松开鼠标，即可完成复制字符格式的工作。若要复制相同的格式到多个不连续的文本上，则双击“格式刷”按钮，按步骤③的操作来进行格式设置，最后单击“格式刷”按钮，结束复制格式的操作。

3.3.2 设置段落格式

设置段落格式是指改变段落的整体外观，包括段落缩进、对齐、行距、段落间距等多方面的设置。在对某一个段落进行操作时，只需将插入点置于该段落中任意位置，然后进行格式化操作即可；若对多个段落进行统一排版操作，则首先应当选定这几个段落，然后再进行操作。

1. 段落的对齐

对齐段落可以使得文本更加清晰并容易阅读，Word 2010提供了5种段落对齐方式，对应“开始”选项卡“段落”选项组中5个对齐按钮，如图3.44所示，用户可根据需要进行选择。

图3.44 段落对齐方式

▶ 文本左对齐：使正文向页面左边界对齐。

▶ 居中：正文居于左、右页边界的正中，一般用于标题或表格的居中对齐。

▶ 文本右对齐：使正文向页面右边界对齐。

▶ 两端对齐：通过在词与词之间自动增加空格的宽度，使正文沿左右页边界对齐。该命令对英文文本有效。对于中文文本，其效果同“左对齐”。

▶ 分散对齐：以字符为单位，均匀地分布在一行上，对中、英文均有效。

2. 段落的缩进

一般情况下段落都要规定首行缩进，目的是突出新段落开始，有时还需要调整文本和页边距之间的距离，Word 提供了多种段落缩进的方法，如：使用标尺或使用“段落”对话框等。

注意：不要用 Tab 键或“空格”键来设置文本的缩进，也不要在同一段落换行时使用 Enter 键，因为这样做之后打印的文章很可能对不齐。通常用标尺设置首行缩进，键入 Enter表示新段落开始。

方法一：使用标尺。

单击 Word 窗口垂直滚动条上方的“标尺”按钮，可使标尺栏显示或隐藏。标尺显示如图 3. 45 所示，在标尺上有四个缩进标记。

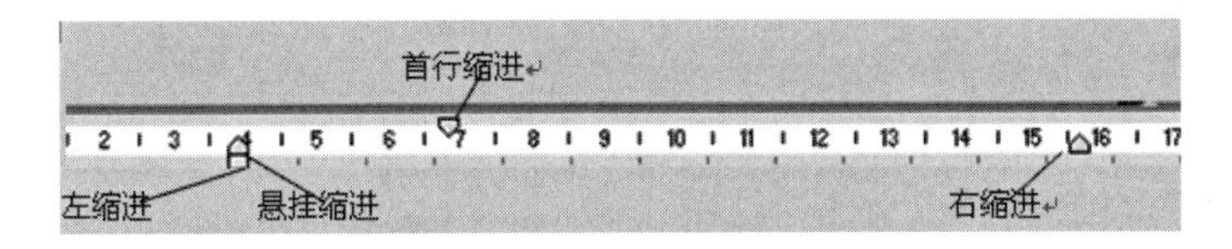

图 3. 45　标尺中的缩进标记

▶ 首行缩进：拖动该标记，控制段落中第一行第一个字的起始位置，中文段落普遍首行缩进两个字符。

▶ 悬挂缩进：拖动该标记，控制段落中首行以外的其他行的起始位置，这种缩进方式常用于如词汇表、项目列表等文档。

▶ 左缩进：拖动该标记，控制段落左边界缩进的位置。

▶ 右缩进：拖动该标记，控制段落右边界缩进的位置。

使用标尺进行段落缩进，具体操作步骤如下。

① 选取需要进行缩进的段落。

② 将相应的缩进标记拖动到合适位置，使被选择的段或当前插入点所在的段随缩进标记伸缩。

③ 将鼠标定位到文档中其他位置，则完成了段落缩进操作。

方法二：用缩进按钮。

使用“开始”选项卡“段落”组的“减少缩进量”按钮与“增加缩进量”按钮能快速地设置一个或多个段落的首行缩进。要注意的是，这时的缩进是段落整体进行缩进，每次单击“增加缩进量”按钮，所选段落将向右移一个汉字的位置；同样，每次单击“减少缩进量”按钮，所选段落将向左移一个汉字的位置。

方法三：使用“段落”对话框。

单击“开始”选项卡“段落”选项组中的“段落”对话框启动器按钮，在“段落”对话框中的“缩进和间距”选项卡“缩进”选项区进行各项设置，如图 3. 46 所示，设置完成后单击“确定”按钮。

另外，用户也可以使用“页面布局”选项卡“段落”选项组的“缩进”选项组进行段落缩进控制，用“间距”选项组进行段前间距与段后间距的控制。

3. 行距和段落间距

(1) 行距。

行距决定了段落中各行文字之间的垂直距离，在“开始”选项卡的“段落”选项组中，单击“行和段落间距”按钮，在弹出的下拉列表中选择所需要的行距，如图 3. 47 所示。默认的是 1 倍行距(单倍行距)，即行与行之间的距离是文字高度的 1 倍。

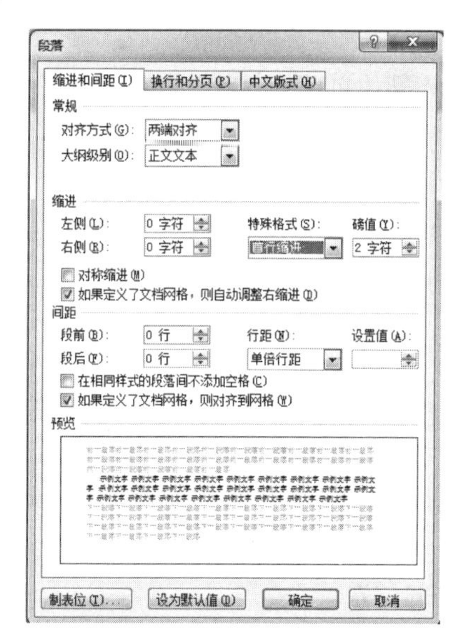

图 3. 46 “段落”对话框

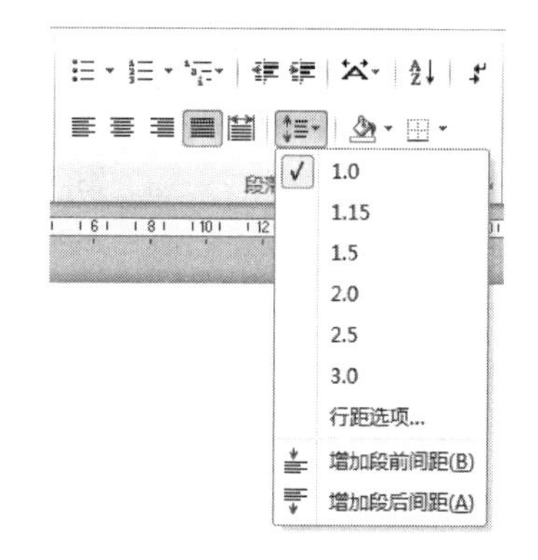

图 3. 47 “行和段落间距”下拉列表

在“行距”下拉列表中，执行“行距选项”命令，将打开“段落”对话框的“缩进和间距”选项卡。在“间距”选项区域的“行距”下拉列表框中，用户可以选择行距选项，也可以在“设置值”微调框中设置具体的数值，如图 3. 48 所示。

其中，“最小值”选项表示行距调整为满足内容能够完全显示的最小值；“多倍行距”选项表示可以用精确到 0. 01 的数值设置自由行距。

注意：用户在对文档进行排版时，设置行距要谨慎使用“固定值”。有时为了使段落更加紧凑，经常会把段落的行距设置为“固定值”，这样做，可能会导致一些高度大于此“固定值”的图片或文字只能显示一部分。

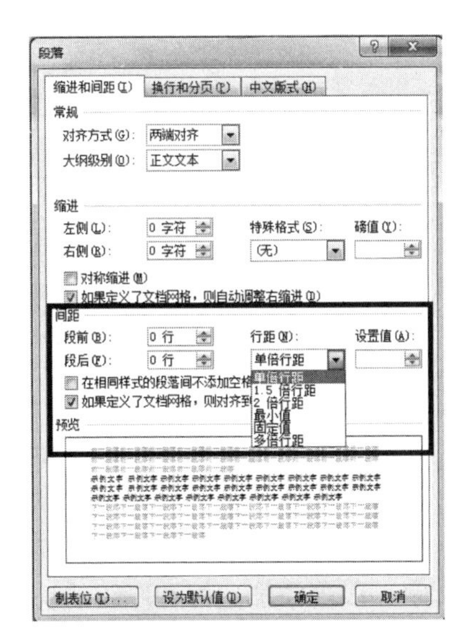

图 3.48　设置行距

（2）段落间距。

段落间距决定了段落与段落之间的距离。为了使文档层次更清晰、更便于阅读，经常会对段落之间的距离进行调整。可以通过以下方法来调整段落间距。

方法一：在如图 3.47 所示的“行和段落间距”下拉列表中，单击“增加段前间距”和“增加段后间距”命令，可以迅速调整段落间距。

方法二：在“段落”对话框的“缩进和间距”选项卡中，通过“段前”和“段后”微调框可以对段落间距进行精确设置。

方法三：在 Word 2010 功能区中，单击“页面布局”选项卡，在“段落”选项卡中，通过“段前”和“段后”微调框可以对段落间距进行精确设置。

4. 首字下沉

在报刊文章中，经常看到第一个段落使用“首字下沉”来引起读者的注意。

例如，某学生写了一篇散文，为了突出散文内容的起始位置，希望将第一段第一个字放大，且占 3 行。

具体操作步骤如下。

① 将插入点定位在段落中。

② 单击“插入”选项卡“文本”选项组中的“首字下沉”下拉菜单，在其中选择“首字下沉选项”命令，显示其对话框，如图 3.49 所示。

③ 根据用户需要选择“下沉”或“悬挂”位置，并可以设置“字体格式”“下沉的行数”与“距正文的距离”。本例选择“下沉”选择，Word 2010 默认下沉行数为 3。

④ 单击“确定”按钮。将文档设置为“首字下沉”后的效果如图 3.50 所示。如果要去除已有的“首字下沉”，操作方法与建立“首字下沉”方法相同，只要在对话

框的“位置”选项中选择“无”即可。

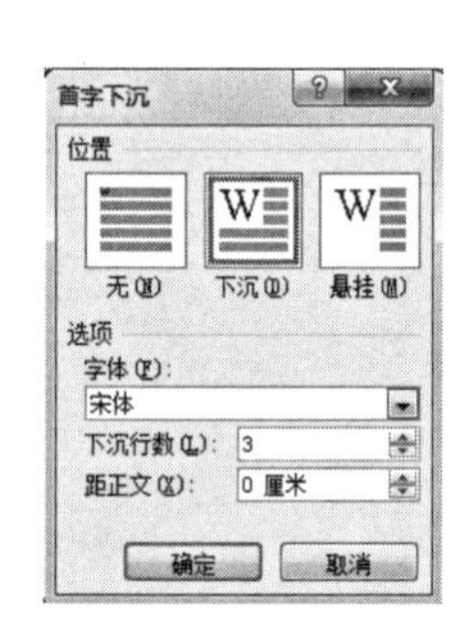

图 3.49 “首字下沉”对话框

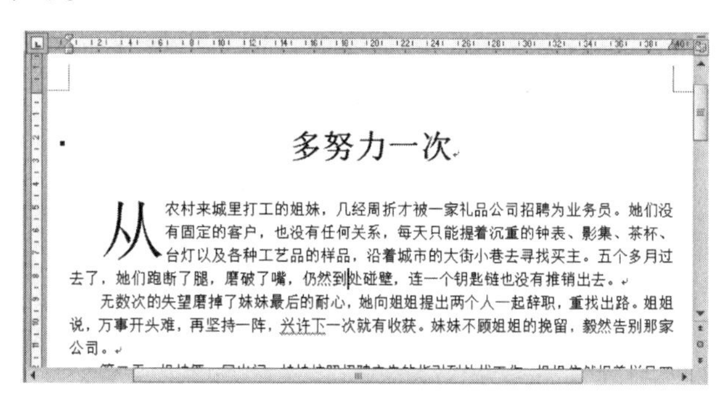

图 3.50 首字下沉后的文档效果

5. 添加边框和底纹

Word 提供了为文档中的文字、段落添加边框和底纹的功能。

(1) 添加边框。

用户若要在文档中设置边框，可进行以下操作。

① 选定要添加边框的内容，或把插入点定位到所在的段落处。

② 单击“页面布局”选项卡“页面背景”组中的“页面边框”按钮，启动“边框和底纹”对话框，如图 3.51 所示。

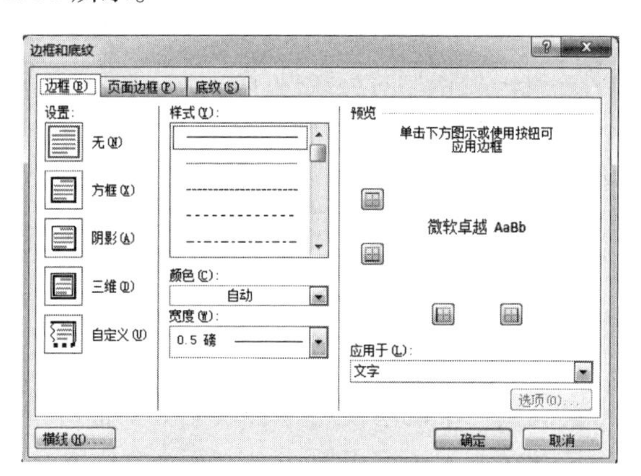

图 3.51 “边框和底纹”对话框

③ 在“边框”选项卡中选择所需边框样式后单击“确定”按钮。

“边框”选项卡中各部分功能如下。

►“设置”区域：选择边框形式，若要取消边框线则选择第一项“无”。

►“样式”“颜色”“宽度”下拉列表框：设置框线的外观效果。

►“预览”区域：显示设置后的效果，在预览中也可以单击某边重新设置该边的框线。

►“横线”按钮：为文档添加横线分隔线。

同样，用户可以利用图 3.51 中的“页面边框”选项卡对页面进行边框设置，各项设置同“边框”选项卡，仅增加了“艺术型”下拉式列表框，其应用范围针对整个文档。

提示：为段落或页面设置边框时，若希望边框窄一些，可以调整该段的左右缩进。若调整边框与边框内文本的距离，可通过“页面边框”选项卡中“选项”按钮来设置。

（2）添加底纹。

为了使文档内容更加醒目突出，通常在文字下方添加底纹来达到这种效果。具体操作步骤如下。

① 选定要添加底纹的段落，或把插入点定位到所在的段落。

② 单击“页面布局”选项卡“页面背景”选项组的“页面边框”按钮，启动“边框和底纹”对话框。

③ 单击“底纹”选项卡。在其中选择所需底纹样式后，单击“确定”按钮。

“底纹”选项卡中各选项功能如下。

▶“填充”列表框：选择底纹的颜色，即背景色。

▶“样式”列表框：选择底纹的样式，即底纹的百分比和图案。

▶“颜色”列表框：选择底纹被填充点颜色，即前景色。

6. 项目符号和编号

在 Word 2010 中可以快速地为文档中的列表添加项目符号和编号，以增强文档的层次感、便于他人阅读和理解。项目符号除了使用“符号”外，还可以使用“图片”。下面分别讲述创建项目符号和编号的方法。

（1）自动创建项目符号和编号。

在文档中输入文本的同时自动创建项目符号列表。具体操作步骤如下。

① 在段落的开始前输入“ * ”，然后按空格键或 Tab 键，星号自动转换为黑色的圆点，Word 会自动将该段转换为项目符号列表。

② 输入所需文本并按 Enter 键，Word 会自动开始添加下一个列表项，自动插入下一个项目符号。

③ 要完成列表，可按两次 Enter 键或者按一次 BackSpace 键删除列表中最后一个项目符号即可。

创建编号列表与创建项目符号列表的操作过程相仿，当用户在段落的开始前输入诸如“1. ”“a)”“一、”等格式的起始编号，然后输入文本并按 Enter 键时，Word 会自动将该段转换为编号列表，同时将下一个编号加入到下一段的开始。

（2）添加编号。

对已输入完的文本，用户可以通过使用“段落”选项组中的“编号”按钮，快速地将文本自动转换成编号列表。

具体操作步骤如下。

① 选定要设置编号的段落。

② 单击“开始”选项卡“段落”选项组中的“编号”命令右侧的下三角按钮 。

③ 打开如图 3. 52 所示的编号库，在编号库中选择用户需要的编号样式，本例选择了

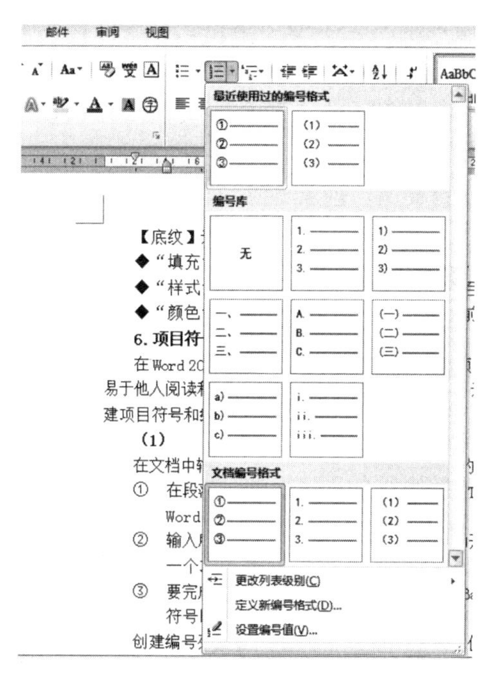

图 3.52 编号库

按照上述方法自动创建的项目编号样式“①②③”。

④ 若要改变编号的形式，可选择“编号库”下方的“定义新编号格式”命令，显示“定义新编号格式”对话框，如图 3.53 所示。在其中用户可以定义“编号格式”“字体类型”以及“对齐方式”等。在预览框中，还可以见到效果图。

另外，若文本中列表涉及多层次关系，可单击“段落”组中“多级列表”按钮 ，从编号库中选择多级编号列表样式应用到文档中。

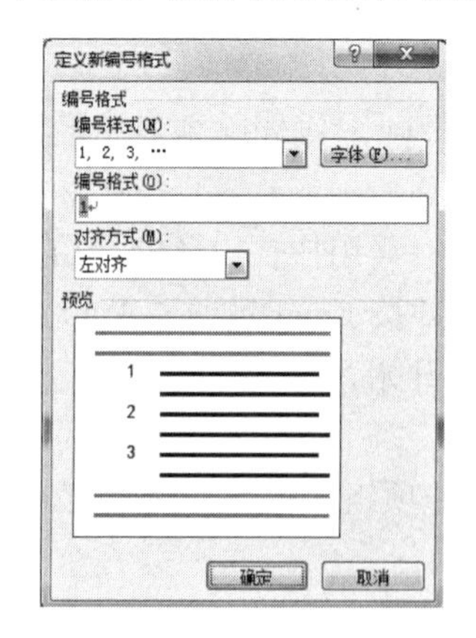

图 3.53 “定义新编号格式”对话框

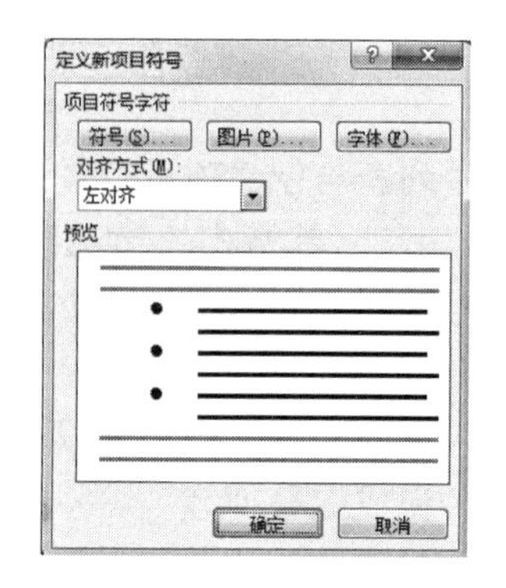

图 3.54 “定义新项目符号”对话框

（3）添加项目符号。

用户添加项目符号的方法与添加编号的方法相同。只要单击“段落”选项组中“项目符号”命令右侧的向下箭头，在项目符号库中选择用户需要的项目符号即可。同样，若对 Word 2010 提供的符号不满意时，可执行“定义新项目符号”命令，显示如图 3. 54所示的“定义新项目符号”对话框，用户可根据需要选择符号或图片。同时也可进行字体、对齐方式的修改，在预览中看到效果图。

3. 3. 3　使用文本框

文本框如同容器可以将文字、表格、图形精确定位。无论是文字、表格还是图形，只要被装进这个方框，就如同被装进了一个容器，可以随意被鼠标移到任何地方，还可以很方便地进行缩小、放大等编辑操作。

1. 插入文本框

具体操作步骤如下。

① 单击“插入”选项卡“文本”选项组的“文本框”按钮。

② 在弹出的下拉列表中，用户可以在“内置”的文本框样式中选择适合的文本框类型，如图 3. 55 所示。如果预定义的文本框样式不满足用户需求，可以执行“绘制文本框”命令。

③ 鼠标指针变成“ + ”字形，按住鼠标左键拖曳文本框到所需的大小后松开鼠标。

④ 用户可在空文本框中的插入点输入内容。

图 3. 55　“内置”的文本框样式

2. 编辑文本框

文本框具有图形的属性，所以对其编辑同图形的格式设置，即单击文本框后，利用“格式”选项卡进行其颜色和线条、大小、位置、环绕等设置。

3.3.4 页面布局与打印

Word 2010 提供的页面设置工具可帮助用户轻松完成页边距、纸张大小、纸张方向等多方面的设置，其目的在于使资源能够充分利用，文档整体更加和谐。

1. 页边距的设置

页边距是指文本与纸张边缘的距离，与所用的纸张大小有关。设置页边距的操作步骤如下。

① 在 Word 2010 的功能区中，打开“页面布局”选项卡。

② 在“页面布局”选项卡的“页面设置”选项组中，单击“页边距”按钮。

③ 在弹出的下拉列表中，提供了“普通”“窄”“适中”等预定义的页边距，用户可以从中选择从而快速设置页边距，如图 3.56 所示。

④ 若用户需要自己定义页边距，单击该下拉列表中的“自定义边距”命令。打开“页面设置”对话框的“页边距”选项卡，如图 3.57 所示。在“页边距”选项区域中，用户可以调整“上”“下”“左”“右”4 个页边距的大小。还可添加装订线，便于装订文档。如果用户需要用纸张正、反两面打印文档，则在页码范围选项区中选定“对称页边距”选项。

在该对话框中，在“应用于”下拉列表框中，有“整篇文档”和“所选文字”两个选项可供选择。将用户设置的页面应用于整篇文档，是默认的选项。如果只想设置部分页面，则将插入点定位到这部分页面的起始位置，选择“所选文字”选项，这样从起始位置之后的所有页都将应用当前的设置。

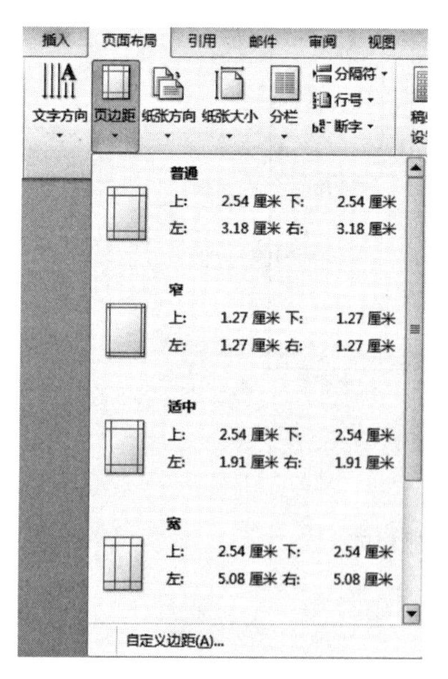

图 3.56 快速设置页边距

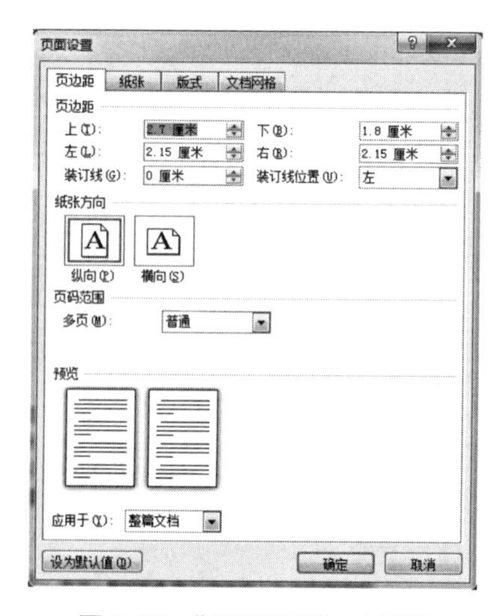

图 3.57 “页面设置”对话框

⑤ 单击“确定”按钮，完成自定义页边距的设置。

2. 设置纸张方向

Word 2010 提供了“纵向”和“横向”两种布局供用户选择。更改纸张方向的操作步骤如下。

① 在 Word 2010 的功能区中，打开“页面布局”选项卡。

② 在“页面布局”选项卡的“页面设置”选项组中，单击“纸张方向”按钮。

③ 在弹出的下拉列表中，用户可以根据实际需要选择“纵向”或“横向”布局。

3. 设置纸张大小

同页边距一样，Word 2010 为用户提供了预定义的纸张大小设置，Word 2010 默认的纸张大小为 A4 纸，如果用户需要改变纸张大小，具体操作步骤如下。

① 在 Word 2010 的功能区中，打开“页面布局”选项卡。

② 在“页面布局”选项卡的“页面设置”选项组中，单击“纸张大小”按钮。

③ 在弹出的下拉列表中，提供了多种预定义的纸张大小，如图 3.58 所示，用户可以根据实际需要从中选择从而快速设置纸张大小。

④ 若用户需要自己定义纸张大小，执行该下拉列表中的“其他页面大小”命令。打开“页面设置”对话框的“纸张”选项卡，如图 3.59 所示。在“纸张大小”下拉列表框中，用户可以选择不同型号的打印纸，也可以在“宽度”和“高度”微调框中自己定义纸张大小。

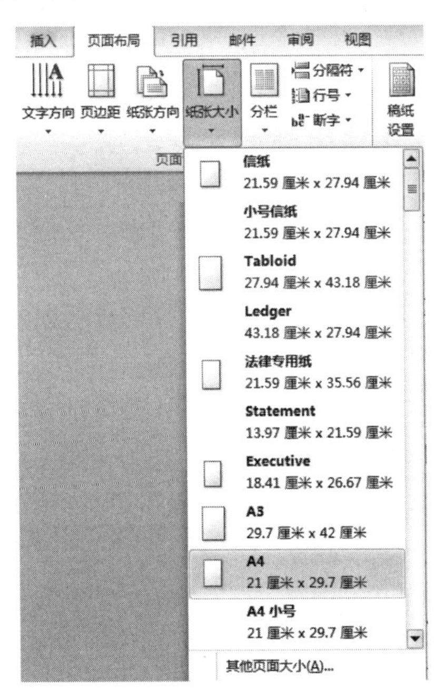

图 3.58　快速设置纸张大小

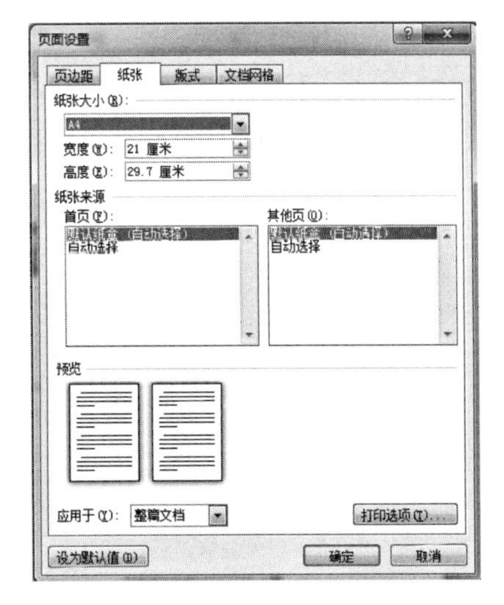

图 3.59　自定义纸张大小

4. 设置页面行数与字符数

在“页面布局”选项卡中，选择“文档网格”选项卡，可以设置页面行数与字符数，并可以显示行、列网格线，设置分栏等，如图 3.60 所示。

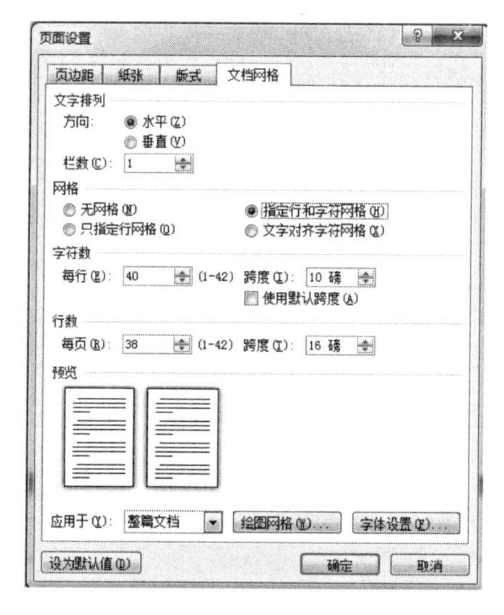

图 3.60　设置页面行数与字符数

5. 设置页面背景

Word 2010 提供了丰富的页面背景设置功能，用户可以非常便捷地为文档制作水印、设置页面颜色和页面边框。

水印是我国传统的用木刻印刷绘画作品的方法。Word 2010 中，我们可以把水印应用到文档中，水印包括文字水印和图片水印。

具体操作步骤如下。

① 单击“页面布局”选项卡“页面背景”选项组的“水印”命令，执行“自定义水印”命令，显示“水印”对话框，如图 3.61 所示。

图 3.61　“水印”对话框

② 在该对话框中单击“文字水印”选项，选择或输入水印的文字、字体、字号、颜色和方向，单击“确定”按钮。

完成设置后的水印在文档每一页固定的位置显示文字水印效果，如图 3.62 所示。用户也可以选择图片作为水印，其设置方法与文字水印制作方法一致，不再赘述。

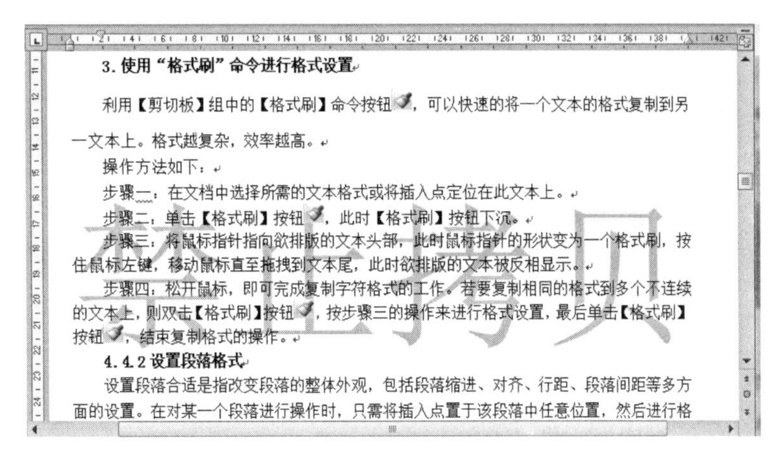

3. 使用“格式刷”命令进行格式设置

利用【剪切板】组中的【格式刷】命令按钮，可以快速的将一个文本的格式复制到另一文本上。格式越复杂，效率越高。

操作方法如下：

步骤一：在文档中选择所需的文本格式或将插入点定位在此文本上。

步骤二：单击【格式刷】按钮，此时【格式刷】按钮下沉。

步骤三：将鼠标指针指向欲排版的文本头部，此时鼠标指针的形状变为一个格式刷，按住鼠标左键，移动鼠标直至拖拽到文本尾，此时欲排版的文本被反相显示。

步骤四：松开鼠标，即可完成复制字符格式的工作。若要复制相同的格式到多个不连续的文本上，则双击【格式刷】按钮，按步骤三的操作来进行格式设置，最后单击【格式刷】按钮，结束复制格式的操作。

4.4.2 设置段落格式

设置段落合适是指改变段落的整体外观，包括段落缩进、对齐、行距、段落间距等多方面的设置。在对某一个段落进行操作时，只需将插入点置于该段落中任意位置，然后进行格

图 3.62　文档使用水印的效果

3.3.5　样式和级别

1. 样式

（1）样式的概念。

样式是一组已经命名和存储的字符和段落格式。应用样式时，将同时应用该样式中所有的格式设置，这样就解决了重复设置相同格式的问题，从而大大提高了工作的效率。

（2）样式的使用。

对 Word 2010 中的所选文本应用样式非常简单，只需单击快速样式库中的一个按钮即可。具体操作步骤如下。

① 选中要应用样式的文本。例如，我们选择要成为“标题 1”样式的文本（如果要更改整个段落的样式，则单击该段落中的任何位置即可）。

② 在“开始”选项卡上的“样式”选项组中，单击“其他”按钮，即展开“快速样式库”，在各种样式中滑动鼠标，可实时预览应用当前样式后的视觉效果，如图 3.63 所示。

③ 用户单击所需样式，即可将该样式应用到文档中。

（3）样式的修改。

对于定义好的样式，有时为了文档的美观，进行适当调整是十分必要的。例如在“标题 1”上单击鼠标右键，执行“修改”命令，如图 3.64 所示，弹出“修改样式”对话框，如图 3.65 所示。

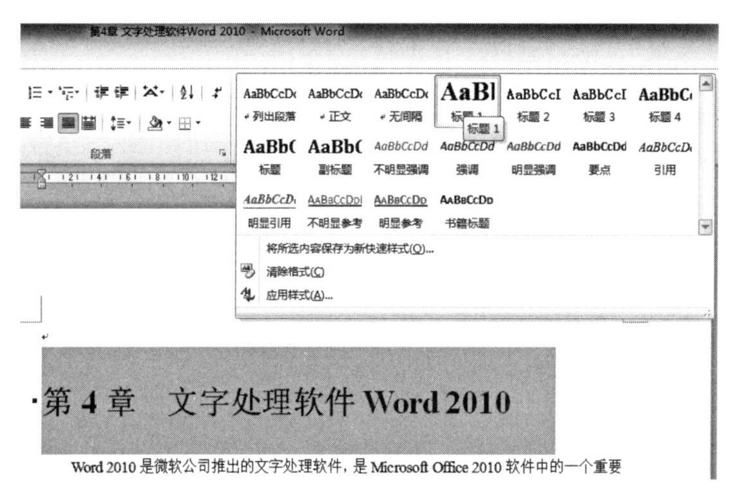

图 3.63 应用快速样式

图 3.64 查看并修改样式

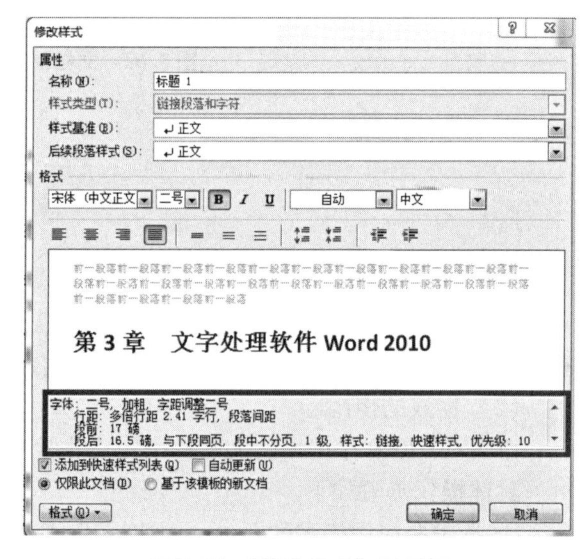

图 3.65 “修改样式”对话框

在“修改样式”对话框中可以清晰地看到“标题 1”样式所包含的所有格式元素，并可以对样式名称、样式基准、后续段落样式、字体、段落格式等进行修改。

（4）样式集的使用。

除了单独为选定的文本或段落应用样式外，Word 2010 还内置了一些经过专业设计的“样式集”，用户选择了某个样式集后，其中的样式设置会应用于整篇文档中，从而一次性地完成整篇文档的样式设置。其操作方法为：在“开始”选项卡上的“样式”组中，执行“更改样式”命令，在弹出的下拉列表中，即可完成“样式集”的设置，如图 3.66 所示。

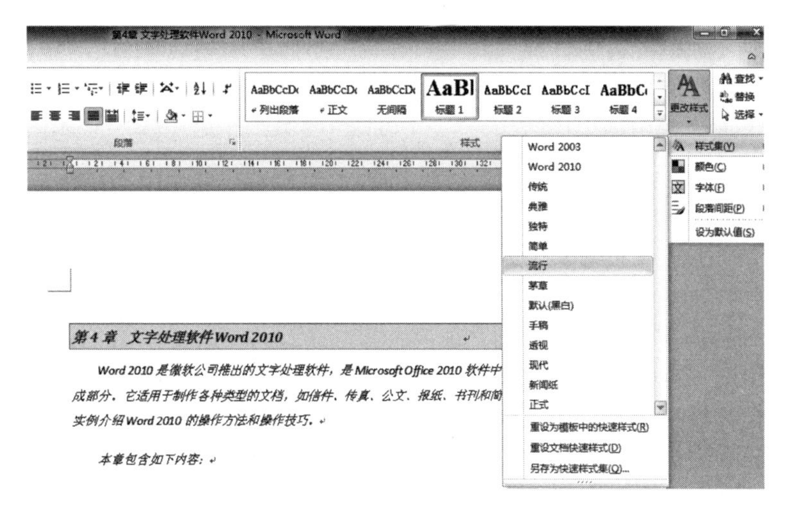

图 3.66　应用样式集

（5）创建样式。

用户可以自己建立新样式并存储，方便以后使用，具体操作步骤如下。

① 选择要创建为新样式的文本，单击鼠标右键，在弹出的快捷菜单中执行“样式”→“将所选内容保存为新快速样式”命令。

② 打开“根据格式设置创建新样式”对话框，在“名称”文本框中为该样式命名，例如“我的样式 1”，如图 3.67 所示。

③ 如果在自定义新样式的同时，用户还希望对样式进行进一步定义，可单击“修改”按钮，打开“根据格式设置创建新样式”对话框，如图 3.68 所示。用户单击其中的“格式”按钮，可以进一步定义该样式中的字体、段落、边框等。

图 3.67　创建新样式

图 3.68　修改新样式

④ 单击“确定”按钮。用户即可发现在快速样式库中出现名称为“我的样式 1”的新样式。该样式的使用与系统提供的样式使用方法一致，不再详述。

2. 级别

读者都很清楚，目录是有层次的，相对应的文章内容也必定是有层次的，例如本书的章节安排，其中 3、3.1、3.1.1 体现的是本文档的层次，如果使用级别的概念来描述就是 1 级、2 级和 3 级。

（1）通过样式为段落设置级别。

样式选项组中“标题 1”“标题 2”“标题 3”等样式，除了包含字体、段落间距等格式元素外，还包含了“级别”的属性，因此，通过样式可以为段落设置级别。例如将本章标题级别设置为 1 级，如图 3.69 所示。因为“标题 1”样式中包含了级别，所以应用样式的同时，就为段落附加了级别。

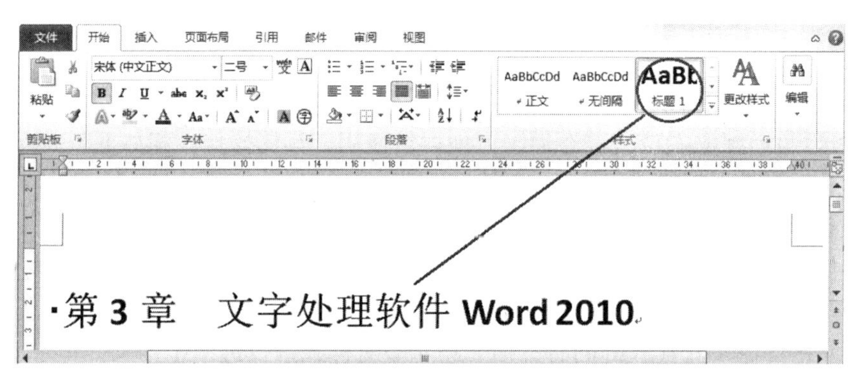

图 3.69　设置级别为“1 级”

提示：级别是针对段落进行设置的，所以不需要对段落整体选中再设置级别，只需将光标停留在本段落中即可进行设置。

（2）使用段落属性为段落设置级别。

不必对段落附加样式也可以为设置级别，只需要在“段落”对话框中修改大纲级别即可，如图 3.70 所示。这样，在不修改段落外观的前提下可以直接设置级别，更改段落级别后，可以在导航窗格中进行查看。

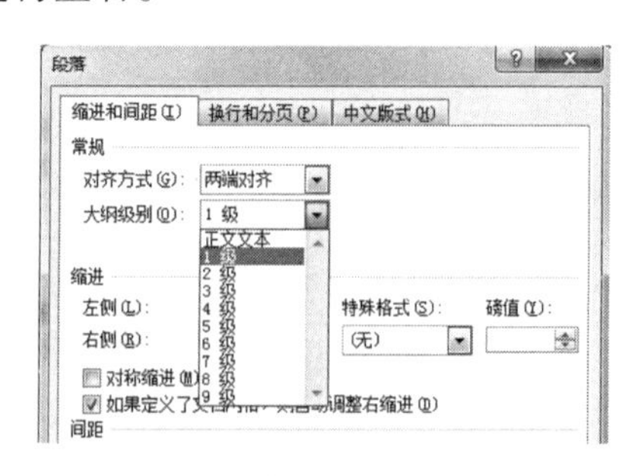

图 3.70　直接设置大纲级别

3.3.6　使用主题

文档主题是一组格式选项，包括主题颜色、主题字体(标题字体和正文字体)和主题效果(包括线条和填充效果)。通过应用文档，我们可以快速地设置整个文档的格式，赋予它专业和时尚的外观。使用主题的具体操作如下。

① 选择“页面布局”选项卡，在“主题”选项组中单击“主题”按钮。

② 在弹出的下拉式列表中，系统内置的“主题库”已经定义好的 40 余种主题，如图 3.71所示。在这些主题之间滑动鼠标，可以实时预览每个主题的应用效果。

③ 单击用户所需的主题，这时文档主题会立即影响用户可以在文档中使用的样式。

对于系统内置的“主题库”已经定义好的主题，还可以通过单击“主题”选项组中的“颜色”“字体”“效果”下拉式按钮更换颜色、字体和效果，搭配出自己想要的主题样式。

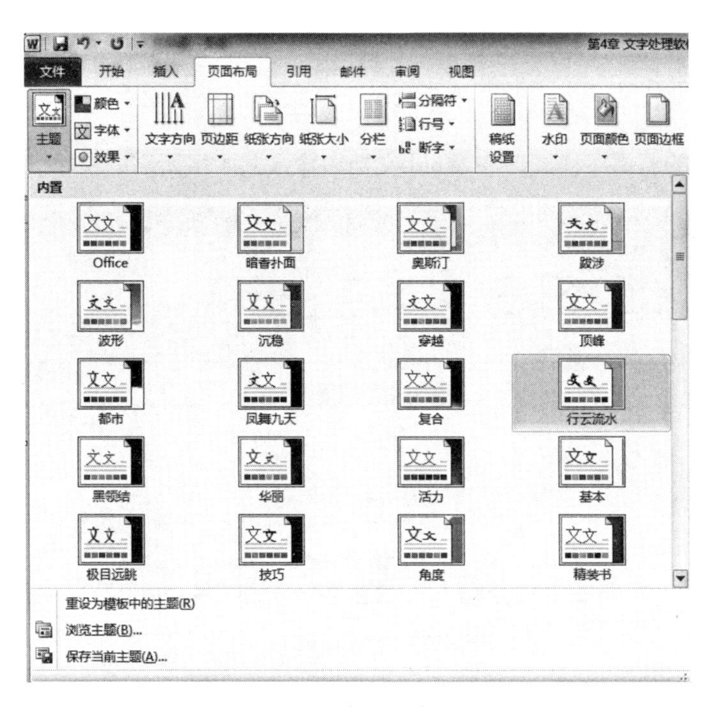

图 3.71　应用文档主题

3.3.7　插入艺术字

Word 提供了为文字建立图形效果的功能，使文字更加具有魅力和色彩。在文档中添加艺术字，具体操作步骤如下。

① 在 Word 2010 的功能区中，单击“插入”选项卡。

② 单击“文本”选项组中的“艺术字”下拉式按钮，显示如图 3.72 所示的“艺术字库”。

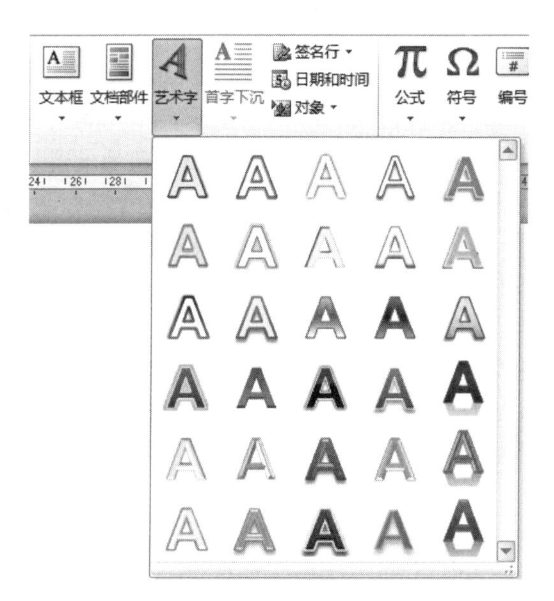

图 3.72 艺术字库

③ 选择所需的艺术字样式，在 Word 文档中输入艺术字所需的文字，如图 3.73 所示。

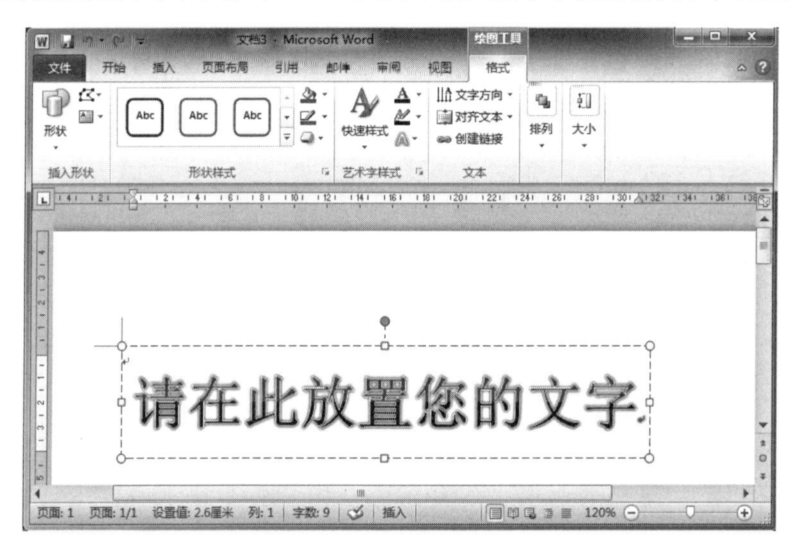

图 3.73 插入艺术字

④ 用户也可以继续对艺术字进行格式的设置。若要对艺术字进行编辑，则选中该艺术字，同时 Word 2010 功能区中自动显示“绘图工具”的“格式”上下文选项卡，可利用选项卡中各个按钮对艺术字进行格式化。例如，在“艺术字样式”选项组中，单击“文本效果”按钮，指向“转换”选项，在打开的转换列表中列出了多种形状可供选择，本例选中“朝鲜鼓”形状，效果如图 3.74 所示。

图 3.74　艺术字应用样式

3.3.8　案例分析 1

【参考视频】

现在很多网店的店主对平面设计知识了解较少，其实使用 Word 就足以制作出质量较高的宣传品，下面使用 Word 编辑网店的“购物须知”，将一些说明性文字设置成一幅美观大方的宣传品，截图后插入网站的描述中，比单纯的文字介绍效果要好。

（1）输入以下文字：

买前必读
下单：为了您能够顺利买到您喜欢的宝贝，请你首先阅读购物须知：
1. 本店所有商品不接受议价。我们在保证合理定价的同时并不能保证我们所售商品的价格是最低的。因进货渠道、进货时间、进货量、销售策略、服务成本等的不同所造成的合理价格差异还请理解。我们不提供因价格问题而要求的退换货服务。
2. 下单前请务必咨询客服您所在地区是否有货、能否送到。在未咨询的情况下，我们不保证货物能够顺利送达。
退换货：您在本店购买的商品，如有任何问题，请在收到货后的 48 小时内联系我们的客服，协商办理退换货。
库存：由于本店所有产品拍下付款才减库存，我们全国各地都在发货，请您下单后 48 小时之内付款，防止出现拍下后无货的情况。
发票：本店所有产品均提供正规发票，随商品一起快递给您！
售后：本店所有产品全国联保，全国各地均有售后维修点，到货后的安排与维修请拨打 400－123456，有专门的售后人员给您上门免费服务。
发货：在您拍下付款后，安排发货时间一般为 2～3 天，默认采用联邦快递或宅急送，一般的到货时间市区为 7～10 天，所有产品只配送到地级市，县级(含)以下不发货。

最终效果如图 3.75 所示。

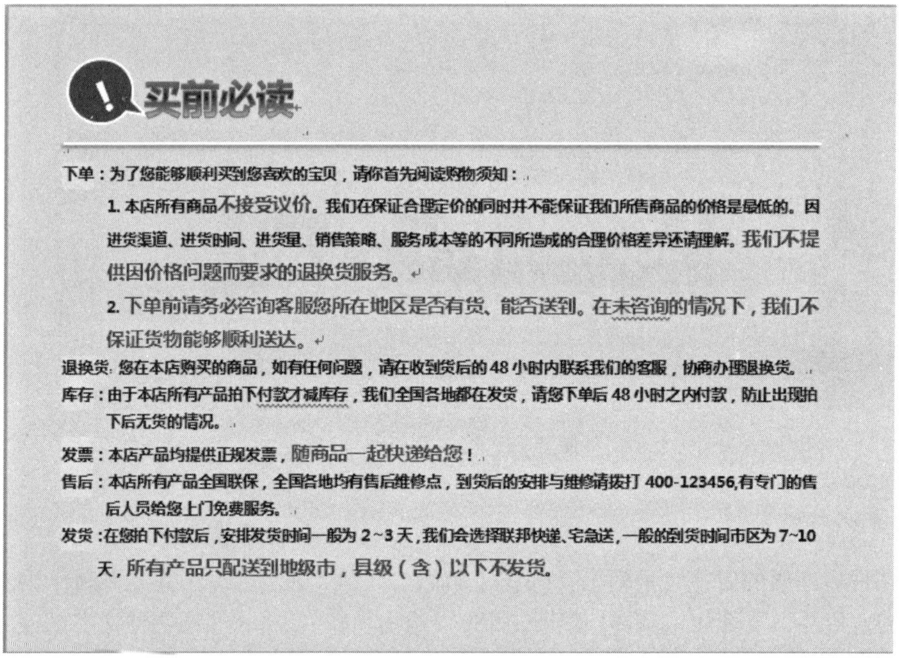

下单：为了您能够顺利买到您喜欢的宝贝，请你首先阅读购物须知：

1. 本店所有商品不接受议价。我们在保证合理定价的同时并不能保证我们所售商品的价格是最低的。因进货渠道、进货时间、进货量、销售策略、服务成本等的不同所造成的合理价格差异还请理解。我们不提供因价格问题而要求的退换货服务。

2. 下单前请务必咨询客服您所在地区是否有货、能否送到。在未咨询的情况下，我们不保证货物能够顺利送达。

退换货：您在本店购买的商品，如有任何问题，请在收到货后的 48 小时内联系我们的客服，协商办理退换货。

库存：由于本店所有产品拍下付款才减库存，我们全国各地都在发货，请您下单后 48 小时之内付款，防止出现拍下后无货的情况。

发票：本店产品均提供正规发票，随商品一起快递给您！

售后：本店所有产品全国联保，全国各地均有售后维修点，到货后的安排与维修请拨打 400-123456,有专门的售后人员给您上门免费服务。

发货：在您拍下付款后，安排发货时间一般为 2~3 天，我们会选择联邦快递、宅急送，一般的到货时间市区为 7~10 天，所有产品只配送到地级市，县级（含）以下不发货。

图 3.75　参考样式

按图中要求输入文字。

（2）将纸张方向调整为横向，将页面颜色调整为橄榄色。具体操作步骤为：单击“页面布局”选项卡“页面设置”选项组中的“纸张方向”按钮，在下拉列表中选择“横向”。单击“页面背景”选项组“页面颜色”按钮，选择“主题颜色”中的“橄榄色”。

（3）设置字体(“微软雅黑”，加粗，14 磅)，在“段落”对话框中，取消对齐到网格。具体操作步骤为：在“开始”选项卡“字体”选项组中将字体调整为“微软雅黑”，选中“加粗”按钮，将字号调整为“14 磅”；打开“段落”对话框，在“缩进和间距”选项卡“间距”区域中，取消“如果定义了文档网格，则对齐到网格”复选框。

（4）选中“买前必读”，插入艺术字，设置艺术字图片的环绕方式为“嵌入式”。

具体操作步骤如下。

① 选中“买前必读”，单击“插入”选项卡“文本”选项组中的“艺术字”按钮，在下拉列表中选择“渐变填充 - 蓝色，强调文字颜色 1”。

② 选中艺术字，单击“绘图工具 | 格式”选项卡“排列”选项组中的“自动换行”按钮，选择“嵌入型”选项，如图 3.76 所示。

（5）在“买前必读”插入一个“椭圆形标注”形状，改变该形状的填充颜色和轮廓线颜色及粗细，在插入插入艺术字“!”，颜色为白色，并调整感叹号角度。

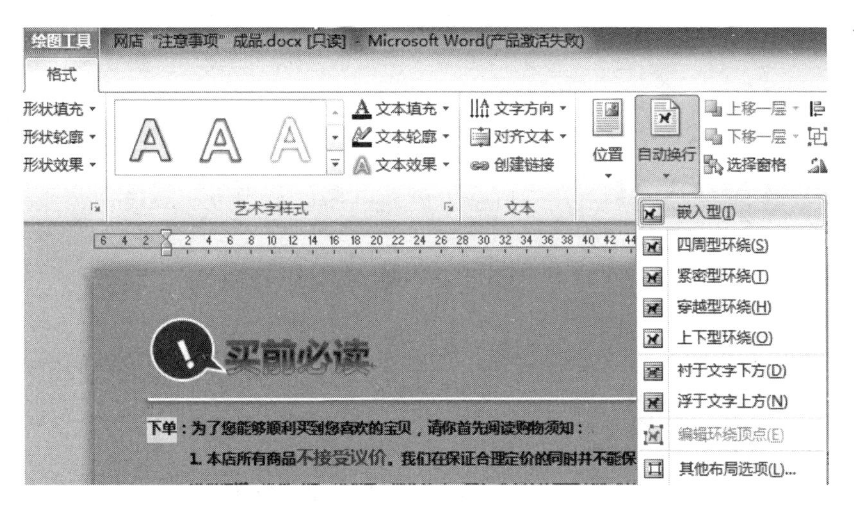

图3.76　设置图片与文字的环绕方式

具体操作步骤如下。

① 单击"插入"选项卡"插图"选项组中的"形状"按钮，选择"标注"组中的"椭圆形标注"选项，在文档相应位置拖动鼠标，即可绘制一个图形。

② 选中该形状，在"绘图工具｜格式"选项卡"形状样式"选项组中，将"形状填充"设置为"标准色"中的"红色"，将"形状轮廓"分别设置为"主题颜色"中的"白色"。

③ 单击"插入"选项卡"文本"选项组中的"艺术字"按钮，在下拉列表中选择"填充－白色，投影"，在插入的文本框中输入"！"，用鼠标拖动艺术字边框将其调整到适当位置。

④ 选中艺术字"！"，光标放在文本框上方的绿色的"自由旋转控制点"，如图3.77拖动旋转一定的角度。

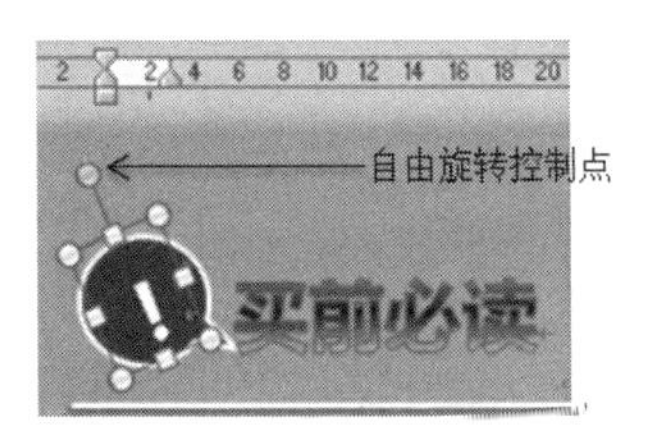

图3.77　艺术字的旋转

（6）在"买前必读"下绘制一条横线，起到分割题目与内容的作用。线段颜色设置为白色，加阴影效果，并调整线段粗细。

具体操作步骤如下。

① 单击"插入"选项卡"插图"选项组中的"形状"按钮，选择"线条"组中的"直线"选项，在按住Shift键的同时拖动鼠标能够保证绘制一条笔直的直线。

② 选中直线，在"绘图工具｜格式"选项卡"形状样式"选项组中，单击"形

状轮廓”，在下拉列表中将“粗细”调整为“3 磅”，颜色调整为“主题颜色”中的“白色”。

（7）下面对内容部分进行排版，首先调整各段落的缩进。

具体操作步骤如下。

① 选中正文部分的第 2 段和第 3 段，单击“开始”选项卡“段落”选项组对话框启动器按钮，在“缩进”区域，调整“左侧”缩进“2 字符”。

② 选中正文其他段落，同样在“缩进”区域中的“特殊格式”中选择“悬挂缩进”，“磅值”调整为“3 字符”。

（8）为了提醒阅读者获取重要信息，将重要部分变为红色字体，加大字号，突出显示。设置一处字体后，使用格式刷可以实现连续设置。

具体操作步骤如下。

① 选中文字“不接受议价”，在“开始”选项卡“字体”选项组中，调整文字为“红色”，“16 磅”。

② 选中文字“不接受议价”，双击“开始”选项卡“剪贴板”选项组中的“格式刷”按钮，根据参考样式，在其他需要该字体的文字处拖动鼠标完成设置。

（9）在条目上用荧光笔标记一下。具体操作步骤为：根据参考样式，选择相应文字，单击“字体”选项组中“以不同颜色突出显示文本”按钮右侧的下三角，选择“黄色”。

（10）将所有内容调整在一页中显示。具体操作步骤为：如果文字不在一页中，单击“页面布局”选项卡“页面设置”组对话框启动器按钮，在“页边距”选项卡“页边距”区域中，适当缩小文档上边距与下边距，使所有文字在一页中。

3.4　Word 表格与 Excel 图表

在文档中，经常会用表格或统计图表来表示一些数据，它可以简明、直观地表达一份文件或报告要传达的信息。

3.4.1　表格的创建

表格由“行”和“列”组合而成，表格中的每一格称为“单元格”，它是表格的基本单元。在单元格内用户可以输入文本、数据、图形，甚至插入另一个表格。

1. 插入表格

（1）使用“表格网”插入表格。

将光标定位在需插入表格的位置，在“插入”选项卡的“表格”选项组中，单击“表格”按钮，在弹出的下拉列表中，利用鼠标在表格网中的移动来控制插入表格的行数与列数。如图 3.78 所示，将插入 5 行 6 列的表格。利用此方法最多能够插入 8 行 10 列表格。

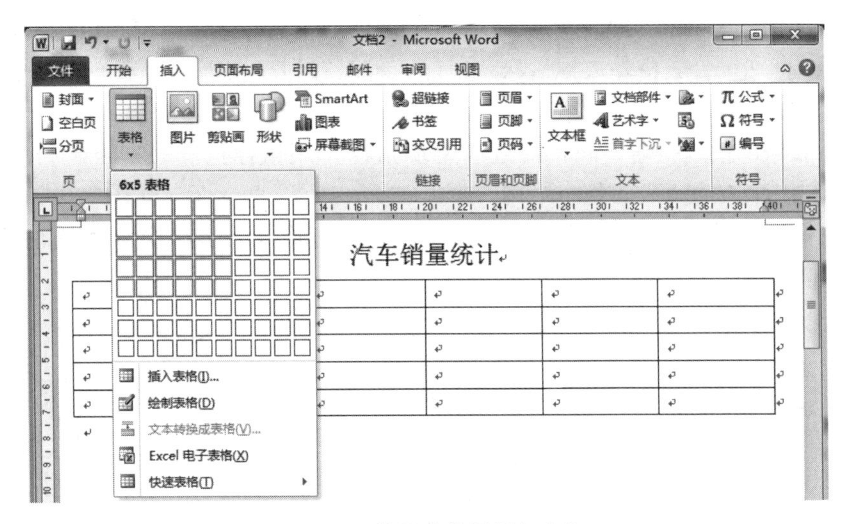

图 3.78 使用表格网插入表格

(2) 使用“插入表格”对话框的具体操作步骤如下。

① 将光标定位在需插入表格的位置。

② 在“插入”选项卡的“表格”选项组中，单击“表格”按钮，选择“插入表格”命令。启动“插入表格”对话框，如图 3.79 所示。

③ 用户在“插入表格”对话框中定义行数、列数[行数和列数必须介于 1 ~6(3)]。

④ 单击“确定”按钮。

(3) 快速建表的操作步骤为：将光标定位在需插入表格的位置，单击“插入”选项卡中的“表格”下拉列表框，执行“快速表格”命令，在表格样式库中选择所需的表格类型即可。

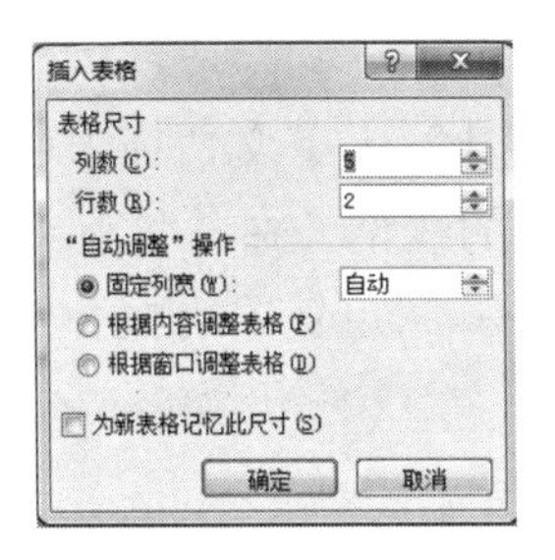

图 3.79 “插入表格”对话框

2. 绘制表格

如果要创建不规则的复杂表格，最好使用绘制表格的方法建立表格。

下面通过制作个人简历说明绘制表格的方法，具体操作步骤如下。

① 将光标定位在需插入表格的位置，在“插入”选项卡的“表格”选项组中，单击“表格”按钮，选择下拉列表中的“绘制表格”命令。

② 此时文档中鼠标将变成铅笔状，以下我们称为“笔形指针”。按住鼠标左键向右下角进行拖曳，直到符合表格外边框后松开鼠标，可以看到在文档中出现一个大单元格，这就是我们需要建立的表格的外框。

③ 绘制表格的内边框时，同样通过“笔形指针”用鼠标拖曳的方法绘制出所需的行或列，即绘制出个人简历表的基本结构。

④ 用鼠标选定单元格后进行文字、图形等内容的输入，表格会自动调整行高大小，把用户插入的内容放在其中，如图 3.80 所示。

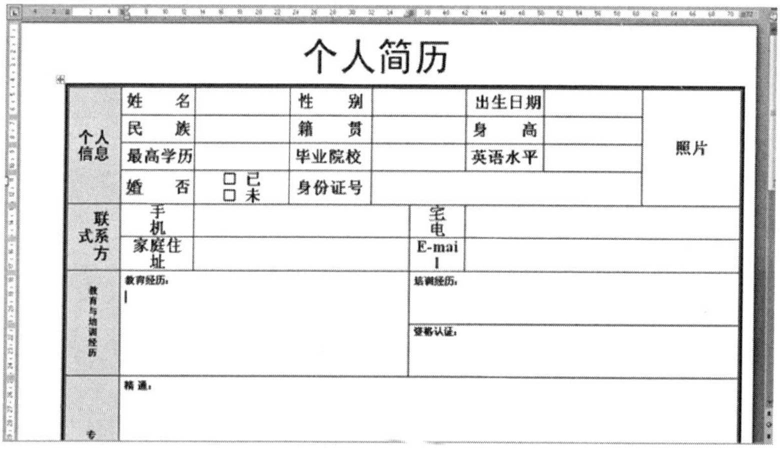

图 3.80　个人简历

⑤ 如果用户需要擦除某条线，在表格内部任意位置单击，在自动打开的“表格工具”的“设计”上下文选项卡中，单击“绘制边框”选项组中的“擦除”按钮。此时鼠标指针变成橡皮擦的形状，单击需要擦除的线条即可。再次单击“擦除”按钮即可停止擦除操作。

另外，在“表格工具”的“设计”上下文选项卡中，用户可以在“绘图边框”选项组的“笔样式”下拉列表选择不同的线型，在“笔画粗细”下拉列表中选择不同的线条宽度，在“笔颜色”下拉列表中选择不同的线条颜色。

3.4.2　表格的编辑

表格编辑包括增加和删除表格中的行(列)、改变行高(列宽)、合并与拆分单元格等操作。

1. 插入单元格、行和列

如果用户想要向表格中添加单元格，具体操作步骤如下。

① 光标定位在要插入单元格的位置上，打开“表格工具”的“布局”上下文选项卡。

② 在“行和列”选项组中，单击“对话框启动器”按钮，打开“插入单元格”对话框，如图 3.81 所示，用户根据实际需要选中相应的单选按钮即可。

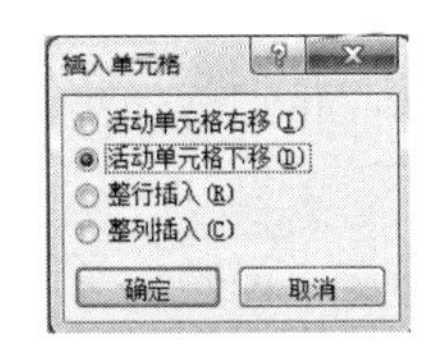

图 3.81　“插入单元格”对话框

③ 单击“确定”按钮即可按照指定要求完成插入单元格的操作。

如果用户想要添加一行或一列单元格，可以使用“布局”选项卡“行和列”选项组中的各个命令按钮来完成插入操作。

2. 删除单元格、行或列

删除多余的单元格、行或列，其操作步骤如下。

① 光标定位在需删除的单元格、行或列中。

② 打开“表格工具”的“布局”上下文选项卡，单击“删除”按钮，在弹出的下拉菜单中选择所需选项，如图 3.82 所示。

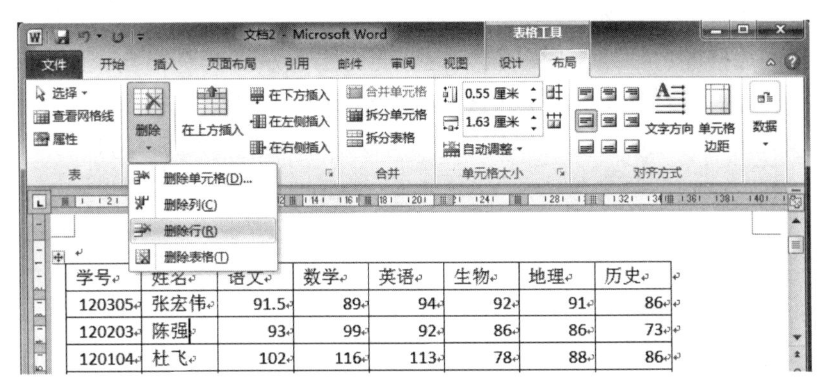

图 3.82　删除单元格、行或列

3. 合并和拆分单元格

合并单元格是将多个单元格合并成一个单元格，拆分单元格指的是将一个单元格按照用户所需拆分成多个单元格。下面分别讲述操作方法。

合并单元格的操作步骤如下。

① 光标定位在需要合并的第一个单元格中，按住鼠标左键进行拖动，选定所有要合并的单元格。

② 单击“布局”上下文选项卡“合并”选项组中的“合并单元格”命令，即可完成把选定的多个单元格合并成一个单元格的操作。用户还可以在选定多个单元格后，单击鼠标右键，在打开的快捷菜单中执行“合并单元格”命令，完成单元格的合并操作。

将一个单元格拆分成几个单元格的操作步骤如下。

① 将光标定位在要拆分的单元格中。

② 执行“布局”上下文选项卡“合并”选项组中的“拆分单元格”命令，启动“拆分单元格”对话框。

③ 在“拆分单元格”对话框中输入“列数”和“行数”，如图 3.83 所示，也可以启动快捷菜单进行拆分单元格的操作。

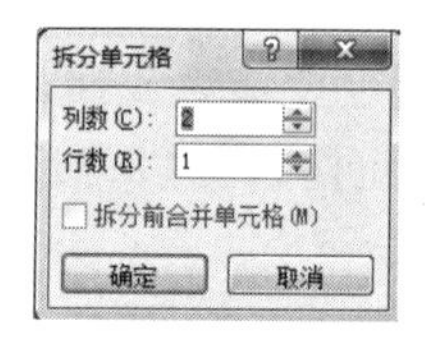

图 3.83 “拆分单元格”对话框

合并和拆分单元格更简单的方法是利用“设计”选项卡中的“绘制表格”按钮与“擦除”按钮，按用户需要将表格进行合并或拆分。

4. 改变表格的行高和列宽

(1) 用鼠标调整行高和列宽。

将鼠标移到表格的边框线上时，鼠标指针会转变成左右两个指向(上下两个指向)指针，按住鼠标左键后进行移动，可以进行列宽(行高)的修改。另外，通过鼠标指向行高(列宽)的标尺处的标志上时，也可以快速改变单元格的大小，如图 3.84 所示。

移动表格列

调整表格行

学号	姓名	语文	数学	英语	生物	地理	历史
140305	张宏伟	91.5	89	94	92	91	86
140203	陈强	93	99	92	86	86	73
140104	杜飞	102	116	113	78	88	86
140301	符合	99	98	101	95	91	95
140306	吉祥	101	94	99	90	87	95
140206	李北大	100.5	103	104	88	89	78

图 3.84 标尺中的行(列)标志

(2) 使用“表格属性”对话框。

在 Word 2010 中，单击“布局”上下文选项卡，执行“表”选项组中的“属性”命令，即可打开如图 3.85 所示的“表格属性”对话框。应用其中的“行”选项卡或“列”选项卡可调整行高或列宽。

(3) 自动调整。

在“布局”上下文选项卡“单元格大小”选项组中，单击“自动调整”下拉列表框，可以应用自动调整方式来达到表格最佳效果，如图 3.86 所示。其中“根据内容自动调整表格”是指根据内容自动选取最合适的列宽。

图 3.85　“表格属性”对话框

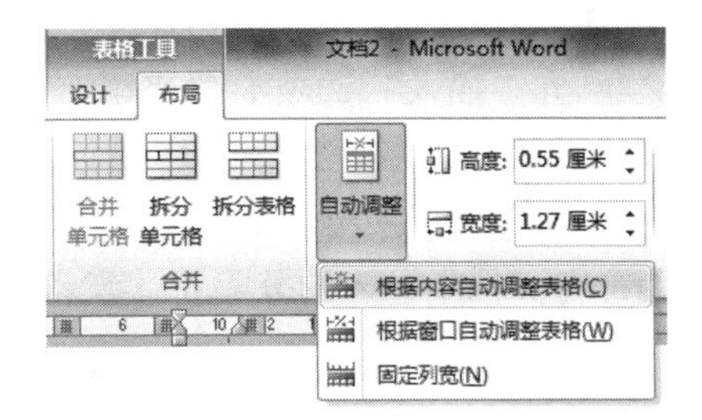

图 3.86　“自动调整”下拉列表框

5. 设置标题行跨页重复

当表格内容较多时，表格可能跨越多页，为了说明表格的作用或内容，需要让表格的标题在后续各页重复出现，可以通过如下的操作步骤完成。

① 将光标定位在表格标题行的任意一个单元格中。

② 打开“表格工具”的“布局”上下文选项卡，在“数据”选项组中单击“重复标题行”按钮即可。

3.4.3　表格与文本相互转换

Word 2010 提供了表格与文本互换的功能。下面以学生成绩表为例，说明表格转换为文本的操作方法。

① 选定表格中需转换为文本的内容(若要转换整张表格内容，则用鼠标单击表格内任意单元格即可)。

② 在“表格工具”的“布局”上下文选项卡中，单击“数据”选项组的“表格转换成文本”按钮，在启动的“表格转换为文本”对话框中选择分隔符的类型(分隔符必须有)，单击“确定”按钮。如图 3.87 所示，本例中仅把第 4、5、6 行的表格内容转换成文本。

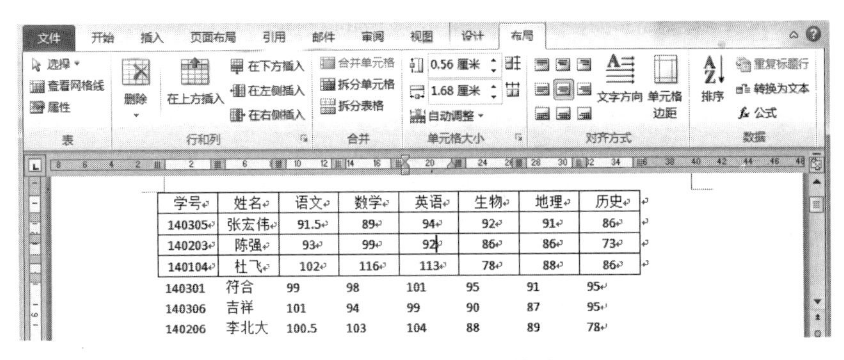

学号	姓名	语文	数学	英语	生物	地理	历史
140305	张宏伟	91.5	89	94	92	91	86
140203	陈强	93	99	92	86	86	73
140104	杜飞	102	116	113	78	88	86

140301　符合　99　98　101　95　91　95
140306　吉祥　101　94　99　90　87　95
140206　李北大　100.5　103　104　88　89　78

图 3.87　表格转换成文本的效果图

若想把文本转换成表格，用户在建立文本时必须将文本进行格式化处理，即将文本中的各行用段落标记符隔开，每列内容用分隔符隔开。分隔符类型包括：空格、逗号、制表符等。

将文本转换成表格的操作步骤如下。

① 选定要转换成表格的文本(行、列之间已经设置好分隔符)。

② 单击“插入”选项卡“表格”选项组中的“表格”按钮，在弹出的下拉列表中执行“文本转换成表格”命令。启动如图 3.88 所示的“将文字转换成表格”对话框。通常，Word 会自动识别出表格的行数与列数，在“文字分隔位置”选项区域中，Word 也会根据用户在文档中输入的分隔符，默认选中的单选按钮。

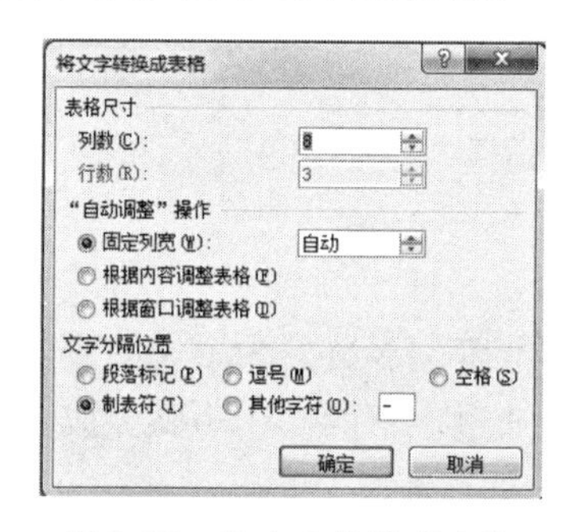

图 3.88　将文本转换成表格

③ 单击“确定”按钮，文本就被转换为表格了。

3.4.4　Excel 工作表的数据链接到 Word 文档

在自动办公越来越信息化和多样化的今天，仅使用一个软件已经不能满足用户的日常工作需要，Word 与 Excel、PowerPoint 等其他软件的协同工作可以取长补短，有效地提高处理文档的效率。Word 与其他软件的协作可以解决工作中许多实际的问题，篇幅所限只说明 Excel 单元格的数据链接到 Word 文档中的方法。

一些 Word 文档中可能存在许多数据(例如工资变动审批表 . docx)，这些数据可能是由源文档复制后粘贴过来的，这样的数据在文档中只能是“静态”的数据，对原始数据的修改不能反映到 Word 文档中，遇到这类情况，可用如下的方法解决。

① 复制 Excel 工作表需要引用的单元格或区域的数据。

② 打开 Word 文档，光标定位在需要插入数据的位置，在“开始”选项卡的“剪贴板”选项组中，单击“粘贴”下拉菜单，在弹出的下拉列表中单击“选择性粘贴”按钮。

③ 弹出“选择性粘贴”对话框，选中“粘贴链接”单选按钮，在“形式”列表框选择“Microsoft Excel 工作表 对象”(或“带格式文本(RTF)”)，如图 3.89 所示。单击“确定”按钮。

④ 这样在 Excel 工作表中对数据进行更新，会马上反映到 Word 文档中。

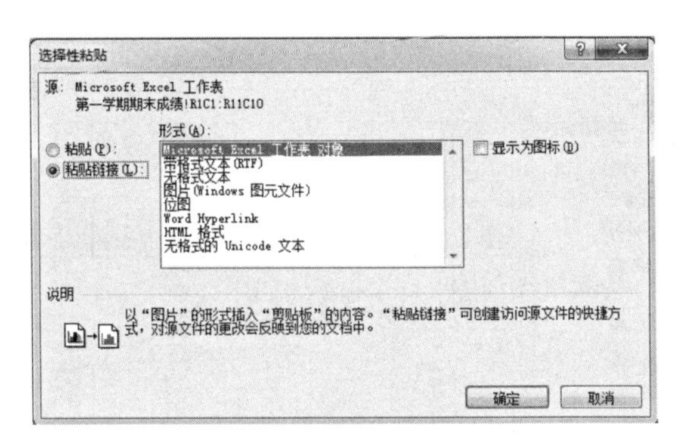

图 3.89　选择性粘贴

3.4.5　创建 Excel 图表

Word 2010 不是专业的数据处理软件，但有些用户经常需要在 Word 文档中精确地表示数据之间的关系，因此，Word 2010 在"插入"选项卡的"插图"选项组中添加了"图表"按钮，将 Excel 图表的功能连接在 Word 中，这样就可以借助 Excel 生成专业的图表，为在 Word 文档中插入 Excel 图表提供了便利。

例如，表 3-1 为某公司产品在各地区第一季度和第二季度的销售情况统计表，现需要借助 Excel 图表功能进行更加直观的数据比较。

表 3-1　销售情况统计表

省份	一季度销量	二季度销量
吉林	2312	1560
辽宁	782	930
山东	2372	2215
江苏	1664	1986
安徽	1250	1347
河北	970	1198
山西	895	780

具体操作步骤如下。

① 单击"插入"选项卡"插图"选项组中的"图表"按钮，弹出"插入图表"对话框，如图 3.90 所示。

② 根据表格中数据的特点，此处选择"柱形图"组中的"堆积柱形图"，则 Word 窗口会自动缩小并启动 Excel 程序，出现 Excel 表格，如图 3.91 所示。Word 会根据 Excel 图表数据区域中的数据（蓝色框线内的数据）生成一个图表，因此将图表所要表达的数据手动输入在蓝色框线内。

③ Word 中的图表会根据 Excel 中填写的数据实时发生变化，输入完毕，关闭 Excel 窗

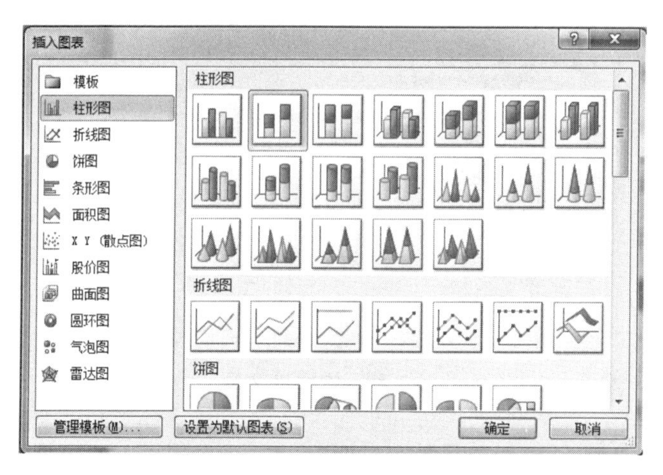

图 3.90 “插入图表”对话框

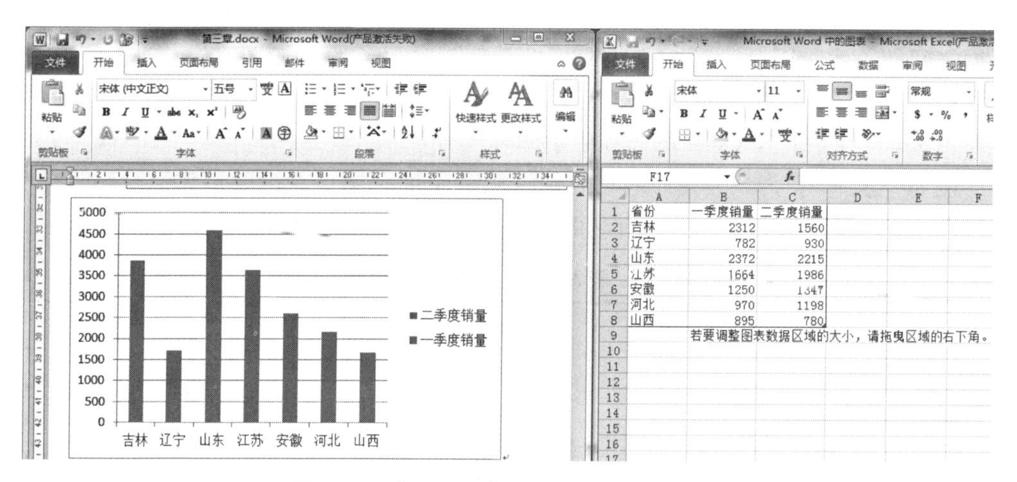

	A	B	C
1	省份	一季度销量	二季度销量
2	吉林	2312	1560
3	辽宁	782	930
4	山东	2372	2215
5	江苏	1664	1986
6	安徽	1250	1347
7	河北	970	1198
8	山西	895	780

图 3.91 在 Word 中调用 Excel 生成图表

口。如果需要再次调整数据，可以单击“图表工具设计”选项卡“数据”选项组中的“编辑数据”按钮，再次打开 Excel 窗口编辑数据。

④ 图表所包含的内容十分丰富，可以通过图表工具“设计”“布局”“格式”三个选项卡对于生成的图表进行细节的调整。

3.4.6 案例分析 2

【参考视频】

以下操作实例来自于国家计算机等级考试(二级)真题。

打开文档 Word. docx，按照要求完成下列操作并以该文件名(Word. docx)保存文件。按照参考样式“Word 参考样式 . gif”完成设置和制作，如图 3.92 所示。

具体要求如下。

(1) 设置页边距为上、下、左、右各 2.7cm，装订线在左侧；设置文字水印页面背景，文字为“中国互联网信息中心”，水印版式为斜式。

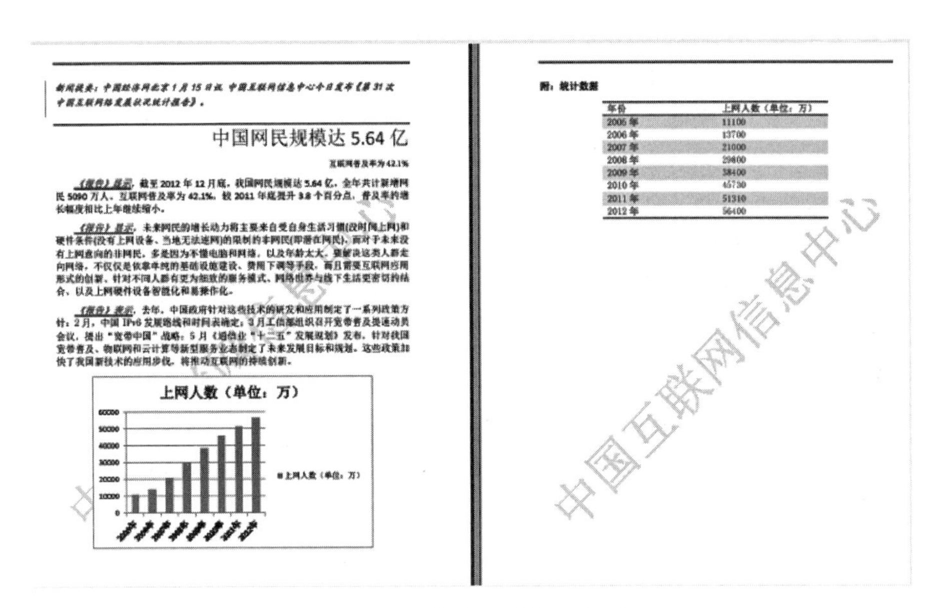

新闻提要：中国经济网北京 1 月 15 日讯 中国互联网信息中心今日发布《第 31 次中国互联网络发展状况统计报告》。

中国网民规模达 5.64 亿

互联网普及率为 42.1%

《报告》显示，截至 2012 年 12 月底，我国网民规模达 5.64 亿，全年共计新增网民 5090 万人。互联网普及率为 42.1%，较 2011 年底提升 3.8 个百分点，普及率的增长幅度相比上年继续缩小。

《报告》显示，未来网民的增长动力将主要来自受自身生活习惯(没时间上网)和硬件条件(没有上网设备、当地无法连网)的限制的非网民(即潜在网民)。而对于未来没有上网意向的非网民，多是因为不懂电脑和网络，以及年龄太大。要解决这类人群走向网络，不仅仅是依靠单纯的基础设施建设、费用下调等手段，而且需要互联网应用形式的创新、针对不同人群有更为细致的服务模式、网络世界与线下生活更密切的结合、以及上网硬件设备智能化和易操作化。

《报告》表示，去年，中国政府针对这些技术的研发和应用制定了一系列政策方针：2 月，中国 IPv6 发展路线和时间表确定；3 月工信部组织召开宽带普及提速动员会议，提出“宽带中国”战略；5 月《通信业“十二五”发展规划》发布，针对我国宽带普及、物联网和云计算等新型服务业态制定了未来发展目标和规划。这些政策加快了我国新技术的应用步伐，将推动互联网的持续创新。

附：统计数据

年份	上网人数（单位：万）
2005 年	11100
2006 年	13700
2007 年	21000
2008 年	29800
2009 年	38400
2010 年	45730
2011 年	51310
2012 年	56400

图 3. 92　Word 文档参考样式

具体操作步骤如下。

① 打开考生文件夹下的素材文件“Word. docx”。单击“页面布局”选项卡“页面设置”选项组中的对话框启动器按钮，打开“页面设置”对话框，在“页边距”选项卡中，“上”“下”“左”“右”微调框均设置为“2. 7” cm，单击“装订线位置”下拉按钮，选择“左”，单击“确定”按钮。

② 单击“页面布局”选项卡“页面背景”选项组的“水印”按钮，选择“自定义水印”命令，弹出“水印”对话框，选中“文字水印”单选按钮，在“文字”文本框中输入“中国互联网信息中心”，在“版式”中选中“斜式”单选按钮，单击“确定”按钮。

(2) 设置第一段落文字“中国网民规模达 5. 64 亿”为标题；设置第二段落文字“互联网普及率为 42. 1%”为副标题；改变段间距和行间距(间距单位为行)，使用“独特”样式修饰页面；在页面顶端插入“边线型提要栏”文本框，将第三段文字“中国经济网北京 1 月 15 日讯中国互联网信息中心今日发布《第 31 展状况统计报告》。”移入文本框内，设置字体、字号、颜色等；在该文本的最前面插入类别为“文档信息”、名称为“新闻提要”域。

具体操作步骤如下。

① 光标定位在第一段文字“中国网民规模达 5. 64 亿”中，在“开始”选项卡“样式”选项组中选择“标题”样式。

② 光标定位在第二段文字“互联网普及率为 42. 1%”中，选择“副标题”样式。

③ 选中“附：统计数据”上方的所有文字，单击“开始”选项卡“段落”选项组的对话框启动器按钮，打开“段落”对话框，修改段间距和行间距，在“缩进和间距”选项卡“间距”组中，可以在“段前”和“段后”中都选择“0. 5 行”，修改“行距”为“1. 5 倍行距”，单击“确定”按钮。

④ 单击“开始”选项卡“样式”选项组中的“更改样式”下拉按钮，从弹出的下拉列表中选择“样式集”，在打开的级联菜单中选择“独特”样式。

⑤ 单击“插入”选项卡“文本”选项组中的“文本框”按钮，从弹出的下拉列表中选择“边线型提要栏”，选中第三段文字剪切并粘贴到文本框中。选中文本框内的文字，在“开始”选项卡“字体”选项组中，可以将字体修改为“楷体”，字号修改“四号”，选中“倾斜”按钮，字体颜色修改为“标准色”中的“红色”。

⑥ 将光标定位到上述文本的最前面，单击“插入”选项卡“文本”选项组中的“文档部件”按钮，从弹出的下拉列表中选择“域”，在弹出的“域”对话框，在“类别”下拉列表选择“文档信息”，在“新名称”文本框中输入“新闻提要:”，如图 3.93 所示，单击“确定”按钮(域的使用可参考 3.5 节)。

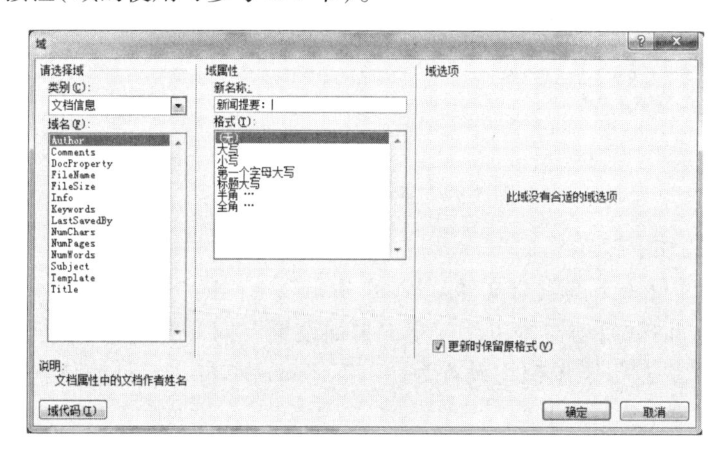

图 3.93　插入域

(3) 设置第四至第六段文字，要求首行缩进 2 个字符。将第四至第六段的段首“《报告》显示”和“《报告》表示”设置为斜体、加粗、红色、双下划线。

具体操作步骤如下。

① 选中第四至第六段文字，单击“开始”选项卡“段落”选项组的对话框启动器按钮，弹出“段落”对话框，在“缩进和间距”选项卡中，“特殊格式”设置为“首行缩进”，“磅值”调整为“2 字符”，单击“确定”按钮。

② 选中第四段中的“《报告》显示”，在按住 Ctrl 键的同时拖动鼠标选中第五段中的“《报告》显示”和第六段中的“《报告》表示”，在“开始”选项卡“字体”选项组中，选中“加粗”按钮和“倾斜”按钮，单击“下划线”下拉按钮，选择“双下划线”，单击“字体颜色”下拉按钮，选择“标准色”中的“红色”。

(4) 将文档“附：统计数据”后面的内容转换成 2 列 9 行的表格，为表格设置样式；将表格的数据转换成簇状柱形图，插入到文档中“附：统计数据”的前面，保存文档。

具体操作步骤如下。

① 选中“附：统计数据”下面的 9 行内容(不包括附：统计数据)，单击“插入”选项卡“表格”选项组中的“表格”下拉按钮，选择“文本转换成表格”命令，弹出“将

文字转换成表格”对话框，Word 自动根据数据之间的分隔符确定“行数”和“列数”，单击“确定”按钮。

② 光标定位在表格内部，在“表格工具 | 设计”选项卡“表格样式”选项组中为表格选择一种样式，此处选择“浅色底纹 - 强调文字颜色 2”。

③ 将光标定位到文档“附：统计数据”前面的空段落中(若没有空段落按下“回车”键加入一个空段落)，单击“插入”选项卡“插图”选项组中的“图表”按钮，弹出“插入图表”对话框，选择“柱形图”组中的“簇状柱形图”，单击“确定”按钮将自动弹出 Excel 表格，将 Word 中表格的数据复制粘贴到 Excel 的蓝色框线内，删除多余的 C 列和 D 列，关闭 Excel 窗口。调整图表大小，使其布局在文档第一页中。

④ 单击快速访问工具栏中的“保存”按钮，保存文档 Word. docx。

3.5　域的使用

域在日常文字处理中可以说无处不在，只是没有引起使用者的注意，Word 中很多命令按钮的执行效果实际上就是在插入域和显示域的结果，例如，拼音指南、带圈字符、插入日期和时间、插入页码、插入题注等。

3.5.1　域的概念及作用

域就是引导 Word 在文档中自动插入文字、图形、页码或其他信息的一组代码，类似于数学中的公式，域分为域代码和域结果，域代码相当于公式本身，域结果相当于公式的计算结果。例如，域代码{DATE \@ "yyyy'年'M'月'd'日'" * MERGEFORMAT}表示在文档中每个出现此域代码的地方插入当前日期，域结果为 2015 年 3 月 30 日(当天日期)。

域最大的特点就是域内容可以根据文档的改动或其他有关因素的变化而自动更新。使用 Word 域可以完成许多复杂的工作。主要作用如下。

(1) 自动编页码、图表的题注、脚注、尾注的号码。

(2) 按不同格式插入日期和时间。

(3) 通过链接与引用在活动文档中插入其他文档的部分或整体。

(4) 实现无须重新键入即可使文字保持最新状态。

(5) 自动创建目录、关键词索引、图表目录；插入文档属性信息；实现邮件的自动合并与打印；执行加、减及其他数学运算。

(6) 创建数学公式；调整文字位置等。

3.5.2　域的分类

在“插入”选项卡下，单击“文本”选项组的“文档部件”下拉按钮，选择“域”选项打开“域”对话框，在此对话框中几乎包含了 Word 中所有的域，如图 3. 94 所示。

单击“类别”下拉列表可以看到 Word 将域分成了 9 大类，如此多的域，读者在掌握常用域的基础上，其他域的使用方法可以在使用时查找帮助即可。

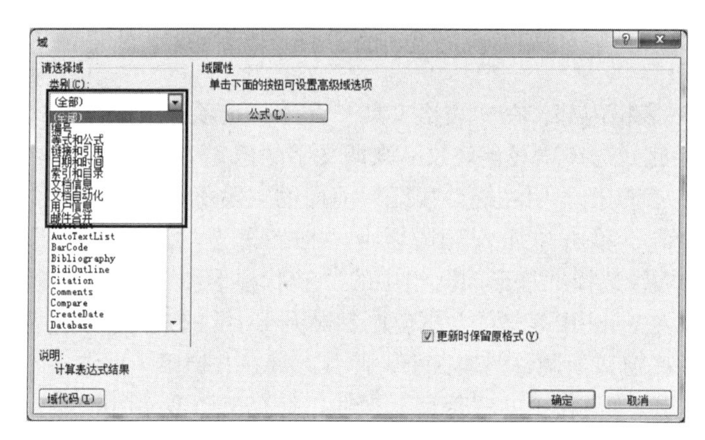

图 3.94 “域”对话框

3.5.3 域的更新

在默认情况下选中域或光标定位到域中时，域底纹显示为灰色，用户需要更新某个域的结果时，可以在文档中选中此域，按 F9 键即可。如果域的信息并未更新，则可能此域处于锁定状态，按 Ctrl + Shift + F11 组合键解除锁定，按 F9 键完成更新。

例如，文档某处需要插入当前的日期或时间的，操作步骤如下。

① 光标定位到需要插入日期或时间的位置，单击“插入”选项卡“文本”选项组中的“日期和时间”按钮，弹出“日期和时间”对话框，如图 3.95 所示。

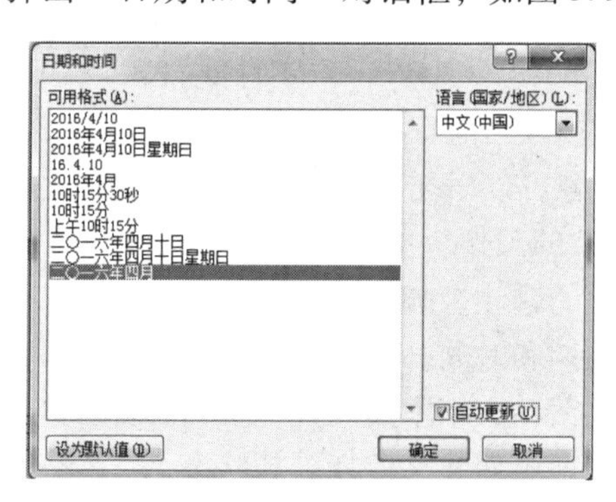

图 3.95 “日期和时间”对话框

② 在“语言(国家/地区)”下拉列表中选择语言类别，在“可用格式”列表中选择合适的格式，并勾选“自动更新”复选框，单击“确定”按钮。

通过以上操作插入的日期和时间在每次打开文档时都会自动更新为当前日期和时间，如果用户不需要自动更新，可以采用以下方法。

具体操作步骤如下。

① 在上述操作中取消“自动更新”的勾选。

② 选中插入的日期或时间，按 Ctrl + Shift + F9 组合键使该域转换为普通文本。

③ 直接手工输入日期和时间。

3.5.4　案例分析 3

【参考视频】

以下操作实例来自国家计算机等级考试(二级)真题。

为了更好地介绍公司的服务与市场战略，市场部助理小王需要协助制作完成公司战略规划文档，并调整文档的外观与格式。

现在，请你按照如下需求，在 Word. docx 文档中完成制作工作。

（1）调整文档纸张大小为 A4 幅面，纸张方向为纵向；并调整上、下页边距为 2. 5 厘米，左、右页边距为 3. 2 厘米。

具体操作步骤如下。

① 单击“页面布局”选项卡“页面设置”选项组的对话框启动器按钮，弹出“页面设置”对话框。

② 单击“纸张”选项卡，在“纸张大小”组选择“A4”选项。

③ 单击“页边距”选项卡，在“上”微调框和“下”微调框中皆设置为“2. 5 厘米”，在“左”微调框和“右”微调框中皆设置为“3. 2 厘米”。

④ 在“纸张方向”选项中选择“纵向”，单击“确定”按钮。

（2）打开考生文件夹下的“Word_样式标准 . docx”文件，将其文档样式库中的“标题 1，标题样式一”和“标题 2，标题样式二”复制到 Word. docx 文档样式库中。

具体操作步骤如下。

① 打开文档“Word_样式标准 . docx”。

② 选择“文件”选项卡，单击“选项”按钮。在弹出的“Word 选项”对话框中，选择“加载项”选项卡，在“管理”下拉列表框中选择“模板”选项，然后单击“转到”按钮，如图 3. 96 所示。

图 3. 96　“Word 选项”对话框

③ 在弹出的“模板和加载项”对话框中，选择“模板”选项卡，单击“管理器”按钮。

④ 弹出“管理器”对话框中，在“样式”选项卡中单击右侧的“关闭文件”按钮。

⑤ 继续在“管理器”对话框中单击右侧的“打开文件”按钮。

⑥ 在弹出的“打开”对话框中，首先在文件类型下拉列表框中选择“Word 文档(*.docx)”选项，然后选择要打开的文件“Word.docx”，最后单击“打开”按钮。

⑦ 回到“管理器”对话框中，在左侧“在 Word_样式标准中”下拉列表中选择需要复制的“标题 1，标题样式一”和“标题 2，标题样式二”，单击“复制”按钮，即可将所选样式复制到文档“Word.docx”中，单击“关闭”按钮完成样式的复制，如图 3.97 所示。

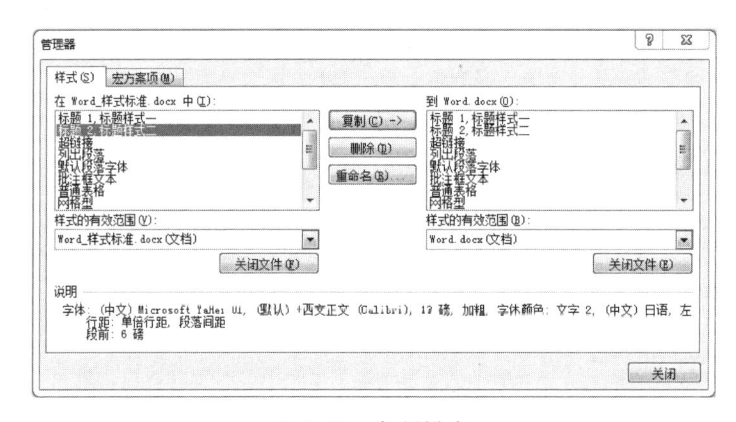

图 3.97　复制样式

（3）将 Word.docx 文档中的所有红颜色文字段落应用为“标题 1，标题样式一”段落样式。

具体操作步骤为：回到文档 Word.docx 中，选中任意一处红色文字，在“开始”选项卡“编辑”选项组中，单击“选择”按钮，选择“选择所有格式类似的文本(无数据)”，则所有红色文字被全部选中，在“样式”选项组中选择“标题样式一”按钮即可。

（4）将 Word.docx 文档中的所有绿颜色文字段落应用为“标题 2，标题样式二”段落样式。

具体操作步骤为：选中任意一处绿色文字，在“开始”选项卡“编辑”选项组中，单击“选择”按钮，选择“选择所有格式类似的文本(无数据)”，在“样式”选项组中选择“标题样式二”按钮，效果如图 3.98 所示。

（5）将文档中出现的全部“软回车”符号(手动换行符)更改为“硬回车”符号(段落标记)。

具体操作步骤如下。

① 单击“开始”选项卡“编辑”选项组中的“替换”按钮，弹出“查找与替换”对话框。

② 在“替换”选项卡中，光标定位在“查找内容”文本框中，单击“更多”按钮将

企业摘要

提供关于贵公司的简明描述（包括目标和成就）。例如，如果贵公司已成立，您可以介绍公司成立的目的、迄今为止已实现的目标以及未来的发展方向。如果是新创公司，请概述您的计划、实现计划的方法和时间以及您将如何克服主要的障碍（比如竞争）。

要点

总结关键业务要点。例如，您可以用图表来显示几年时间内的销售额、成本和利润。

目标

例如，包括实现目标的时间表。

使命陈述

如果您有使命陈述，请在此处添加。您也可以添加那些在摘要的其他部分没有涵盖的关于您的企业的要点。

成功的关键

描述能够帮助您的业务计划取得成功的独特因素。

图 3.98　使用样式之后的效果

对话框展开，单击“特殊格式”按钮，选择“手动换行符(^(1)”。

③ 光标定位在“替换为”文本框中，单击“特殊格式”，选择“段落标记(^p)”，单击“全部替换”按钮。

(6) 修改文档样式库中的“正文”样式，使得文档中所有正文段落首行缩进 2 个字符。

具体操作步骤如下。

① 在“开始”选项卡“样式”选项组中，在“正文”样式上单击鼠标右键，选择“修改”选项，弹出“修改样式”对话框。

② 单击下方的“格式”按钮，选择“段落”选项，弹出“段落”对话框。

③ 在“特殊格式”下拉列表中选择“首行缩进”，“磅值”微调框中调整为“2 字符”。

(7) 为文档添加页眉，并将当前页中样式为“标题 1，标题样式一”的文字自动显示在页眉区域中。

具体操作步骤如下。

① 在页眉处双击鼠标左键，进入页眉的编辑状态。

② 单击“插入”选项卡“文本”选项组中的“文档部件”按钮，选择“域”选项，弹出“域”对话框。

③ 在“类别”下拉列表中选择“链接和引用”，在“域名”列表中选择“StyleRef”，在“样式名”列表中选择“标题 1，标题样式一”，单击“确定”按钮完成文字自动添加，如图 3.99 所示。双击正文处，结束页眉的编辑。

(8) 在文档的第 4 个段落后(标题为“目标”的段落之前)插入一个空段落，并按照下面的数据方式在此空段落中插入一个折线图图表，将图表的标题命名为“公司业务指标”。

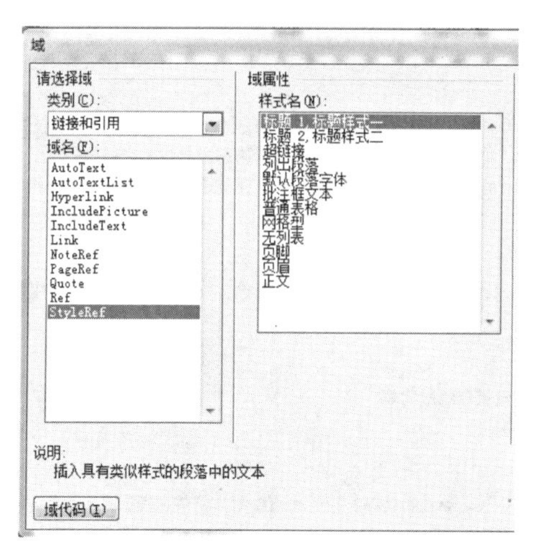

图 3.99 “域”对话框

	销售额	成本	利润
2010 年	4.3	2.4	1.9
2011 年	6.3	5.1	1.2
2012 年	5.9	3.6	2.3
2013 年	7.8	3.2	4.6

具体操作步骤如下。

① 将鼠标光标移至指定位置，按“回车”键插入一个空段落。单击“插入”选项卡“插图”选项组的“图表”按钮。

② 在弹出的“插入图表”对话框中，选择“折线图”选项组的“折线图”，单击“确定”按钮。在自动弹出的 Excel 表格蓝色框线内输入题目要求的数据，如果有多余的行和列将其删除，如图 3.100 所示，输入完毕关闭 Excel 窗口。

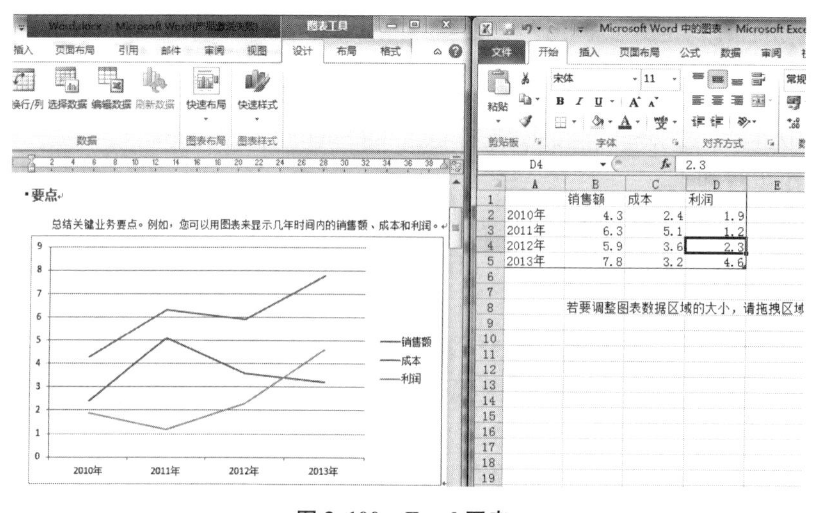

图 3.100 Excel 图表

③ 单击“图标工具布局”选项卡“标签”选项组中的“图表标题”按钮，选择“图表上方”选项，将图表中的图表标题修改为“公司业务指标”。

3.6　图形与 SmartArt

图形图像处理是文档中的一个重要组成部分。如果文档没有图片，不仅缺乏生动性，还会影响读者对文档内容的理解。为了丰富文档内容，增加文档可读性，Word 2010 为我们提供了功能强大的插图库。用户可以使用的图形有剪贴画、图形文件、用户绘制的自选图形、SmartArt 结构图、艺术字、图表，下面我们分别作详细介绍。

3.6.1　插入剪贴画及图形

1. 插入剪贴画

Office 2010 提供了一个强大的剪辑库，包含了大量的剪贴画和图片。剪辑库中的文件均以扩展名 . wmf 存放在 MEDIA 子文件夹下。在文档中插入剪贴画的步骤如下。

① 将光标定位到文档中预插入图片的地方(即插入点定位)。

② 单击“插入”选项卡“插图”组的“剪贴画”命令，启动“剪贴画”任务窗格，如图 3. 101 所示。

图 3. 101　搜索剪贴画

③ 在“剪贴画”对话框中“搜索文字”文本框中输入用户欲插入图片的类别(如人

物、动物、植物或某些实体名称等)，本例中输入“四季”，单击右侧的“搜索”按钮。

④ 在搜索到的图片库中单击所需图片，所选图片将被插入文档中。

2. 插入图形文件

在 Word 2010 中，用户还可以直接插入存储在其他位置的图片、照片等。其操作方法如下。

① 将光标定位到要插入图片的位置，单击“插入”选项卡“插图”选项组中的“图片”命令。

② 打开“插入图片”对话框，在指定的文件夹下选择所需图片，单击“插入”按钮，即将所选图片插入文档中。

③ 若想把图形文件链接在文档中，则可以在“插入”按钮的下拉列表框中选择“链接到文件”选项，这种方式不是将原来的图形复制到文档中，而仅仅是做了一个类似于映像的处理，将插入文档中的图形和它的原始文件联系起来。它是动态的，也就是说原来的文件改变，将会直接改变文档中的该图形。

3.6.2 设置图片的格式

在 Word 中可以对图片进行颜色、对比度、样式的修改以及图片与文档环绕位置、图片大小、删除背景等设置。这些操作可利用“图片工具”中的“格式”上下文选项卡完成。启动“格式”上下文选项卡时，必须先选定插入文档中的图片，则在功能区中会自动显示出“格式”选项卡。

1. 调整图片

利用“格式”选项卡“调整”选项组中的命令按钮可以快速地对图片进行调整。使用“更正”“颜色”和“艺术效果”命令可以自由地调整图片的清晰度、亮度、对比度以及艺术效果等，如图 3.102 所示。

图 3.102 设置图片的艺术效果

使用“压缩图片”按钮，可以使图片在输出时(如打印、投影仪、邮件)尽可能地变小，以便用户共享；单击“更改图片”按钮可以使用户重新选择预插入的图片；单击“重设图片”按钮可以恢复图片原始效果，例如对图片设置过艺术效果后，单击“重设图片”按钮，会使图片恢复到原始的状态。

2. 图片样式修改

“格式”上下文选项卡的“图片样式”选项组为用户提供了丰富的样式库，单击该选项组中的其他按钮 ，可以展开图片样式库。用户选择需修改的图片，当鼠标在各选项中移动的时候，图片样式会自动发生改变，如图 3. 103 所示。如果效果是预期的，则单击即修改成功；若想重新设置图片样式，则重新移动鼠标进行选择。

在“格式”上下文选项卡的“图片样式”选项组中，还包括“图片边框”“图片效果”“图片版式”这三个命令按钮。如果图片样式库中预定义的图片样式不满足用户的需求，可以通过这三个按钮对图片进行多方面的属性设置，如图 3. 104 所示。

图 3. 103　调整图片样式

图 3. 104　设置图片效果

3. 设置图片与文字的环绕方式

在文档中图片与文字的环绕方式有两种：嵌入式和浮动式。浮动式插入方式是将图片插入在图形层，即图片可以在页面上自由地移动，并可将其放在文本或其他对象的前面或后面；嵌入式是指将图片直接放置在文本中的插入点，占据文本的位置。Word 2010 默认插入图片的方式为嵌入式。

要更改图片的环绕方式，可通过如下步骤完成。

① 选定图片，单击“格式”上下文选项卡“排列”选项组中的“自动换行”命令，在展开的下拉菜单中选择想要采用的环绕方式，如图 3. 105 所示。

② 用户也可以在“自动换行”下拉菜单执行“其他布局选项”命令，自动启动“布

图 3.105　设置图片环绕方式

局”对话框的“文字环绕”选项卡，如图 3.106 所示。在“布局”对话框中选择用户所需的环绕方式、自动换行方式，设置距正文文字的距离。

图 3.106　设置文字环绕布局

另外，利用“排列”选项组中的“旋转”下拉菜单可以对图形旋转任意角度。

4. 设置图片在页面上的位置

通过 Word 2010 提供的快速调整图片位置的工具，用户可以根据文档类型合理布局图片，调整图片在页面位置的操作步骤如下。

① 选定图片，单击“格式”上下文选项卡“排列”选项组中的“位置”命令，在展开的下拉菜单中选择想要采用的位置布局方式，如图 3.107 所示。

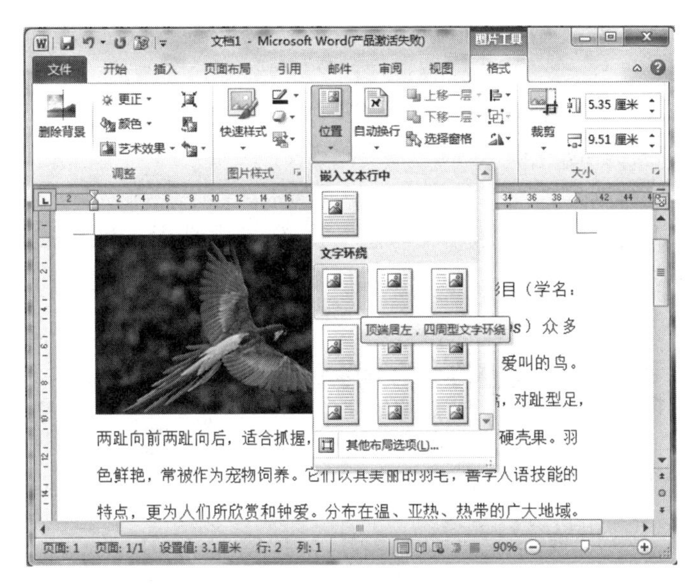

图 3.107　选择位置布局

② 用户也可以在“位置”下拉菜单选择“其他布局选项”命令，自动启动“布局”对话框的“位置”选项卡，如图 3.108 所示。在“位置”对话框中根据具体需要设置水平、垂直位置以及相关选项。

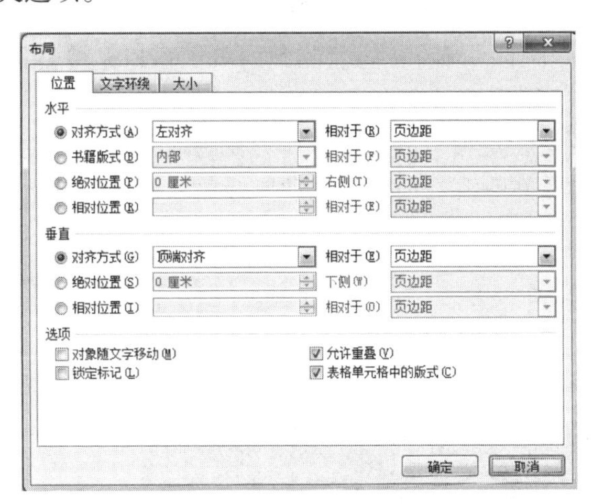

图 3.108　设置图片位置

在“布局”对话框的“位置”选项卡中，“选项”区域的各复选框含义如下。

① 对象随文字移动：将图片与特定的段落关联起来，使段落与图片始终显示在同一页面上，该设置只影响页面上的垂直位置。

② 锁定标记：锁定图片在页面上的当前位置。

③ 允许重叠：允许图片的相互覆盖。

④ 表格单元格中的版式：允许使用表格在页面上安排图片的位置。

5. 屏幕截图

Word 2010 增加了“屏幕截图”功能，使用此功能，用户可以方便地将当前屏幕上的窗口或部分显示内容当作图片插入 Word 文档中。

在 Word 2010 进行屏幕截图的具体操作步骤如下。

① 将准备截取的窗口处于非最小化状态，在 Word 文档中，将光标定位在需要插入图片的位置，在“插入”选项卡的“插图”选项组中，单击“屏幕截图”按钮，如图 3.109 所示。

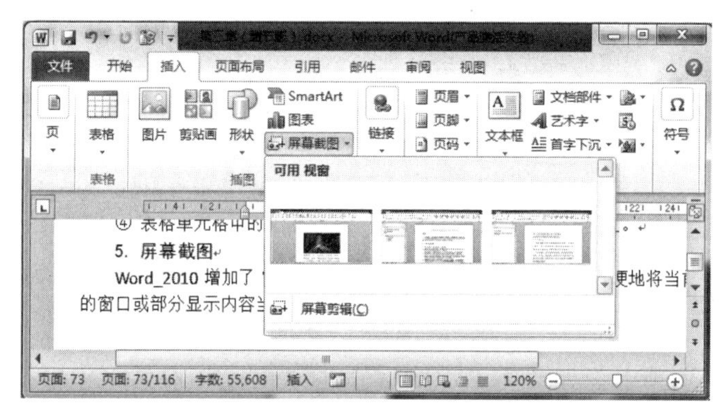

图 3.109　插入屏幕截图

② 在“可用视窗”中显示当前智能监测到的可用窗口，单击需要插入的窗口，即可将整个应用程序窗口作为图片插入文档中。

③ 如果用户仅需要将特定窗口的一部分作为截图插入 Word 文档中，可以在“可用视窗”下拉列表中执行“屏幕剪辑”命令，拖动鼠标截取部分屏幕区域插入当前 Word 文档中，如图 3.110 所示。

图 3.110　截取部分屏幕区域

6. 删除背景与裁剪图片

为了快速从图片中获得用户所需的内容，Word 2010 提供了一个非常实用的图片处理工具——删除背景。使用删除背景功能可以轻松地去除图片的背景，具体操作步骤如下。

① 选定图片，单击“图片工具”的“格式”上下文选项卡。

② 单击“调整”选项组的“删除背景”按钮，此时图片上出现遮幅区域，在图片上拖动选择区域填充柄，以确定最终要保留的图片区域，如图 3. 111 所示。

③ 完成图片区域的选定后，在“背景清除”上下文选项卡中单击“保留更改”按钮，或直接单击图片范围以外的区域，即可删除图片背景，如图 3. 112 所示。

图 3. 111　删除图片背景

图 3. 112　删除背景后的图片

虽然图片中的背景被删除，但该图片的尺寸仍旧与原始图片相同，用户可以对图片进行裁剪操作，其操作步骤如下。

① 选中图片，在“格式”上下文选项卡“大小”选项组中，单击“裁剪”按钮 。

② 在图片上拖动图片边框的滑块，以调整图片的大小，如图 3. 113 所示。

③ 完成图片大小调整后，单击图片范围以外的区域，即可裁剪掉图片的部分内容。

④ 实际上，在裁剪完成后，图片的多余部分仍旧保留在文档中。如果想要彻底删除图片中被裁剪掉的多余部分，可以单击“调整”选项组中的“压缩图片”按钮，打开“压缩图片”对话框，选中“压缩选项”区域的“删除图片的裁剪区域”复选框，单击“确定”按钮完成操作，如图 3. 114 所示。

图 3. 113　裁剪图片

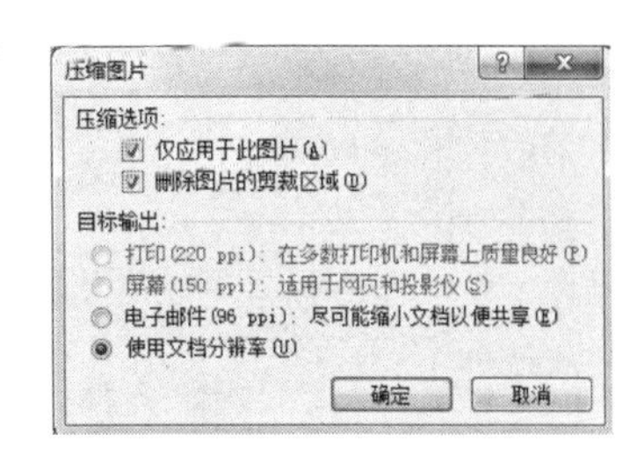

图 3. 114　压缩图片

另外，如果用户需要调整图片的大小，可以通过鼠标拖动图片边框进行调整。如果需要对图片进行精确的缩放，可单击“大小”选项组的对话框启动器按钮，自动打开“布局”对话框的“大小”选项卡，在其中进行精确的设置，如图 3.115 所示。

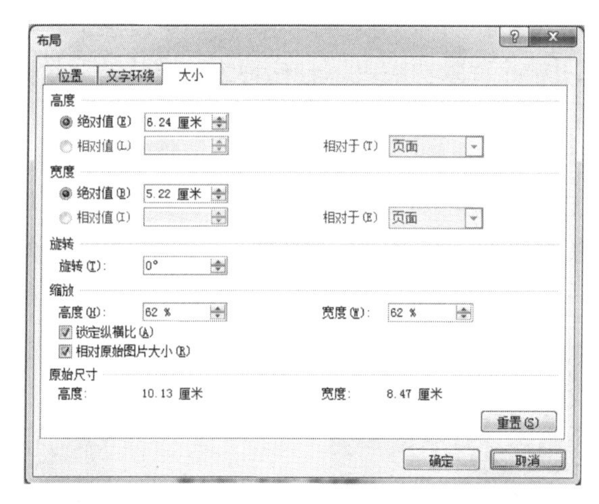

图 3.115　调整图片的大小

3.6.3　插入 SmartArt 图形

为方便用户表达流程、循环、层次结构等较复杂的关系，Word 2010 提供了 SmartArt 图形，用户只需单击几下鼠标，即可创建较高水平的插图。

下面通过创建某公司的组织结构图来说明 SmartArt 图形的使用方法，操作步骤如下。

① 将光标定位在要插入 SmartArt 图形的位置，单击“插入”选项卡“插图”组中的“SmartArt”按钮。

② 启动“选择 SmartArt 图形”对话框，如图 3.116 所示。此对话框中列出了所有 SmartArt 图形的分类，还包括每个图形的外观预览效果和详细的使用说明信息。

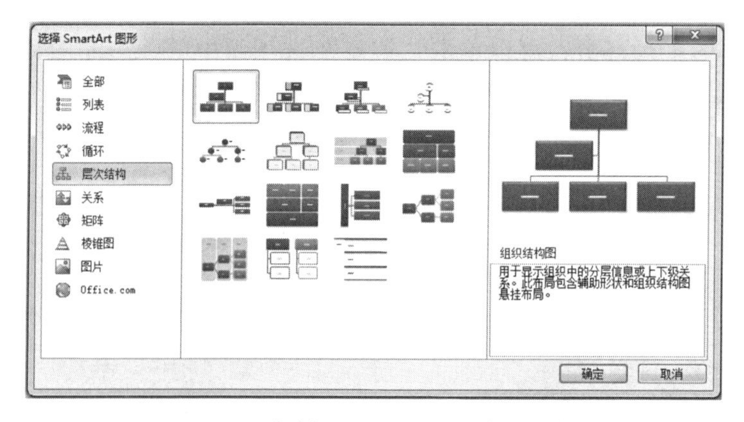

图 3.116　“选择 SmartArt 图形”对话框

③ 选择“层次结构”选项，单击第 1 项组织图，则在文档中插入层次图，此时的 SmartArt 图形还没有具体的信息，只显示占位符文本，如图 3.117 所示。

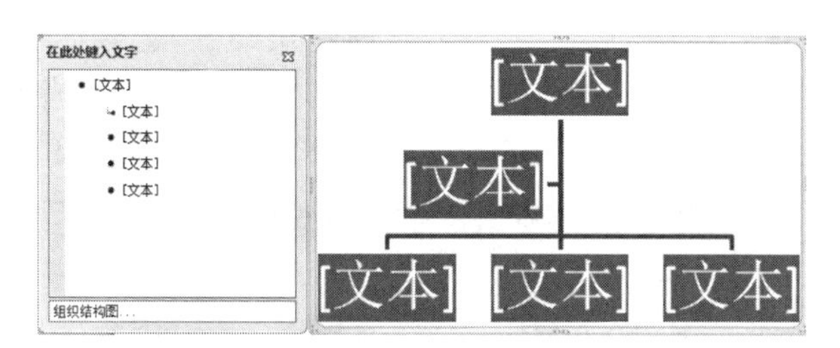

图 3.117　文档中插入组织结构图的模型

④ 用户可以单击“文本”显示处，输入所需信息，也可以在“在此处键入文字”窗格中输入所需信息，如图 3.118 所示。

⑤ 删除不必要的图形。单击“总经理”左侧的图形，按 Delete 键，即可删除不必要的图形。同样的方法删除“总经理”右侧的图形，如图 3.119 所示。

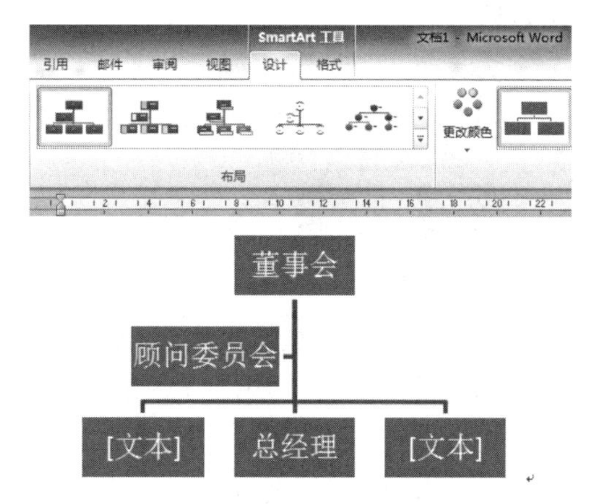

图 3.118　为图形添加文字

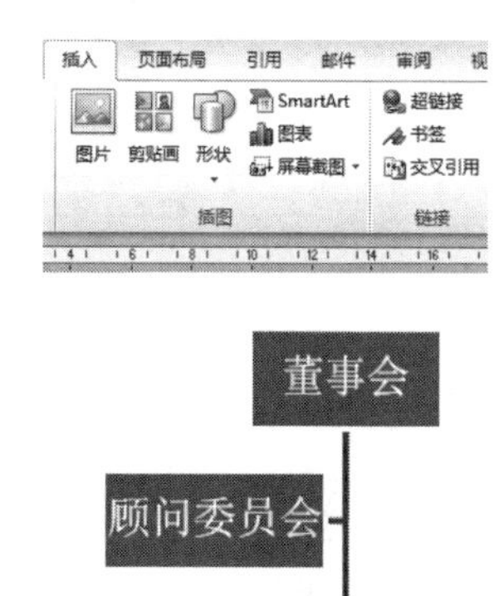

图 3.119　删除不必要的图形

⑥ 添加需要的图形。在“总经理”图形上单击鼠标右键，在弹出的快捷菜单中执行“添加形状”命令，在弹出的级联菜单中单击“在下方添加图形”按钮，则出现下一级图形，如图 3.120 所示。

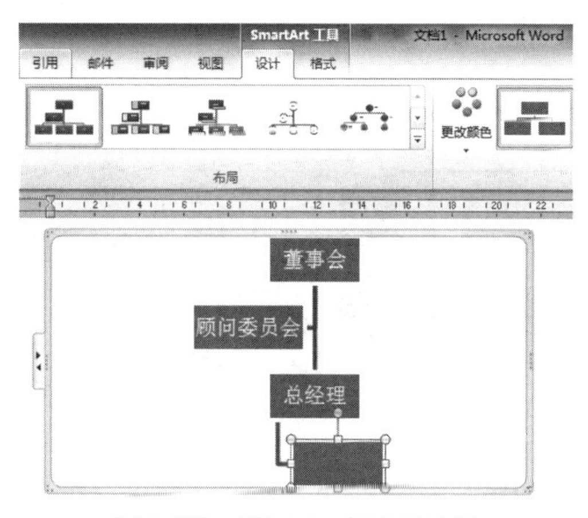

图 3.120　添加下一级图形效果

⑦ 按照上述方法适当添加层次后，完成创建组织结构图工作。用户也可以打开“SmartArt 工具”的“设计”上下文选项卡，在“布局”选项组中选择其他布局样式，使组织结构图关系更加明朗化，本例中选择的是布局中第 7 项，如图 3. 121 所示。

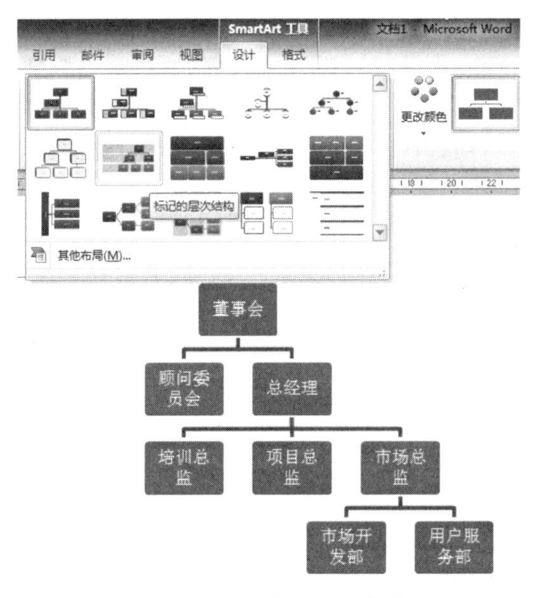

图 3. 121　组织结构图完成效果

⑧ 利用“设计”上下文选项卡对组织结构图进行设计。单击“SmartArt 样式”选项组中的“更改颜色”按钮，可以为图形应用新的颜色搭配。单击“SmartArt 样式”选项组的“其他”按钮，在展开的“SmartArt 样式库”中选择所需的样式，本例中选择的是“文档的最佳匹配对象”选项区域的“强烈效果”样式，如图 3. 122 所示。

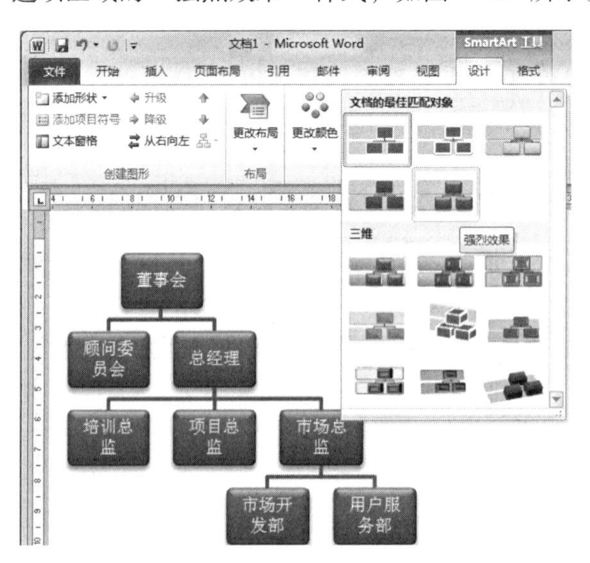

图 3. 122　图形应用 SmartArt 样式

【参考视频】

3.6.4　案例分析 4

以下操作实例来自于国家计算机等级考试(二级)真题。

打开文档 Word. docx，按照要求完成下列操作并以该文件名(Word. docx)保存文档。

某高校为了使学生更好地进行职场定位和职业准备，提高就业能力，该校学工处将于 2013 年 4 月 29 日(星期五)19：30 ~21：30 在校国际会议中心举办题为“领慧讲堂——大学生人生规划”就业讲座，特别邀请资深媒体人、著名艺术评论家赵蕈先生担任演讲嘉宾。

请根据上述活动的描述，利用 Microsoft Word 制作一份宣传海报(宣传海报的参考样式请参考“Word－海报参考样式 . docx”文件)，如图 3. 123 所示，要求如下。

图 3. 123　海报参考样式

(1) 调整文档版面，要求页面高度 35 厘米，页面宽度 27 厘米，页边距(上、下)均为 5 厘米，页边距(左、右)均为 3 厘米，并将考生文件夹下的图片“Word－海报背景图片 . jpg”设置为海报背景。

具体操作步骤如下。

① 打开文档 Word. docx。

② 单击“页面布局”选项卡“页面设置”组的对话框启动器按钮，打开“页面设置”对话框，选择“纸张”选项卡，在“高度”和“宽度”微调框中设置“35 厘米”和“27 厘米”。选择“页边距”选项卡，在“上”和“下”微调框中都设置为“5 厘米”，在“左”和“右”微调框都设置为“3 厘米”，单击“确定”按钮。

③ 单击“页面布局”选项卡“页面背景”组中的“页面颜色”按钮，选择“填充效果”命令，弹出“填充效果”对话框，切换至“图片”选项卡，单击“选择图片”按钮，打开“选择图片”对话框，选择“Word－海报背景图片 . jpg”，单击“插入”按钮返回“填充效果”对话框，单击“确定”按钮。

(2) 根据“Word－海报参考样式 . docx”文件，调整海报内容文字的字号、字体和颜色。

具体操作步骤如下。

① 根据“Word - 最终参海报考样式 . docx”文件，选中标题“领慧讲堂就业讲座”文字，单击“开始”选项卡下“字体”组中的“字体”下拉列表，选择“微软雅黑”，单击“字号”下拉按钮可以选择“48”号，在“字体颜色”下拉按钮中选择“红色”，单击“段落”组中的“居中”按钮使其居中。

② 按同样方式设置其他部分的字号和字体，将“欢迎大家踊跃参加!”设置为“华文行楷”“48”号，“白色，文字 1”，居中对齐。将位于“Word - 最终参海报考样式 . docx”第 1 页的其他文字设置为“黑体”，“28”号，“深蓝”和“白色”，调整“主办：校学工处”段落的对齐方式为“文本右对齐”。

③ 按同样方式调整位于“Word - 最终参海报考样式 . docx”第 2 页的文字的字体、字号、颜色及段落对齐方式。

（3）根据页面布局需要，调整海报内容中“报告题目”“报告人”“报告日期”“报告时间”“报告地点”信息的段落间距。

具体操作步骤如下。

选中“报告题目”“报告人”“报告日期”“报告时间”“报告地点”所在的段落，单击“开始”选项卡“段落”选项组中的对话框启动器按钮，弹出“段落”对话框。在“缩进和间距”选项卡的“间距”组中，“段前”和“段后”微调框都设置为“1. 5 行”；在“缩进”组中，选择“特殊格式”下拉列表框中的“首行缩进”选项，并在右侧对应的“磅值”下拉列表框中选择“3 字符”选项。

（4）在“报告人:”位置后面输入报告人姓名(赵蕈)。

在“报告人:”位置后面输入报告人“赵蕈(xùn)”。

（5）在“主办：校学工处”位置后另起一页，并设置第 2 页的页面纸张大小为 A4 篇幅，纸张方向设置为“横向”，页边距为“普通”页边距定义。

具体操作步骤如下。

① 为了在同一个文档中有不同的页面设置，文档需要分节。

② 将光标定位于“主办：校学工处”后，单击“页面布局”选项卡“页面设置”选项组的“分隔符”按钮，执行“分节符”中的“下一页”命令即可另起一页。

③ 光标定位在第 2 页任意位置，单击“页面布局”选项卡“页面设置”选项组的“纸张大小”下拉按钮，选择“A4”；单击“纸张方向”下拉按钮，选择“横向”，单击“页边距”下拉按钮，选择“普通”。

（6）在新页面的“日程安排”段落下面，复制本次活动的日程安排表(请参考“Word - 活动日程安排. xlsx”文件)，要求表格内容引用 Excel 文件中的内容，如若 Excel 文件中的内容发生变化，Word 文档中的日程安排信息随之发生变化。

具体操作步骤如下。

① 打开“Word - 活动日程安排 . xlsx”，选中表格 A2：C6 区域内的数据，按 Ctrl + C 组合键完成复制。

② 切换到 Word. docx 文件中，将光标定位于“日程安排:”下方的空段落中，单击

“开始”选项卡“粘贴”选项组的“选择性粘贴”按钮，弹出“选择性粘贴”对话框。选择“粘贴链接”，在“形式”列表框中选择“Microsoft Excel 工作表对象”，单击“确定”按钮。若更改“Word－活动日程安排 . xlsx”的数据，则 Word 文档中的信息也同步更新。

（7）在新页面的“报名流程”段落下面，利用 SmartArt，制作本次活动的报名流程(学工处报名、确认座席、领取资料、领取门票)。

具体操作步骤如下。

① 单击“插入”选项卡“插图”选项组的“SmartArt”按钮，弹出“选择 SmartArt 图像”对话框，选择“流程”组中的“基本流程”，单击“确定”按钮。

② 选中 SmartArt 图形，然后单击“SmartArt 工具设计”选项卡“创建图形”选项组的“添加形状”下拉按钮，选择“在后面添加形状”添加一个文本框，即可得到与参考样式相匹配的图形。

③ 在各文本框中输入相应的流程名称。

④ 选中 SmartArt 图形，单击“SmartArt 工具设计”选项卡“SmartArt 样式”选项组中的“更改颜色”下拉按钮，选择“彩色”组中的“彩色－强调文字颜色”，可以在“SmartArt 样式”中选择“强烈效果”，即可完成报名流程的设置。

（8）设置“报告人介绍”段落下面的文字排版布局为参考示例文件中所示的样式。

具体操作步骤如下。

将光标定位在最后一个段落中，单击“插入”选项卡“文本”选项组中的“首字下沉”下拉按钮，选择“首字下沉选项”，弹出“首字下沉”对话框，在“位置”组中选择“下沉”，“下沉行数”微调框设置为“3”，单击“确定”按钮。

（9）更换报告人照片为考生文件夹下的 Pic 2. jpg 照片，将该照片调整到适当位置，并不要遮挡文档中的文字内容。

具体操作步骤如下。

① 选中图片，单击“图片工具格式”选项卡“调整”选项组的“更改图片”按钮，弹出“插入图片”对话框，选择“Pic 2. jpg”，单击“插入”按钮。

② 单击“图片工具格式”选项卡“排列”选项组的“自动换行”下拉按钮，选择“四周型环绕”，拖动图片到恰当的位置。

（10）保存本次活动的宣传海报设计为 Word. docx。

单击“保存”按钮，保存本次活动的宣传海报设计为“Word. docx”。

3. 6. 5　案例分析 5

【参考视频】

以下操作实例来自于国家计算机等级考试(二级)真题。

打开文本文件“Word 素材 . txt”，按照要求完成下列操作并以文件名“Word. docx”保存结果文档。

张静是一名大学本科三年级学生，经过多方面了解分析，她希望在下个暑期去一家公司实习。为了获得难得的实习机会，她打算利用 Word 精心制作一份简洁而醒目的个人简历，参考样式见文件“简历参考样式.jpg”，如图3.124所示，要求如下。

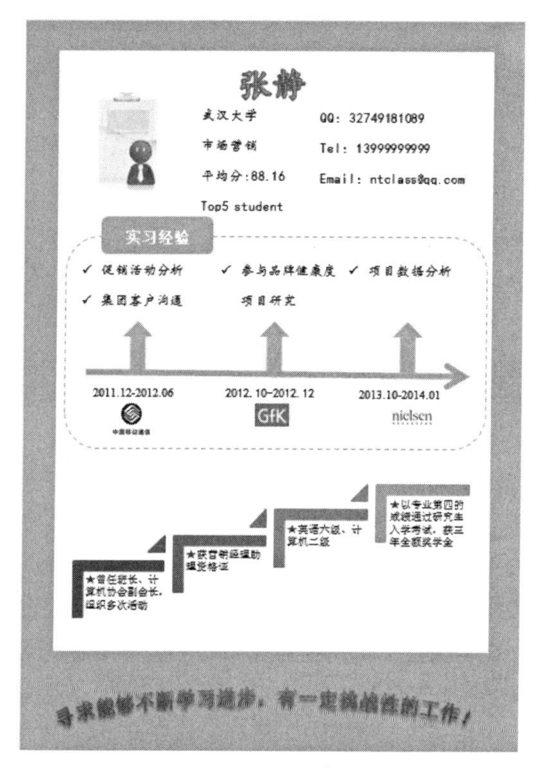

图3.124　简历参考样式

（1）调整文档版面，要求纸张大小为A4，页边距(上、下)为2.5厘米，页边距(左、右)为3.2厘米。

具体操作步骤如下。

① 打开“Word素材.txt”素材文件。

② 启动Word 2010软件，单击“页面布局”选项卡“页面设置”选项组中的对话框启动器按钮，打开“页面设置”对话框，在“纸张”选项卡中将“纸张大小”设置为“A4”；在“页边距”选项卡中，在“上”和“下”微调框中都设置为“2.5厘米”，在“左”和“右”微调框都设置为“3.2厘米”，单击“确定”按钮。

（2）根据页面布局需要，在适当的位置插入标准色为橙色与白色的两个矩形，其中橙色矩形占满A4幅面，文字环绕方式设为“浮于文字上方”，作为简历的背景。

具体操作步骤如下。

① 单击“插入”选项卡“插图”选项组中的“形状”按钮，在其下拉列表中选择“矩形”，在文档中拖动鼠标绘制一个矩形。

② 调整该矩形与页面大小一致，选中矩形，单击“绘图工具格式”选项卡“大小”组对话框启动器按钮，打开“布局”对话框，切换到“大小”选项卡，将矩形大小调整为页面大小一致(可在“页面布局”选项卡“页面设置”选项组中查看A4纸的高度与宽

度)，即将“高度”的“绝对值”调整为“29.7 厘米”，“宽度”的“绝对值”调整为“21 厘米”。切换到“位置”选项卡，在“水平”区域中将“对齐方式”调整为“左对齐”，在“相对于”下拉列表中选择“页面”；在“垂直”区域中将“对齐方式”调整为“顶端对齐”，在“相对于”下拉列表中同样选择“页面”，最后单击“确定”按钮，如图 3.125 所示。

图 3.125　调整橙色矩形的位置

③ 选中矩形，在“绘图工具 | 格式”选项卡“形状样式”选项组中，分别将“形状填充”和“形状轮廓”都设置为“标准色”中的“橙色”。

④ 选中橙色矩形，单击“绘图工具 | 格式”选项卡“排列”选项组中的“自动换行”按钮，选择“浮于文字上方”选项。

⑤ 按步骤①的方法在橙色矩形上方再绘制一个大小合适的白色矩形，并将“形状填充”和“形状轮廓”都设置为“主题颜色”下的“白色”。

(3) 参照示例文件，插入标准色为橙色的圆角矩形，并添加文字“实习经验”，插入一个短划线的虚线圆角矩形框。

具体操作步骤如下。

① 单击“插入”选项卡“插图”选项组中的“形状”按钮，在其下拉列表中选择“圆角矩形”，参考示例文件，在合适的位置绘制圆角矩形，并将该圆角矩形的“形状填充”和“形状轮廓”都设置为“标准色”下的“橙色”。

② 选中圆角矩形，在其中输入文字“实习经验”，并选中“实习经验”，调整字体、字号，字体设置为“宋体”，字号可以设置为“小二”。

③ 根据参考样式，再次绘制一个“圆角矩形”，并在边框上拖动鼠标调整此圆角矩形的大小。

④ 选中此圆角矩形，在“绘图工具 | 格式”选项卡“形状样式”选项组中将“形状填充”设置为“无填充颜色”；在“形状轮廓”列表中调整线型，选择“虚线”下的“短划线”，“颜色”设置为“橙色”。

⑤ 选中虚线边框的圆角矩形，在“绘图工具 | 格式”选项卡“排列”选项组中，单击“下移一层”按钮。

（4）参照示例文件，插入文本框和文字，并调整文字的字体、字号、位置和颜色。其中“张静”应为标准色橙色的艺术字，“寻求能够……”文本效果应为跟随路径的“上弯弧”。

具体操作步骤如下。

① 插入艺术字“张静”。单击“插入”选项卡“文本”选项组中的“艺术字”按钮，在下拉列表中选择“填充 - 无，轮廓 - 强调文字颜色 2”选项，在插入的文本框中输入“张静”。在“艺术字样式”选项组中，将“文本填充”设置为“橙色”。在“开始”选项卡“字体”选项组中调整为“楷体”“一号”，并调整文本框的位置。

② 单击“插入”选项卡“文本”选项组中的“文本框”下拉按钮，在下拉列表中选择“绘制文本框”，绘制一个文本框并调整好位置。

③ 在文本框中输入与参考样式中左侧的对应文字“武汉大学，市场营销，平均分：88. 16，Top5 student”，并调整字体、字号分别为“楷体”“小四”，设置段落间距均为 1 行。

④ 光标定位在该文本框中，在“绘图工具 | 格式”选项卡“形状样式”选项组中将“形状轮廓”设置为“无轮廓”。

⑤ 按照步骤②、③的方式再插入一个文本框，输入参考样式中右侧的对应文字“QQ：32749181089，Tel：13999999999，Email：ntclass@ qq. com”并调整字号、段落间距和文本框边框。

⑥ 插入最下方的艺术字。单击“插入”选项卡“文本”选项组中的“艺术字”按钮，在下拉列表中选择“填充 - 红色，轮廓 - 强调文字颜色 2，暖色粗糙棱台”选项，在插入的文本框中输入“寻求能够不断学习进步，有一定挑战性的工作”，并适当调整文本框及文字的大小。

⑦ 单击“绘图工具 | 格式”选项卡“艺术字样式”选项组中的“文本效果”按钮，在弹出的下拉列表中选择“转换”，在下一级列表中选择“跟随路径”组中的“上弯弧”。

（5）根据页面布局需要，插入考生文件夹下图片“1. png”，依据样例进行裁剪和调整，并删除图片的剪裁区域；然后根据需要插入图片 2. jpg、3. jpg、4. jpg，并调整图片位置。

具体操作步骤如下。

① 单击“插入”选项卡“插图”选项组中的“图片”按钮，弹出“插入图片”对话框，选择素材图片“1. png”，单击“插入”按钮。

② 选择插入的图片，单击“绘图工具 | 格式”选项卡“排列”选项组中的“自动换行”按钮，选择“浮于文字上方”选项。

③ 根据参考样式，单击“图片工具 | 格式”选项卡“大小”选项组中的“裁剪”按钮，在图片上拖动图片边框的滑块，对图片进行裁剪，调整至合适大小后，单击图片范围以外的区域即完成图片的裁剪，最后调整图片的大小和位置。

④ 使用步骤①、②同样方法在文档的相应位置插入图片 2. png、3. png、4. png，并调整大小和位置。

（6）参照示例文件，在适当的位置使用形状中的标准色橙色箭头（提示：其中横向箭头使用线条类型箭头），插入“SmartArt”图形，并进行适当编辑。

具体操作步骤如下。

① 单击“插入”选项卡“插图”选项组中的“形状”按钮，在下拉列表中选择“线条”组中的“箭头”，在对应的位置绘制水平箭头。

② 选中水平箭头，单击“绘图工具 | 格式”选项卡“形状样式”选项组中的“形状轮廓”按钮，将“粗细”设置为“6 磅”，颜色设置为“橙色”。

③ 单击“插入”选项卡“插图”选项组中的“形状”按钮，在下拉列表中选择“箭头总汇”组中的“上箭头”，在参考样式的相应位置绘制三个垂直向上的箭头。

④ 同时选中三个箭头，在“绘图工具 | 格式”选项卡“形状样式”选项组中，将“形状轮廓”和“形状填充”均设置为“橙色”，并调整箭头的大小和位置。

⑤ 单击“插入”选项卡“插图”选项组中的“SmartArt”按钮，打开“选择 SmartArt 图形”对话框，选择“流程”组中的“步骤上移流程”，单击“确定”按钮。

⑥ 此时用户看不到插入的 SmartArt 图形，并且在“绘图工具 | 格式”选项卡“排列”选项组中单击“自动换行”按钮也无法设置图片与文字的环绕方式。此时需要重新单击插入的 SmartArt 图形的边框，才能单击“自动换行”按钮选择“浮于文字上方”选项。

⑦ 单击“SmartArt 工具 | 设计”选项卡“创建图形”选项组中的“添加形状”按钮，在其下拉列表中选择“在后面形状添加”选项，使图形中产生四个文本框，输入相应的文字并调整字号。适当调整 SmartArt 图形的大小和位置。

⑧ 单击“SmartArt 工具 | 设计”选项卡“SmartArt 样式”选项组中，单击“更改颜色”按钮，在下拉列表中选择“强调文字颜色 2”组中的“渐变范围 - 强调文字颜色 2”。

（7）参照示例文件，在“促销活动分析”等 4 处使用项目符号“对勾”，在“曾任班长”等 4 处插入符号“五角星”、颜色为标准色红色。调整各部分的位置、大小、形状和颜色，以展现统一、良好的视觉效果。

具体操作步骤如下。

① 单击“插入”选项卡“文本”选项组中的“文本框”按钮，在下拉列表中选择“绘制文本框”，在“实习经验”矩形框中分别绘制四个文本框，输入对应的文字，并调整好字体大小和位置。

② 分别选中每个文本框中的文字，单击“开始”选项卡“段落”选项组中的“项目符号”右侧的下三角按钮，在“项目符号库”中选择“√”符号。

③ 将光标定位在“曾任班长”之前，单击“插入”选项卡“符号”选项组中的“符号”按钮，若列表中没有“★”符号，则单击“其他符号”，在打开的“符号”对话框中选择“五角星”，单击“插入”按钮。

④ 选中所插入的“★”符号，在“开始”选项卡“字体”选项组中，设置颜色为“标准色”中的“红色”。

⑤ 复制该红色“★”符号，粘贴到其他三处。

⑥ 以文件名“Word. docx”保存文档。

3.7 长文档的编辑

对多数用户而言，在 Word 中对于短篇文档进行操作时，即使不掌握较多的排版技巧，也能应付有余，但是对于编辑像毕业论文这样的长篇文档时，往往会有些力不从心，下面介绍一些长文档的编辑方法。

3.7.1 插入文档封面

通过使用插入封面功能，用户可以借助 Word 2010 提供的 19 种封面样式为 Word 文档插入风格各异的封面，并且无论当前插入点在什么位置，插入的封面总是位于 Word 文档的第 1 页。

在 Word 2010 文档中插入封面的步骤如下。

① 在 Word 2010 的功能区中，打开“插入”选项卡，在“页”选项组中单击“封面”按钮。

② 打开系统内置的“封面库”，如图 3.126 所示，从中选择合适的封面样式即可。

如果想要删除封面，在“插入”选项卡“页”选项组中，单击“封面”按钮，在弹出的下拉列表中执行“删除当前封面”命令即可。

如果用户自己设计了符合某种需求的封面，可以将其保存到“封面库”中，以后可以直接使用，不需要重新设计，节省宝贵的时间。

图 3.126 选择文档封面

3.7.2 文档分页与分节

当用户输入文字到达页面底部时，Word 2010 会自动分页，将以后输入的文字放到下一页。用户也可根据排版的需要在特定的位置插入分页符来强制分页。

如果用户只是想要将文档的内容划分为上、下两页，前后页面的设置属性及参数均保持一致，则只需要在文档中插入分页符即可，具体操作步骤如下。

① 将插入点定位在需分页的位置。

② 在“页面布局”选项卡的“页面设置”选项组中，执行“分隔符”命令，自动打开分隔符下拉列表框，如图 3.127 所示。

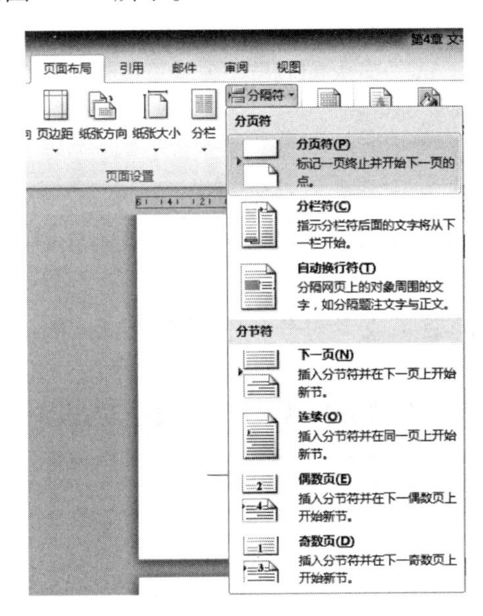

图 3.127 “分隔符”下拉列表框

③ 选择“分页符”选项，即可将光标后的内容布局到下一个页面中。

我们在进行 Word 文档排版时，经常需要对同一个文档中的不同部分采用不同的版面设置，例如，设置不同的页面方向、页边距、页眉和页脚等。这时就需要插入分节符，具体操作步骤如下。

① 将光标定位在需分页的位置。

② 在“页面布局”选项卡的“页面设置”选项组中，执行“分隔符”命令，打开分隔符下拉列表框，如图 3.127 所示。

其中，分节符有四种类型，它们的用途如下。

► 下一页：分节符后的文本从新的页面上开始。

► 连续：分节符后的文本与前一节文本在同一页面中。

► 偶数页：分节符后面的文本转入下一个偶数页中。

► 奇数页：分节符后面的文本转入下一个奇数页中。

③ 根据需要选择其中的一类分节符，即可在当前光标位置处插入一个不可见的分节

符。由于“节”是一种不可见的页面元素，所以很容易被用户忽视，但如果少了“节”的参与，很多排版效果无法实现。默认方式下，Word 将整个文档视为一节，故对文档的页面设置是应用于整篇文档的。若需要在一页之内或多页之间采用不同的版面布局，只需插入“分节符”将文档分成几节，然后根据需要设置每节的格式即可。

分节后的页面设置可更改的内容有页边距、纸张大小、纸张方向(纵横混合排版)、打印机纸张来源、页面边框、垂直对齐方式、页眉和页脚、分栏、页码编排、行号、脚注和尾注等。

3.7.3 文档内容的分栏处理

制作报纸、杂志、宣传单时，经常需要对文章作各种复杂的分栏排版，使版面更加生动。Word 2010 为用户提供了这一强大的功能。

分栏的操作方法如下。

① 选定需要设置分栏操作的段落。

② 单击“页面布局”选项卡“页面设置”选项组中的“分栏”按钮。

③ 在其下拉列表框提供了 5 种预定义的分栏方式，用户可直接选择迅速实现分栏排版。

④ 若要设置 3 栏以上的效果或者对分栏进行更为具体的设置，则单击“更多分栏”按钮，启动“分栏”对话框，如图 3.128 所示。在其中可以进行“栏数”“各栏宽度”“栏间距”“是否添加分隔线”及“分栏效果应用位置”的设定。

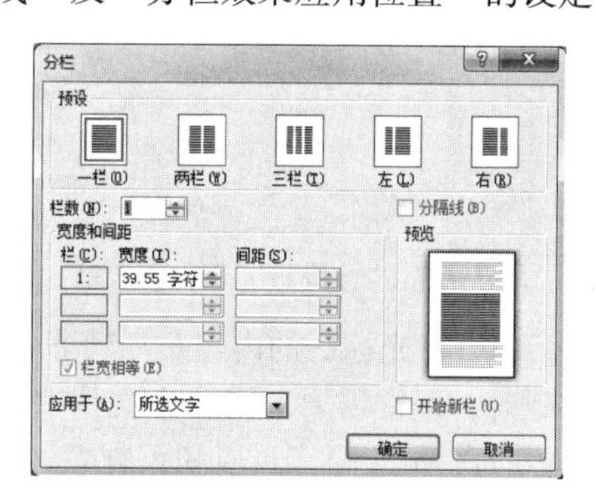

图 3.128 “分栏”对话框

⑤ 设置完成后单击“确定”按钮。如果用户需要取消分栏布局，只需要在“分栏”下拉列表框中选择“一栏”选项即可。

3.7.4 设置文档的页眉页脚

页眉和页脚是指文档中每个页面的顶部、底部以及两侧页边距中的区域。页眉和页脚通常用于显示文档的附加信息，常用来插入时间、日期、页码、单位名称、公司徽标等。

1. 插入页眉和页脚

具体操作步骤如下。

① 在“插入”选项卡“页眉和页脚”选项组中，单击“页眉”按钮。

② 在打开的“页眉样式库”中以图示的方式罗列出许多内置的页眉样式，如图 3. 129 所示。

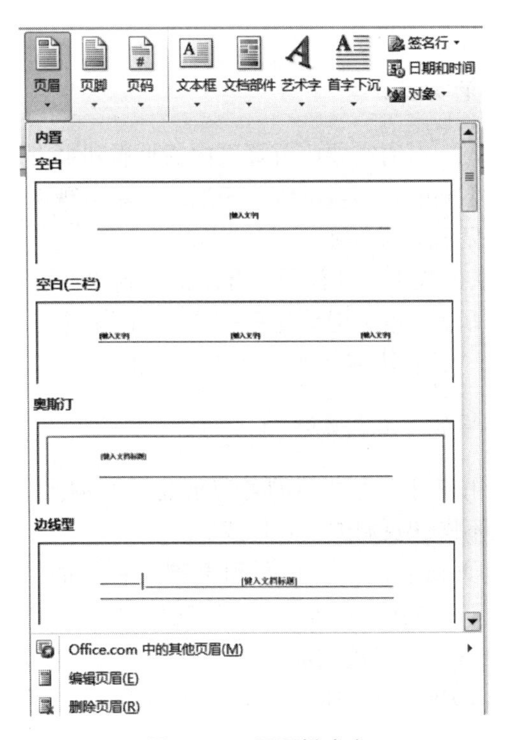

图 3. 129　页眉样式库

③ 在该样式库中用户可以选择所需的页眉样式。例如选择“新闻纸”样式，此时，正文变成灰色，表示不可操作，虚线表示页眉的输入区域，并显示“页眉和页脚工具”的“设计”选项卡，如图 3. 130 所示。

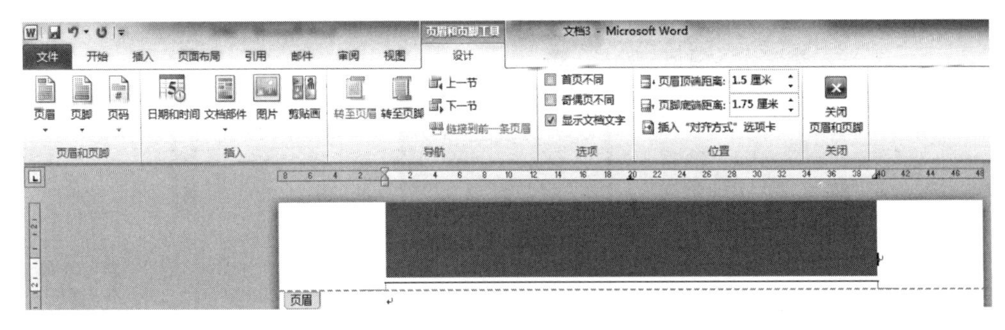

图 3. 130　“页眉和页脚工具”的“设计”选项卡

若用户需要创建页脚，在“插入”选项卡“页眉和页脚”选项组中，单击“页脚”按钮，同样可以进行页脚的编辑；用户也可以在“页眉和页脚工具”的“设计”选项卡中，单击“转至页脚”按钮直接进行页脚的编辑。

在“页眉和页脚工具”的“设计”选项卡中，单击“日期和时间”按钮启动“日期和时间”对话框，显示各种类型的日期时间显示方式；执行“文档部件”下拉列表中“文档属性”命令，可以进行作者、单位、发布日期等信息的输入。若要退出页眉和页脚的编辑，可以单击“关闭页眉和页脚”按钮。

2. 首页和奇偶页不同的页眉页脚

用户在编辑长篇文档时，有时需要将首页页面的页眉和页脚设计得与众不同，有时文档的奇偶页上还需要使用不同的页眉或页脚。例如，在对书籍进行排版时，希望在奇数页显示章节标题，在偶数页显示书籍名称。

Word 2010 为用户提供了快速设置首页、奇偶页不同的页眉页脚的方法，它们的设置方法与普通页眉页脚设置方法一致，但要注意的是，在设置前必须在“页眉和页脚工具”的“设计”选项卡中选定“首页不同”复选框或“奇偶页不同”复选框。

3. 为文档各节创建不同的页眉或页脚

在编辑长篇文档时，用户可以为文档的各节创建不同的页眉或页脚，例如制作论文时，通常目录与内容应用不同的页眉或页脚样式。

用户为某一节设置过页眉后，在“页眉和页脚工具”的“设计”选项卡中，单击“导航”选项组的“下一节”按钮，进入到下一节区域中。

在“导航”选项组中单击“链接到前一条页眉”按钮，断开新节中的页眉与前一节页眉的链接。此时，Word 2010 页面中将不再显示“与上一节相同”的提示信息，用户就可以为本节创建新的页眉了，如图 3.131 所示。

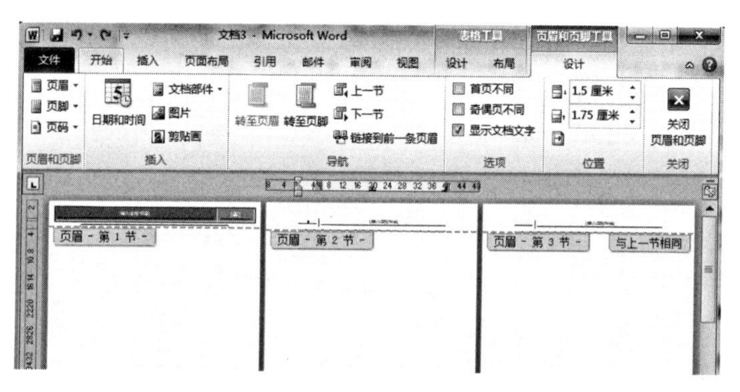

图 3.131　为文档各节创建不同的页眉

4. 删除页眉或页脚

在文档中删除页眉页脚的方法很简单，在“插入”选项卡的“页眉和页脚”选项组中，执行“页眉”(页脚)命令，在弹出的下拉列表中执行“删除页眉”(删除页脚)命令，即可删除页眉(页脚)。

3.7.5　插入脚注、尾注和题注

1. 插入脚注和尾注

脚注和尾注共同的作用是对文字的补充说明。脚注一般位于页面的底部，可以作为文档某处内容的注释；尾注一般位于文档的末尾，用于列出引文的出处等。在 Word 中可以很轻松地添加这些脚注、尾注。

添加脚注或尾注的操作步骤如下。

① 将插入点定位到需要插入脚注或尾注的位置，打开“引用”选项卡，在“脚注”选项组中根据需要单击“插入脚注”或“插入尾注”按钮，即可在页面的底端加入脚注区域，或者在文档的末尾加入尾注区域。

② 如果用户需要对脚注或尾注的样式进行定义，则可以单击“脚注”选项组的对话框启动器按钮，打开“脚注和尾注”对话框，如图 3.132 所示，对其位置、格式及应用范围进行设置。

2. 插入题注

题注就是给图片、表格、图表、公式等项目添加的名称和编号。使用题注功能可以保证长篇文档中图片、表格或图表等项目能够按顺序自动编号。如果移动、插入或删除带题注的项目时，Word 可以自动更新题注的编号，不需要再进行单独的调整。

在文档中添加题注的操作步骤如下。

① 在文档选择需要插入题注的位置。在“引用”选项卡的“题注”选项组中单击“插入题注”按钮。

② 打开“题注”对话框，如图 3.133 所示。在该对话框中，可以根据添加题注的不同对象，在“选项”区域的下拉列表中选择不同的标签类型。

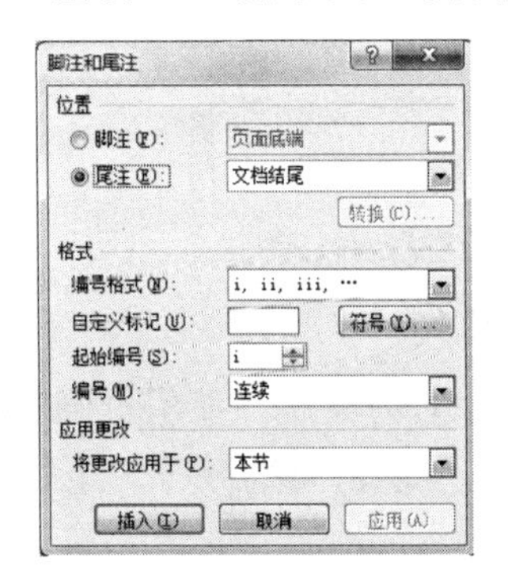

图 3.132　“脚注和尾注”对话框

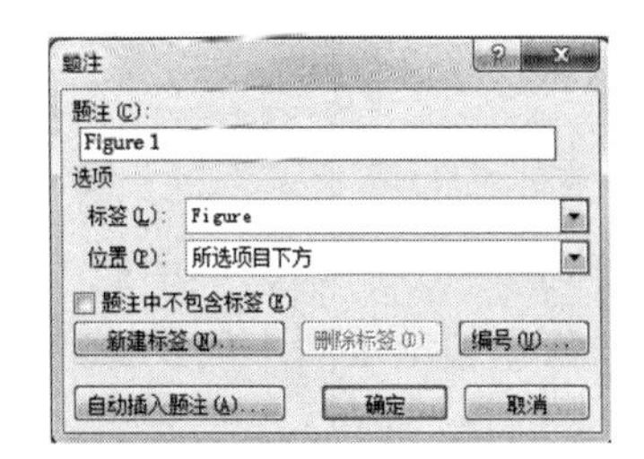

图 3.133　“题注”对话框

③ 如果需要在文档中使用自定义的标签显示方式，可以单击“新建标签”按钮，为

新的标签命名后，新的标签样式将出现在“标签”下拉列表中，还可以为该标签设置位置。单击“编号”按钮，可以为该标签设置标号类型，如图 3. 134 所示。

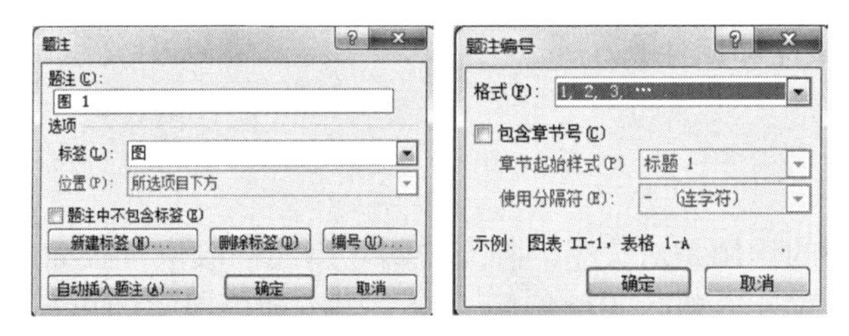

图 3. 134　自定义题注标签

3. 7. 6　创建文档目录

当我们翻阅一本书的时候，首先映入眼帘的就是这本书的“目录”。目录可以清楚地标明本书的章、节名称、页码等内容。本小节将为大家介绍一种向文档中自动添加目录的方法。

在 Word 2010 中，可以使用“引用”选项卡的功能，自动编制文档目录。

具体操作步骤如下。

（1）首先将文档中各章节的标题进行大纲级别的设置。如进行“标题 1”“标题 2”“标题 3”等不同级别的设置。

（2）将插入点定位于文档的开始位置。单击“引用”选项卡“目录”选项组中的“目录”下拉按钮，执行“插入目录”命令，弹出“目录”对话框，如图 3. 135 所示。

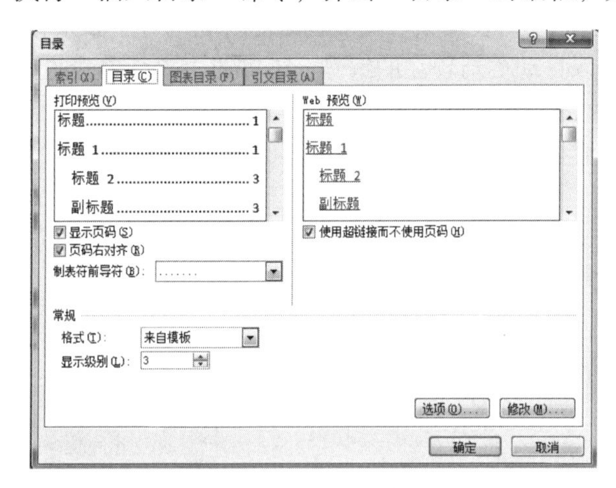

图 3. 135　“目录”对话框

（3）打开“目录”对话框中的“目录”选项卡，本例选择“显示页码”“页码右对齐”以及“使用超链接而不使用页码”复选框，并在“制表符前导符”下拉列表框右侧的按钮中选择标题与页码之间的分隔符“……”。

（4）在“目录”对话框的“常规”选项区域中，单击“格式”下拉列表框右侧的按钮，选择“来自模板”；在“显示级别”文本框中，选择目录中显示的级别数“3”，此时可以从“打印预览”列表框中看到效果。

(5) 若对该次设置满意，单击“确定”按钮，自动添加目录如图 3. 136 所示。若不满意，可在“目录”对话框右下角选择“修改”按钮，弹出如图 3. 137 所示的“样式”对话框，在其中可以按照用户所需进行不同样式的设置。

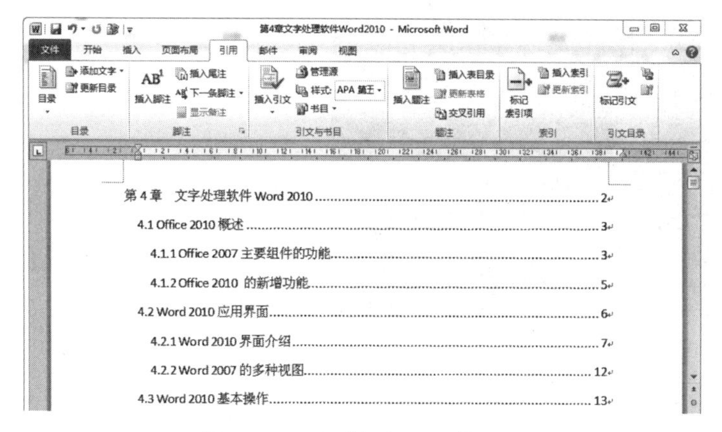

图 3. 136　自动添加目录效果图

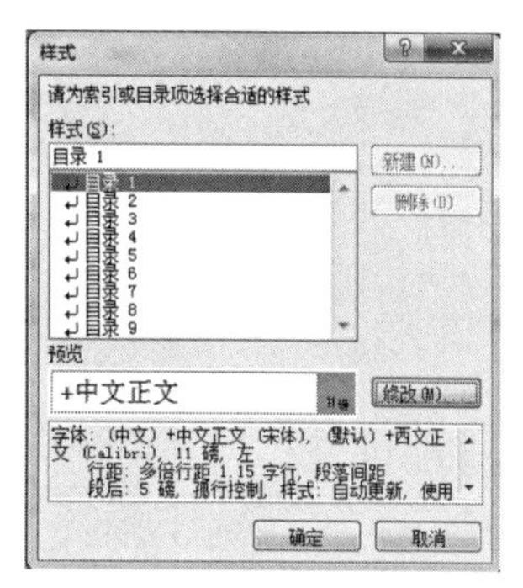

图 3. 137　“样式”对话框

3. 7. 7　案例分析 6

【参考视频】

以下操作实例来自于国家计算机等级考试(二级)真题。

文档“北京市政府统计工作年报 . docx”是一篇从互联网上获取的文字资料，请打开该文档并按下列要求进行排版及保存操作。

(1) 将文档中的西文空格全部删除。

具体操作步骤为：打开文档“北京市政府统计工作年报 . docx”，单击“开始”选项卡“编辑”选项组中的“替换”按钮，打开“查找和替换”对话框，在“查找内容”文本框中输入西文空格(英文状态下按空格键)，“替换为”中不输入任何内容，单击“全部替换”按钮，替换完成后单击“关闭”按钮。

(2) 将纸张大小设为 16 开，上边距设为 3. 2cm、下边距设为 3cm，左右页边距均设为 2. 5cm。

具体操作步骤为：单击“页面布局”选项卡“页面设置”选项组的对话框启动器按钮，打开“页面设置”对话框，在“纸张”选项卡中设置“纸张大小”为“16 开”，在“页边距”选项卡的“页边距”区域中，在“上”和“下”微调框中分别输入“3. 2 厘米”和“3 厘米”，在“左”和“右”微调框中输入“2. 5 厘米”，单击“确定”按钮。

(3) 利用素材前三行内容为文档制作一个封面页，令其独占一页(参考样例见文件“封面样例 . png”，如图 3. 138 所示)。

具体操作步骤如下。

① 单击“插入”选项卡“页”选项组中的“封面”按钮，在下拉列表中选择“运动型”。

图 3.138　封面参考样式

② 参考“封面样例 . png”，将素材前 3 行剪切并粘贴到封面的相应位置。首先选中“2012 年”，按 Ctrl + X 组合键进行剪切，光标定位到封面上方的“年份”中，单击“开始”选项卡“剪贴板”选项组的“粘贴”按钮，在下拉列表中选择“粘贴选项”中的第 2 项“合并格式”，效果如图 3.139 所示，并适当调整字号。

③ 采用同样的方法将“北京市政府信息公开工作年度报告”和“北京市统计局 · 国家统计局北京调查总队”粘贴到相应的位置。

④ 剪切第 3 行文字“二〇一二年一月”，光标定位在封面下方原有的日期中，单击该日期域上方的文字“日期”使整个日期域被选中，如图 3.140 所示，按 Delete 键将其删除，按 Crtl + V 组合键完成粘贴。

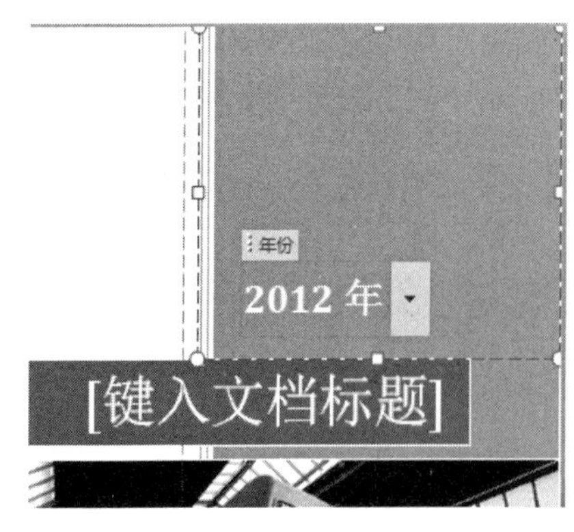

图 3.139　输入年份

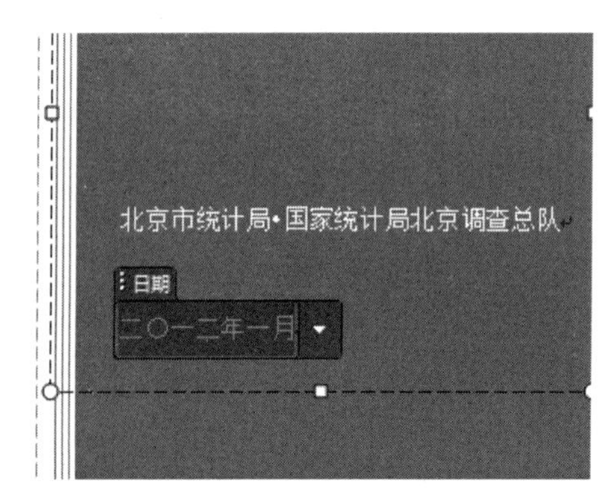

图 3.140　选中日期域

（4）将标题“(三)咨询情况”下用蓝色标出的段落部分转换为表格，为表格套用一种表格样式使其更加美观。基于该表格数据，在表格下方插入一个饼图，用于反映各种咨询形式所占的比例，要求在饼图中仅显示百分比。

具体操作步骤如下。

① 选中标题“(三)咨询情况”下用蓝色标出的段落，单击“插入”选项卡“表格”选项组中的“表格”按钮，在下拉列表中执行“文本转换成表格”命令，弹出“将文字转换成表格”对话框，单击“确定”按钮。

② 选中表格，在“表格工具 | 设计”选项卡“表格样式”选项组中选择一种样式。

③ 将光标定位到表格下方，单击“插入”选项卡“插图”选项组中的“图表”按钮，打开“插入图表”对话框，选择“饼图”组的“饼图”选项，单击“确定”按钮。将 Word 中的表格数据的第一列和第三列的前四行分别复制粘贴到 Excel 中 A 列和 B 列中，删除多余的行，如图 3.141 所示，关闭 Excel 窗口。

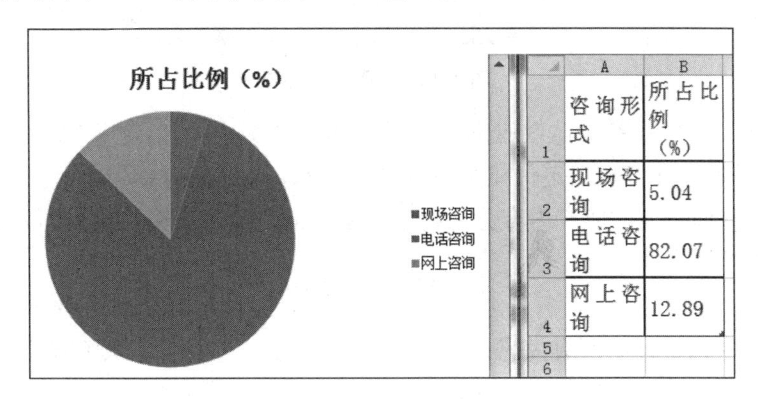

图 3.141　插入饼图

④ 选中图表，单击在“图表工具 | 布局”选项卡“标签”选项组中的“数据标签”按钮，从下拉列表中选择一种样式，此处可以选择“数据标签内”。

（5）将文档中以“一、”“二、”……开头的段落设为“标题 1”样式；以“(一)”“(二)”……开头的段落设为“标题 2”样式；以“1.”“2.”……开头的段落设为“标题 3”样式。

具体操作步骤如下。

① 按住 Ctrl 键，同时选中文档中以“一、”“二、”……开头的段落，单击“开始”选项卡“样式”选项组中的“标题 1”样式。

② 采用同样的方式将“(一)”“(二)”……开头的段落设置为“标题 2”样式，将“1.”“2.”……开头的段落设置为“标题 3”样式。

（6）为正文第 3 段中用红色标出的文字“统计局队政府网站”添加超链接，链接地址为“http：//www.bjstats.gov.cn/”。同时在“统计局队政府网站”后添加脚注，内容为“http：//www.bjstats.gov.cn”。

具体操作步骤如下。

① 将第 3 段中用红色标出的文字“统计局队政府网站”全部选中，单击“插入”选项卡“链接”选项组中的“超链接”按钮，打开“插入超链接”对话框，在“链接到”中选择“现有文件或网页”，在地址栏中输入 http：//www. bjstats. gov. cn/，单击“确定”按钮，如图 3. 142 所示。

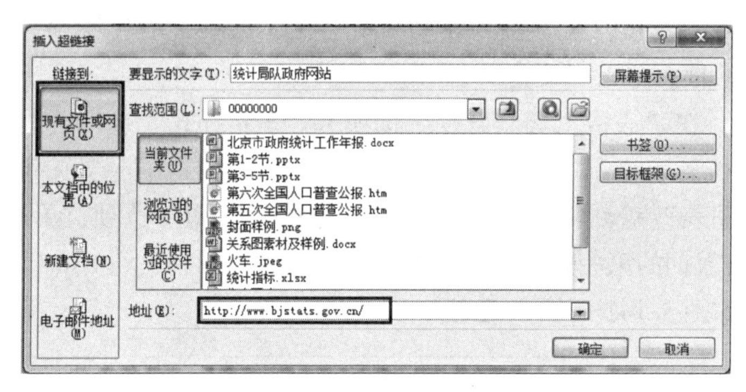

图 3. 142　插入超链接

② 光标定位在“统计局队政府网站”后，单击“引用”选项卡“脚注”选项组中的“插入脚注”按钮，光标自动定位在页面下方，输入 http：//www. bjstats. gov. cn。

（7）将除封面页外的所有内容分为两栏显示，但是前述表格及相关图表仍需跨栏居中显示，无须分栏。

具体操作步骤如下。

① 选中除封面页外的所有内容，单击“页面布局”选项卡“页面设置”选项组中的“分栏”按钮，在下拉列表中选择“两栏”。

② 选中表格，单击“页面布局”选项卡“页面设置”选项组中的“分栏”按钮，在下拉列表中选择“一栏”。按照同样的方法对饼图进行操作，即可将表格和图表跨栏居中显示。

（8）在封面页与正文之间插入目录，目录要求包含标题第 1 ~ 3 级及对应页号。目录单独占用一页，且不需要分栏。

具体操作步骤如下。

① 将光标定位在第 2 页的第 1 个文字前，单击“页面布局”选项卡下“页面设置”选项组中的“分隔符”按钮，在下拉列表中选择“分节符”组中的“下一页”按钮。

② 将光标定位在新建的空白页，首先取消分栏，单击“页面设置”选项组中的“分栏”下拉按钮，从弹出的下拉列表中选择“一栏”。

③ 单击“引用”选项卡“目录”现象组中的“目录”按钮，从弹出的下拉列表中选择“插入目录”，弹出“目录”对话框，单击“确定”按钮。

（9）除封面页和目录页外，在正文页上添加页眉，内容为文档标题“北京市政府信息公开工作年度报告”和页码，要求正文页码从第 1 页开始，其中奇数页眉居右显示，页码在标题右侧，偶数页眉居左显示，页码在标题左侧。

具体操作步骤如下。

① 双击第 3 页页眉处，在“页眉和页脚工具 | 设计”选项卡“页眉和页脚”选项组中单击“页码”按钮，在下拉列表执行“设置页码格式”命令，在打开的对话框中将“起始页码”设置为 1，单击“确定”按钮。

② 在“页眉和页脚工具 | 设计”选项卡“选项”组中勾选“奇偶页不同”复选框，取消勾选“首页不同”选项。

③ 将定位在第 3 页页眉处，在“导航”选项组中单击“链接到前一条页眉”按钮，取消该按钮的选中状态，同样将光标定位于第 4 页页眉处，单击“链接到前一条页眉”按钮，以取消该按钮的选中状态。

④ 将光标定位在第 3 页页眉中，单击“页眉和页脚”选项组中“页码”按钮，在弹出的下拉列表中选择“页面顶端”的“普通数字 3”。将光标定位在插入的页码前，输入“北京市政府信息公开工作年度报告”。

⑤ 将光标定位在第 4 页页眉中，单击“页眉和页脚”选项组中“页码”按钮，在弹出的下拉列表中选择“页面顶端”的“普通数字 1”。将光标定位在插入的页码后，输入“北京市政府信息公开工作年度报告”。在“开始”选项卡“段落”选项组中调整页眉的对齐方式为“文本左对齐”，效果如图 3.143 所示。

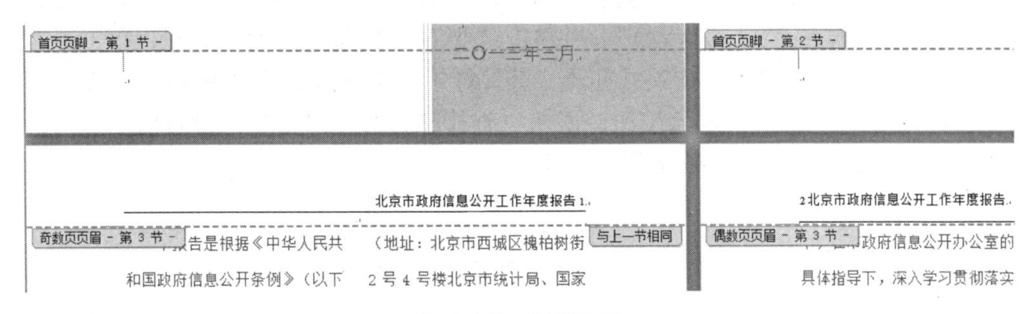

图 3.143　设置页眉

（10）将完成排版的文档先以原 Word 格式即文件名“北京市政府统计工作年报 . docx”进行保存，再另外生成一份同名的 PDF 文档进行保存。

具体操作步骤如下。

① 单击“保存”按钮，保存“北京市政府统计工作年报 . docx”。

② 单击“文件”，选择“另存为”，打开“另存为”对话框，“文件名”为“北京市政府统计工作年报”，设置“保存类型”为“PDF”，单击“保存”按钮。

3.7.8　案例分析 7

以下操作实例来自于国家计算机等级考试(二级)真题。

某出版社的编辑小刘手中有一篇有关财务软件应用的书稿“会计电算化

节节高升.docx”，打开该文档，按下列要求帮助小刘对书稿进行排版并按原文件名进行保存。

（1）按下列要求进行页面设置：纸张大小16开，对称页边距，上边距2.5厘米、下边距2厘米，内侧边距2.5厘米、外侧边距2厘米，装订线1厘米，页脚距边界1.0厘米。

具体操作步骤如下。

① 打开“会计电算化节节高升.docx”文件。

② 单击“页面布局”选项卡下“页面设置”选项组中的对话框启动器按钮，在“纸张”选项卡中将“纸张大小”设置为16开。

③ 在“页边距”选项卡中，在“页码范围”组中“多页”下拉列表中选择“对称页边距”；在“页边距”组中，将“上”“下”微调框分别设置为2.5厘米和2厘米，将“内侧”“外侧”微调框分别设置为2.5厘米和2厘米，“装订线”设置为1厘米。

④ 在“版式”选项卡中，将“页眉和页脚”组中的“页脚”设置为1.0厘米，单击“确定”按钮。

（2）书稿中包含三个级别的标题，分别用“(一级标题)”“(二级标题)”“(三级标题)”字样标出。对书稿应用样式、多级列表并对样式格式进行相应修改。

具体操作步骤如下。

① 单击“开始”选项卡“编辑”选项组中的“替换”按钮，打开“查找和替换”对话框。光标定位在“替换”选项卡“查找内容”中，输入“(一级标题)”；光标定位在“替换为”中，同样输入“(一级标题)”，并单击“更多”按钮将对话框展开，单击下方的“格式”按钮，选择“样式”选项，打开“替换样式”对话框，在“用样式替换”列表中选择“标题1”，单击“确定”按钮，返回“查找和替换”对话框，该对话框此时的状态如图3.144所示，单击“全部替换”按钮。

图3.144 确定查找内容和替换的格式

② 使用同样的方式分别为“(二级标题)”“(三级标题)”所在的整段文字应用“标题2”样式和“标题3”样式。

③ 单击“开始”选项卡“样式”选项组中的“更改样式”按钮，可以在下拉列表中选择“样式集”中的“正式”选项。

④ 光标定位在第一处需要加多级列表的文字“了解会计电算化与财务软件”前，单击“开始”选项卡“段落”选项组中的“多级列表”按钮，在下拉列表中选择“列表库”组中的第六项，如图3.145所示。该选项将多级列表的第1级自动链接到标题1样式，多级列表的第2级自动链接到标题2样式，依此类推。

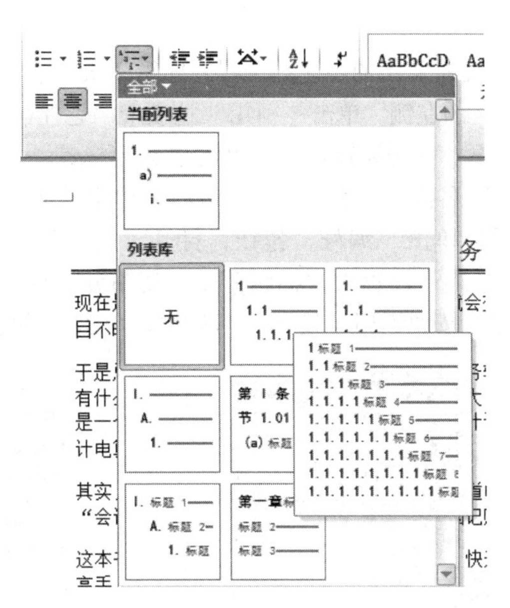

图 3.145　选择多级列表

（3）样式应用结束后，将书稿中各级标题文字后面括号中的提示文字及括号“（一级标题）”“（一级标题）”“（三级标题）”全部删除。

具体操作步骤如下。

① 单击“开始”选项卡下“编辑”选项组中的“替换”按钮，打开“查找与替换”对话框，光标定位在“替换”选项卡“查找内容”中，输入“（一级标题）”；光标定位在“替换为”中，删除所有文字，并把因第（2）步操作而保留下来的样式清除，即单击下方的“格式”按钮，选择“样式”选项，打开“替换样式”对话框，在“用样式替换”列表中选择“（无样式）”，该对话框的此时的状态如图 3.146 所示，单击“确定”按钮，返回“查找和替换”对话框，单击“全部替换”按钮。

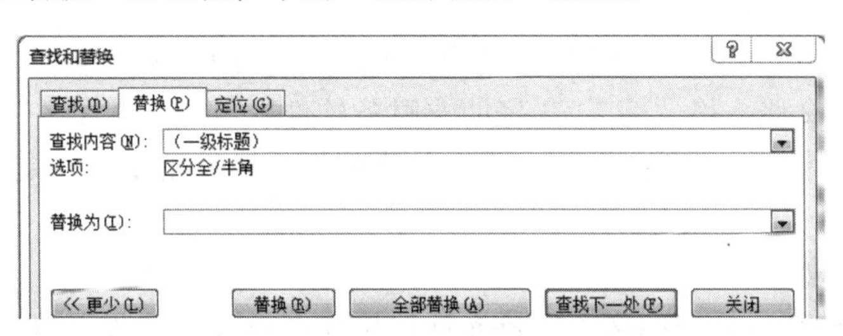

图 3.146　清除“（一级标题）”字样

② 按上述同样的操作方法删除“（二级标题）”和“（三级标题）”。

（4）书稿中有若干表格及图片，分别在表格上方和图片下方的说明文字左侧添加形如“表 1 - 1”“表 2 - 1”“图 1.1”“图 2.1”的题注，其中连字符“ - ”前面的数字代表章号、“ - ”后面的数字代表图表的序号，各章节图和表分别连续编号。添加完毕，将样式“题注”的格式修改为仿宋、小五号字、居中。

具体操作步骤如下。

① 将光标定位在第一处需要添加题注的位置，即第 2 页中表格上方说明性文字“手工记账与会计电算化的区别”的左侧，单击“引用”选项卡“题注”选项组中的“插入题注”按钮，打开“题注”对话框。首先编辑标签，单击“新建标签”按钮，在弹出的“新建标签”对话框中输入“标签”名称为“表”（图 3.147），单击“确定”按钮，返回到之前的对话框中；然后编辑编号，单击“编号”按钮，打开“题注编号”对话框，勾选“包含章节号”，将“章节起始样式”设置为“标题 1”，“使用分隔符”设置为“-（连字符）”（图 3.148），单击“确定”按钮返回“题注”对话框，单击“确定”按钮。

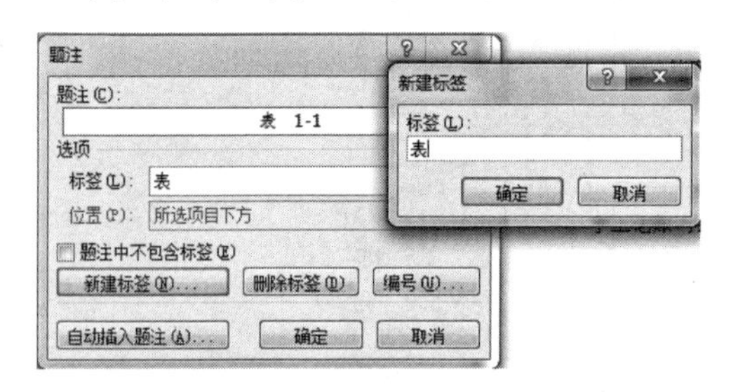

图 3.147　插入题注

图 3.148　题注编号

② 光标定位在题注所在的段落中，单击“开始”选项卡“样式”选项组右侧的下三角按钮，选中“题注”样式，并单击鼠标右键，在弹出的快捷菜单中选择“修改”，打开“修改样式”对话框，在“格式”组下选择“仿宋”“小五”，单击“居中”按钮，勾选“自动更新”复选框。

③ 将光标定位在下一个表格上方说明性文字左侧，单击“引用”选项卡“题注”选项组中的“插入题注”按钮，打开“题注”对话框，题注默认沿用之前的设置，单击“确定”按钮即可插入题注。

④ 使用同样的方法在图片下方的说明文字左侧插入题注，并设置题注格式，注意对于图片，题注标签应修改为“图”。

（5）在书稿中用红色标出的文字的适当位置，为前两个表格和前三个图片设置自动引用其题注号。为第 2 张表格“表 1－2 好朋友财务软件版本及功能简表”套用一个合适的表格样式、保证表格第 1 行在跨页时能够自动重复，且表格上方的题注与表格总在一页上。

具体操作步骤如下。

① 找到第一处红色标记的文字，将光标定位在红色文字“如”和“所示”字中间，单击“引用”选项卡“题注”选项组中的“交叉引用”按钮，打开“交叉引用”对话框，将“引用类型”设置为“表”，“引用内容”设置为“只有标签和编号”，在“引用哪一个题注”列表中选择“表 1－1 手工记账与会计电算化的区别”（图 3.149），单击“插入”按钮。

② 使用同样的方法在其他红色标记文字的适当位置，设置自动引用题注号，最后关闭该对话框。

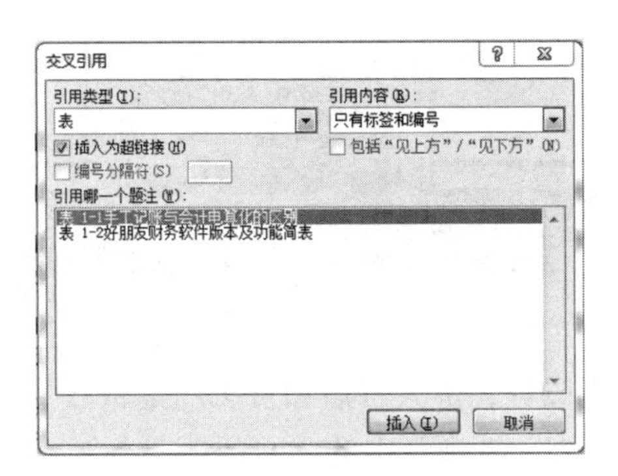

图 3.149　交叉引用

③ 光标定位在表 1-2 的表格内部，在“设计”选项卡“表格样式”选项组中为表格套用一个样式，例如可以选择“浅色底纹，强调文字颜色 2”。

④ 光标定位在表格标题行中，单击“表格工具布局”选项卡“数据”选项组中的“重复标题行”。

⑤ 光标定位在题注“表 1-2 好朋友财务软件版本及功能简表”中，单击“开始”选项卡“段落”选项组对话框启动器按钮，选择“换行与分页”选项卡，选中“分页”组中的“与下段同页”复选框，如图 3.150 所示。

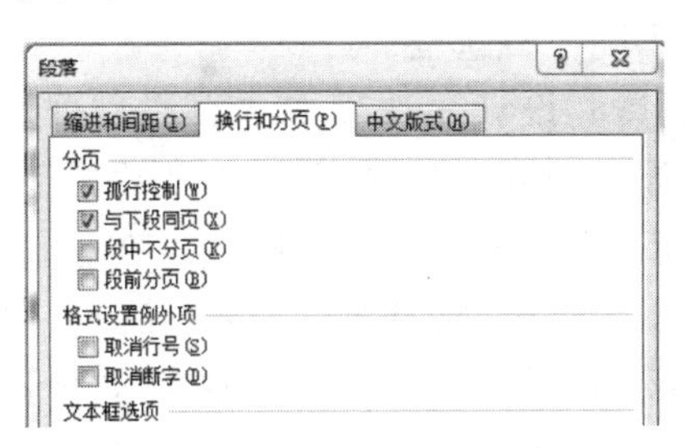

图 3.150　题注与表格不分页

(6) 在书稿的最前面插入目录，要求包含标题第 1 ~ 3 级及对应页号。目录、书稿的每一章均为独立的一节，每一节的页码均以奇数页为起始页码。

具体操作步骤如下。

① 光标定位在第 1 页文字的开始处，单击“页面布局”选项卡“页面设置”选项组中的“分隔符”按钮，在下拉列表中选择分节符组中的“下一页”。

② 将光标定位在新页中，单击“引用”选项卡“目录”选项组中的“目录”按钮，在弹出的列表中选择“自动目录 1”。选中“目录”字样，将“目录”前的项目编号删除，并单击上方的“更新目录”，在打开的对话框中选中“更新整个目录”单选按钮，单击“确定”按钮，如图 3.151 所示。

③ 将书稿的每一章分为独立的一节，光标定位在每一章的第一个文字前(可以通过导航窗格完成光标的快速定位)，单击“页面布局”选项卡“页面设置”选项组中的“分隔符”按钮，在下拉列表中选择分节符组中的“下一页”。

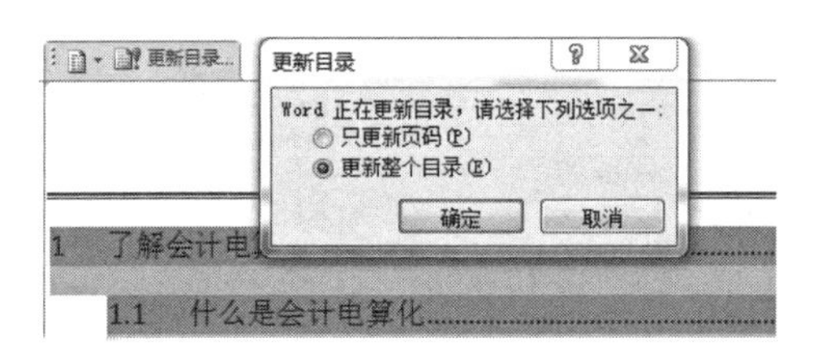

图 3.151　更新目录

④ 双击第一页下方的页脚处，进入页眉和页脚的编辑状态，单击“页眉和页脚工具 | 设计”选项卡“页眉和页脚”选项组中的“页码”按钮，在下拉列表中选择“设置页码格式”，打开“页码格式”对话框中，选择“页码编号”组中的“起始页码”并输入“1”，单击“确定”按钮。

(7) 目录与书稿的页码分别独立编排，目录页码使用大写罗马数字（Ⅰ、Ⅱ、Ⅲ……），书稿页码使用阿拉伯数字(1、2、3…)且各章节之间连续编码。除目录首页和每章首页不显示页码外，其余页面要求奇数页页码显示在页脚右侧，偶数页页码显示在页脚左侧。

具体操作步骤如下。

① 双击目录页的页脚处，在“页眉和页脚工具 | 设计”选项卡“选项”选项组中选中“首页不同”和“奇偶页不同”复选框。

② 单击“页眉和页脚工具 | 设计”选项卡“页眉和页脚”选项组中的“页码”按钮，在下拉列表中选择“设置页码格式”，打开“页码格式”对话框中，将“编号格式”设置为大写罗马数字“Ⅰ、Ⅱ、Ⅲ…”，单击“确定”按钮。

③ 光标定位在目录第 2 页的页脚处(首页不插入页码)，单击“页眉和页脚工具设计”选项卡“页眉和页脚”选项组中“页码”按钮，在下拉列表中选择“页面底端”中的“普通数字 1”(偶数页的页码显示在左侧)。

④ 光标定位在目录第 3 页的页脚处，插入奇数页的页码。单击“页眉和页脚工具 | 设计”选项卡“页眉和页脚”选项组中“页码”按钮，在下拉列表中选择“页面底端”中的“普通数字 3”(奇数页的页码显示在右侧)，目录页的页码已经设置完成。

⑤ 采用同样的方法设置第一章的页码，光标定位在第一章(即第 2 节)的页脚处，首先选中“首页不同”和“奇偶页不同”复选框，其次光标定位在第一章第 2 页的页脚处设置偶数页的页码，再定位在第一章第 3 页的页脚处设置奇数页页码。

⑥ 光标定位到第二章的页脚处，同样选中“首页不同”和“奇偶页不同”复选框，单击“设计”选项卡“页眉和页脚”选项组中的“页码”按钮，在下拉列表中选择“设置页码格式”，打开“页码格式”对话框中，选择“页码编号”组中的“续前节”单选按钮，单击“确定”按钮。使用同样方法为分别将光标定位在第三、四、五章处，分别选中“首页不同”和“奇偶页不同”复选框，选择“页码编号”组的“续前节”选项。

⑦ 双击正文结束页眉和页脚的编辑状态，结束页码的编辑。

（8）将图片“Tulips. jpg”设置为本文稿的水印，水印处于书稿页面的中间位置、图片增加“冲蚀”效果。

具体操作步骤如下。

① 单击“页面布局”选项卡“页面背景”选项组中的“水印”按钮，在下拉列表中选择“自定义水印”，打开“水印”对话框。

② 选择“图片水印”单选按钮，然后单击“选择图片”按钮。

③ 在打开的对话框中，选择指定的图片“Tulips. jpg”，单击“插入”按钮。

④ 返回“水印”的对话框中，选中“冲蚀”复选框，单击“确定”按钮。

3.8　邮件合并

在日常工作中经常会遇见这种情况，处理的文件主要内容基本相同，只是具体数据有一些变化。在制作大量格式相同、只需修改少量数据、其他文档内容不变的文档时，我们可以运用 Word 2010 提供的邮件合并功能，轻松、准确、快速地完成这些重复性的工作。

3.8.1　邮件合并的概念

“邮件合并”这个名称最初是在批量处理邮件文档时提出的。具体地说就是在邮件文档(主文档)的固定内容中，合并与发送信息相关的一组通信资料(数据源：如 Excel 表、Access 数据表等)，从而批量生成需要的邮件文档。

该功能不但可以批量创建邮件、传真、信封等与邮件相关的文档，还可以轻松地批量制作标签、工资条、成绩单等，它们通常都具备如下两个规律。

（1）需要创建的文档数量较多。

（2）文档内容分为固定不变的内容和变化的内容，例如，在批量制作信封时，寄信人地址和邮政编码、落款等固定不变，而收信人的地址、邮编发生变化。

3.8.2　邮件合并的基本过程

理解了邮件合并的基本过程和基本概念，就等于掌握了邮件合并的基本方法，以后就可以有条不紊地运用邮件合并功能完成实际任务了。

1. 创建主文档

“主文档”就是前面提到的固定不变的主体内容，这些文本内容在所有输出文档中都是相同的，例如信件的信头、主体及落款。首先建立主文档，一方面可以进一步考查当前工作是否适合使用邮件合并；另一方面也为数据源的建立或选择提供了标准和思路。

2. 准备数据源

实际上，数据源就是一个数据列表，包括了用户希望合并到输出文档中的数据。数据源表格可以是 Word 文档中的表格、Excel 工作表、Access 数据库或 Outlook 中的联系人记录表。

3. 将数据源合并到主文档中

前面两件事情准备完毕后，就可以将数据源中的相应数据合并到主文档的固定内容之中了，数据源表格中的记录行数，决定着主文件生成的份数。邮件合并操作可以利用“邮件合并向导”完成，该向导使用非常轻松容易。

例如：用户如果需要大量制作通知书并进行分发，具体操作步骤如下。

① 制作“主文档”，打开 Word 2010，新建空白文档，例如，输入如图 3.152 所示的主文档内容。

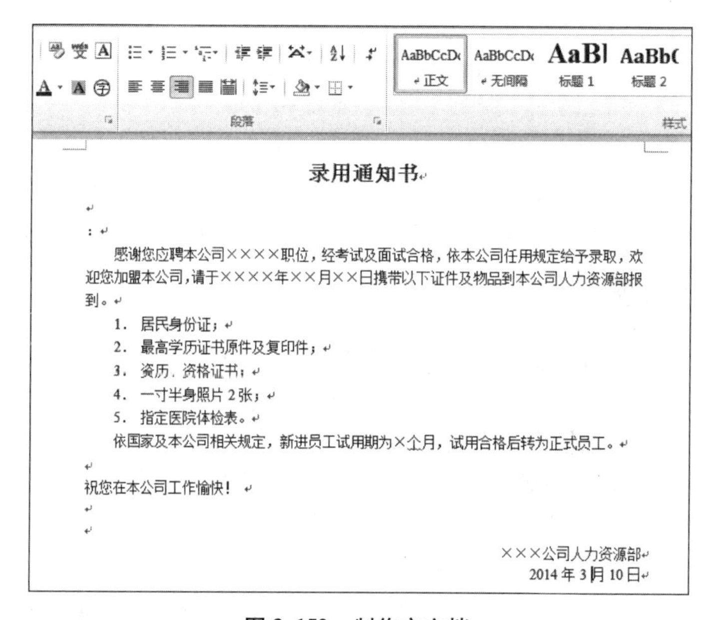

录用通知书

:

感谢您应聘本公司××××职位，经考试及面试合格，依本公司任用规定给予录取，欢迎您加盟本公司，请于××××年××月××日携带以下证件及物品到本公司人力资源部报到。

1. 居民身份证；
2. 最高学历证书原件及复印件；
3. 资历、资格证书；
4. 一寸半身照片 2 张；
5. 指定医院体检表。

依国家及本公司相关规定，新进员工试用期为×个月，试用合格后转为正式员工。

祝您在本公司工作愉快！

×××公司人力资源部

2014 年 3 月 10 日

图 3.152 制作主文档

② 制作数据源，打开 Excel 2010，在本例中输入如图 3.153 所示的内容，以文件名“录用名单数据源 . xlsx”进行保存。

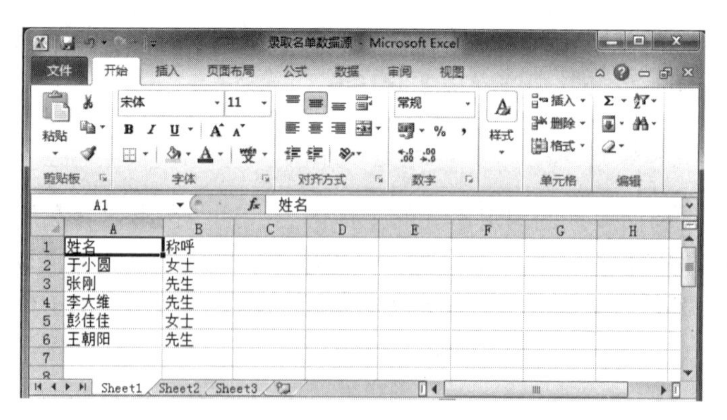

姓名	称呼
于小圆	女士
张刚	先生
李大维	先生
彭佳佳	女士
王朝阳	先生

图 3.153 制作数据源

③ 打开 Word 2010 文档窗口，切换到“邮件”选项卡，在“开始邮件合并”选项组中单击“开始邮件合并”按钮，并在打开的下拉菜单中执行“邮件合并分步向导”命令。打开“邮件合并”任务窗格，如图 3.154 所示，本例在“选择文档类型”选项区域中选中“信函”单选按钮。

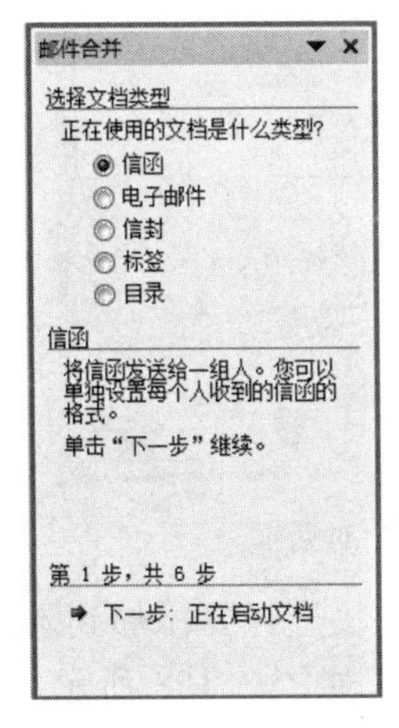

图 3.154　确定主文档类型

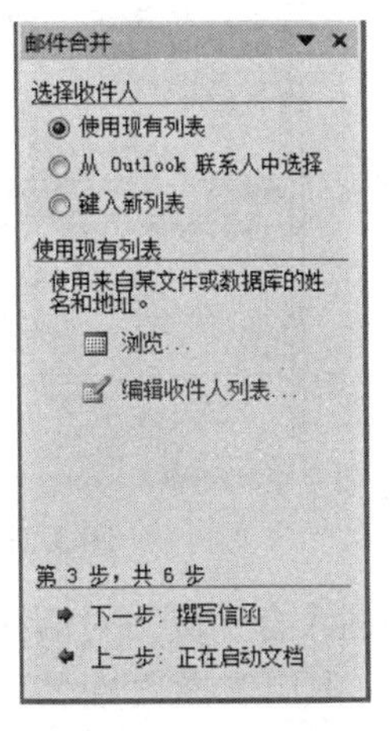

图 3.155　选择数据源

④ 单击“下一步：正在启动文档”超链接，进入“邮件合并向导”第 2 步，在“选择开始文档”选项区域中选中“使用当前文档”单选按钮。

⑤ 单击“下一步：选取收件人”超链接，进入“邮件合并向导”第 3 步，如图 3.155所示。在“选择收件人”选项区域中，选中“使用现有列表”单选按钮，单击“浏览”超链接。然后打开“选取数据源”对话框，选择保存录用人员资料的 Excel 工作簿文件，单击“打开”按钮，打开“选择表格”对话框，如图 3.156 所示，单击“确定”按钮。

图 3.156　“选择表格”对话框

⑥ 打开“邮件合并收件人”对话框，如图 3.157 所示，可以根据需要取消选中联系人。单击“确定”按钮，完成现有工作表的链接。

⑦ 返回 Word 2010 文档窗口，在“邮件合并”任务窗格中单击“下一步：撰写信函”超链接。进入“邮件合并向导”第 4 步。将光标定位到文档中的合适位置，然后根据需要单击“地址块”“问候语”等超链接。本例单击“其他项目”超链接。

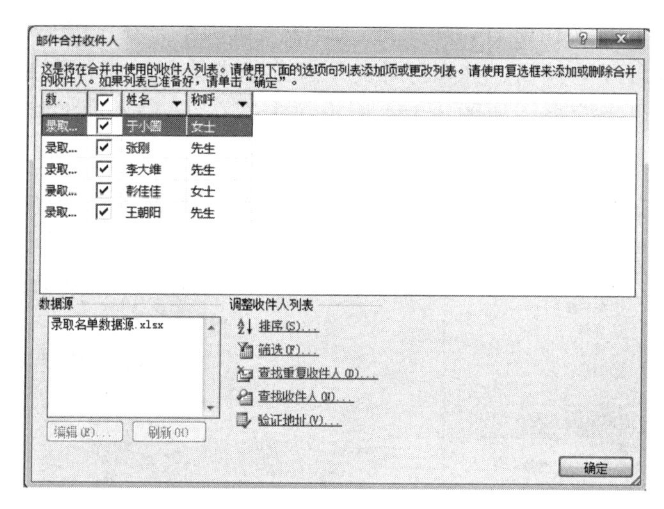

图 3.157 “邮件合并收件人”对话框

⑧ 打开“插入合并域”对话框，在“域”列表中，选择要添加到录用通知书称呼行“:”前面的域，本例选择“姓名”和“称呼”两项，如图 3.158 所示。在该对话框中，单击“关闭”按钮，文档中的相应位置就会出现已插入的域标记，如图 3.159 所示。

图 3.158 “插入合并域”对话框

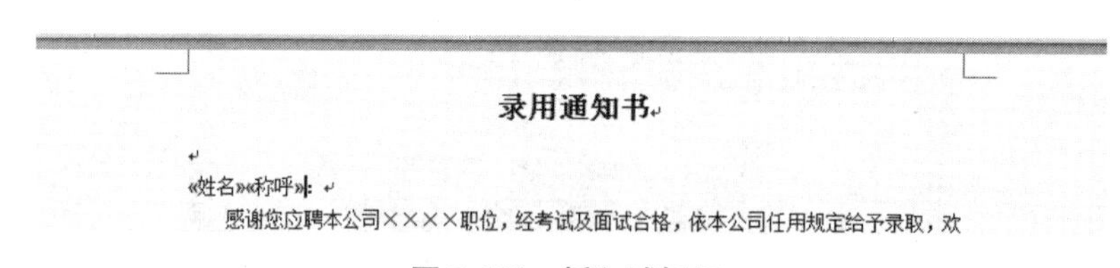

图 3.159 插入域标记

⑨ 在“邮件合并”任务窗格中单击“下一步：预览信函”超链接，进入“邮件合并向导”第 5 步。在“预览信函”选项区域中单击“ << ”或“ >> ”按钮，查看使用不同录用人姓名和称谓的通知书，如图 3.160 所示。

如果用户想要更改收件人列表，可单击“做出更改”选项区域的“编辑收件人列表”超链接，在打开的“邮件合并收件人”对话框中进行更改。也可以单击“排除此收件人”按钮，从最终的输出文档中删除当前显示的输出文档。

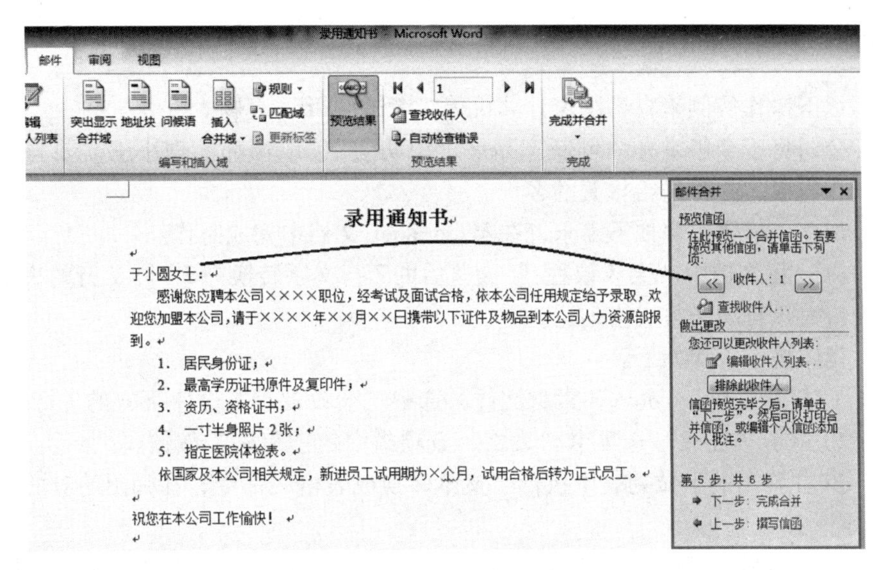

图 3.160　预览信函

⑩ 确认无误后单击“下一步：完成合并”超链接，进入“邮件合并向导”最后一步。用户既可以单击“打印”超链接开始打印信函，也可以单击“编辑单个信函”超链接针对个别信函进行再编辑。最后打开“合并到新文档”对话框，在“合并记录”选项区域中，选中“全部”单选按钮，如图 3.161 所示，单击“确定”按钮。

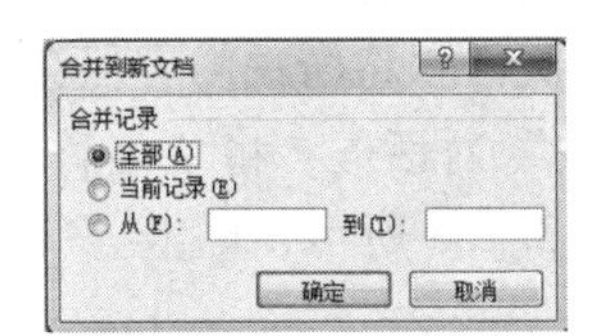

图 3.161　“合并到新文档”对话框

这时 Word 将 Excel 中存储的收件人信息自动添加到录用通知书正文中，并合并生成一个新文档，默认名称为“信函 1”，如图 3.162 所示。

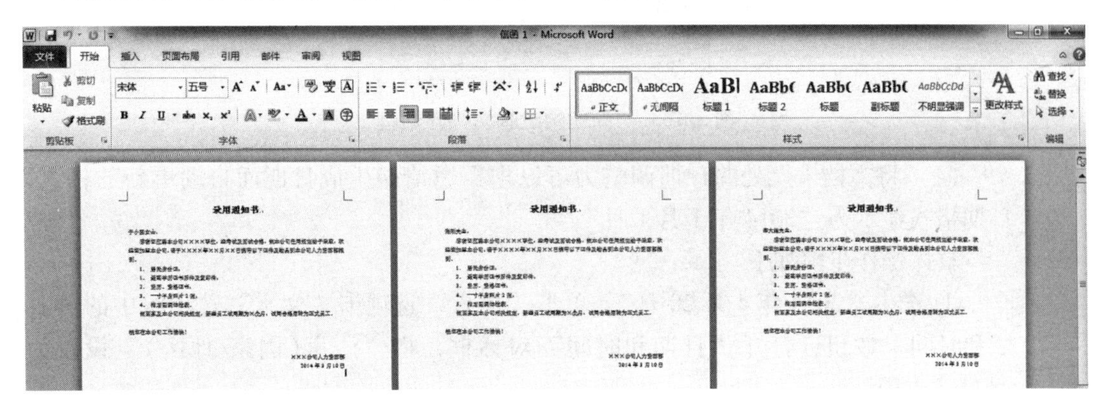

图 3.162　批量生成的文档

3.8.3 案例分析 8

以下操作实例来自于国家计算机等级考试(二级)真题。

公司将于今年举办“创新产品展示说明会”，市场部助理小王需要将会议邀请函制作完成，并寄送给相关的客户。

现在，请你按照如下需求，在 Word.docx 文档中完成制作。

(1) 将文档中“会议议程:”段落后的 7 行文字转换为 3 列、7 行的表格，并根据窗口大小自动调整表格列宽。

具体操作步骤如下。

① 打开“Word.docx”素材文件，选中“会议议程”文字下方的 7 行文字。

② 单击“插入”选项卡“表格”选项组中的“表格”按钮。

③ 在弹出的下拉列表中执行“文本转换成表格”命令，在弹出的对话框中执行“确定”按钮。

(2) 为制作完成的表格套用一种表格样式，使表格更加美观。在“表格工具设计”选项卡“表格样式”选项组中选择一种表格样式。

(3) 为了可以在以后的邀请函制作中再利用会议议程内容，将文档中的表格内容保存至“表格”部件库，并将其命名为“会议议程”。

具体操作步骤如下。

① 将表格全部选中，单击“插入”选项卡“文本”选项组中的“文档部件”按钮，在弹出的下拉列表中执行“将所选内容保存到文档部件库”命令。

② 打开“新建构建模块”对话框，将“名称”修改为“会议议程”，在“库”下拉列表项选择表格，如图 3.163 所示，单击“确定”按钮。

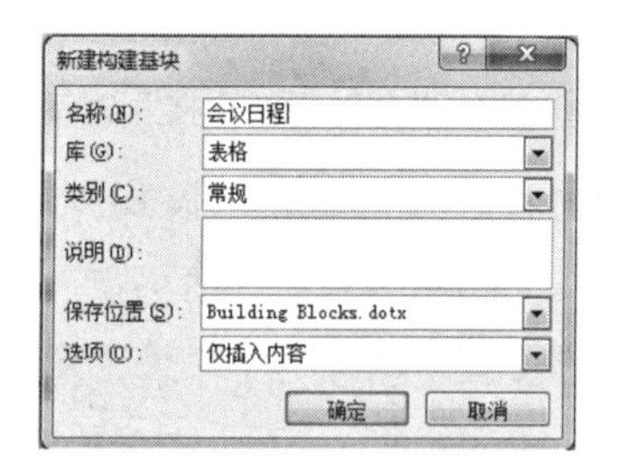

图 3.163 “新建构建基块”对话框

(4) 将文档末尾处的日期调整为可以根据邀请函生成日期而自动更新的格式，日期格式显示为“2014 年 1 月 1 日”。

具体操作步骤如下。

① 选中“2014 年 4 月 20 日”，单击“插入”选项卡“文本”选项组中的“日期和时间”按钮，打开“日期和时间”对话框，将“语言(国家/地区)”设置为“中文(中国)”。

② 在“可用格式”列表中选择与“2014 年 1 月 1 日”一致的格式，勾选“自

动更新”复选框，单击“确定”按钮。

（5）在“尊敬的”文字后面，插入拟邀请的客户姓名和称谓。拟邀请的客户姓名在考生文件夹下的“通讯录.xlsx”文件中，客户称谓则根据客户性别自动显示为“先生”或“女士”，例如“范俊弟(先生)”“黄雅玲(女士)”。

具体操作步骤如下。

① 将光标定位在“尊敬的:”文字之后，单击“邮件”选项卡“开始邮件合并”选项组中的“开始邮件合并”下拉按钮，在弹出的下拉列表中执行“邮件合并分步向导”命令。

② 打开“邮件合并”窗格，进入“邮件合并分步向导”的第 1 步(该向导共 6 步)，确定文档类型。在“选择文档类型”中选择希望创建的文档的类型，此处选择“信函”。

③ 单击“下一步：正在启动文档”超链接，进入“邮件合并向导”第 2 步，确定主文档。在“选择开始文档”区域中选择“使用当前文档”单选按钮，以当前文档作为邮件合并的主文档。

④ 单击“下一步：选取收件人”超链接，进入第 3 步，确定数据源。在“选择收件人”区域中选择“使用现有列表”单选按钮。

⑤ 再单击“浏览”超链接，打开“选取数据源”对话框，选择“通讯录.xlsx”文件后单击“打开”按钮，打开“选择表格”对话框，该工作簿下只有一张工作表“通讯录”，已默认被选中，直接单击“确定”按钮即可，打开“邮件合并收件人”对话框单击“确定”按钮，完成数据源的链接。

⑥ 单击“下一步：撰写信函”超链接，进入第 4 步，确定合并的具体内容。在“撰写信函”区域中单击“其他项目”超链接。打开“插入合并域”对话框，在“域”列表框中选择“姓名”域，单击“插入”按钮，文档中的相应位置就会出现插入的域标记，单击“关闭”按钮。

⑦ 单击“邮件”选项卡“编写和插入域”选项组中的“规则”按钮，在下拉列表中执行“如果... 那么... 否则...”命令，弹出“插入 Word 域：IF”对话框，在“域名”下拉列表框中选择“性别”，在“比较条件”下拉列表框中选择“等于”，在“比较对象”文本框中输入“男”，在“则插入此文字”文本框中输入“(先生)”，在“否则插入此文字”文本框中输入“(女士)”，单击“确定”按钮，如图 3.164 所示，文档中的相应位置就会出现插入的域标记，修改字体、字号。

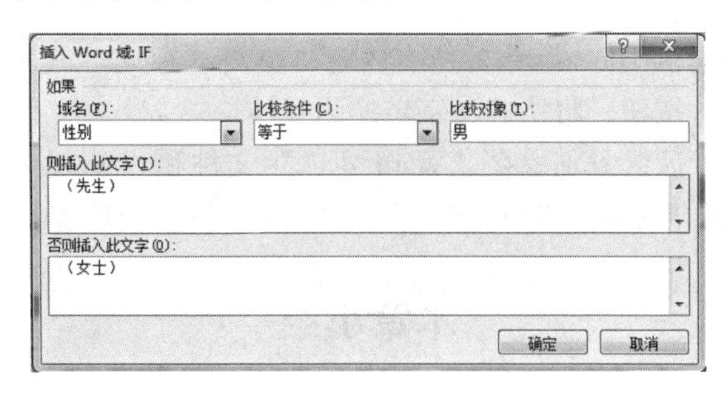

图 3.164　编辑插入域规则

⑧ 在“邮件合并”任务窗格中单击“下一步：预览信函”超链接，进入第 5 步。在“预览信函”选项区域中单击“＜＜”或“＞＞”按钮，查看使用不同邀请人的姓名和称谓的通知书。

⑨ 确认无误后单击“下一步：完成合并”超链接，进入“邮件合并向导”最后一步。此处单击“编辑单个信函”超链接，打开“合并到新文档”对话框，在“合并记录”选项区域中，选中“全部”单选按钮，单击“确定”按钮。

（6）每个客户的邀请函占 1 页内容，且每页邀请函中只能包含 1 位客户姓名，所有的邀请函页面另外保存在一个名为“Word－邀请函 . docx”文件中。如果需要，删除“Word－邀请函 . docx”文件中的空白页面。

具体操作步骤如下。

① 经过上述操作，Word 将 Excel 中存储的收件人信息自动添加到邀请函正文中，并合并生成一个新文档，默认名称为“信函 1”，该文档每页只包含 1 位被邀请人的姓名，如图 3. 165 所示。

② 在“信函 1”中，单击快速启动工具栏的“保存”按钮，将文件名保存为“Word－邀请函 . docx”。

图 3. 165 “信函 1”文档

（7）本次会议邀请的客户均来自台资企业，因此，将“Word－邀请函 . docx”中的所有文字内容设置为繁体中文格式，以便于客户阅读。操作步骤为：

选中“Word－邀请函 . docx”中的所有内容，单击“审阅”选项卡“中文简繁转换”选项组中的“简转繁”按钮，将所有文字转换为繁体。

（8）文档制作完成后，分别保存“Word. docx”文件和“Word－邀请函 . docx”文件。操作步骤为：按题中要求保存“Word. docx”文件和“Word－邀请函 . docx”文件。

本章小结

本章主要介绍了 Word 2010 文字处理软件在实践中的应用，通过八个案例阐述了文字处理软件的基本操作、表格与图表的应用以及邮件合并等方面的实际操作。主要讲述了以下内容。

（1）Word 2010 文字处理软件的基础知识：工作界面、视图方式及导航窗格的使用。

（2）文档的基本操作：文档创建与编辑、文档内容的查找及替换、复制与粘贴、删除与移动以及文档的保存。

（3）文档的格式化操作：文本及段落的格式化、文本框的使用、页面布局与打印、样式与级别的使用、主题、艺术字的插入。

（4）表格与图表的基本操作：表格创建与编辑、文本与表格的转换、图表的创建及使用。

（5）文档美化：图形与 SmartArt、文本框的使用、文档部件、艺术字的使用、页眉页脚的使用。

（6）长文档的编辑：目录及脚注的引用、封面的插入以及邮件合并等。

习　题

1. 在 Word 文档中有一个占用 3 页篇幅的表格，如需将这个表格的标题行都出现在各页面首行，最优的操作方法是(　　)。

　A. 将表格的标题行复制到另外 2 页中。

　B. 利用“重复标题行”功能。

　C. 打开“表格属性”对话框，在列属性中进行设置。

　D. 打开“表格属性”对话框，在行属性中进行设置。

2. 在 Word 文档中包含了文档目录，将文档目录转变为纯文本格式的最优操作方法是(　　)。

　A. 文档目录本身就是纯文本格式，不需要再进行进一步操作。

　B. 使用 CTRL + SHIFT + F9 组合键。

　C. 在文档目录上单击鼠标右键，然后执行“转换”命令。

　D. 复制文档目录，然后通过选择性粘贴功能以纯文本方式显示。

3. 小张完成了毕业论文，现需要在正文前添加论文目录以便检索和阅读，最优的操作方法是(　　)。

　A. 利用 Word 提供的“手动目录”功能创建目录。

　B. 直接输入作为目录的标题文字和相对应的页码创建目录。

　C. 将文档的各级标题设置为内置标题样式，然后基于内置标题样式自动插入目录。

　D. 不使用内置标题样式，而是直接基于自定义样式创建目录。

4. 小王计划邀请 30 家客户参加答谢会，并为客户发送邀请函。快速制作 30 份邀请函的最优操作方法是(　　)。

　A. 发动同事帮忙制作邀请函，每个人写几份。

　B. 利用 Word 的邮件合并功能自动生成。

　C. 先制作好一份邀请函，然后复印 30 份，在每份上添加客户名称。

　D. 先在 Word 中制作一份邀请函，通过复制．粘贴功能生成 30 份，然后分别添加客户名称。

5. 以下不属于 Word 文档视图的是(　　)。

A. 阅读版式视图　　　　B. 放映视图

C. Web 版式视图　　　　D. 大纲视图

6. 在 Word 文档中，不可直接操作的是(　　)。

A. 录制屏幕操作视频　　　　B. 插入 Excel 图表

C. 插入 SmartArt　　　　D. 屏幕截图

7. 下列文件扩展名，不属于 Word 模板文件的是(　　)。

A. . DOCX　　　　B. . DOTM

C. . DOTX　　　　D. . DOT

8. 小张的毕业论文设置为 2 栏页面布局，现需在分栏之上插入一横跨两栏内容的论文标题，最优的操作方法是(　　)。

A. 在两栏内容之前空出几行，打印出来后手动写上标题。

B. 在两栏内容之上插入一个分节符，然后设置论文标题位置。

C. 在两栏内容之上插入一个文本框，输入标题，并设置文本框的环绕方式。

D. 在两栏内容之上插入一个艺术字标题。

9. 在 Word 功能区中，拥有的选项卡分别是(　　)。

A. 开始．插入．页面布局．引用．邮件．审阅等

B. 开始．插入．编辑．页面布局．引用．邮件等

C. 开始．插入．编辑．页面布局．选项．邮件等

D. 开始．插入．编辑．页面布局．选项．帮助等

10. 在 Word 中，邮件合并功能支持的数据源不包括(　　)。

A. Word 数据源　　　　B. Excel 工作表

C. PowerPoint 演示文稿　　　　D. HTML 文件

11. 在 Word 文档中，选择从某一段落开始位置到文档末尾的全部内容，最优的操作方法是(　　)。

A. 将指针移动到该段落的开始位置，按 Ctrl + A 组合键。

B. 将指针移动到该段落的开始位置，按住 Shift 键，单击文档的结束位置。

C. 将指针移动到该段落的开始位置，按 Ctrl + Shift + End 组合键。

D. 将指针移动到该段落的开始位置，按 Alt + Ctrl + Shift + PageDown 组合键。

12. Word 文档的结构层次为“章 - 节 - 小节”，如章“1”为一级标题．节“1. 1”为二级标题．小节“1. 1. 1”为三级标题，采用多级列表的方式已经完成了对第一章中章．节．小节的设置，如需完成剩余几章内容的多级列表设置，最优的操作方法是(　　)。

A. 复制第一章中的“章．节．小节”段落，分别粘贴到其他章节对应位置，然后替换标题内容。

B. 将第一章中的“章．节．小节”格式保存为标题样式，并将其应用到其他章节对应段落。

C. 利用格式刷功能，分别复制第一章中的“章．节．小节”格式，并应用到其他章节对应段落。

D. 逐个对其他章节对应的“章．节．小节”标题应用“多级列表”格式，并调整段落结构层次。

13. 在 Word 文档编辑过程中，如需将特定的计算机应用程序窗口画面作为文档的插图，最优的操作方法是(　　)。

A. 使所需画面窗口处于活动状态，按下 PrintScreen 键，再粘贴到 Word 文档指定位置。

B. 使所需画面窗口处于活动状态，按下 Alt + PrintScreen 组合键，再粘贴到 Word 文档指定位置。

C. 利用 Word 插入“屏幕截图”功能，直接将所需窗口画面插入到 Word 文档指定位置。

D. 在计算机系统中安装截屏工具软件，利用该软件实现屏幕画面的截取。

14. 在 Word 文档中，学生“张小民”的名字被多次错误地输入为“张晓明”．“张晓敏”．“张晓民”．

"张晓名"，纠正该错误的最优操作方法是(　　)。

A. 从前往后逐个查找错误的名字，并更正。

B. 利用 Word"查找"功能搜索文本"张晓"，并逐一更正。

C. 利用 Word"查找和替换"功能搜索文本"张晓＊"，并将其全部替换为"张小民"。

D. 利用 Word"查找和替换"功能搜索文本"张晓?"，并将其全部替换为"张小民"。

15. 在 word 文档中有一段应用了"标题 1"样式的文本，现在需要使该段文本不允许被别人修改，以下最优的操作方式是(　　)。

A. 选中该段文本，在"开始"选项卡下，"字体"功能组中，勾选"隐藏"复选框，将该段文字隐藏起来。

B. 选中该段文本，在"审阅"选项卡下，"保护"功能组中，勾选"格式设置限定"中的"限制对选定的样式设置格式"和勾选"编辑限制"中的"仅允许在文档中进行此类型的编辑"，并单击"是，启动强制保护"按钮，设置密码。

C. 选中该段文本，在"审阅"选项卡下，单击"批注"功能组中的"新建批注"命令，给该段文本添加批注信息，提示"禁止修改"字样。

D. 单击"文件"选项卡，在下拉列表中选择"另存为"命令，使用"工具"按钮中的"常规选项"，设置文件修改时的密码。

16. 小刘手头上有一份 word 文档，为了让页面排版更加美观和紧凑，需要对当前页面上半部分设置为一栏，下半部分设置为两栏显示，小刘打算使用 word 中的分隔符进行排版，以下最优的操作方式是(　　)。

A. 将光标置于需要分栏的位置，使用"页面布局"选项卡下的"分隔符/分页符"，对文档的下半部分设置"分栏/两栏"。

B. 光标置于需要分栏的位置，使用"页面布局"选项卡下的"分隔符/分栏符"，对文档的下半部分设置"分栏/两栏"。

C. 将光标置于需要分栏的位置，使用"页面布局"选项卡下的"分隔符/(分节符)下一页"，对文档的下半部分设置"分栏/两栏"。

D. 将光标置于需要分栏的位置，使用"页面布局"选项卡下的"分隔符/(分节符)连续"，对文档的下半部分设置"分栏/两栏"。

17. 小张是出版社的一名编辑，现在需要对一本杂志进行排版，为了将页边距根据页面的内侧、外侧进行设置，小张对页面设置的操作中最优的操作方式是(　　)。

A. 在"页面布局"选项卡下将"页边距"中的页码范围设置为"对称页边距"。

B. 在"页面布局"选项卡下将"页边距"中的页码范围设置为"拼页"。

C. 在"页面布局"选项卡下将"页边距"中的页码范围设置为"书籍折页"。

D. 在"页面布局"选项卡下将"页边距"中的页码范围设置为"反向书籍折页"。

18. 某份 word 文档，当前设置为每页两栏，现在要求在每一栏的下面都插入相应的页码，也就是将原来的第一页设置为 1、2 页，第二页设置为 3、4 页，以此类推，下列操作中最优的操作方法是(　　)。

A. 在页脚左侧和右侧位置，单击"插入"选项卡下"页眉和页脚"功能组中的"页码"按钮，在当前位置插入页码。

B. 在页脚左侧位置，单击"插入"选项卡下"文本"功能组中的"文档部件/域"，在"域"对话框中选择"等式和公式"，在页脚左侧插入域代码"{ = {page} ＊2 - 1}"，在页脚右侧位置插入域代码"{ = {page} ＊2}"，最后使用 Alt + F9 组合键隐藏域代码，显示页码。

C. 在页脚左侧位置，单击"插入"选项卡下"文本"功能组中的"文档部件/域"，在"域"对话框中选择“等式和公式”，在页脚左侧插入域代码“{ ={page} *2 -1}”，在页脚右侧插入域代码“{ ={page} *2}”，最后使用 Shift + F9 组合键隐藏域代码，显示页码。

D. 在页脚左侧位置，单击“插入”选项卡下“文本”功能组中的“文档部件/域”，在“域”对话框中选择“等式和公式”，在页脚左侧插入域代码“{ ={page} *2 -1}”，在页脚右侧插入域代码“{ ={page} *2}”，最后使用 Ctrl + F9 组合键隐藏域代码，显示页码。

19. 在输入 word 2010 文档过程中，为了防止意外而不使文档丢失，word 设置了自动保存功能，欲使自动保存时间间隔为 10 分钟，下列操作中最优的操作方法是(　　)。

A. 每隔 10 分钟，单击一次快速访问工具栏上的自动保存按钮。

B. 选择“文件”选项卡下“选项”下的“保存”按钮，再设置自动保存时间间隔。

C. 使用快捷键 Ctrl + S，这只自动保存时间。

D. 选择“文件”选项卡下的“保存”命令。

20. 在 word 2010 中打开一个有 100 页的文档文件，能够快速准确地定位到 98 页的最优操作方法是(　　)。

A. 利用 PageUp 键或 PageDown 键及光标上下移动键，定位到 98 页。

B. 拖拉垂直滚动条中的滚动块快速移动文档，定位到 98 页。

C. 点击垂直滚动条的上下按钮，快速移动文档，定位到 98 页。

D. 单击“开始”选项卡下“编辑”功能组中的“查找 \ 转到”，在对话框中输入页号 98，定位到 98 页。

21. 小王利用 Word 撰写专业学术论文时，需要在论文结尾处罗列出所有参考文献或书目，最优的操作方法是(　　)。

A. 直接在论文结尾处输入所参考文献的相关信息。

B. 把所有参考文献信息保存在一个单独表格中，然后复制到论文结尾处。

C. 利用 Word 中“管理源”和“插入书目”功能，在论文结尾处插入参考文献或书目列表。

D. 利用 Word 中“插入尾注”功能，在论文结尾处插入参考文献或书目列表。

22. 小明需要将 Word 文档内容以稿纸格式输出，最优的操作方法是(　　)。

A. 适当调整文档内容的字号，然后将其直接打印到稿纸上。

B. 利用 Word 中“稿纸设置”功能即可。

C. 利用 Word 中“表格”功能绘制稿纸，然后将文字内容复制到表格中。

D. 利用 Word 中“文档网格”功能即可。

23. 小王需要在 Word 文档中将应用了“标题 1”样式的所有段落格式调整为“段前．段后各 12 磅，单倍行距”，最优的操作方法是(　　)。

A. 将每个段落逐一设置为“段前．段后各 12 磅，单倍行距”。

B. 将其中一个段落设置为“段前．段后各 12 磅，单倍行距”，然后利用格式刷功能将格式复制到其他段落。

C. 修改“标题 1”样式，将其段落格式设置为“段前．段后各 12 磅，单倍行距”。

D. 利用查找替换功能，将“样式：标题 1”替换为“行距：单倍行距，段落间距段前：12 磅，段后：12 磅”。

24. 如果希望为一个多页的 Word 文档添加页面图片背景，最优的操作方法是(　　)。

A. 在每一页中分别插入图片，并设置图片的环绕方式为衬于文字下方。

B. 利用水印功能，将图片设置为文档水印。

C. 利用页面填充效果功能，将图片设置为页面背景。

D. 执行“插入”选项卡中的“页面背景”命令，将图片设置为页面背景。

25. 在 Word 中，不能作为文本转换为表格的分隔符是(　　)。

A. 段落标记　　B. 制表符

C. @　　D. ##

26. 将 Word 文档中的大写英文字母转换为小写，最优的操作方法是(　　)。

A. 执行“开始”选项卡“字体”组中的“更改大小写”命令。

B. 执行“审阅”选项卡“格式”组中的“更改大小写”命令。

C. 执行“引用”选项卡“格式”组中的“更改大小写”命令。

D. 单击鼠标右键，执行右键菜单中的“更改大小写”命令。

27. 小李正在撰写毕业论文，并且要求只用 A4 规格的纸输出，在打印预览中，发现最后一页只有一行文字，他想把这一行提到上一页，以下最优的操作方法是(　　)。

A. 小李可以在页面视图中使用 A3 纸进行排版，打印时使用 A4 纸，从而使最后一行文字提到上一页。

B. 小李可以在“页面布局”选项卡中减小页边距，从而使最后一行文字提到上一页。

C. 小李可以在“页面布局”选项卡中将纸张方向设置为横向，从而使最后一行文字提到上一页。

D. 小李可以在“开始”选项卡中，减小字体的大小，从而使最后一行文字提到上一页。

28. 小周在 word 2010 软件中，插入了一个 5 行 4 列的表格，现在需要对该表格从第 3 行开始，拆分为两个表格，以下最优的操作方法是(　　)。

A. 将光标放在第 3 行第 1 个单元格中，使用快捷键 Ctrl + Shift + 回车键将表格分为两个表格。

B. 将光标放在第 3 行第 1 个单元格中，使用快捷键 Ctrl + 回车键将表格分为两个表格。

C. 将光标放在第 3 行第 1 个单元格中，使用快捷键 Shift + 回车键将表格分为两个表格。

D. 将光标放在第 3 行最后 1 个单元格之外，使用回车键将表格分为两个表格。

29. 张老师是某高校的招生办工作人员，现在需要使用 word 的邮件合并功能，给今年录取到艺术系的江西籍新生每人发送一份录取通知书，其中录取新生的信息保存在“录取新生 . txt”文件中，文件中包含考生号，姓名，性别，录取院系和考生来源省份等信息，以下最优的操作方法是(　　)。

A. 张老师可以打开“录取新生 . txt”文件，找出所有江西籍录取到艺术系的新生保存到一个新文件中，然后使用这个新文件作为数据源，使用 word 的邮件合并功能，生成每位新生的录取通知书。

B. 张老师可以打开“录取新生 . txt”文件，将文件内容保存到一个新的 Excel 文件中，使用 Excel 文件的筛选功能找出所有江西籍录取到艺术系的新生，然后使用这个新文件作为数据源，使用 word 的邮件合并功能，生成每位新生的录取通知书。

C. 张老师可以直接使用“录取新生 . txt”文件作为邮件合并的数据源，在邮件合并的过程中使用“排序”功能，设置排序条件，先按照“录取院系升序，再按照考生来源省份升序”，得到满足条件的考生生成取通知书。

D. 张老师可以直接使用“录取新生 . txt”文件作为邮件合并的数据源，在邮件合并的过程中使用“筛选”功能。

30. 使用 word 2010 编辑文档时，如果希望在“查找”对话框的“查找内容”文本框中只需输入一个较短的词，便能依次查找分散在文档各处的较长的词，如输入英文单词“look”，便能够查找到“looked”、“looking”等，以下最优的操作方法是(　　)。

A. 在“查找”选项卡的“搜索选项”组中勾选“全字匹配”复选框。

B. 在“查找”选项卡的“搜索选项”组中勾选“使用通配符”复选框。

C. 在“查找”选项卡的“搜索选项”组中勾选“同音(英文)”复选框。

D. 在“查找”选项卡的“搜索选项”组中勾选“查找单词的所有形式(英文)”复选框。

31. 办公室文秘小王正在使用 word 2010 创作一份会议流程文档，在会议中需要多次使用一张表格，为了方便在文档中多次使用该表格，以下最优的操作方法是(　　)。

A. 第一次创建完表格后，可以使用快捷键 Ctrl + C，将表格放置剪贴板中，在后面文档需要的地方使用 Ctrl + V 粘贴即可。

B. 第一次创建完表格后，选中该表格，使用“插入”选项卡下“文本”功能组中的“文档部件/将所选内容保存到文档部件库”，在后面文档需要的地方使用“文档部件/构建基块管理器”插入该表格即可。

C. 第一次创建完表格后，选中该表格，使用“插入”选项卡下“文本”功能组中的“文档部件/将所选内容保存到文档部件库”，在后面文档需要的地方使用“插入”选项卡下“文本”功能组中的“对象”按钮，插入该表格。

D. 第一次创建完表格后，复制该表格内容到 excel 表格中进行保存，在后面文档需要的地方使用“插入”选项卡下“文本”功能组中的“对象”按钮，插入该表格。

32. 办公室小王正在编辑 A. docx 文档，A. docx 文档中保存了名为“一级标题”的样式，现在希望在 B. docx 文档中的某一段文本上也能使用该样式，以下小王的操作中最优的操作方法是(　　)。

A. 在 A. docx 文档中，打开“样式”对话框，找到“一级标题”样式，查看该样式的设置内容并记下，在 B. docx 文档中创建相同内容的样式并应用到该文档的段落文本中。

B. 在 A. docx 文档中，打开“样式”对话框，点击“管理样式”按钮后，使用“导入/导出”按钮，将 A. docx 中的“一级标题”样式复制到 B. docx 文档中，在 B. docx 文档中便可直接使用该样式。

C. 可以直接将 B. docx 文档中的内容复制/粘贴到 A. docx 文档中，这样就可以直接使用 A. docx 文档中的“一级标题”样式。

D. 在 A. docx 文档中，选中该文档中应用了“一级标题”样式的文本，双击“格式刷”按钮，复制该样式到剪贴板，然后打开 B. docx 文档，单击需要设置样式的文本。

33. 某 Word 文档中有一个 5 行 ×4 列的表格，如果要将另外一个文本文件中的 5 行文字拷贝到该表格中，并且使其正好成为该表格一列的内容，最优的操作方法是(　　)。

A. 在文本文件中选中这 5 行文字，复制到剪贴板；然后回到 Word 文档中，将光标置于指定列的第一个单元格，将剪贴板内容粘贴过来。

B. 将文本文件中的 5 行文字，一行一行地复制．粘贴到 Word 文档表格对应列的 5 个单元格中。

C. 在文本文件中选中这 5 行文字，复制到剪贴板，然后回到 Word 文档中，选中对应列的 5 个单元格，将剪贴板内容粘贴过来。

D. 在文本文件中选中这 5 行文字，复制到剪贴板，然后回到 Word 文档中，选中该表格，将剪贴板内容粘贴过来。

34. 张经理在对 Word 文档格式的工作报告修改过程中，希望在原始文档显示其修改的内容和状态，最优的操作方法是(　　)。

A. 利用“审阅”选项卡的批注功能，为文档中每一处需要修改的地方添加批注，将自己的意见写到批注框里。

B. 利用“插入”选项卡的文本功能，为文档中的每一处需要修改的地方添加文档部件，将自己的意见写到文档部件中。

C. 利用“审阅”选项卡的修订功能，选择带“显示标记”的文档修订查看方式后按下“修订”

按钮，然后在文档中直接修改内容。

D. 利用“插入”选项卡的修订标记功能，为文档中每一处需要修改的地方插入修订符号，然后在文档中直接修改内容。

35. 小华利用 Word 编辑一份书稿，出版社要求目录和正文的页码分别采用不同的格式，且均从第 1 页开始，最优的操作方法是(　　)。

A. 将目录和正文分别存在两个文档中，分别设置页码。

B. 在目录与正文之间插入分节符，在不同的节中设置不同的页码。

C. 在目录与正文之间插入分页符，在分页符前后设置不同的页码。

D. 在 Word 中不设置页码，将其转换为 PDF 格式时再增加页码。

学习目标

初识 Excel 2010 工作界面；掌握表格的基本操作方法；理解公式与函数的基本应用；能够利用数据创建常用图表；能够对数据进行一定的分析和处理。

知识结构

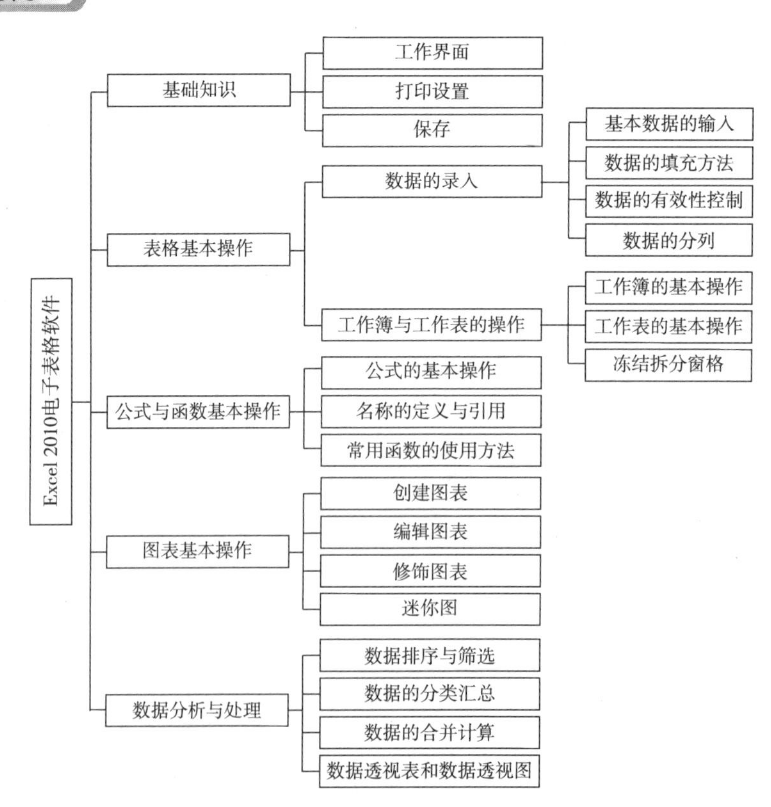

4.1　Excel 基础知识

4.1.1　Excel 2010 工作界面

启动 Excel 2010 的方式与其他打开 Office 2010 组件的方式相似，可以通过“开始”菜单、“桌面”快捷方式等途径均可启动。Excel 2010 的工作界面主要由以下部分构成：标题栏、功能区、编辑区、工作区、状态栏、快速访问工具栏、列标、行号、工作表标签等，如图 4.1 所示。

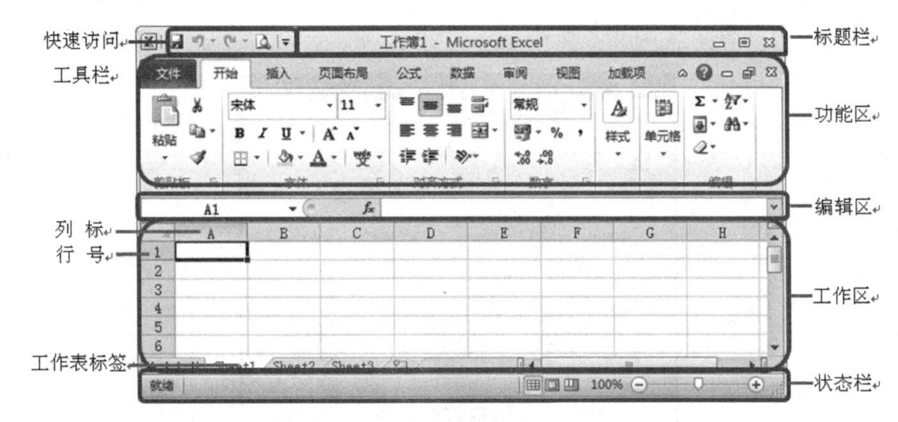

图 4.1　Excel 2010 窗口界面

► 标题栏：在整个工作簿窗口的上方，用于显示当前工作簿的名称，其右侧有：“最小化”按钮、“最大化/向下还原”按钮、“关闭”按钮，可以控制整个窗口的大小或关闭。

► 功能区：位于标题栏的下方，由“文件”选项卡、“开始”选项卡、“插入”选项卡、“页面布局”选项卡、“公式”选项卡、“数据”选项卡、“审阅”选项卡、“视图”选项卡、“开发工具”选项卡等组成；每个选项卡都有其相应的功能按钮选项、图标选项或下拉列表选项，使用时单击相应选项即可完成操作。

► 编辑区：位于功能区的下方，由名称框和编辑栏组成，名称框用于显示对象名称、单元格的地址以及区域范围；编辑栏用于显示当前单元格的内容，可以在编辑栏中直接修改单元格的内容。

► 工作区：位于编辑区的下方，状态栏的上方；主要包括列标(以大写英文字母命名，位于编辑区的下方，对应名称为 A 列、B 列、C 列……)，行号(位于左侧，每一行以阿拉伯数字表示该行的行数，对应名称为第 1 行、第 2 行、第 3 行……)，单元格(命名方式为：“列标 + 行号”，如工作区左上角的单元格地址为 A1，即表示该单元格位于 A 列 1 行)，工作表标签(通常新建的工作簿默认三个工作表 Sheet1、Sheet2、Sheet3；单击其中任何一个工作表可完成工作表之间的切换；右侧为新建工作表的快捷按钮，单击可创建新的工作表)，导航按钮，水平滚动条，垂直滚动条。

▶ 状态栏：位于整个窗口的下方，用于显示工作簿的工作状态，其右侧由控制页面显示的按钮和控制工作区显示比例的滑块按钮组成。

▶ 快速访问工具栏：在标题栏左侧，用于显示 Excel 的常用按钮，默认按钮有："保存"按钮、"撤销"按钮、"恢复"按钮，也可单击"自定义快速访问工具栏"根据自己的需要进行设置。

4.1.2 打印设置

首先设置页面布局，包括纸张的方向、缩放比例、纸张大小、打印质量和起始页码等；在功能区选择"页面布局"选项卡，单击"页面设置"组右下角的启动器按钮，弹出"页面设置"对话框，如图 4.2 所示。

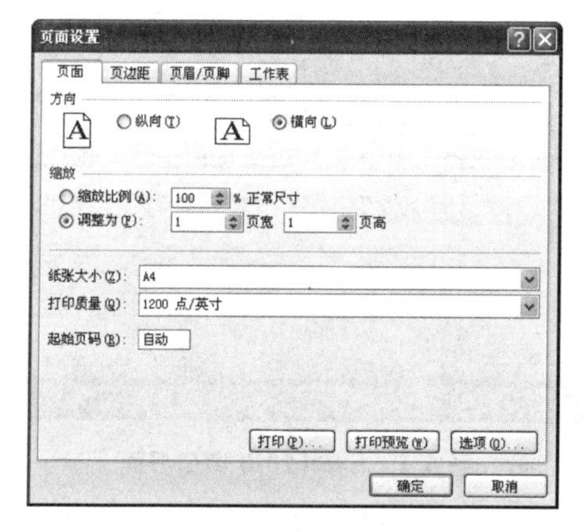

图 4.2 "页面设置"对话框

▶"页面"选项：可设置纸的方向(纵向、横向)；调节缩放比列(如 1 页宽或高)；选择纸张大小(A3 纸、A4 纸、B5 纸等)。

▶"页边距"选项：可调文本内容距纸张上下、左右边线的距离；也可调节页眉、页脚距离纸张边线的距离；居中方式可以选择水平居中或垂直居中。

▶"页眉/页脚"选项：可对页眉/页脚进行自定义设置，以及奇偶页不同或首页不同的设置。

▶"工作表"选项：可选择"打印区域"按钮进行打印区域设置；也可选择相应按钮进行打印顶端标题行或左端标题列的设置；可复选网络线、单色打印、草稿品质、行号列标、标注、错误单元格进行打印设置；打印顺序可"先列后行"或"先行后列"。

页面设置完后就可以进行打印设置，在功能区选择"文件"选项卡，单击"打印"选项，显示"打印""打印预览"窗口，如图 4.3 所示。

在右侧界面"设置"栏中的下拉列表框中选择"打印活动工作表"选项，输入打印份数，然后单击"打印"按钮便可打印当前工作表。

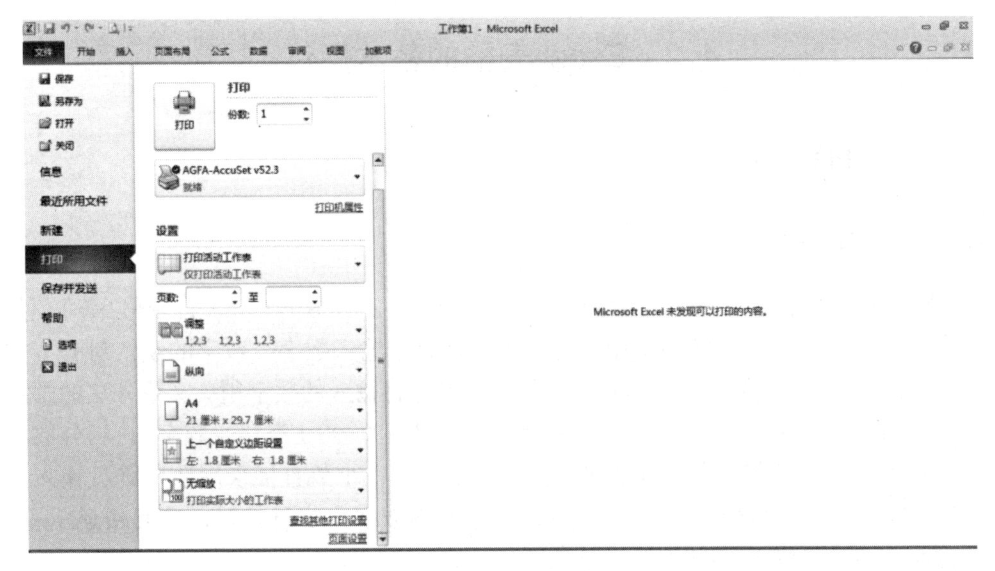

图 4.3　“打印、打印预览”窗口

4.1.3　保存

保存一般有两种方式，一种是在快速启动工具栏，直接单击保存按钮 ，另一种方式是单击“文件”选项卡，弹出下拉菜单，执行“另存为”命令，弹出“另存为”窗口，在文件名文本框中输入文件名，单击“保存类型”一栏右侧的下拉箭头，在弹出的下拉列表中选择“Excel 工作簿(*. xlsx)”选项，选择完毕后，单击“保存”按钮即可，如图 4.4所示。

图 4.4　“另存为”对话框

4.2 Excel 表格的基本操作

4.2.1 基本数据的输入

1. 输入数值型数据

数值型数据由数字(0－9)、正号(＋)、负号(－)、分数号(/)、百分号(%)、货币符号($或￥)和千位分隔号(,)等组成；在单元格直接输入数字，数字的默认对齐方式为右对齐。负数是在输入数字前加一个“－”号，或是将输入的数字用英文输入法的圆括号括起来。通常输入分数时，当分数小于1时，输入规则为“0＋空格＋数字”，当分数大于1时，分数的整数部分与分数部分之间有一个空格。输入小数直接采用数字键盘输入，输入小数点时单击数字键盘上的Del键即可，当输入的数字内容过长时，单元格显示不全，可以在编辑栏进行查看或调整列宽进行全部显示。

2. 输入日期和时间型数据

一般用(/)或(－)来分割日期的年、月、日。例如，输入16/4/8并按Enter键后，系统将其转换为默认的日期格式，即2016－4－8，输入当天的日期的快捷方式为“Ctrl＋;”。输入时间可以按24小时制输入，也可以按12小时制输入，这两种输入的表示方法是不同的，如，要输入下午8时32分26秒，用24小时制输入格式为8:32:26，而用12小时制输入时间格式为8:32:26p，值得注意的是字母“p”和时间之间有一个空格。输入当前时间的快捷方式为按Ctrl＋Shift＋；组合键。

3. 输入文本型数据

输入文本内容时，在输入内容前应加英文输入法的“'”，或在单元格格式设置中进行预先设置，然后输入文本内容。文本型数据内容包含文字、符号、数字、空格等，单元格内容默认的对齐方式为左对齐，文本类型的数据不能用于数值计算，但可以用于比较。

4. 同时在多个单元格输入相同数据

首先选定需要输入数据相邻或不相邻的单元格，然后输入数据按键盘的Ctrl＋Enter组合键即可。

5. 同时在多张工作表中输入或编辑相同数据

首先选定两张或两张以上的工作表，然后输入或更改其中一张工作表的数据，其相同工作表中的数据得到相应的更改。选择多个不连续的工作表，按住Ctrl键不放，连续单击多个不连续的工作表标签，然后松开Ctrl键即可。选择多个连续的工作表，选择第一个工作表标签，按住Shift键，单击最后一个工作表标签，然后松开Shift键即可。选择全部工作表，选择其中一个工作表标签，单击鼠标右键，弹出下拉菜单，单击“选定全部工作表”选项即可。

6. 插入特殊字符

在单元格中输入数据很简单，但需要输入一些特殊符号时会增加好多困难，其实利用插入符号功能就能实现。在功能区选择“插入”选项卡，选择“符号”组，单击“符号”按钮，弹出“符号”窗口。选择合适的符号即可(图 4.5)。

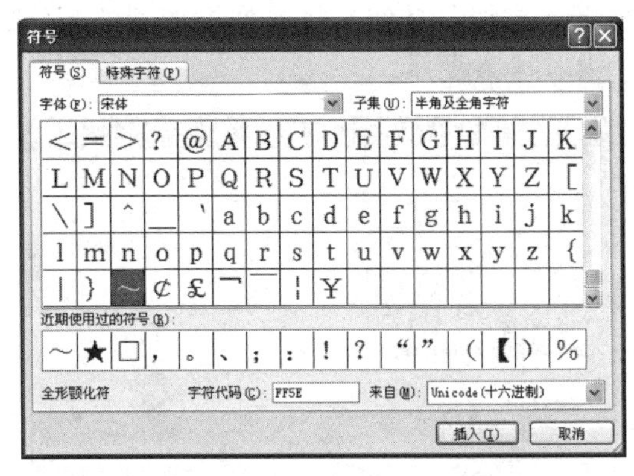

图 4.5　插入“符号”窗口

7. 插入批注

如果要对电子表格中的某项数据进行补充说明，就要用到电子表格中的插入批注功能，然后在其中注释要说明的内容。其方法为：选定要注释说明的单元格，然后在功能区单击“审阅”选项卡，选择“批注”组，单击“新建批注”按钮。在编辑框输入要说明的内容，鼠标单击批注框以外的位置，即可完成新建批注操作。

4.2.2　数据的填充方法

1. 使用“填充”命令填充

首先在某个单元格中输入序列的第一个数据，然后从该单元格开始向某一方向选择与该数据相邻的空白单元格或区域，选择“开始”选项卡，在“编辑”组中，单击“填充”下拉菜单，选择“系列”选项弹出“序列”窗口，在“序列”对话框中选择填充方式。

2. 使用填充柄填充

在活动单元格右下角的黑色小方块既是填充柄，首先在单元格中输入第一个数据，然后按住鼠标左键向不同的方向拖曳，放开鼠标即可得到相应的填充数据。

3. 使用鼠标“右键”填充

首先选定某个有数据的活动单元格，把鼠标指针移动到活动单元格右下角时变为

“+”形状。按下鼠标右键不放向下拖曳，填充到合适的位置，放开鼠标右键，选择合适的方式填充即可。

4. 自定义填充

在 Excel 中通过设置自定义序列可自动生成相应序列，执行“文件”选项卡中的“选项”命令，弹出“Excel 选项”对话框，单击“高级”选项，在“常规”组中单击“编辑自定义列表”按钮，弹出“自定义序列”对话框，在“输入序列”下的文本框中输入自定义的序列的值，然后单击“添加”按钮，将序列添加到“自定义序列”列表中，最后单击“确定”按钮即可，如图 4.6 所示。

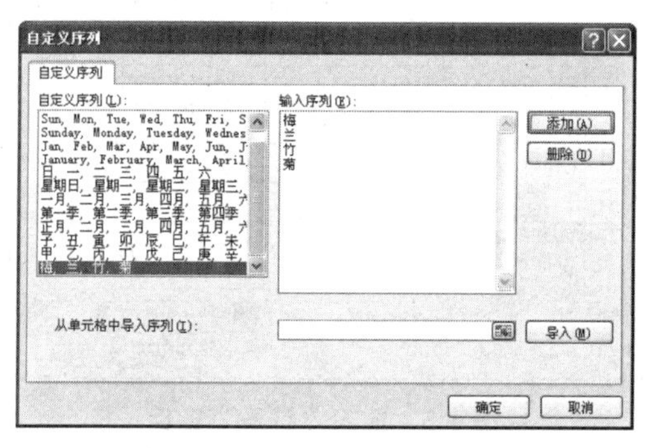

图 4.6 “自定义序列”窗口

4.2.3 数据的有效性控制

为了确保数据的正确，或者保证标识的唯一性，可以使用 Excel 提供的数据验证功能。该功能可限制数据的输入，如将数据输入限制在某个日期范围、使用列表限制选择或者确保只输入正整数。在用户输入了无效数据时提供及时帮助以便对用户进行指导并清除相应的无效信息。其设置方法如下。

首先选择单元格的数据区域，然后选择功能区“数据”选项卡，在“数据工具”组中，单击“数据有效性”按钮，从下拉菜单中，执行“数据有效性”命令，弹出“数据有效性”对话框，在“设置”选项卡中进行设置，选择“允许”下面的“序列”，输入“来源”数据并用英文逗号隔开(如对性别的输入限制男，女等)，如图 4.7 所示。

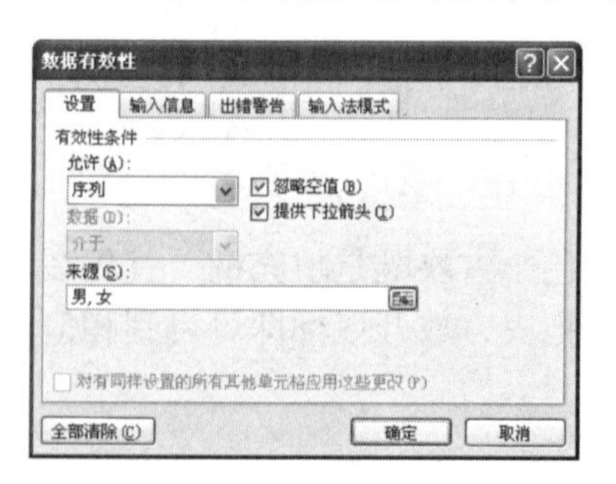

图 4.7 设置“数据有效性”窗口

“数据有效性”对话框的其他功能，设置输入时的提示信息：在“输入信息”选项卡中设置单击该单元格时显示一条输入消息；设置输入的错误提示信息：在“出错警告”选项卡中设置输入无效数据时显示警告。清除已设定的数据有效性，在“数据有效性”对话框的“设置”选项卡中单击“全部清除”按钮即可。

4.2.4　数据的分列

把一列分成两列或多列，或从文本文件导入后在进行分列，可以节省人力成本，提高效率。具体方法为：第一种首先选择需要分列的内容，然后选择“数据”选项卡，单击“数据工具”组中的“分列”命令，弹出文本分列向导，按向导提示步骤选择合适的“文件类型”“分隔符”“列数据格式”等，单击“完成”按钮即可。第二种首先导入文本文件，选择“数据”选项卡，单击“获取外部数据”组中的“自文本”，选择要数据来源，单击“导入”按钮，弹出“文本导入向导”对话框，按向导提示步骤选择合适的“文件类型”“分隔符”“列数据格式”等，单击“完成”按钮即可。

4.2.5　工作簿的基本操作

1. 新建和保存工作簿

Excel 2010 工作簿是利用 Excel 应用程序创建的表格文件，以文件的形式存放在磁盘上，扩展名为 .xlsx。一个工作簿包含一个或多个工作表(最多包含 255 张工作表)。每次启动 Excel 2010 时，系统会自动创建一个空白工作簿，默认显示三张空的工作表，工作表标签分别为 Sheet1、Sheet2、Sheet3，可以根据需要修改工作表标签的名称。

新建工作簿，启动 Excel 2010，选择“文件”菜单，在弹出的下拉菜单中执行“新建”命令，在打开的界面中选择“空白工作簿”选项，单击“创建”按钮即可(或按 Ctrl + N 组合键直接创建新文件)。

保存工作簿，建立了一个工作簿并对其进行输入、编辑以后，用户需要将工作簿保存在计算机上。除了第一节提到的方法外还有以下几种快捷键的方式：按 Ctrl + S 组合键、按 Shift + F12 组合键或按 12 键。还可以设置自动保存，单击“文件”按钮，然后单击“选项”，弹出“Excel 选项”对话框，单击“保存”；选择“保存自动恢复信息时间间隔”复选框；在“分钟”框中键入或选择用于确定文件保存频率的数字，如图 4.8 所示。

2. 打开工作簿

如果想对保存过的工作簿进行编辑或修改，就需要重新打开该工作簿，打开工作簿的常用方法有：第一启动 Excel 2010，选择“文件”选项卡，执行“打开”命令，在弹出的“打开”对话框中找到需要的文件，双击即可。第二直接找到需要打开的文件，双击即可。第三启动 Excel 2010，选择“文件”选项卡，执行“最近所用文件”命令，在右侧的“最近使用的工作簿”栏中找到需要的文件，单击即可。

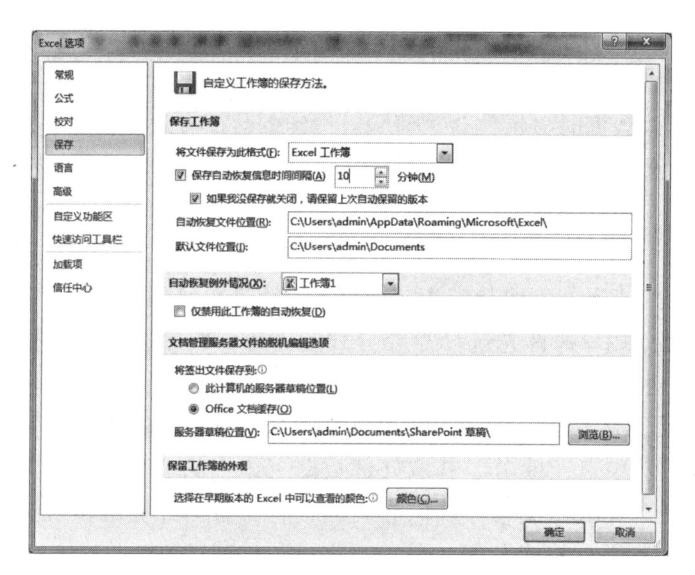

图 4.8　设置自动保存“Excel 选项”对话框

3. 保护工作簿

当不希望别人对工作簿的结构或窗口进行修改时，可以设置工作簿保护。其步骤为：首先打开需要保护的工作簿，选择“审阅”选项卡，找到“更改”组，单击“保护工作簿”按钮，弹出“保护结构和窗口”对话框；在“保护结构和窗口”对话框，选中”结构“复选框，在“密码(可选)”复选框输入密码，在“确认密码”窗口再次输入密码，单击“确定”按钮即可，如图 4.9 所示。

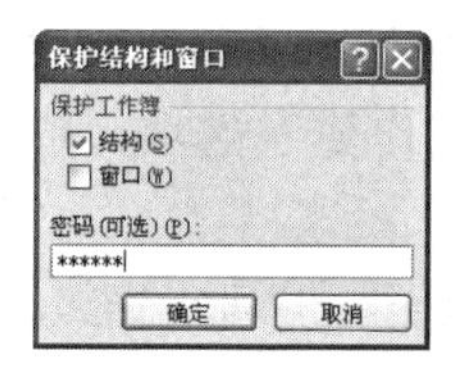

图 4.9　保护结构和窗口

▶“结构”复选框：能有效阻止他人对工作簿的结构进行修改，其中包括已移动、隐藏、删除、更名、插入的工作表以及将工作表移动或复制到另一个工作簿中等。

▶“窗口”复选框：能有效地阻止他人修改工作簿窗口的大小和位置，其中包括移动窗口、关闭窗口以及调整窗口大小等。

▶“密码(可选)”：可有效地防止他人取消工作簿保护。

4. 自动修复损坏的文件

当我们打开某个文件时，系统有时会弹出不能打开的文件，并伴随文件已损坏的提示信息，有些用户会认为数据肯定流失了，这时通常利用 Excel 自带的修复功能就可以自动修复受损的文件。其方法为：首先在功能区选择“文件”选项卡，执行“打开”命令，弹出“打开”对话框，选择需要修复的文件，然后单击“打开”按钮右侧的下拉列表选择“打开并修复”选项即可。

5. 退出 Excel 程序

当编辑工作簿完成时，可关闭工作簿或退出 Excel 程序。其方法为：第一种单击工作界面标题栏中的 ⊠ 按钮；第二种双击功能区左上角的程序控制图标 X 。而单击菜单栏右侧的 ⊠ 按钮，可以关闭当前编辑工作窗口但是不退出 Excel 程序。

4.2.6　工作表的基本操作

1. 工作表的格式化操作

1）单元格或区域的操作。

对单元格进行美化前，需要选择单元格或区域作为操作对象，其操作方法有很多，下面把一些常用的方法汇总于表格形式如表 4－1 所示。

表 4－1　单元格或区域的操作

操作内容	常用方法
选择单个单元格	用鼠标左键直接单击要选的单元格
选择相邻的单元格区域	先选择区域中左上角的第一个单元格，按住 Shift 键，再选择区域中右下角的最后一个单元格即可；或用鼠标拖曳的方式直接选择
选择不相邻的单元格区域	按住 Ctrl 键，单击需要选择的单元格即可完成相应的操作
选择整行	用鼠标左键单击行号选择一行，用鼠标拖动行号可选择连续的多行，按住 Ctrl 键单击行号可选择不相邻的多行
选择整列	用鼠标左键单击列标选择一列，用鼠标拖动列标可选择连续的多列，按住 Ctrl 键单击列标可选择不相邻的多列
选择当前数据区域	用鼠标左键单击数据区域中的任意一个单元格，然后按 Ctrl + A 组合键即可完成操作

2）对行、列的操作。

对行、列的操作包括插入行或列，调整行高或列宽，移动行或列，删除行或列，隐藏行或列等基本操作；其常用的快捷方法如表 4－2 所示。

表 4－2　对行、列的操作

操作内容	常用快捷方法
插入行或列	选择某行、某列或某个单元格，利用鼠标右键单击，在弹出的快捷菜单选择“插入”选项即可
调整行高或列宽	选择某行、某列，利用鼠标右键单击，在弹出的快捷菜单选择“行高”或“列宽”选项即可

续表

操作内容	常用快捷方法
移动行或列	选择要移动的行或列，将鼠标光标指向工作区中所选行或列的边线，当光标变为上下左右箭头时，按住左键拖动即可
删除行或列	选择要删除的行或列，利用鼠标右键单击，在弹出的快捷菜单选择“删除”选项即可
隐藏行或列	选择要隐藏的行或列，单击鼠标右键，在弹出的快捷菜单选择“隐藏”选项即可

3）设置单元格格式。

需要对文本区域进行格式设置时，本着先选择后操作的原则，单击鼠标右键，弹出“设置单元格格式”对话框(图 4.10)，根据需要选择相应选项进行操作即可，也可根据功能面板进行操作。

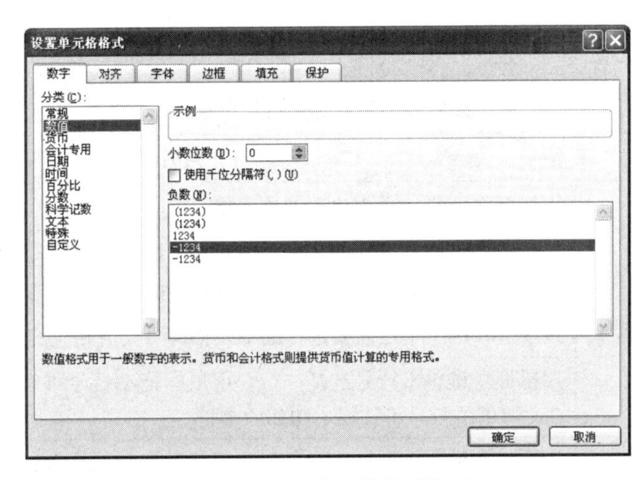

图 4.10 “设置单元格格式”窗口

(1) 设置数字格式。

在 Excel 2010 中，可以设置单元格数字的格式，其具体分类如下。

▶ 常规：是 Excel 的默认格式，数字可显示为整数、小数等，但格式不包含任何特定的数字格式。

▶ 数值：用于一般数字的表示。可以选择是否使用逗号分隔千位，选择负数采用什么形式表现。

▶ 货币：用于表示一般货币数值，使用逗号分隔千位。可以设置小数位数、选择货币符号，以及如何显示负数。

▶ 会计专用：会计格式可以对一列数值进行小数点对齐。

▶ 日期/时间：可以选择不同的日期/时间格式。

▶ 百分比：将单元格中的数值乘以 100，并以百分数形式显示。

▶ 分数：可以从 9 种分数格式中选择一种格式。

▶ 科学计数：用指数符号“E”表示，可以设置“E”左边显示的小数位数，也就是精度。

▶ 文本：用于显示的内容与输入的内容完全一致。

▶ 特殊：用于跟踪数据列标及数据库的值。

▶ 自定义：以现有格式为基础，生成自定义的数字格式。

（2）设置对齐格式。

在“设置单元格格式”窗口，“对齐”选项中，包含 8 种水平对齐的方式，5 种垂直对齐的方式，3 种文本控制，文字方向可根据具体情况进行调节。

（3）设置字体格式。

在“设置单元格格式”对话框“字体”选项中，可以选择“字体”库中的合适字体，在“字形”库中可选择合适的“字形”，在“字号”库中可选择合适的“字号”，还可以对字体进行颜色、特殊效果、有无下划线的设置。

（4）设置边框格式。

原始的单元格是没有实线的，为了打印出来美观，我们就需要对单元格加边框线，在“设置单元格格式”对话框“边框”选项中，可以选择“线条”的样式、线条的颜色、预置外线、内线或交叉使用。

（5）设置填充格式。

在加完边框线后，如果不满意还可以为单元格添加背景色、图案颜色、图案样式。

（6）设置保护模式。

在使用 Excel 时会希望一部分数据别人不能修改，这就需要对某些单元格区域进行锁定，以防他人篡改或误删数据；首先利用 Ctrl + A 全选整个工作表，然后在“设置单元格格式”对话框“保护”选项中，取消“保护”复选框，单击“确定”按钮，其次选择需要保护的数据区域，在“设置单元格格式”对话框“保护”选项中，勾选“保护”复选框，单击“确定”按钮，最后单击“开始”选项卡“单元格”组“格式”下拉菜单，选择“保护工作表”，弹出“保护工作表”窗口，连续输入两次密码即可。

4）单元格的高级操作

（1）条件格式。

在工作中经常会遇到需要突出显示符合特定条件的内容，这时使用条件格式会非常方便。具体操作：本着“先选择后操作”的原则，先选取单元格区域，然后在功能区“开始”选项卡中找到“样式”组，单击“条件格式”按钮，“条件格式”包含“突出显示单元格规则”“项目选取原则”“色阶”“图标集”“新建规则”“清除规则”“管理规则”选项，根据需要进行设置即可。

（2）套用表格格式。

Excel 2010 提供了大量的单元格格式，这些格式用起来方便，并且美观、大方。具体操作：本着“先选择后操作”的原则，先选取单元格区域，然后在功能区“开始”选项卡，找到“样式”组，单击“套用表格格式”选项找到合适的格式即可。

（3）单元格样式。

本着“先选择后操作”的原则，先选取单元格区域，然后在功能区“开始”选项卡，找到“样式”组，单击“单元格样式”选项找到合适的样式即可。

2. 插入工作表

在工作区，单击默认工作表标签右侧的“插入新工作表”按钮，即在工作表的后面插入一张新工作表。或选择工作表标签，单击鼠标右键，弹出下拉菜单，单击“插入”选项，弹出“插入”对话框，选择工作表，单击“确定”按钮，即可在当选工作表前插入一张新工作表。或选择当前工作表，在功能区中选择“开始”选项卡，选择“单元格”功能区，单击“插入”下拉箭头，选择“插入工作表”选项，即可在当前工作表前插入一张新的工作表。

3. 删除工作表

选择当前工作表标签，单击鼠标右键，弹出下拉菜单，执行“删除”命令即可。或选择当前工作表，在功能区中选择“开始”选项卡，选择“单元格”功能区，单击“删除”下拉箭头，选择“删除工作表”选项，即可删除当前工作表。

4. 重命名工作表

选择当前工作表标签，单击鼠标右键，弹出下拉菜单，单击“重命名”命令，输入新名称即可。或选择当前工作表标签，双击鼠标，输入新名称即可。或选择当前工作表，在功能区中选择“开始”选项卡，选择“单元格”功能区，单击“格式”下拉箭头，选择“重命名工作表”选项，输入新名称即可。

5. 设置工作表标签颜色

为了突出显示工作簿中各个工作表，可以为工作表的标签设置不同的颜色。其方法为：选择需要改变颜色的工作表标签，单击鼠标右键，弹出下拉菜单，选择“工作表标签”右侧的合适颜色即可。

6. 移动或复制工作表

移动或复制工作表就是把一个工作表的内容复制到另一个工作表中，也可以改变工作表顺序。其方法为：第一种选择需要移动的工作表标签(如果是复制，需按住 Ctrl 键)，按住鼠标左键，移动到需要移动的位置松手即可。第二种选择当前工作表，单击鼠标右键，执行“移动或复制”命令，弹出“移动或复制”对话框；选择需要移动到的“工作簿”下拉列表，在“下列选定工作表之前”选择需要移动工作表之前的工作表；如果复制，选上“建立副本”即可。

7. 显示或隐藏工作表

选择需要隐藏的工作表标签，单击鼠标右键，选择“隐藏”即可，如取消隐藏，在任何一个工作表标签，单击鼠标右键，执行下拉菜单中的“取消隐藏”命令，弹出“取消隐藏”对话框，选择需要显示的工作表，单击“确定”按钮即可。或在功能区选择“开始”选项卡，执行“单元格”组的“格式”命令的下拉菜单，从“隐藏和取消隐藏”下选择“隐藏工作表”命令即可。

8. 保护工作表

在使用 Excel 2010 的时候，用户有时会需要把某些单元格锁定，以防他人篡改或误删数据。在实际工作中，我们可以用“设置单元格格式”中的“保护”选项和“审阅”选项卡中的“更改组”的“保护工作表”命令配合使用，来保护工作表，一旦工作表被保护，他人就不能对锁定的单元格进行任何更改。

首先选择当前工作表全部区域，单击鼠标右键，弹出下拉菜单，执行“设置单元格格式”命令，弹出“设置单元格格式”对话框，选择“保护”选项，在“锁定”选项上打“√”，即完成对单元格的保护设置。然后切换到“审阅”选项卡的“更改”组，单击“保护工作表”按钮，弹出“保护工作表”对话框，在“保护工作表及锁定的单元格内容”选项上打“√”，在“允许此工作表的所有用户进行”的列表框进行相关选择，此时我们采用默认即可；在“取消工作表保护时使用的秘密”输入自己的密码，再次输入“确认密码”即可。

4.2.7　冻结拆分窗格

在 Excel 2010 中可通过冻结拆分窗格来查看工作表的两个区域或锁定一个区域中的行或列。其方法：选择要拆分的行或列下方右侧的任一单元格，然后选择“视图”选项卡中的“窗口”组，单击“冻结窗口”按钮，在弹出的下拉列表中选择“冻结拆分窗格”选项，之后便可保持表格中的部分内容不移动，其他部分可通过滚动鼠标来查看。

4.2.8　案例分析 1

【参考视频】

王老师是一所高中的班主任老师，现在第一学期期末考试刚结束，他通过 Excel 来管理学生成绩，王老师将高中一班各科的学生成绩录入了文件名为“第一学期期末成绩 . xlsx”的 Excel 工作簿当中，并对本班学生的各科考试成绩进行统计分析，最后制作一份成绩单发给家长。请你根据下列要求帮助王老师对该成绩单进行整理和分析，并按原文件名进行保存。

（1）打开工作簿“第一学期期末成绩 . xlsx”，在最左侧插入一个空白工作表，重命名为“学生基本信息”，并将该工作表标签颜色设为“红色(标准色)”。

具体操作步骤如下。

① 启动 Excel，单击“文件”选项卡，在弹出的下拉菜单中执行“打开”命令，此时，弹出“打开”对话框，找到并选择要打开的文件，然后单击“打开”按钮，如图 4. 11所示。

② 单击“语文”工作表标签，在“开始”选项卡的“单元格”功能区中单击“插入”按钮，在弹出的下拉菜单中执行“插入工作表”命令，即可在当前选择的

"语文"工作表之前插入空白工作表，如图 4. 12 所示。

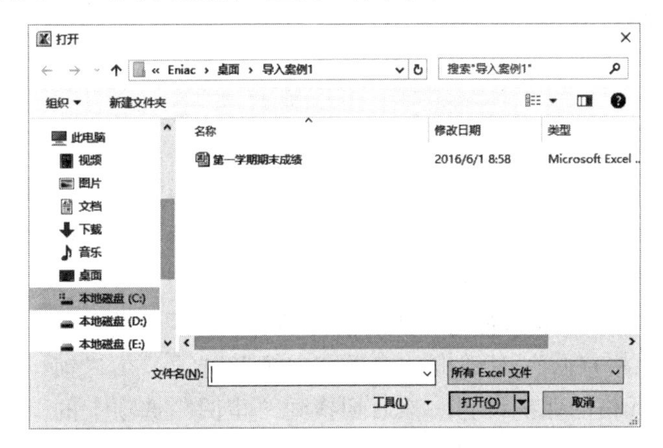

图 4. 11 "打开"对话框

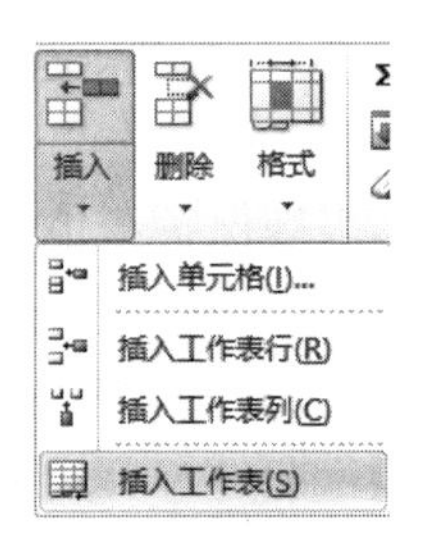

图 4. 12 插入空白工作表

③ 双击"Sheet1"工作表标签，此时呈现可编辑状态，键入工作表名称"学生基本信息"即可，如图 4. 13 所示。

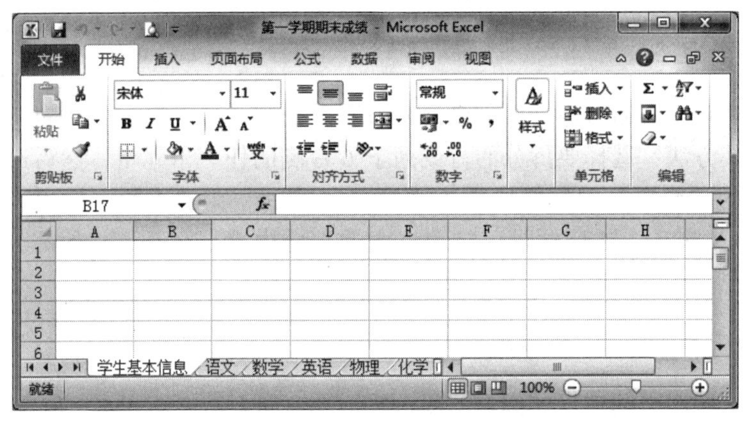

图 4. 13 重命名工作表效果

④ 右击"学生基本信息"工作表标签，在弹出的菜单中执行"工作表标签颜色"命令，在"颜色"面板中选择"标准色红色"，如图 4. 14 所示。

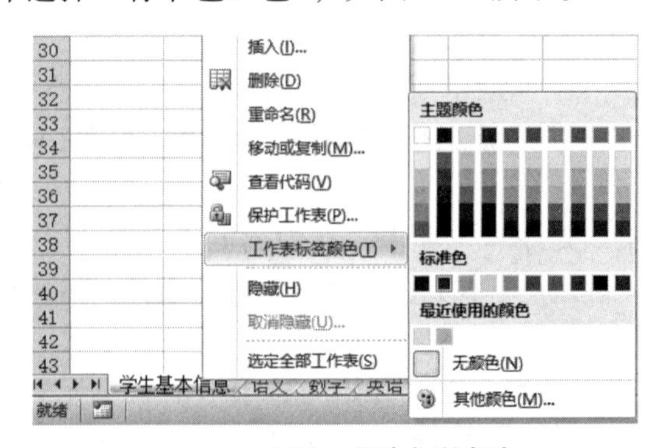

图 4. 14 更改工作表标签颜色

（2）将以制表符分隔的文本文件“高一学生基本信息 . txt”自 A1 单元格开始导入工作表“学生基本信息”中，注意不得改变原始数据的排列顺序。将第 1 列数据从左到右依次分成“学号”和“姓名”两列显示。最后创建一个名为“学生档案”、包含数据区域 A1 : G56、包含标题的表，同时删除外部链接。

具体操作步骤如下。

① 将鼠标指针移至 A1 单元格上，单击鼠标左键，在“数据”选项卡的“获取外部数据”组中单击“自文本”按钮，弹出“导入文本文件”对话框，在对话框中选择需要导入的文本文件，单击“导入”按钮，如图 4. 15 所示。

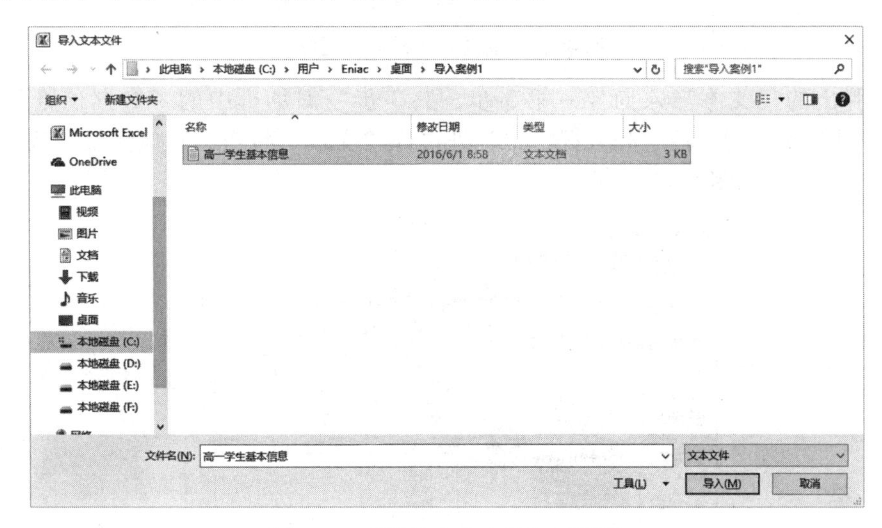

图 4. 15　“导入文本文件”对话框

② 在弹出的“文本导入向导 - 第 1 步，共 3 步”对话框中设置原始文件类型，选中“分隔符号 - 用分隔字符”按钮，其他保持默认设置，单击“下一步”按钮，如图 4. 16 所示。

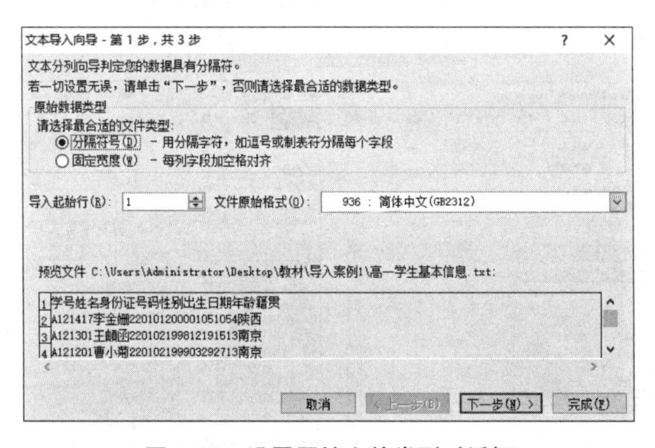

图 4. 16　设置原始文件类型对话框

③ 在弹出的“文本导入向导 - 第 2 步，共 3 步”对话框中设置分隔符号，选中“Tab 键”复选项，其他保持默认设置，单击“下一步”按钮，如图 4. 17 所示。

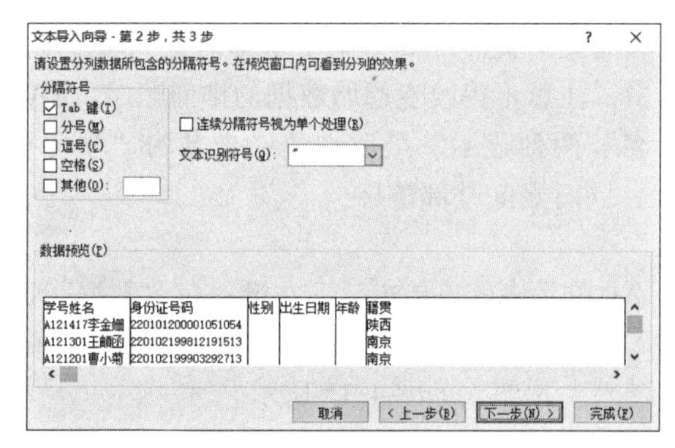

图 4.17　设置分隔符号对话框

④ 在弹出的“文本导入向导－第 3 步，共 3 步”对话框中的“数据预览”处选择“身份证号码”所在列，在“列数据格式”处选择“文本”按钮，其他保持默认设置，单击“完成”按钮，如图 4.18 所示。

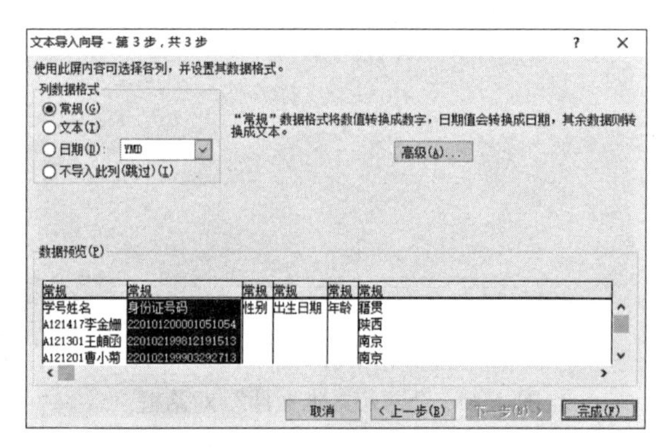

图 4.18　设置列数据格式对话框

⑤ 在弹出的“导入数据”对话框中，设置文本数据导入的位置，单击“确定”按钮，即可完成导入文本文件操作，如图 4.19、图 4.20 所示。

图 4.19　设置文本数据导入位置对话框

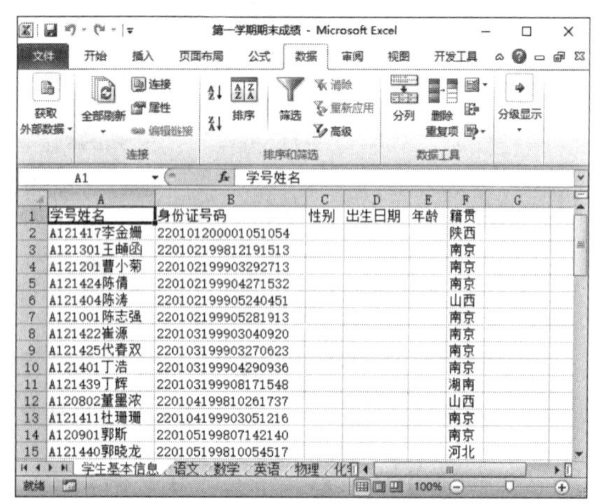

图 4.20　导入文本文件后的效果

⑥ 选择 B 列，右击其列号，在弹出的快捷菜单中执行“插入”命令，如图 4.21 所示。

	A	B	E	F
1	学号姓名	身份证号码	年龄	籍贯
2	A121417李金姗	2201012000010		陕西
3	A121301王皢函	2201021998121		南京
4	A121201曹小菊	2201021999032		南京
5	A121424陈倩	2201021999042		南京
6	A121404陈涛	2201021999052		山西
7	A121001陈志强	2201021999052		南京
8	A121422崔源	2201031999030		南京
9	A121425代春双	2201031999032		南京
10	A121401丁浩	2201031999042		南京
11	A121439丁辉	2201031999081		湖南
12	A120802董墨浓	2201041998102		山西
13	A121411杜珊珊	2201041999030		南京
14	A120901郭斯	2201051998071		南京
15	A121440郭晓龙	2201051998100		河北
16	A121413胡阳	2201051998102		南京
17	A121423崔东升	2201051998111		南京

剪切(T)
复制(C)
粘贴选项:
选择性粘贴(S)...
插入(I)
删除(D)
清除内容(N)
设置单元格格式(F)...
列宽(C)...
隐藏(H)
取消隐藏(U)

图 4.21　执行“插入”命令

⑦ 双击 A1 单元格，在“学号和姓名”中间插入 4 个空格，效果如图 4.22 所示。

	A	B	C	D	E	F	G	H	I
1	学号　　姓名		身份证号码	性别	出生日期	年龄	籍贯		
2	A121417李金姗		220101200001051054				陕西		
3	A121301王皢函		220102199812191513				南京		
4	A121201曹小菊		220102199903292713				南京		
5	A121424陈倩		220102199904271532				南京		
6	A121404陈涛		220102199905240451				山西		
7	A121001陈志强		220102199905281913				南京		
8	A121422崔源		220103199903040920				南京		
9	A121425代春双		220103199903270623				南京		
10	A121401丁浩		220103199904290936				南京		
11	A121439丁辉		220103199908171548				湖南		
12	A120802董墨浓		220104199810261737				山西		
13	A121411杜珊珊		220104199903051216				南京		
14	A120901郭斯		220105199807142140				南京		
15	A121440郭晓龙		220105199810054517				河北		
16	A121413胡阳		220105199810212519				南京		
17	A121423崔东升		220105199811111135				南京		
18	A121432洪斌		220105199906036123				山东		
19	A122201胡东		220106199903293913				陕西		
20	A121403洪悦		220106199905133052				南京		
21	A121437杜浩然		220106199905174819				河北		
22	A121420黄维闯		220106199907250970				吉林		
23	A121003杜俊杰		220107199904230930				河南		
24	A121428郭珊珊		220108199811063791				河北		
25	A121410李强		220108199812284251				山东		

图 4.22　单元格插入空格后的效果

⑧ 在“数据”选项卡的“数据工具”组中单击“分列”按钮，弹出“文本分列向导 - 第 1 步，共 3 步”对话框，在设置原始数据类型处选中“固定宽度”按钮，单击“下一步”按钮，如图 4.23 所示。

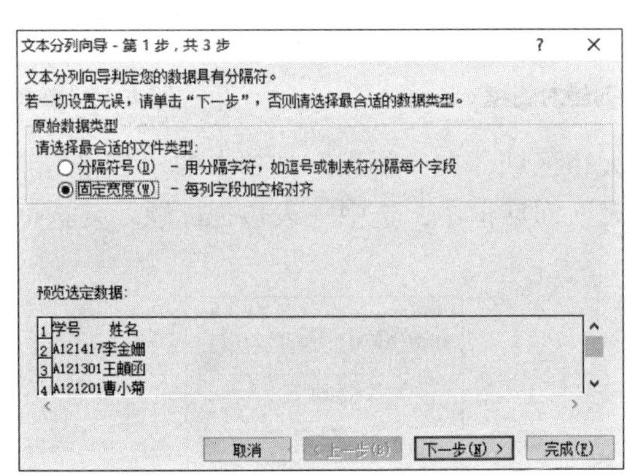

图 4.23　设置原始数据类型对话框

⑨ 弹出“文本分列向导 – 第 2 步，共 3 步”对话框，在“数据预览”处的学号和姓名中间处单击鼠标，建立分列线，单击“下一步”按钮，如图 4.24 所示。

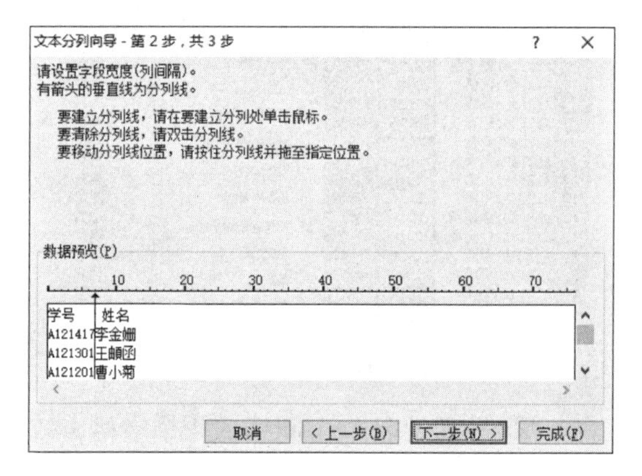

图 4.24　建立分列线对话框

⑩ 在“文本分列向导 – 第 3 步，共 3 步”对话框中的“数据预览”处选中“学号”所在列，在设置列数据格式处选中“文本”按钮，单击“完成”按钮，完成数据分列操作，如图 4.25、图 4.26 所示。

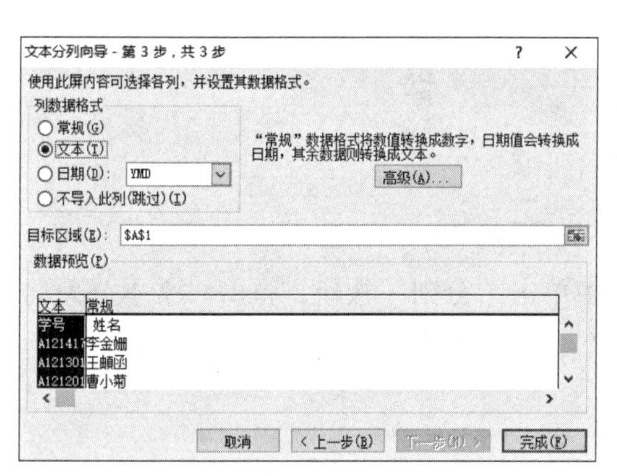

图 4.25　建立分列线对话框

图 4.26　数据分列后的效果

⑪ 选择 A1:G56 单元格区域，在“插入”选项卡的“表格”选项组中，单击“表格”按钮，在弹出的“创建表”对话框中，选中“表包含标题”复选框，单击“确定”按钮，如图 4.27 所示。

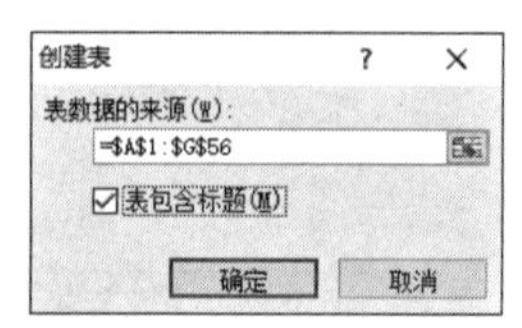

图 4.27　创建表对话框

⑫ 在弹出的对话框中单击“是”按钮，删除外部链接；选择数据表中任意一个单元格，在“表格工具”设计选项卡最左侧的“表名称”处键入“学生档案”，如图 4.28 所示。

	学号	姓名	身份证号码	性别	出生日期	年龄	籍贯
2	A121417	李金姗	220101200001051054				陕西
3	A121301	王皕函	220102199812191513				南京
4	A121201	曹小菊	220102199903292713				南京
5	A121424	陈倩	220102199904271532				南京
6	A121404	陈涛	220102199905240451				山西
7	A121001	陈志强	220102199905281913				南京
8	A121422	崔源	220103199903040920				南京
9	A121425	代春双	220103199903270623				南京
10	A121401	丁浩	220103199904290936				南京
11	A121439	丁辉	220103199908171548				湖南
12	A120802	董墨浓	220104199810261737				山西
13	A121411	杜珊珊	220104199903051216				南京
14	A120901	郭斯	220105199807142140				南京
15	A121440	郭晓龙	220105199810054517				河北
16	A121413	胡阳	220105199810212519				南京

图 4.28　修改表名称

(3) 在“学生基本信息”工作表中，依次输入每个学生的性别“男”或“女”(首先用数据有效性控制该列的输入范围为男、女两种的一种)、出生日期“××××年××月××日”和年龄。其中：身份证号的倒数第 2 位用于判断性别，奇数为男性，偶数为女性；身份证号的第 7～14 位代表出生年月日；年龄需要按周岁计算，满 1 年才计 1 岁。

具体操作步骤如下。

① 选择 D2:D56 单元格区域，然后在“数据”选项卡下单击“数据有效性”按钮右侧的下三角按钮，在展开的下拉列表中选择“数据有效性”选项，如图 4.29 所示。

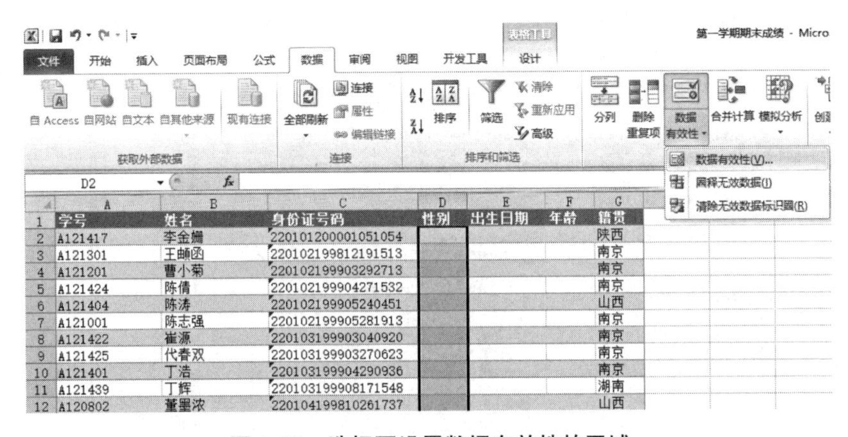

	学号	姓名	身份证号码	性别	出生日期	年龄	籍贯
2	A121417	李金姗	220101200001051054				陕西
3	A121301	王皕函	220102199812191513				南京
4	A121201	曹小菊	220102199903292713				南京
5	A121424	陈倩	220102199904271532				南京
6	A121404	陈涛	220102199905240451				山西
7	A121001	陈志强	220102199905281913				南京
8	A121422	崔源	220103199903040920				南京
9	A121425	代春双	220103199903270623				南京
10	A121401	丁浩	220103199904290936				南京
11	A121439	丁辉	220103199908171548				湖南
12	A120802	董墨浓	220104199810261737				山西

图 4.29　选择要设置数据有效性的区域

② 弹出“数据有效性”对话框，在“设置”选项卡下的“允许”下拉列表中单击“序列”选项，在“来源”文本框中输入序列“男，女”，单击“确定”按钮，如图 4.30 所示。

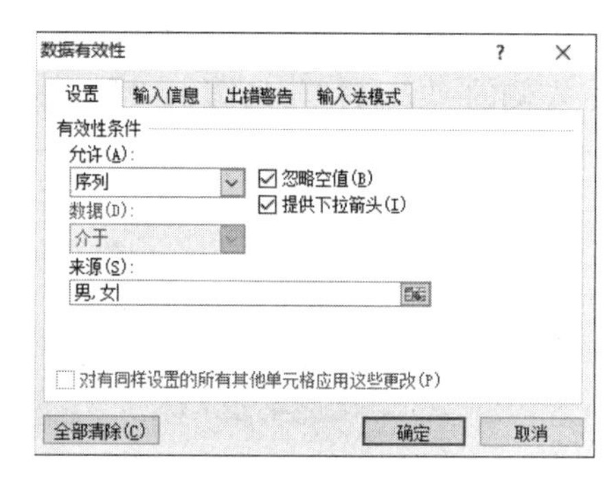

图 4.30　设置数据有效性

③ 选择 D2 单元格，输入“= IF (MOD (MID (C2 , 17 , 1) , 2) = 1 ," 男 "," 女 ")”，如图 4.31所示。

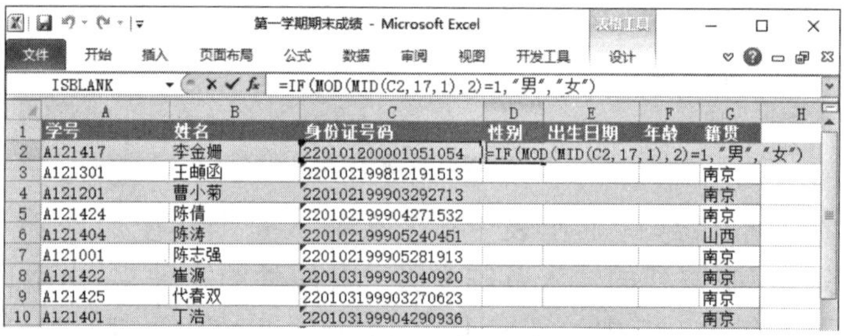

第一学期期末成绩 - Microsoft Excel

ISBLANK　=IF(MOD(MID(C2,17,1),2)=1,"男","女")

	A	B	C	D	E	F	G
1	学号	姓名	身份证号码	性别	出生日期	年龄	籍贯
2	A121417	李金姗	220101200001051054	=IF(MOD(MID(C2,17,1),2)=1,"男","女")			
3	A121301	王頔函	220102199812191513				南京
4	A121201	曹小菊	220102199903292713				南京
5	A121424	陈倩	220102199904271532				南京
6	A121404	陈涛	220102199905240451				山西
7	A121001	陈志强	220102199905281913				南京
8	A121422	崔源	220103199903040920				南京
9	A121425	代春双	220103199903270623				南京
10	A121401	丁浩	220103199904290936				南京

图 4.31　在 D2 单元格中输入公式

④ 按回车键确认输入公式，自动计算出结果；选择 D2 单元格，将光标移动到单元格右下角的填充柄处(即一个黑色的小方块处)，当其呈现＋形状时，双击左键，完成数据填充，如图 4.32 所示。

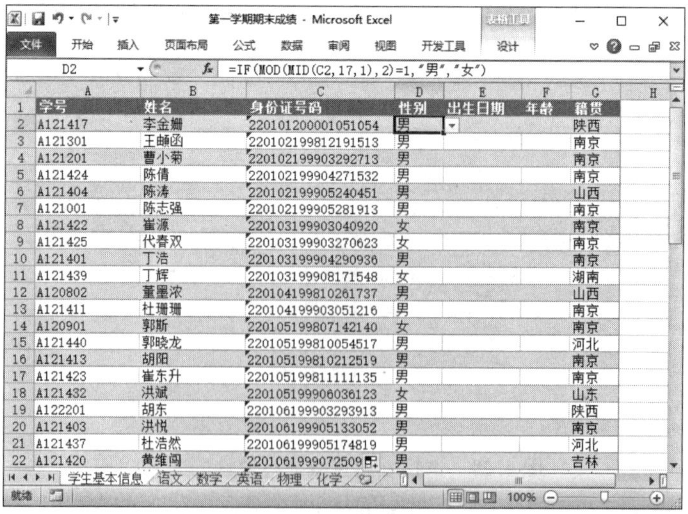

第一学期期末成绩 - Microsoft Excel

D2　=IF(MOD(MID(C2,17,1),2)=1,"男","女")

	A	B	C	D	E	F	G
1	学号	姓名	身份证号码	性别	出生日期	年龄	籍贯
2	A121417	李金姗	220101200001051054	男			陕西
3	A121301	王頔函	220102199812191513	男			南京
4	A121201	曹小菊	220102199903292713	男			南京
5	A121424	陈倩	220102199904271532	男			南京
6	A121404	陈涛	220102199905240451	男			山西
7	A121001	陈志强	220102199905281913	男			南京
8	A121422	崔源	220103199903040920	女			南京
9	A121425	代春双	220103199903270623	女			南京
10	A121401	丁浩	220103199904290936	男			南京
11	A121439	丁辉	220103199908171548	女			湖南
12	A120802	董墨浓	220104199810261737	男			山西
13	A121411	杜珊珊	220104199903051216	男			南京
14	A120901	郭斯	220105199807142140	女			南京
15	A121440	郭晓龙	220105199810054517	男			河北
16	A121413	胡阳	220105199810212519	男			南京
17	A121423	崔东升	220105199811111135	男			南京
18	A121432	洪斌	220105199906036123	女			山东
19	A122201	胡东	220106199903293913	男			陕西
20	A121403	洪悦	220106199905133052	男			南京
21	A121437	杜浩然	220106199905174819	男			河北
22	A121420	黄维闯	2201061999072509	男			吉林

学生基本信息　语文　数学　英语　物理　化学

就绪　100%

图 4.32　性别判断结果

⑤ 选择 E2 单元格，输入“=TEXT(MID(C2,7,8),"0000年00月00日")”，按 Enter 键确认输入公式，完成数据填充，如图 4.33 所示。

第一学期期末成绩 - Microsoft Excel

E2　=TEXT(MID(C2,7,8),"0000年00月00日")

	A	B	C	D	E	F	G
1	学号	姓名	身份证号码	性别	出生日期	年龄	籍贯
2	A121417	李金姗	220101200001051054	男	2000年01月05日		陕西
3	A121301	王頔函	220102199812191513	男	1998年12月19日		南京
4	A121201	曹小菊	220102199903292713	男	1999年03月29日		南京
5	A121424	陈倩	220102199904271532	男	1999年04月27日		南京
6	A121404	陈涛	220102199905240451	男	1999年05月24日		山西
7	A121001	陈志强	220102199905281913	男	1999年05月28日		南京
8	A121422	崔源	220103199903040920	女	1999年03月04日		南京
9	A121425	代春双	220103199903270623	女	1999年03月27日		南京
10	A121401	丁浩	220103199904290936	男	1999年04月29日		南京
11	A121439	丁辉	220103199908171548	女	1999年08月17日		湖南
12	A120802	董墨浓	220104199810261737	男	1998年10月26日		山西
13	A121411	杜珊珊	220104199903051216	男	1999年03月05日		南京
14	A120901	郭斯	220105199807142140	女	1998年07月14日		南京
15	A121440	郭晓龙	220105199810054517	男	1998年10月05日		河北
16	A121413	胡阳	220105199810212519	男	1998年10月21日		南京
17	A121423	崔东升	220105199811111135	男	1998年11月11日		南京
18	A121432	洪斌	220105199906036123	女	1999年06月03日		山东
19	A122201	胡东	220106199903293913	男	1999年03月29日		陕西
20	A121403	洪悦	220106199905133052	男	1999年05月13日		南京
21	A121437	杜浩然	220106199905174819	男	1999年05月17日		河北
22	A121420	黄维阔	220106199907250970	男	1999年07月25日		吉林

学生基本信息 / 语文 / 数学 / 英语 / 物理 / 化学

图 4.33　出生日期计算结果

⑥ 选择 F2 单元格，输入“=DATEDIF(E2,TODAY(),"y")”，按 Enter 键确认输入公式，完成数据填充，如图 4.34 所示。

第一学期期末成绩 - Microsoft Excel

G1　籍贯

	A	B	C	D	E	F	G
1	学号	姓名	身份证号码	性别	出生日期	年龄	籍贯
2	A121417	李金姗	220101200001051054	男	2000年01月05日	16	陕西
3	A121301	王頔函	220102199812191513	男	1998年12月19日	17	南京
4	A121201	曹小菊	220102199903292713	男	1999年03月29日	17	南京
5	A121424	陈倩	220102199904271532	男	1999年04月27日	16	南京
6	A121404	陈涛	220102199905240451	男	1999年05月24日	16	山西
7	A121001	陈志强	220102199905281913	男	1999年05月28日	16	南京
8	A121422	崔源	220103199903040920	女	1999年03月04日	17	南京
9	A121425	代春双	220103199903270623	女	1999年03月27日	17	南京
10	A121401	丁浩	220103199904290936	男	1999年04月29日	16	南京
11	A121439	丁辉	220103199908171548	女	1999年08月17日	16	湖南
12	A120802	董墨浓	220104199810261737	男	1998年10月26日	17	山西
13	A121411	杜珊珊	220104199903051216	男	1999年03月05日	17	南京
14	A120901	郭斯	220105199807142140	女	1998年07月14日	17	南京
15	A121440	郭晓龙	220105199810054517	男	1998年10月05日	17	河北
16	A121413	胡阳	220105199810212519	男	1998年10月21日	17	南京
17	A121423	崔东升	220105199811111135	男	1998年11月11日	17	南京
18	A121432	洪斌	220105199906036123	女	1999年06月03日	16	山东
19	A122201	胡东	220106199903293913	男	1999年03月29日	17	陕西
20	A121403	洪悦	220106199905133052	男	1999年05月13日	16	南京
21	A121437	杜浩然	220106199905174819	男	1999年05月17日	16	河北
22	A121420	黄维阔	220106199907250970	男	1999年07月25日	16	吉林

学生基本信息 / 语文 / 数学 / 英语 / 物理 / 化学

图 4.34　年龄计算结果

（4）在“学号”列左侧插入一个空列，输入列标题为“序号”，并分别填入 1 ~ 55，将其数据格式设置为数值、保留 0 位小数、居中。

具体操作步骤如下。

① 择“学号”列，右击其列号，在弹出的快捷菜单中执行“插入”命令，即可插入一个空列；选择 A1 单元格，输入“序号”，如图 4.35 所示。

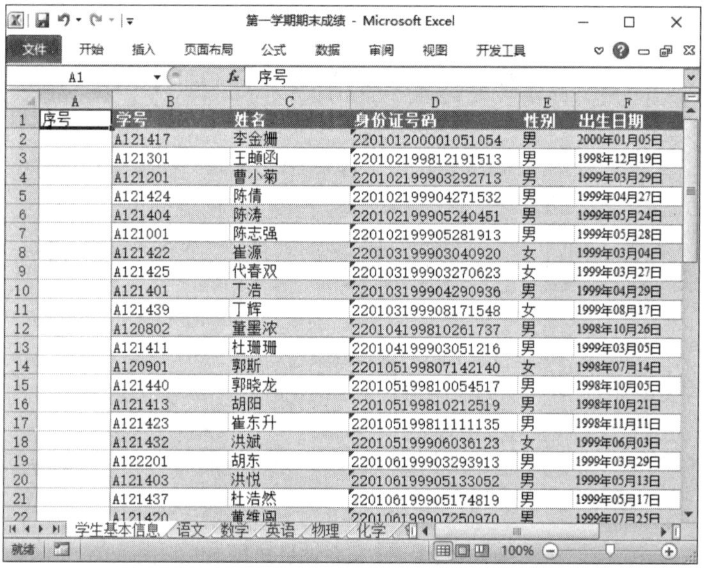

第一学期期末成绩 - Microsoft Excel

文件　开始　插入　页面布局　公式　数据　审阅　视图　开发工具

A1　序号

	A	B	C	D	E	F
1	序号	学号	姓名	身份证号码	性别	出生日期
2		A121417	李金姗	220101200001051054	男	2000年01月05日
3		A121301	王皕函	220102199812191513	男	1998年12月19日
4		A121201	曹小菊	220102199903292713	男	1999年03月29日
5		A121424	陈倩	220102199904271532	男	1999年04月27日
6		A121404	陈涛	220102199905240451	男	1999年05月24日
7		A121001	陈志强	220102199905281913	男	1999年05月28日
8		A121422	崔源	220103199903040920	女	1999年03月04日
9		A121425	代春双	220103199903270623	女	1999年03月27日
10		A121401	丁浩	220103199904290936	男	1999年04月29日
11		A121439	丁辉	220103199908171548	女	1999年08月17日
12		A120802	董墨浓	220104199810261737	男	1998年10月26日
13		A121411	杜珊珊	220104199903051216	男	1999年03月05日
14		A120901	郭斯	220105199807142140	女	1998年07月14日
15		A121440	郭晓龙	220105199810054517	男	1998年10月05日
16		A121413	胡阳	220105199810212519	男	1998年10月21日
17		A121423	崔东升	220105199811111135	男	1998年11月11日
18		A121432	洪斌	220105199906036123	女	1999年06月03日
19		A122201	胡东	220106199903293913	男	1999年03月29日
20		A121403	洪悦	220106199905133052	男	1999年05月13日
21		A121437	杜浩然	220106199905174819	男	1999年05月17日
22		A121420	黄维阆	220106199907250970	男	1999年07月25日

学生基本信息　语文　数学　英语　物理　化学

就绪　100%

图 4.35　增加序号列界面

② A2 单元格输入起始数据“1”；在 A3 单元格输入“2”；选中 A2:A3 单元格区域，如图 4.36 所示。

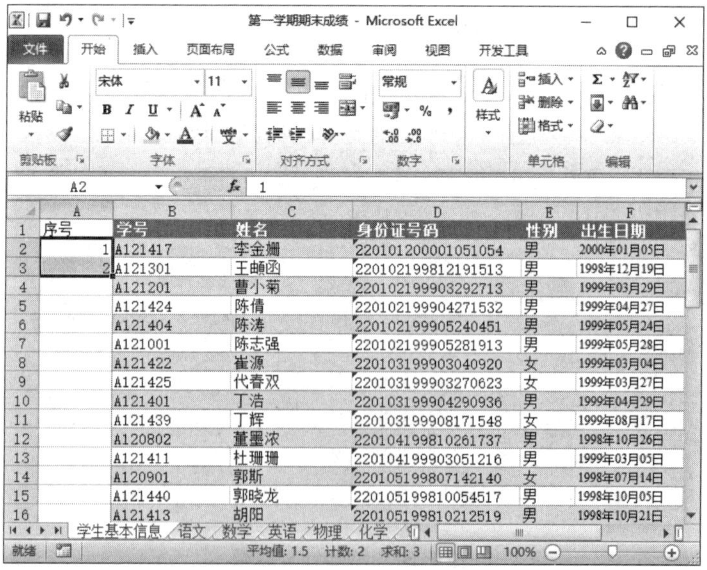

第一学期期末成绩 - Microsoft Excel

文件　开始　插入　页面布局　公式　数据　审阅　视图　开发工具

宋体　11　常规　插入　删除　格式　粘贴　样式

剪贴板　字体　对齐方式　数字　单元格　编辑

A2　1

	A	B	C	D	E	F
1	序号	学号	姓名	身份证号码	性别	出生日期
2	1	A121417	李金姗	220101200001051054	男	2000年01月05日
3	2	A121301	王皕函	220102199812191513	男	1998年12月19日
4		A121201	曹小菊	220102199903292713	男	1999年03月29日
5		A121424	陈倩	220102199904271532	男	1999年04月27日
6		A121404	陈涛	220102199905240451	男	1999年05月24日
7		A121001	陈志强	220102199905281913	男	1999年05月28日
8		A121422	崔源	220103199903040920	女	1999年03月04日
9		A121425	代春双	220103199903270623	女	1999年03月27日
10		A121401	丁浩	220103199904290936	男	1999年04月29日
11		A121439	丁辉	220103199908171548	女	1999年08月17日
12		A120802	董墨浓	220104199810261737	男	1998年10月26日
13		A121411	杜珊珊	220104199903051216	男	1999年03月05日
14		A120901	郭斯	220105199807142140	女	1998年07月14日
15		A121440	郭晓龙	220105199810054517	男	1998年10月05日
16		A121413	胡阳	220105199810212519	男	1998年10月21日

学生基本信息　语文　数学　英语　物理　化学

就绪　平均值: 1.5　计数: 2　求和: 3　100%

图 4.36　输入序号值界面

③ 将光标移至 A3 单元格右下角的填充柄处，当鼠标指针变为十形状时，按住鼠标左键不放并拖动至所需要的单元格，效果如图 4. 37 所示。

序号	学号	姓名	身份证号码	性别	出生日期
1	A121417	李金姗	220101200001051054	男	2000年01月05日
2	A121301	王皞函	220102199812191513	男	1998年12月19日
3	A121201	曹小菊	220102199903292713	男	1999年03月29日
4	A121424	陈倩	220102199904271532	男	1999年04月27日
5	A121404	陈涛	220102199905240451	男	1999年05月24日
6	A121001	陈志强	220102199905281913	男	1999年05月28日
7	A121422	崔源	220103199903040920	女	1999年03月04日
8	A121425	代春双	220103199903270623	女	1999年03月27日
9	A121401	丁浩	220103199904290936	男	1999年04月29日
10	A121439	丁辉	220103199908171548	女	1999年08月17日
11	A120802	董墨浓	220104199810261737	男	1998年10月26日
12	A121411	杜珊珊	220104199903051216	男	1999年03月05日
13	A120901	郭斯	220105199807142140	女	1998年07月14日
14	A121440	郭晓龙	220105199810054517	男	1998年10月05日
15	A121413	胡阳	220105199810212519	男	1998年10月21日

学生基本信息　语文　数学　英语　物理　化学

平均值: 28　计数: 55　求和: 1540　100%

图 4. 37　序号填充界面

④ 选择 A 列，在“开始”选项卡下单击“数字”组中的对话框启动器，如图 4. 38 所示。

序号	学号	姓名	身份证号码	性别	出生日期	年龄	籍贯
1	A121417	李金姗	220101200001051054	男	2000年01月05日	16	陕西
2	A121301	王皞函	220102199812191513	男	1998年12月19日	17	南京
3	A121201	曹小菊	220102199903292713	男	1999年03月29日	17	南京
4	A121424	陈倩	220102199904271532	男	1999年04月27日	16	南京
5	A121404	陈涛	220102199905240451	男	1999年05月24日	16	山西
6	A121001	陈志强	220102199905281913	男	1999年05月28日	16	南京
7	A121422	崔源	220103199903040920	女	1999年03月04日	17	南京
8	A121425	代春双	220103199903270623	女	1999年03月27日	17	南京
9	A121401	丁浩	220103199904290936	男	1999年04月29日	16	南京
10	A121439	丁辉	220103199908171548	女	1999年08月17日	16	湖南
11	A120802	董墨浓	220104199810261737	男	1998年10月26日	17	山西
12	A121411	杜珊珊	220104199903051216	男	1999年03月05日	17	南京
13	A120901	郭斯	220105199807142140	女	1998年07月14日	17	南京
14	A121440	郭晓龙	220105199810054517	男	1998年10月05日	17	河北

图 4. 38　单击“数字”组中的对话框启动器

⑤ 弹出“设置单元格格式”对话框，在“数字”选项卡中的分类列表框中选择“数值”选项，并将小数位数设置为“0”，如图 4. 39 所示。

⑥ 在“设置单元格格式”对话框中单击“对齐”选项卡，将“水平对齐”和“垂直对齐”依次设置为“居中”，单击“确定”按钮，如图 4. 40 所示。

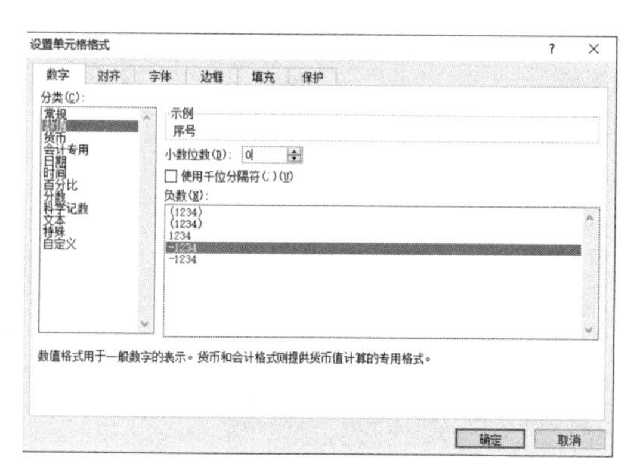

图 4.39　设置数字格式对话框

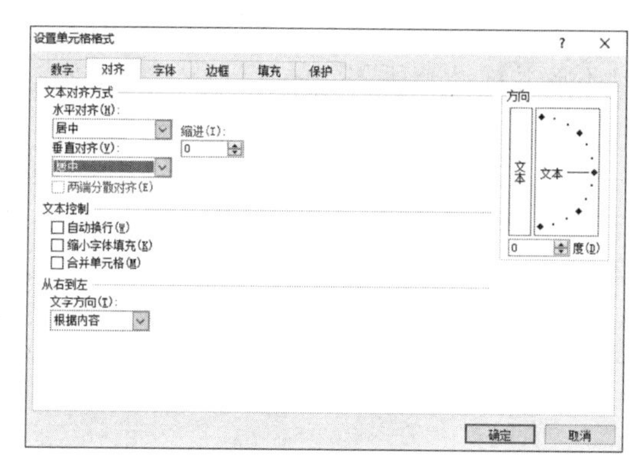

图 4.40　设置文本对齐方式对话框

（5）对“学生基本信息”工作表各个列标题添加批注，注明其数字格式。

具体操作步骤如下。

① 选中 D1 单元格，单击“审阅”选项卡中“批注”组中的“新建批注”按钮，如图 4.41所示。

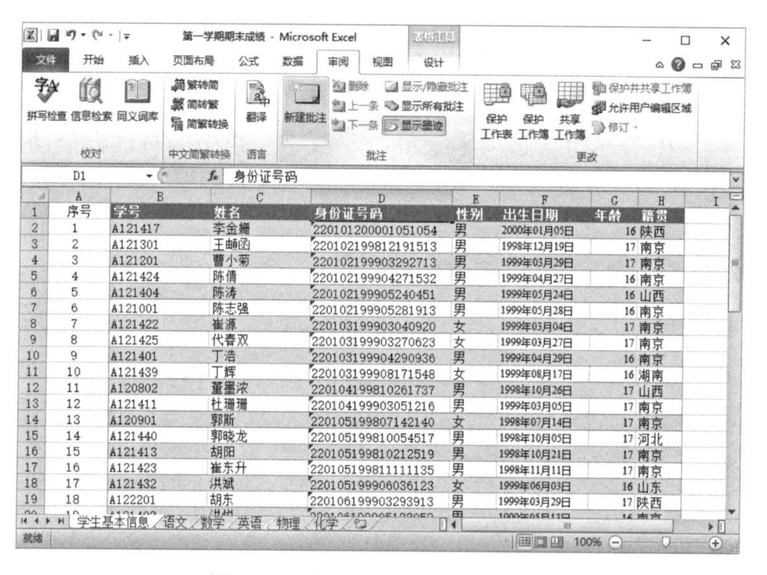

图 4.41　单击“新建批注”按钮

② 在弹出的批注文本框中，输入 D1 单元格的数字格式“文本”即可，如图 4.42 所示。

（6）通过合并单元格，将表名“高一学生基本信息”放于整个表的上端、居中，调整字体、字号，并改变字体颜色。

具体操作步骤如下。

① 中行 1，右键单击其行号，在弹出的快捷菜单中执行“插入”命令，即可插入一个新行。

② 选中 A1:H1 单元格区域，单击“开始”选项卡“对齐方式”组中的“合并后居中”按钮，如图 4.43 所示。

第一学期期末成绩 - Microsoft Excel

备注 2

序号	学号	姓名	身份证号码	性别	出生日期	年龄	籍贯
1	A121417	李金姗	220101200001051054	男		16	陕西
2	A121301	王舳函	220102199812191513	男		17	南京
3	A121201	曹小菊	220102199903292713	男		17	南京
4	A121424	陈倩	220102199904271532	男		16	南京
5	A121404	陈涛	220102199905240451	男	1999年05月24日	16	山西
6	A121001	陈志强	220102199905281913	男	1999年05月28日	16	南京
7	A121422	崔源	220103199903040920	女	1999年03月04日	17	南京
8	A121425	代春双	220103199903270623	女	1999年03月27日	17	南京
9	A121401	丁浩	220103199904290936	男	1999年04月29日	16	南京
10	A121439	丁辉	220103199908171548	女	1999年08月17日	16	湖南
11	A120802	董墨浓	220104199810261737	男	1998年10月26日	17	山西
12	A121411	杜珊珊	220104199903051216	男	1999年03月05日	17	南京
13	A120901	郭斯	220105199807142140	女	1998年07月14日	17	南京
14	A121440	郭晓龙	220105199810054517	男	1998年10月05日	17	河北
15	A121413	胡阳	220105199810212519	男	1998年10月21日	17	南京
16	A121423	崔东升	220105199811111135	男	1998年11月11日	17	南京
17	A121432	洪斌	220105199906036123	女	1999年06月03日	16	山东
18	A122201	胡东	220106199903293913	男	1999年03月29日	17	陕西

文本

学生基本信息　语文　数学　英语　物理　化学

单元格 D1 批注者 Eniac

图 4.42　编辑批注内容

第一学期期末成绩 - Microsoft Excel

A1

序号	学号	姓名	身份证号码	性别	出生日期	年龄	籍贯
1	A121417	李金姗	220101200001051054	男	2000年01月05日	16	陕西
2	A121301	王舳函	220102199812191513	男	1998年12月19日	17	南京
3	A121201	曹小菊	220102199903292713	男	1999年03月29日	17	南京
4	A121424	陈倩	220102199904271532	男	1999年04月27日	16	南京
5	A121404	陈涛	220102199905240451	男	1999年05月24日	16	山西
6	A121001	陈志强	220102199905281913	男	1999年05月28日	16	南京
7	A121422	崔源	220103199903040920	女	1999年03月04日	17	南京
8	A121425	代春双	220103199903270623	女	1999年03月27日	17	南京
9	A121401	丁浩	220103199904290936	男	1999年04月29日	16	南京
10	A121439	丁辉	220103199908171548	女	1999年08月17日	16	湖南
11	A120802	董墨浓	220104199810261737	男	1998年10月26日	17	山西
12	A121411	杜珊珊	220104199903051216	男	1999年03月05日	17	南京
13	A120901	郭斯	220105199807142140	女	1998年07月14日	17	南京
14	A121440	郭晓龙	220105199810054517	男	1998年10月05日	17	河北
15	A121413	胡阳	220105199810212519	男	1998年10月21日	17	南京
16	A121423	崔东升	220105199811111135	男	1998年11月11日	17	南京
17	A121432	洪斌	220105199906036123	女	1999年06月03日	16	山东
18	A122201	胡东	220106199903293913	男	1999年03月29日	17	陕西
19	A121403	洪悦	220106199905133052	男	1999年05月13日	16	南京
20	A121437	杜浩然	220106199905174819	男	1999年05月17日	16	河北
21	A121420	黄维闯	220106199907250970	男	1999年07月25日	16	吉林
22	A121003	杜俊杰	220107199904230930	男	1999年04月23日	16	河南
23	A121428	郭珊珊	220108199811063791	男	1998年11月06日	17	河北
24	A121410	李强	220108199812284251	男	1998年12月28日	17	山东

学生基本信息　语文　数学　英语　物理　化学

就绪

图 4.43　合并单元格

③ 选择 A1 单元格，键入“高一学生基本信息”；在“开始”选项卡中单击“字体”组中的“字体”下拉按钮，在弹出的下拉菜单中选中合适的字体；然后单击“字体”组中的“字号”下拉按钮，在弹出的下拉菜单中选中合适的字号；最后单击“字体”组中的“颜色”下拉按钮，在弹出的“颜色”面板中选择合适的字体颜色，如图 4.44所示。

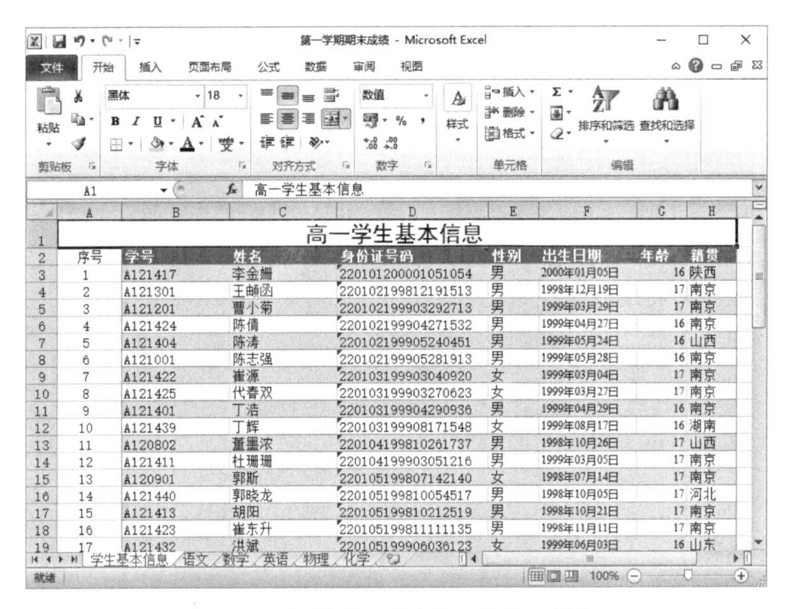

图 4.44　调整单元格字体、字号、颜色

（7）调整“学生基本信息”工作表的行高和列宽宽度、对齐方式，适当地增加边框和底纹以使工作表更加美观。对工作表的前两行进行冻结，并设置纸张大小为 A4、纸张方向为横向，缩减打印输出，使得所有列只占一个页面宽(但不得缩小列宽)，水平居中打印在纸上。

具体操作步骤如下。

① 选中需要调整行高的行(2：57)，右击选中的行，在弹出的快捷菜单中执行“行高”命令，如图 4.45 所示。

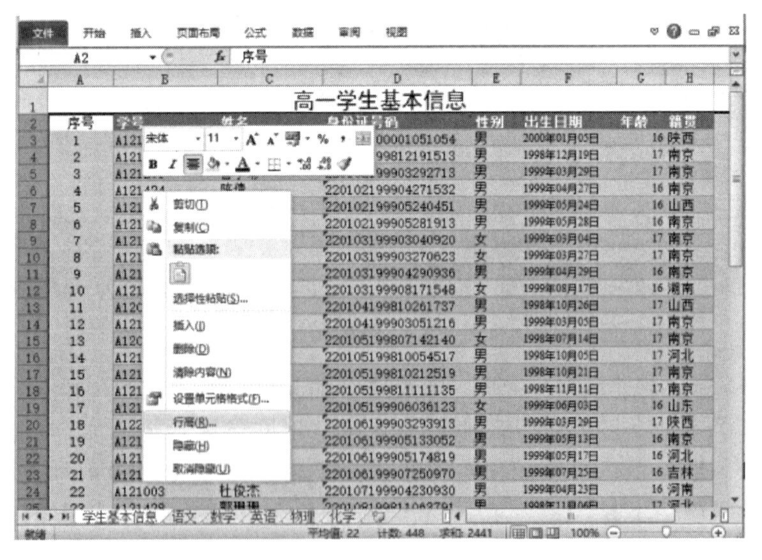

图 4.45　选择“行高”菜单命令

② 在弹出的“行高”对话框中，设置行高值，单击“确定”按钮，如图 4. 46 所示。

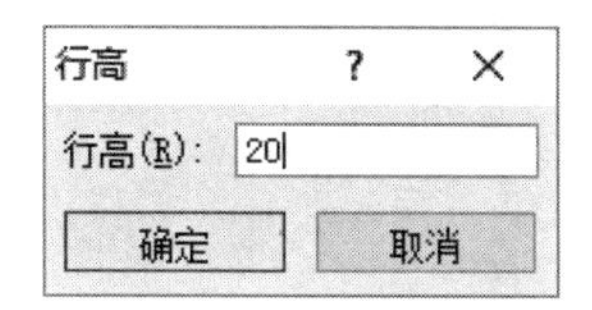

图 4. 46　设置行高值

③ 选中需要调整列宽的列，右击选中的列，在弹出的快捷菜单中执行“列宽”命令，在弹出的“列宽”对话框中设置列宽值，单击“确定”按钮。

④ 单击“学生基本信息”工作表左上角的行标题和列标题交叉处，快速选择工作表中所有单元格，单击“开始”选项卡“对齐方式”组中的“居中”按钮；选中 A2:H57 单元格区域，右键单击选中的区域，在弹出的快捷菜单中执行“设置单元格格式”命令；弹出“设置单元格格式”对话框，单击“边框”选项卡，在“样式”列表框中选择一种线条样式后，单击“外边框”按钮，然后在“样式”列表框中再选择一种线条样式，单击“内部”按钮，如图 4. 47 所示。

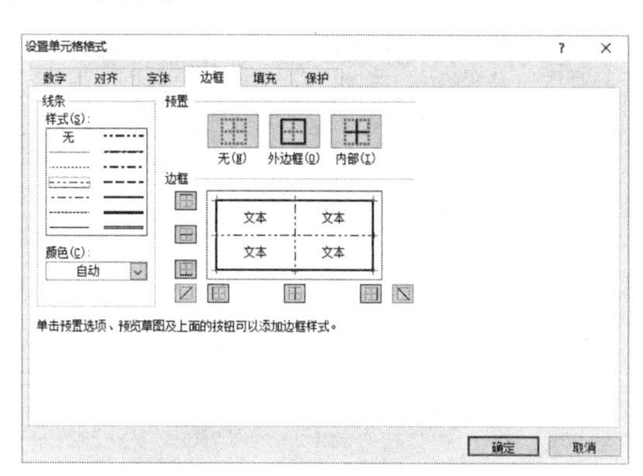

图 4. 47　设置单元格边框

⑤ 在“设置单元格格式”对话框中，单击“填充”选项卡，在“背景色”的颜色板中选择合适的颜色，单击“确定”按钮，如图 4. 48 所示。

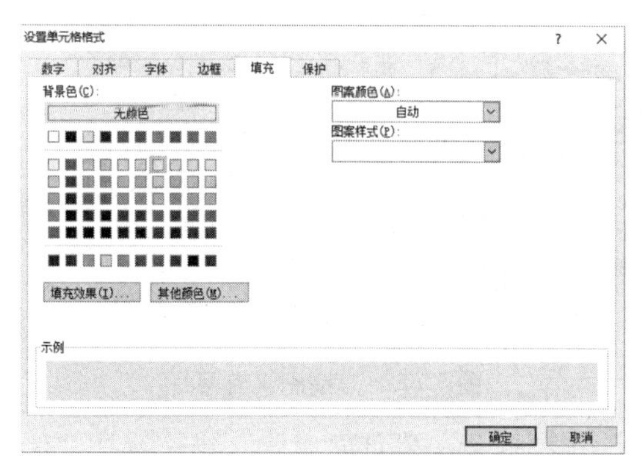

图 4. 48　设置单元格的背景颜色

⑥ 选中 A3 单元格，单击“视图”选项卡，单击“窗口”组的“冻结窗格”按钮，在弹出的菜单中执行“冻结拆分窗格”命令，即可冻结前两行单元格，如图 4.49、图 4.50 所示。

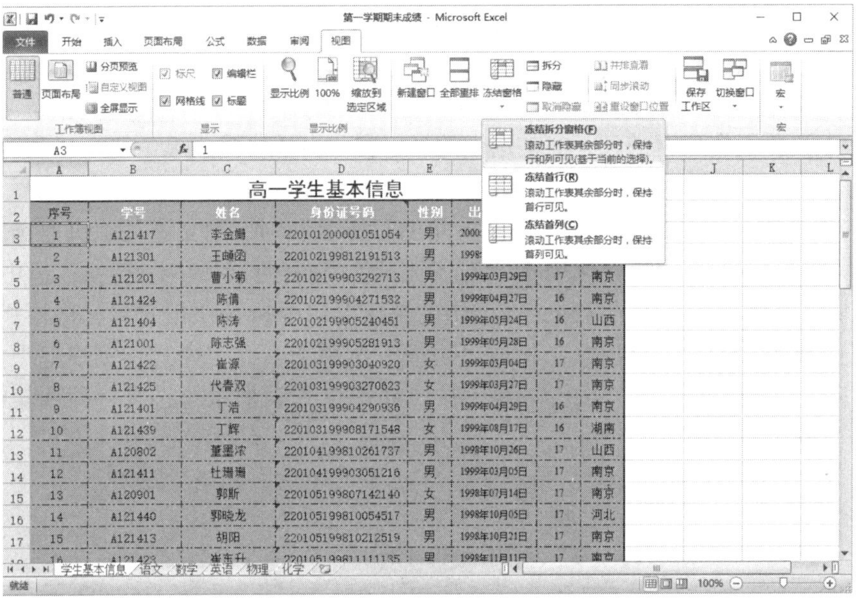

图 4.49　冻结窗格选项卡

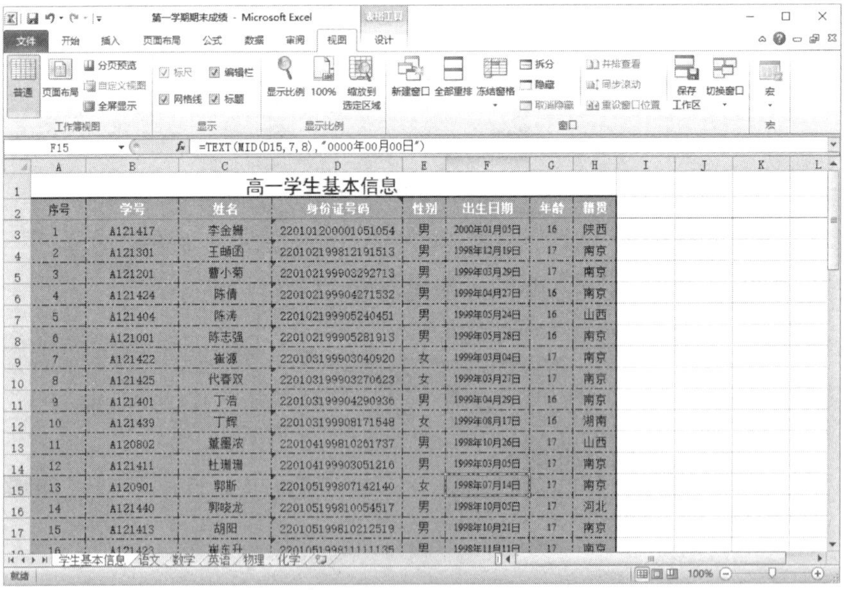

序号	学号	姓名	身份证号码	性别	出生日期	年龄	籍贯
1	A121417	李金姗	220101200001051054	男	2000年01月05日	16	陕西
2	A121301	王晒函	220102199812191513	男	1998年12月19日	17	南京
3	A121201	曹小菊	220102199903292713	男	1999年03月29日	17	南京
4	A121424	陈倩	220102199904271532	男	1999年04月27日	16	南京
5	A121404	陈涛	220102199905240451	男	1999年05月24日	16	山西
6	A121001	陈志强	220102199905281913	男	1999年05月28日	16	南京
7	A121422	崔源	220103199903040920	女	1999年03月04日	17	南京
8	A121425	代春双	220103199903270623	女	1999年03月27日	17	南京
9	A121401	丁浩	220103199904290936	男	1999年04月29日	16	南京
10	A121439	丁辉	220103199908171548	女	1999年08月17日	16	湖南
11	A120802	董墨浓	220104199810261737	男	1998年10月26日	17	山西
12	A121411	杜珊珊	220104199903051216	男	1999年03月05日	17	南京
13	A120901	郭斯	220105199807142140	女	1998年07月14日	17	南京
14	A121440	郭晓龙	220105199810054517	男	1998年10月05日	17	河北
15	A121413	胡阳	220105199810212519	男	1998年10月21日	17	南京
16	A121423	崔东升	220105199811111135	男	1998年11月11日	17	南京

图 4.50　冻结窗格前两行

⑦ 单击“页面布局”选项卡，在“页面设置”组中选择“纸张大小”下拉按钮，在弹出的下拉列表中选择 A4 纸型即可，如图 4.51 所示。

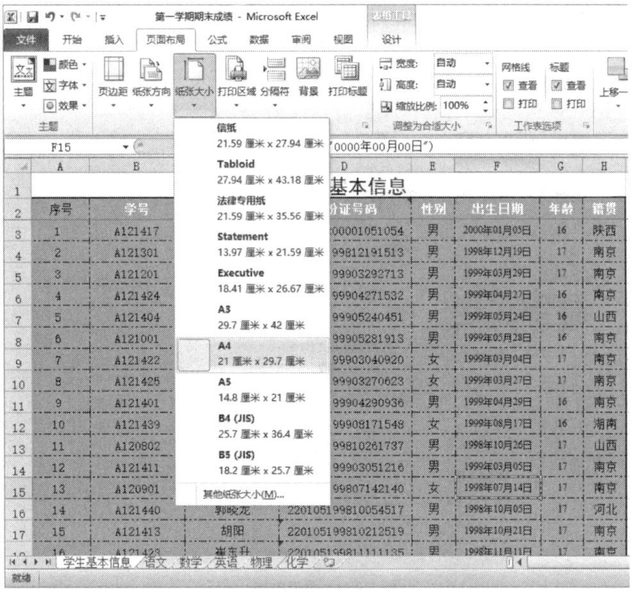

第一学期期末成绩 - Microsoft Excel

文件　开始　插入　页面布局　公式　数据　审阅　视图　设计

主题　颜色　字体　效果　页边距　纸张方向　纸张大小　打印区域　分隔符　背景　打印标题　宽度：自动　高度：自动　缩放比例：100%　网格线　查看　打印　标题　查看　打印　上移一

信纸 21.59 厘米 x 27.94 厘米
Tabloid 27.94 厘米 x 43.18 厘米
法律专用纸 21.59 厘米 x 35.56 厘米
Statement 13.97 厘米 x 21.59 厘米
Executive 18.41 厘米 x 26.67 厘米
A3 29.7 厘米 x 42 厘米
A4 21 厘米 x 29.7 厘米
A5 14.8 厘米 x 21 厘米
B4 (JIS) 25.7 厘米 x 36.4 厘米
B5 (JIS) 18.2 厘米 x 25.7 厘米
其他纸张大小(M)...

图 4.51　设置纸张的大小

⑧ 在“页面布局”选项卡中的“页面设置”组中，单击“纸张方向”下拉按钮，在弹出的下拉列表中选择“横向”即可，如图 4.52 所示。

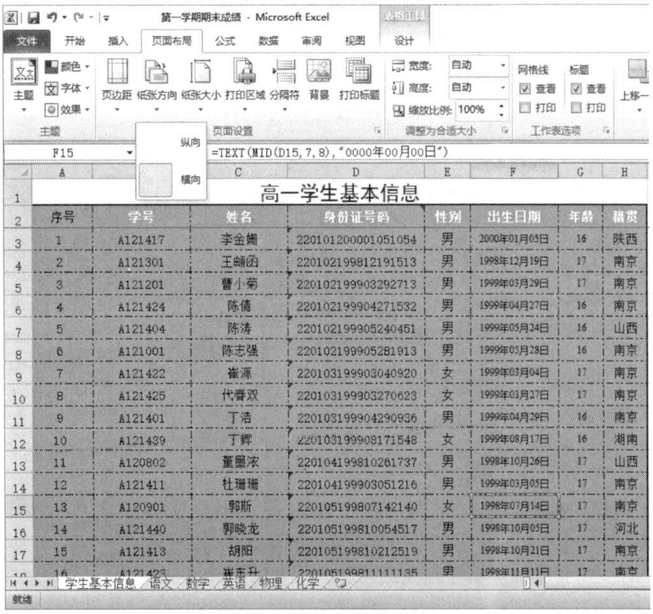

第一学期期末成绩 - Microsoft Excel

纵向　横向

F15　=TEXT(MID(D15,7,8),"0000年00月00日")

高一学生基本信息

序号	学号	姓名	身份证号码	性别	出生日期	年龄	籍贯
1	A121417	李金娴	220101200001051054	男	2000年01月05日	16	陕西
2	A121301	王鲷函	220102199812191513	男	1998年12月19日	17	南京
3	A121201	曹小菊	220102199903292713	男	1999年03月29日	17	南京
4	A121424	陈倩	220102199904271532	男	1999年04月27日	16	南京
5	A121404	陈涛	220102199905240451	男	1999年05月24日	16	山西
6	A121001	陈志强	220102199905281913	男	1999年05月28日	16	南京
7	A121422	崔源	220103199903040920	女	1999年03月04日	17	南京
8	A121425	代香双	220103199903270623	女	1999年03月27日	17	南京
9	A121401	丁浩	220103199904290936	男	1999年04月29日	16	南京
10	A121439	丁辉	220103199908171548	女	1999年08月17日	16	湖南
11	A120802	董墨浓	220104199810261737	男	1998年10月26日	17	山西
12	A121411	杜珊珊	220104199903051216	男	1999年03月05日	17	南京
13	A120901	郭斯	220105199807142140	女	1998年07月14日	17	南京
14	A121440	郭晓龙	220105199810054517	男	1998年10月05日	17	河北
15	A121413	胡阳	220105199810212519	男	1998年10月21日	17	南京
16	A121423	崔东升	220105199811111135	男	1998年11月11日	17	南京

学生基本信息　语文　数学　英语　物理　化学

就绪

图 4.52　设置纸张的方向

⑨ 单击“文件”选项卡，在弹出的菜单中选择“打印”命令，单击“设置”处“无缩放”下拉按钮，选择“将所有列调整为一页”命令，如图 4.53 所示。

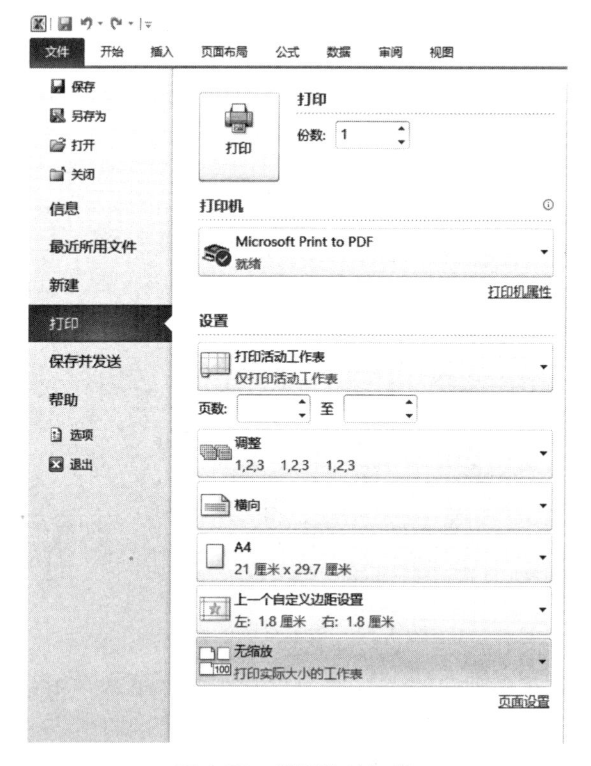

图 4.53 设置缩放打印

⑩ 在“页面设置”对话框单击“页边距”选项卡，在“居中方式”下选择“水平”复选框，单击“确定”按钮，如图 4.54 所示。

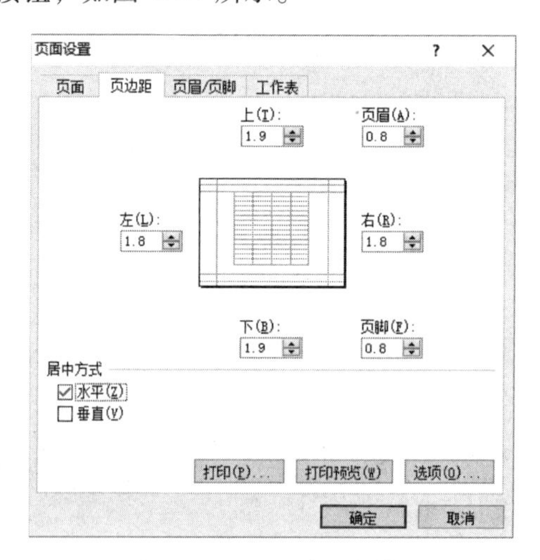

图 4.54 设置水平居中

（8）对工作表“语文”进行工作表保护，并将其格式全部应用到其他科目工作表中，包括行高（各行行高均为 22 默认单位）和列宽（各列列宽均为 14 默认单位）。

具体操作步骤如下。

① 单击“语文”工作表标签，单击“审阅”选项卡，在“更改”组中单击“保护工作表”按钮，弹出“保护工作表”对话框，在“取消工作表保护时使用的密码”文本框中输入工作表的保护密码“123”，在中间的列表框中设置允许权限，单击“确定”按钮，完成工作表保护，如图 4.55 所示。

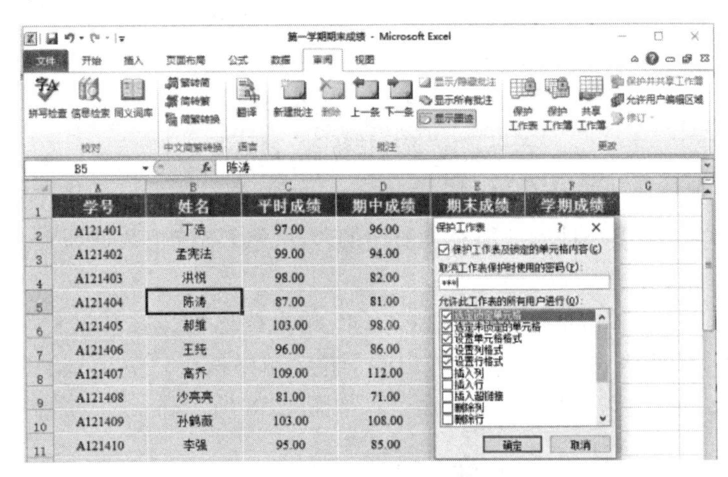

图 4.55　设置保护工作表

② 选中“语文”工作表所有单元格，同时按 Ctrl + C 组合键，然后单击“数学”工作表标签，右击 A1 单元格，在弹出的快捷菜单中执行“选择性粘贴”命令，如图 4.56 所示。

图 4.56　“选择性粘贴”菜单命令

③ 在弹出的“选择性粘贴”对话框中，单击粘贴“格式”按钮，单击“确定”按钮，如图 4.57 所示。

④ 依次选中数学、英语、物理、化学工作表，重复执行“选择性粘贴”→粘贴“格式”命令。

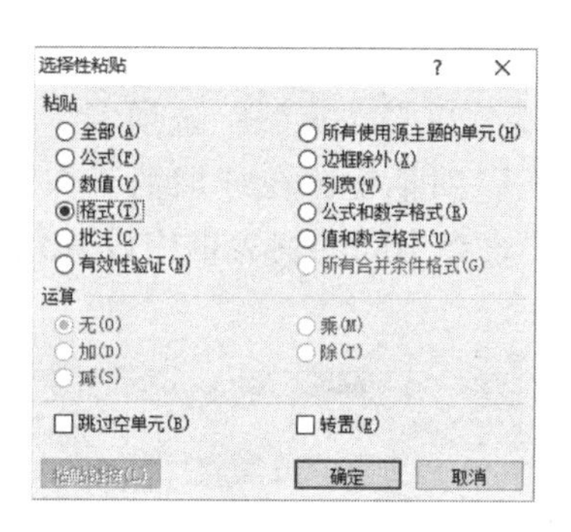

图 4.57 “选择性粘贴”对话框

(9) 利用“条件格式”功能进行下列设置：将语文、数学、英语工作中不低于 100 分的成绩所在的单元格以一种颜色填充，所用颜色深浅以不遮挡数据为宜。

具体操作步骤如下。

① 单击“语文”工作表标签，选中 C2:F45 单元格区域，在“开始”选项卡中单击“样式”组中的“条件格式”按钮，在弹出的下拉菜单中执行“突出显示单元格规则”命令，弹出子菜单，再执行“其他规则”命令，如图 4.58 所示。

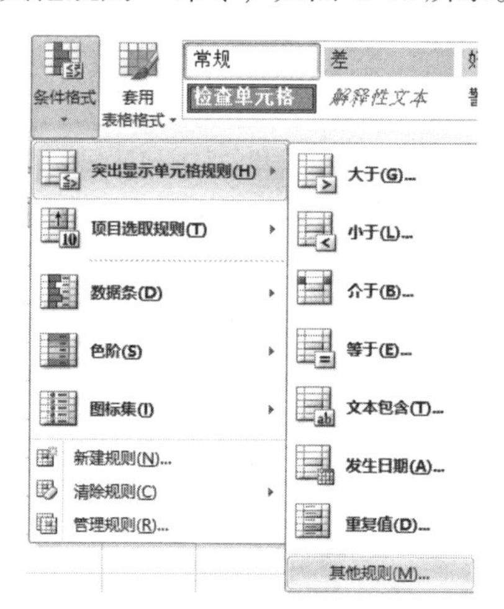

图 4.58 条件格式菜单选项

② 弹出“新建格式规则”对话框，在“大于”下拉列表框中选择“大于或等于”，在其后的文本框中输入“100”，如图 4.59 所示。

③ 单击“格式”按钮，在弹出的“设置单元格格式”对话框中，单击“颜色”下拉按钮，在颜色板中选一种合适的颜色，单击“确定”按钮，如图 4.60 所示。

④ 重复上述步骤，依次对数学工作表、英语工作表进行设置。

(10) 在工作表“语文、数学、英语、物理、化学”中学期成绩第一名的分别用黄色(标准色)和加粗格式标出。

具体操作步骤如下。

① 单击“语文”工作表标签，选中 F2:F45 单元格区域，在“开始”选项卡中单击

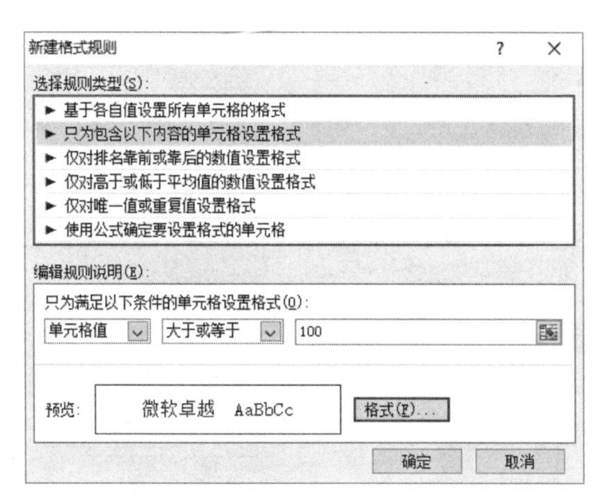

图 4.59 “新建格式规则”对话框

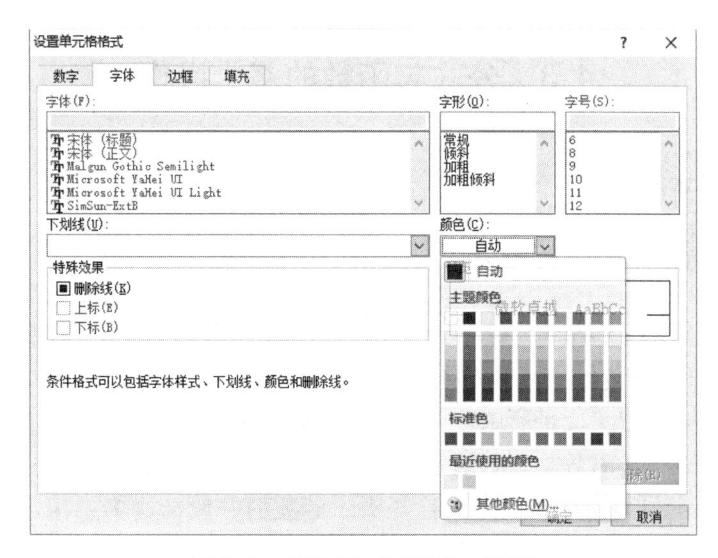

图 4.60 “新建格式规则”对话框

“样式”组中的“条件格式”按钮，在弹出的下拉菜单中执行“项目选取规则”命令，弹出子菜单，再执行“其他规则”命令，如图 4.61 所示。

② 弹出“新建格式规则”对话框，在“为以下排名内的值设置格式”处的文本框中输入“1”；然后单击“格式”按钮，在弹出的“设置单元格格式”对话框中，单击“颜色”下拉按钮，在颜色板中选择“标准色黄色”，在“字形”下拉列表框中选择“加粗”，单击“确定”按钮，再次单击“确定”按钮，如图 4.62 所示。

③ 重复上述步骤，依次对数学、英语、物理、化学工作表进行设置。

（11）保存“第一学期期末成绩 . xlsx”文件。单击“快速访问工具栏”中的“保存”按钮。

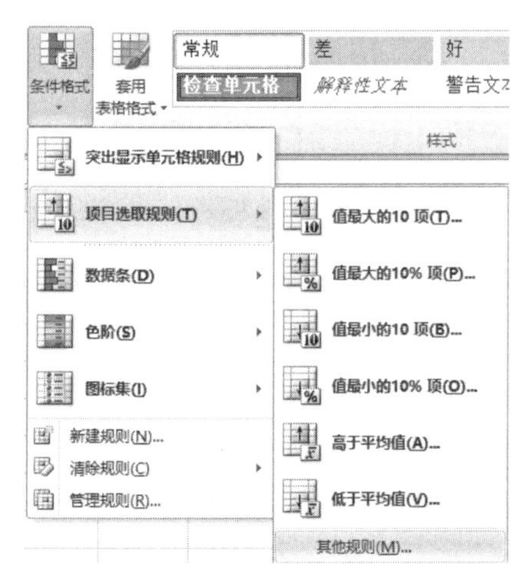

图 4.61　条件格式菜单选项

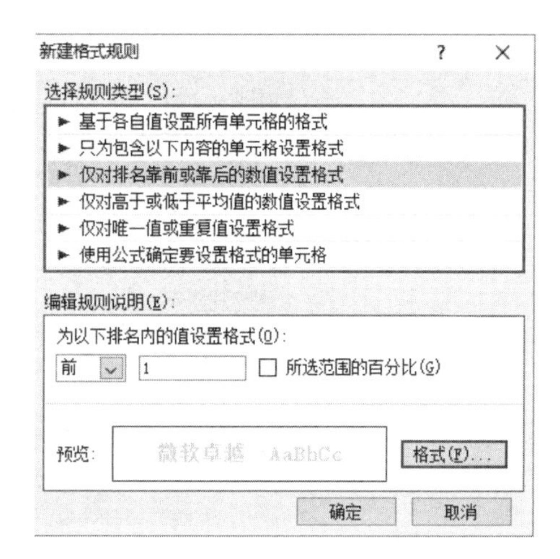

图 4.62　“新建格式规则”对话框

4.3　公式与函数的基本操作

4.3.1　公式的基本操作

1. 认识函数

Excel 中的函数是一些预先定义好的公式，主要用于处理简单的四则运算不能处理的算法，能快速地计算出数据的结果，每个函数都有特定的功能与用途，其名称必须唯一且不分大小写。Excel 内置了大量的函数，如求和函数 SUM、最大值函数 MAX、最小值函数 MIN、条件函数 IF 等。函数是公式的一部分，一个公式中可以包含一个函数，也可包含多个函数，书写函数时必须以“=”号开头。函数的一般结构为：函数名(参数 1，参数 2，…)其中参数可以是常量、逻辑值、单元格、单元格区域、数组、已定义的名称或其他函数等。

2. 函数的分类

Excel 内置了大量函数，按其功能可分成以下类型，如表 4-3 所示。

表 4-3　Excel 2010 函数类别

函数类别	功　　能
财务函数	用于一般的财务计算，如确定贷款的支付额、投资的未来值或净现值，以及债券或息票的价值
逻辑函数	用于真假值判断，或者进行复合检验
文本函数	用于公式中处理文字串

续表

函数类别	功　能
日期与时间函数	用于分析和处理日期值和时间值
查询和引用函数	用于在数据清单或表格中查找特定数值，或者需要查找某一单元格的引用时，可以使用查询和引用工作表函数
数学和三角函数	用于处理简单的计算，例如对数字取整、计算单元格区域中的数值总和或复杂计算
统计函数	用于对数据区域进行统计分析
工程函数	用于工程分析
信息函数	用于确定存储在单元格中的数据的类型
数据库函数	用于分析数据清单中的数值
多维数据集函数	用于返回多维数据集层次结构中成员或元组，返回成员属性的值、项数或汇总值等
兼容性函数	该类函数为保持与以前版本兼容性而设置，现已有新函数代替
与加载项一起安装的用户自定义函数	如果在系统中安装了某一包含函数的应用程序，该程序作为 Excel 的加载项，其所包含的函数作用自定义函数显示在这里以供选用

3. 函数的输入与编辑

函数的输入，可以通过单元格输入、编辑栏输入还可以利用插入函数进行输入，编辑函数与编辑公式相仿。其方法为：第一种首先选择需要输入函数单元格，在单元格内输入“=”号，在“=”号右侧输入函数名，在“( )”括号内里输入单元格区域，输完后按 Enter 键或单击“编辑区”的“√”号即可。第二种选择需要输入函数的单元格，在“公式”选项卡“函数库”组中，单击“插入函数图标” fx 插入函数，弹出“插入函数”对话框。在“插入函数”对话框中选择类别“常用函数”，选择要插入的函数，单击“确定”按钮，弹出“函数参数”对话框。在“函数参数”对话框中单击 Number1 文本框右侧按钮，选择数据区域，单击“确定”按钮即可。

函数的编辑：先选择需要修改的单元格，然后在单元格和编辑栏中选择错误的函数部分，重新输入正确的内容后按 Enter 键即可(编辑函数的标点符号必须采用英文的输入法，否则将会出现错误)。

4. 公式的基础知识

公式就是组表达式，由“=”开始，包括运算符、单元格引用、数值或文本、函数、括号等，在编辑栏可输入或编辑公式，计算的结果显示在单元格内。

(1) 单元格引用：也就是单元格的名称即地址，用以说明单元格所处的位置，如 D5 (第 5 行与第 D 列的交叉的位置)。

（2）数值或文本：我们常说的常量，是两种数据类型，不是通过计算得出的值。

（3）运算符：是用来连接单元格引用、数值或文本、从而构成完整的表达式。运算符的类型有：算术运算符、文本运算符、比较运算符和引用运算符 4 类，如表 4－4 所示。

表 4－4　四种类型的运算符

算术运算符	比较运算符	文本运算符	引用运算符
+：加	=：等于号	&：把多个文本组合成一个文本	，(逗号)：引用不相邻的多个单元格区域
－：减	>：大于号		：(冒号)：引用相邻的多个单元格区域
*：乘	<：小于号		(空格)：引用选定的多个单元格的交叉区域
/：除	> =：大于等于		
%：百分比	< =：小于等于		
^：乘方	< >：不等于		

5. 公式的引用

通常在公式中是使用单元格引用来代替单元格中的具体值，通过引用，可以引用一个单元格，一个单元格区域，或是引用另一个工作表、工作簿的单元格及区域。公式引用由相对引用、绝对引用和混合引用组成。

（1）相对引用：引用单元格的地址不是固定地址，它随着单元格位置的变化而变化，即公式的值会随公式所在单元格的变化而变化，默认的情况下，公式引用都是相对引用。直接用单元格的行号、列标作为引用。

（2）绝对引用：引用单元格的地址是固定地址，它不随着单元格位置的变化而变化，即公式的值不会随公式所在单元格的变化而变化。在单元格的行号、列表前加“$”作为引用。

（3）混合引用：是指在一个公式中既有相对引用，又有绝对引用。

4.3.2　名称的定义和引用

如经常引用一些单元格或单元格区域的数据，可以为该单元格或单元格区域定义一个名称，这样就可以直接用定义的名称来引用数据。名称的命名的原则：在使用范围内，不可重复，保持始终唯一；只能包含数字、字母和下划线，且不能以数字开头；名称不区分大小写；名称不能包含空格；名称最长不超过 255 个西文字符；不能与单元格地址相同；一个单元格可以有多个名称。

1. 单元格或单元格区域命名的方法

第一种方法：选择单元格或单元格区域，单击鼠标右键，弹出下拉菜单，单击“定义名称”选项，弹出“新建名称”对话框，在“新建名称”对话框中的名称框输入名称，单击“确定”按钮即可。

第二种方法：选择单元格或单元格区域，单击“名称框”，在“名称框”中输入名称，按 Enter 键即可。

第三种方法：选择单元格或单元格区域，单击“公式”选项卡“定义的名称”组中的“根据所选内容创建”，弹出“以选定区域定义名称”对话框，根据实际需要可以选择“首行”“最左列”“末行”“最右列”。

2. 名称的编辑

当给单元格或单元格区域定义完名称后，单击“公式”选项卡“定义的名称”组中的“名称管理器”按钮，弹出“名称管理器”对话框，根据实际需要可以在该对话框中“新建名称”“编辑名称”和“删除名称”。

3. 名称的使用

如果要使用已经定义好的名称，一种方法是在名称框里直接输入，另一种方法是单击“公式”选项卡中的“定义的名称”组中的“用于公式”下拉菜单，选择已定义好的名称即可。

4.3.3 常用函数的使用方法

1. 条件函数 IF(logical_test, [value_if_true], [value_if_false])

主要功能：根据对指定条件的逻辑判断的真假结果，返回相对应的内容。

参数说明：Logical_test 代表逻辑判断表达式；Value_if_true 表示当判断条件为逻辑“真(TRUE)”时的显示内容，如果忽略返回“TRUE”；Value_if_false 表示当判断条件为逻辑“假(FALSE)”时的显示内容，如果忽略返回“FALSE”。

例如，如果“日期”列中的日期为星期六或星期日，则在“是否加班”列的单元格中显示“是”，否则显示“否”（必须使用公式）。=IF(WEEKDAY(A3,2)>5,"是","否")，如图 4.63 所示(真题)。

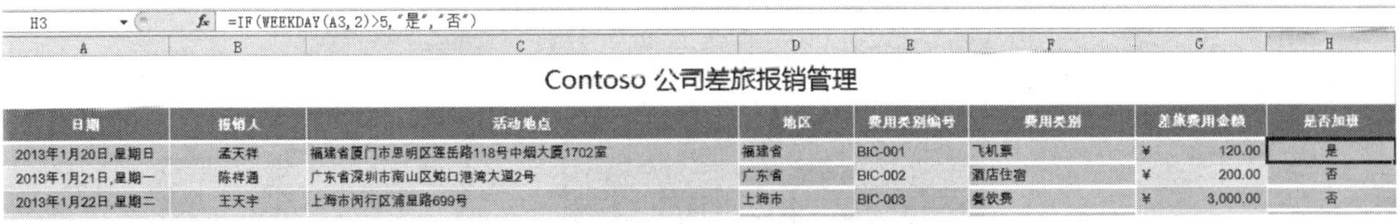

H3 =IF(WEEKDAY(A3,2)>5,"是","否")

Contoso 公司差旅报销管理

日期	报销人	活动地点	地区	费用类别编号	费用类别	差旅费用金额	是否加班
2013年1月20日,星期日	孟天祥	福建省厦门市思明区莲岳路118号中烟大厦1702室	福建省	BIC-001	飞机票	¥ 120.00	是
2013年1月21日,星期一	陈祥通	广东省深圳市南山区蛇口港湾大道2号	广东省	BIC-002	酒店住宿	¥ 200.00	否
2013年1月22日,星期二	王天宇	上海市闵行区浦星路699号	上海市	BIC-003	餐饮费	¥ 3,000.00	否

图 4.63 IF 条件函数输入窗口(1)

参考考生文件夹下的“工资薪金所得税率.xlsx”，利用 IF 函数计算“应交个人所得税”列(提示：应交个人所得税 = 应纳税所得额 * 对应税率 - 对应速算扣除数)，如图 4.64所示(真题)。

=IF(K3<=1500,K3*3%,IF(K3<=4500,K3*10%-105,IF(K3<=9000,K3*

20% -555,IF(K3< =35000,K3*25% -1005,IF(K3< =55000,K3*30% -2755,IF(K3< =80000,K3*35% -5505,K3*45% -13505))))))。

L3 =IF(K3<=1500,K3*3%,IF(K3<=4500,K3*10%-105,IF(K3<=9000,K3*20%-555,IF(K3<=35000,K3*25%-1005,IF(K3<=55000,K3*30%-2755,IF(K3<=80000,K3*35%-5505,K3*45%-13505))))))

东方公司2014年3月员工工资表

序号	员工工号	姓名	部门	基础工资	奖金	补贴	扣除病事假	应付工资合计	扣除社保	应纳税所得额	应交个人所得税	实发工资
1	DF001	包宏伟	管理	40,600.00	500.00	260.00	230.00	41,130.00	460.00	37,170.00	8,396.00	32,274.00
2	DF002	陈万地	管理	3,500.00		260.00	352.00	3,408.00	309.00	-	-	3,099.00
3	DF003	张惠	行政	12,450.00	500.00	260.00		13,210.00	289.00	9,421.00	1,350.25	11,570.75
4	DF004	闫朝霞	人事	6,050.00		260.00	130.00	6,180.00	360.00	2,320.00	127.00	5,693.00
5	DF005	吉祥	研发	6,150.00		260.00		6,410.00	289.00	2,621.00	157.10	5,963.90
6	DF006	李燕	管理	6,350.00	500.00	260.00		7,110.00	289.00	3,321.00	227.10	6,593.90

图 4.64　IF 条件函数输入窗口(2)

2. 求和函数 SUM(number1,[number2],…)

主要功能：计算所有参数数值的和。

参数说明：Number1、Number2……代表需要计算的值，可以是具体的数值、引用的单元格(区域)、逻辑值等。

例如，利用 sum 函数计算每一个学生的总分及平均成绩。=SUM(表2[@[语文]:[政治]])，如图 4.65 所示(真题)。

K3 =SUM(表2[@[语文]:[政治]])

初一年级第一学期期末成绩

学号	姓名	班级	语文	数学	英语	生物	地理	历史	政治	总分	平均分
C120305	王清华	3班	91.50	89.00	94.00	92.00	91.00	86.00	86.00	629.50	89.93
C120101	包宏伟	1班	97.50	106.00	108.00	98.00	99.00	99.00	96.00	703.50	100.50
C120203	吉祥	2班	93.00	99.00	92.00	86.00	86.00	73.00	92.00	621.00	88.71
C120104	刘康锋	1班	102.00	116.00	113.00	78.00	88.00	86.00	74.00	657.00	93.86
C120301	刘鹏举	3班	99.00	98.00	101.00	95.00	91.00	95.00	78.00	657.00	93.86
C120306	齐飞扬	3班	101.00	94.00	99.00	90.00	87.00	95.00	93.00	659.00	94.14

图 4.65　SUM 函数输入窗口(1)

根据"员工档案表"工作表中的工资数据，统计所有人的基础工资总额，并将其填写在"统计报告"工作表的 B2 单元格中。=SUM(员工档案!$M$3:$M$37)，如图 4.66 所示(真题)。

B2 =SUM(员工档案!$M$3:$M$44)

统计报告	
所有人的基础工资总额	279350.00
项目经理的基本工资总额	30000.00
本科生平均基本工资	5427.27

图 4.66　SUM 函数输入窗口(2)

3. 条件求和函数 SUMIF(Range，Criteria，[Sum_Range])

主要功能：计算符合指定条件的单元格区域内的数值和。

参数说明：Range 代表条件判断的单元格区域，Criteria 为指定条件表达式，Sum_Range 代表需要计算的数值所在的单元格区域。

例如，根据"员工档案表"工作表中的工资数据，统计职务为项目经理的基本工资总额，并将其填写在"统计报告"工作表的 B3 单元格中。 =SUMIF(员工档案!$E$3:$E$37,"项目经理",员工档案!$M$3:$M$37)，如图 4.67 所示(真题)。

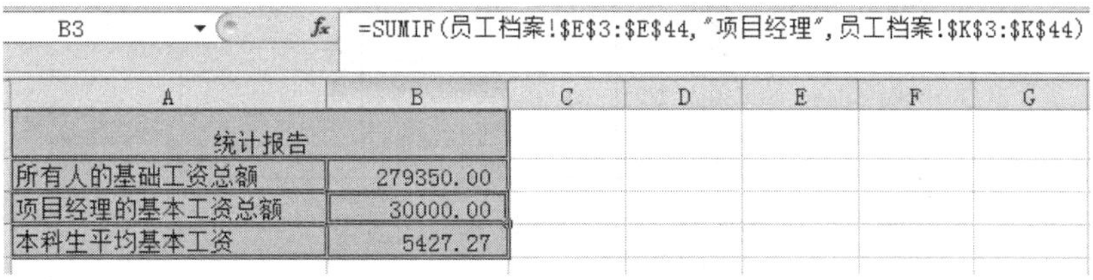

B3　=SUMIF(员工档案!$E$3:$E$44,"项目经理",员工档案!$K$3:$K$44)

A	B
统计报告	
所有人的基础工资总额	279350.00
项目经理的基本工资总额	30000.00
本科生平均基本工资	5427.27

图 4.67　SUMIF 函数输入窗口

4. 多条件求和函数 SUMIFS(sum_range, criteria_range1, criteria1, [criteria_range2, criteria2], …)

主要功能：对指定单元格满足多个条件的单元格求和。

参数说明：sum_range 表示对一个或多个单元格求和；criteria_range1 表示在其中计算关联条件的第一个区域；criteria1 求和的条件；criteria_range2，criteria2，…附加的区域及其关联条件。

例如，根据"订单明细"工作表中的销售数据，统计《MS Office 高级应用》图书在 2012 年的总销售额，并将其填写在"统计报告"工作表的 B4 单元格中。

=SUMIFS(表3[小计],表3[日期],">=12/1/1",表3[日期],"<=12/12/31",表3[图书名称],"《MS Office 高级应用》")，如图 4.68 所示(真题)。

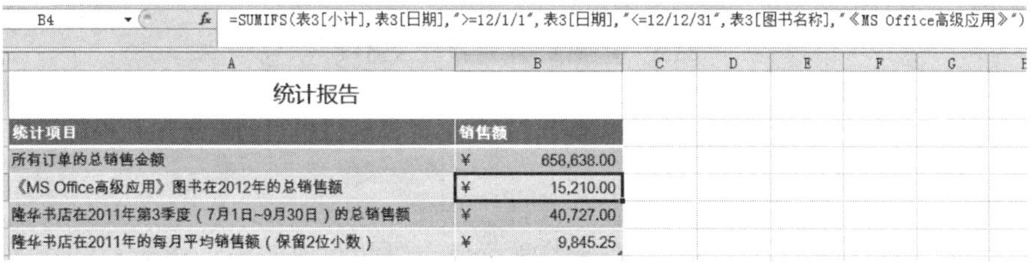

B4　=SUMIFS(表3[小计],表3[日期],">=12/1/1",表3[日期],"<=12/12/31",表3[图书名称],"《MS Office高级应用》")

统计报告	
统计项目	销售额
所有订单的总销售金额	¥ 658,638.00
《MS Office高级应用》图书在2012年的总销售额	¥ 15,210.00
隆华书店在2011年第3季度（7月1日~9月30日）的总销售额	¥ 40,727.00
隆华书店在2011年的每月平均销售额（保留2位小数）	¥ 9,845.25

图 4.68　SUMIFS 函数输入窗口

5. 条件计数函数 COUNTIF(range, criteria)

主要功能：对满足单个指定条件的单元格进行计数。

参数说明：range 对其进行计数的一个或多个单元格，criteria 用于定义将对哪些单元格进行计数的数字、表达式、单元格引用或文本字符串。

例如，在 G3 单元格中输入公式：=COUNTIF(B3:B12,"二组")，按 Enter 键后，G3 单元格显示出二组学生的总人数，如图 4.69 所示。

G3 =COUNTIF(B3:B12,"二组")

	A	B	C	D	E	F	G
1	某学校学生成绩表						
2	学号	组别	数学	语文	英语	总成绩	二组人数
3	A1	一组	87	95	91	273	4
4	A2	一组	98	93	89	280	二组总成绩
5	A3	一组	83	97	83	263	1025
6	A4	二组	85	87	85	257	
7	A5	一组	78	77	76	231	
8	A6	二组	76	81	82	239	
9	A7	一组	93	84	87	264	
10	A8	二组	95	83	86	264	
11	A9	一组	74	83	85	242	
12	A10	二组	89	84	92	265	

图 4.69　COUNTIF 函数的应用

6. 排名函数 RANK(Number, ref, order)

主要功能：返回某一数值在一列数值中的相对于其他数值的排位。

参数说明：Number 代表需要排序的数值；ref 代表排序数值所处的单元格区域；order 代表排序方式参数(如果为“0”或者忽略，则按降序排名，即数值越大，排名结果数值越小；如果为非“0”值，则按升序排名，即数值越大，排名结果数值越大)。

例如，在“2012 级法律”工作表中，利用公式分别计算“总分”“平均分”“年级排名”列的值。=RANK([@总分],[总分],0)，如图 4.70 所示(真题)。

O3 =RANK([@总分],[总分],0)

2012级法律专业学生期末成绩分析表

班级	学号	姓名	英语	体育	计算机	近代史	法制史	刑法	民法	法律英语	立法法	总分	平均分	年级排名
法律一班	1201001	潘志阳	76.1	82.8	76.5	75.8	87.9	76.8	79.7	83.9	88.9	728.4	80.9	77
法律一班	1201002	蒋文奇	68.5	88.7	78.6	69.6	93.6	87.3	82.5	81.5	89.1	739.4	82.2	64
法律一班	1201003	苗超鹏	72.9	89.9	83.5	73.1	88.3	77.4	82.5	87.4	88.3	743.3	82.6	57
法律一班	1201004	阮军胜	81.0	89.3	73.0	71.0	89.3	79.6	87.4	90.0	86.6	747.2	83.0	50
法律一班	1201005	邢尧磊	78.5	95.6	66.5	67.4	84.6	77.1	81.1	83.6	88.6	723.0	80.3	84
法律一班	1201006	[illegible]	76.8	89.6	78.6	80.1	83.6	81.8	79.7	83.2	87.2	740.6	82.3	61

图 4.70　RANK 函数输入窗口

7. 最大值函数 MAX(number1, number2, …)

主要功能：求出一组数中的最大值。

参数说明：number1，number2…代表需要求最大值的数值或引用单元格(区域)，参数不超过 30 个。

8. 最小值函数 MIN(number1, number2, …)

主要功能：求出一组数中的最小值。

参数说明：number1，number2…代表需要求最小值的数值或引用单元格(区域)，参数不超过 30 个。

9. 平均值函数 AVERAGE(number1, number2, …)

主要功能：求出所有参数的算术平均值。

参数说明：number1，number2，…需要求平均值的数值或引用单元格(区域)，参数不超过 30 个。

例如，利用 average 函数计算每一个学生的平均成绩。= AVERAGE(表 2[@[语文]:[政治]])，如图 4.71 所示(真题)。

L3　　=AVERAGE(表2[@[语文]:[政治]])

初一年级第一学期期末成绩											
学号	姓名	班级	语文	数学	英语	生物	地理	历史	政治	总分	平均分
C120305	王清华	3班	91.50	89.00	94.00	92.00	91.00	86.00	86.00	629.50	89.93
C120101	包宏伟	1班	97.50	106.00	108.00	98.00	99.00	99.00	96.00	703.50	100.50
C120203	吉祥	2班	93.00	99.00	92.00	86.00	86.00	73.00	92.00	621.00	88.71

图 4.71　AVERAGE 函数输入窗口

10. 多条件求平均值函数

AVERAGEIFS(average_range，criteria_range1，criteria1，criteria_range2，criteria2…)

主要功能：用于返回多重条件所有单元格的平均值。

参数说明：Average_range 是要计算平均值的一个或多个单元格，其中包括数字或包含数字的名称、数组或引用。Criteria_range1，criteria_range2，…是计算关联条件的 1 ~ 127 个区域。Criteria1，criteria2，…是数字、表达式、单元格引用或文本形式的 1 ~ 127 个条件，用于定义要对哪些单元格求平均值。

例如，根据"员工档案表"工作表中的数据，统计东方公司本科生平均基本工资，并将其填写在"统计报告"工作表的 B4 单元格中。= AVERAGEIFS(员工档案!$K$3:$K$44,员工档案!$H$3:$H$44,"本科")，如图 4.72 所示(真题)。

B4　　=AVERAGEIFS(员工档案!K3:K44,员工档案!H3:H44,"本科")

统计报告	
所有人的基础工资总额	279350
项目经理的基本工资总额	30000
本科生平均基本工资	5427.272727

图 4.72　AVERAGEIFS 函数输入窗口

11. 取整函数 INT(number)

主要功能：将数值向下取整为最接近的整数。

参数说明：number 表示需要取整的数值或包含数值的引用单元格。

例如，根据入职时间，请在"员工档案表"工作表的"工龄"列中，使用 TODAY 函数和 INT 函数计算员工的工龄，工作满一年才计入工龄。= INT((TODAY() - I3)/365)，如图 4.73所示(真题)。

在“年月”与“服装服饰”列之间插入新列“季度”，数据根据月份由函数生成，例如：1 至 3 月份对应“1 季度”、4 至 6 月份对应“2 季度”……。季度：="第"&INT(1 +(MONTH(A3) - 1)/3)&"季度"，如图 4.74 所示(真题)。

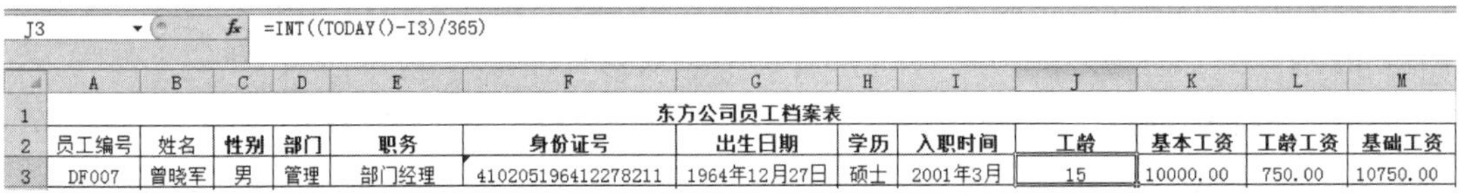

J3 =INT((TODAY()-I3)/365)

	A	B	C	D	E	F	G	H	I	J	K	L	M
1	东方公司员工档案表												
2	员工编号	姓名	性别	部门	职务	身份证号	出生日期	学历	入职时间	工龄	基本工资	工龄工资	基础工资
3	DF007	曾晓军	男	管理	部门经理	410205196412278211	1964年12月27日	硕士	2001年3月	15	10000.00	750.00	10750.00

图 4.73　INT 函数输入窗口(1)

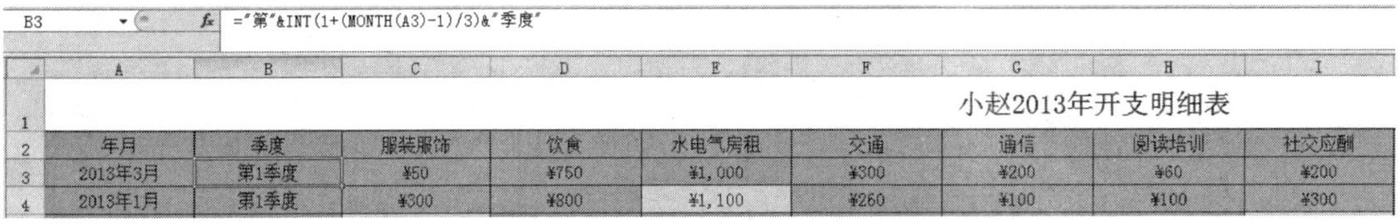

B3 ="第"&INT(1+(MONTH(A3)-1)/3)&"季度"

	A	B	C	D	E	F	G	H	I
1	小赵2013年开支明细表								
2	年月	季度	服装服饰	饮食	水电气房租	交通	通信	阅读培训	社交应酬
3	2013年3月	第1季度	¥50	¥750	¥1,000	¥300	¥200	¥60	¥200
4	2013年1月	第1季度	¥300	¥800	¥1,100	¥260	¥100	¥100	¥300

图 4.74　INT 函数输入窗口(2)

依据停放时间和收费标准，计算当前收费金额并填入“收费金额”列；计算拟采用的收费政策的预计收费金额并填入“拟收费金额”列；计算拟调整后的收费与当前收费之间的差值并填入“差值”列。拟收费金额：=INT((HOUR(J2)*60+MINUTE(J2))/15)*E2，如图 4.75 所示(真题)。

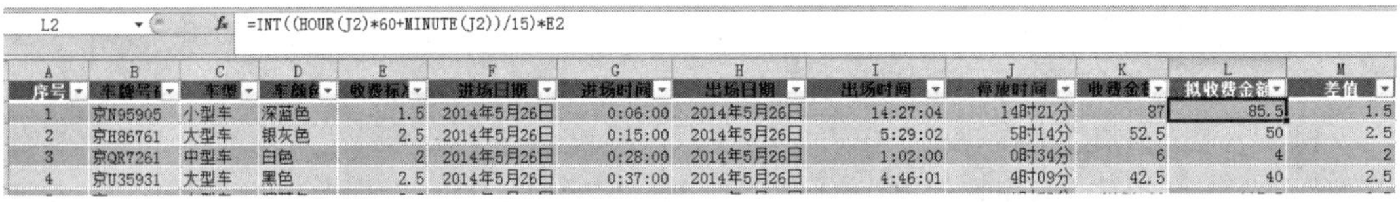

L2 =INT((HOUR(J2)*60+MINUTE(J2))/15)*E2

A	B	C	D	E	F	G	H	I	J	K	L	M
序号	车牌号	车型	车颜	收费标	进场日期	进场时间	出场日期	出场时间	停放时间	收费金	拟收费金额	差值
1	京N95905	小型车	深蓝色	1.5	2014年5月26日	0:06:00	2014年5月26日	14:27:04	14时21分	87	85.5	1.5
2	京H86761	大型车	银灰色	2.5	2014年5月26日	0:15:00	2014年5月26日	5:29:02	5时14分	52.5	50	2.5
3	京QR7261	中型车	白色	2	2014年5月26日	0:28:00	2014年5月26日	1:02:00	0时34分	6	4	2
4	京U35931	大型车	黑色	2.5	2014年5月26日	0:37:00	2014年5月26日	4:46:01	4时09分	42.5	40	2.5

图 4.75　INT 函数输入窗口(3)

12. 绝对值函数 ABS(number)

主要功能：求出相应数字的绝对值。

参数说明：number 代表需要求绝对值的数值或引用的单元格。

例如，如果在 C2 单元格中输入公式：=ABS(C2)，则在 C2 单元格中无论输入正数(如 80)还是负数(如 -80)，C2 中均显示出正数(如 80)。

13. 截取字符函数 MID(text，start_num，num_chars)

主要功能：从一个文本字符串的指定位置开始，截取指定数目的字符。

参数说明：text 代表一个文本字符串，start_num 表示指定的起始位置，num_chars 表示要截取的数目。

例如，使用公式统计每个活动地点所在的省份或直辖市，并将其填写在"地区"列所对应的单元格中，例如"北京市""浙江省"。=MID(C3,1,3)，如图 4.76 所示(真题)。

根据身份证号，请在"员工档案表"工作表的"出生日期"列中，使用 MID 函数提取员工生日，单元格式类型为"yyyy'年'm'月'd'日'"。=MID(F3,7,4)&"年"&MID(F3,11,2)&"月"&MID(F3,13,2)&"日"，如图 4.77 所示。

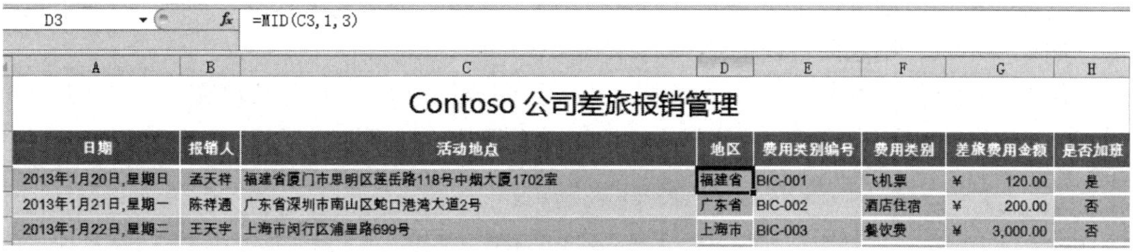

D3　=MID(C3, 1, 3)

A	B	C	D	E	F	G	H
Contoso 公司差旅报销管理							
日期	报销人	活动地点	地区	费用类别编号	费用类别	差旅费用金额	是否加班
2013年1月20日,星期日	孟天祥	福建省厦门市思明区莲岳路118号中烟大厦1702室	福建省	BIC-001	飞机票	¥ 120.00	是
2013年1月21日,星期一	陈祥通	广东省深圳市南山区蛇口港湾大道2号	广东省	BIC-002	酒店住宿	¥ 200.00	否
2013年1月22日,星期二	王天宇	上海市闵行区浦星路699号	上海市	BIC-003	餐饮费	¥ 3,000.00	否

图 4.76　MID 函数输入窗口(1)

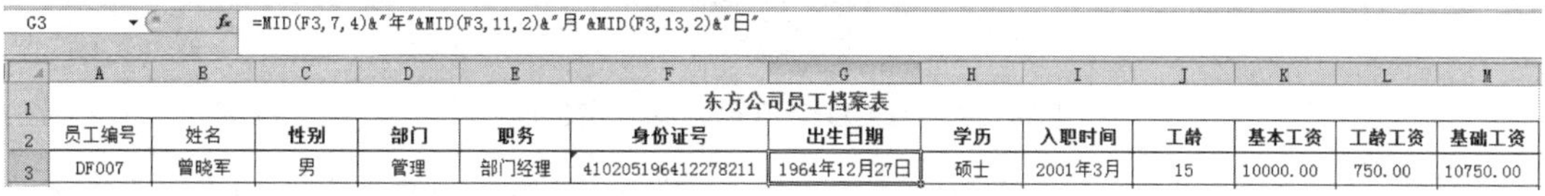

G3　=MID(F3,7,4)&"年"&MID(F3,11,2)&"月"&MID(F3,13,2)&"日"

	A	B	C	D	E	F	G	H	I	J	K	L	M
1	东方公司员工档案表												
2	员工编号	姓名	性别	部门	职务	身份证号	出生日期	学历	入职时间	工龄	基本工资	工龄工资	基础工资
3	DF007	曾晓军	男	管理	部门经理	410205196412278211	1964年12月27日	硕士	2001年3月	15	10000.00	750.00	10750.00

图 4.77　MID 函数输入窗口(2)

14. 当前日期和时间函数 NOW( )

主要功能：给出当前系统日期和时间。

参数说明：该函数不需要参数。

例如，输入公式：=NOW( )，确认后即刻显示出当前系统日期和时间。如果系统日期和时间发生了改变，只要按一下 F9 功能键，即可让其随之改变。

15. 天数函数 DAY(serial_number)

主要功能：求出指定日期或引用单元格中的日期的天数。

参数说明：serial_number 代表指定的日期或引用的单元格。

例如，输入公式：=DAY("2016-2-21")，确认后，显示出 21。

16. 当前日期函数 TODAY( )

主要功能：给出系统日期。

参数说明：该函数不需要参数。

例如，输入公式：=TODAY( )，确认后即刻显示出系统日期和时间。如果系统日期和时间发生了改变，只要按一下 F9 功能键，即可让其随之改变。

17. 垂直查询函数 VLOOKUP(lookup_value, table_array, col_index_num, range_lookup)

主要功能：在数据表的首列查找指定的数值，并由此返回数据表当前行中指定列处的数值。

参数说明：Lookup_value 代表需要查找的数值；Table_array 代表需要在其中查找数据的单元格区域；Col_index_num 为在 table_array 区域中待返回的匹配值的列序号(当 Col_index_num 为 2 时，返回 table_array 第 2 列中的数值，为 3 时，返回第 3 列的值……)；Range_lookup 为一逻辑值，如果为 TRUE 或省略，则返回近似匹配值，也就是说，如果找不到精确匹配值，则返回小于 lookup_value 的最大数值；如果为 FALSE，则返回精确匹配值；如果找不到，则返回错误值#N/A。

例如，根据图书编号，使用 VLOOKUP 函数完成图书名称的自动填充。= VLOOKUP([@图书编号],表2[#全部],2,FALSE)，如图 4.78 所示(真题)。

E3　fx　=VLOOKUP([@图书编号],表2[#全部],2,FALSE)

A	B	C	D	E	F	G	H
销售订单明细表							
订单编号	日期	书店名称	图书编号	图书名称	单价	销量（本）	小计
BTW-08001	2011年1月2日	鼎盛书店	BK-83021	《计算机基础及MS Office应用》	¥ 36.00	12	¥ 432.00
BTW-08002	2011年1月4日	博达书店	BK-83033	《嵌入式系统开发技术》	¥ 44.00	5	¥ 220.00
BTW-08003	2011年1月4日	博达书店	BK-83034	《操作系统原理》	¥ 39.00	41	¥ 1,599.00

图 4.78　VLOOKUP 函数输入窗口(1)

根据学号，请在"第一学期期末成绩"工作表的"姓名"列中，使用 VLOOKUP 函数完成姓名的自动填充。"姓名"和"学号"的对应关系在"学号对照"工作表中。= VLOOKUP([@学号],学号对照!$A$2:$C$20,2,FALSE)，如图 4.79 所示(真题)。

B3　fx　=VLOOKUP([@学号],学号对照!$A$2:$C$20,2,FALSE)

A	B	C	D	E	F	G	H	I	J	K	L
初一年级第一学期期末成绩											
学号	姓名	班级	语文	数学	英语	生物	地理	历史	政治	总分	平均分
C120305	王清华	3班	91.50	89.00	94.00	92.00	91.00	86.00	86.00	629.50	89.93
C120101	包宏伟	1班	97.50	106.00	108.00	98.00	99.00	99.00	96.00	703.50	100.50

图 4.79　VLOOKUP 函数输入窗口(2)

18. 查询函数 LOOKUP(lookup_value, lookup_vector, result_vector)(向量型查)，lookup(lookup_value, array)(数组型查找)

主要功能：把数(或文本)与一行或一列的数据依次进行匹配，匹配成功后，然后把对应的数值查找出来。

参数说明：lookup_value 表示查找的值，它的形式可以是：数字、文本、逻辑值或包含数值的名称或引用；lookup_vector 表示查找的范围，只包含一行或一列的区域；result_vector 表示返回值的范围——只包含一行或一列的区域，且其大小必须与 lookup_vector(查找的范围)一致。

例如，学号第 3、4 位代表学生所在的班级，例如："120105"代表 12 级 1 班 5 号。请通过函数提取每个学生所在的班级并按下列对应关系填写在"班级"列中：

"学号"的 3、4 位	对应班级
01	1 班
02	2 班
03	3 班

= LOOKUP(MID(A2,3,2),{"01","02","03"},{"1 班","2 班","3 班"})，如图 4.80所示(真题)。

C2 　=LOOKUP(MID(A2,3,2),{"01","02","03"},{"1班","2班","3班"})

A	B	C	D	E	F	G	H	I	J	K	L
学号	姓名	班级	语文	数学	英语	生物	地理	历史	政治	总分	平均分
120305	包宏伟	3班	91.50	89.00	94.00	92.00	91.00	86.00	86.00	629.50	89.93
120203	陈万地	2班	93.00	99.00	92.00	86.00	86.00	73.00	92.00	621.00	88.71

图 4.80　LOOKUP 函数输入窗口

19. 星期函数 WEEKDAY(serial_number，return_type)

主要功能：返回某日期的星期数。在默认情况下，它的值为 1(星期天)到 7(星期六)之间的一个整数。

serial_number 是要返回日期数的日期，它有多种输入方式：带引号的本串(如"2001/02/26")、序列号(如 35825 表示 1998 年 1 月 30 日)或其他公式或函数的结果(如 DATEVALUE("2000/1/30"))。return_type 为确定返回值类型的数字，数字 1 或省略则 1～7 代表星期天到星期六，数字 2 则 1～7 代表星期一到星期天，数字 3 则 0～6 代表星期一到星期天。

例如，如果"日期"列中的日期为星期六或星期日，则在"是否加班"列的单元格中显示"是"，否则显示"否"(必须使用公式)。=IF(WEEKDAY(A3,2)>5,"是","否")，如图 4.81 所示(真题)。

H3 　=IF(WEEKDAY(A3,2)>5,"是","否")

A	B	C	D	E	F	G	H
Contoso 公司差旅报销管理							
日期	报销人	活动地点	地区	费用类别编号	费用类别	差旅费用金额	是否加班
2013年1月20日,星期日	孟天祥	福建省厦门市思明区莲岳路118号中烟大厦1702室	福建省	BIC-001	飞机票	¥ 120.00	是
2013年1月21日,星期一	陈祥通	广东省深圳市南山区蛇口港湾大道2号	广东省	BIC-002	酒店住宿	¥ 200.00	否

图 4.81　WEEKDAY 函数输入窗口

20. 余数函数 MOD(number，divisor)

主要功能：求出两数相除的余数。

参数说明：number 代表被除数；divisor 代表除数。

例如，输入公式：=MOD(14,3)，确认后显示出结果“2”。

4.4　图表的基本操作

4.4.1　创建图表

1. 创建图表

创建一个簇状柱形图，对每个班各科平均成绩进行比较(真题)。选择 C1:J17 区域(分类汇总后隐藏的数据区域)，单击“插入”选项卡“图表”组中的“柱形图”下拉箭头，弹出下拉菜单(图 4.82)。单击“二维柱形图”组中的“簇状柱形图”图标即可(图 4.83)。

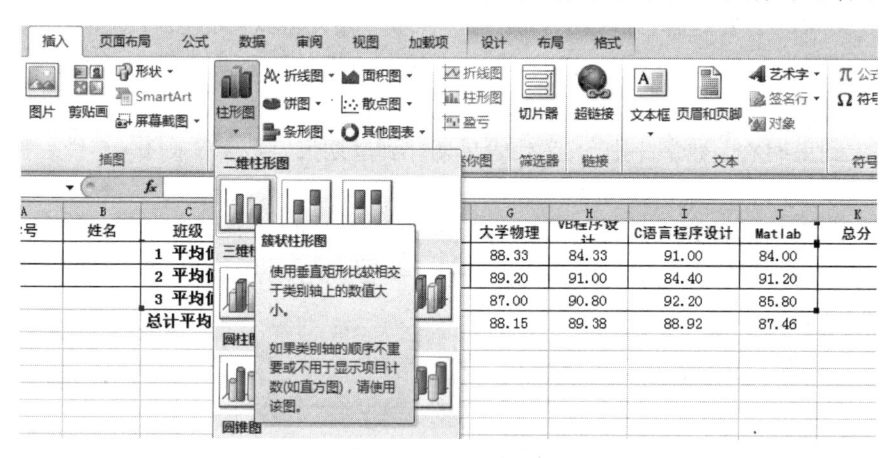

图 4.82　插入柱形图窗口

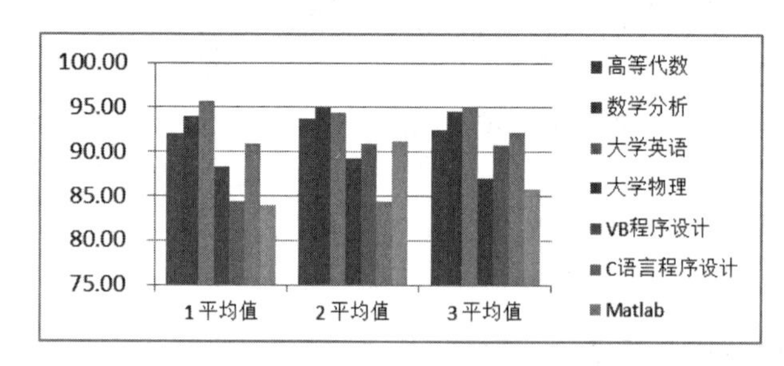

图 4.83　创建效果图

2. 图表的组成

在 Excel 中图表是用图形表示的，一般它由图表区、绘图区、图标标题、图例、垂直轴、水平轴、数据系列以及网格线等组成，如图 4.84 所示。

(1) 图表区：是图表最基本的组成部分，是整个图表的背景区域，图表的其他组成部分都汇集在图表区中，例如图标标题、绘图区、图例、垂直轴、水平轴、数据系列以及网格线等。

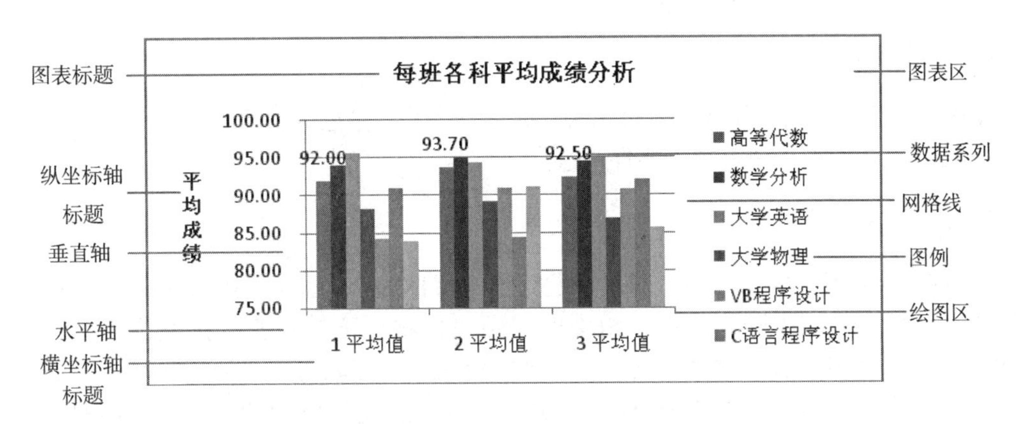

图 4.84　图表的组成结构图

（2）绘图区：是图表的重要组成部分，它主要包括图形形状和网格线等。

（3）图表标题：主要用于显示图表的名称。

（4）坐标轴标题：是显示在坐标轴旁边的文本框区域，分横坐标轴标题和纵坐标轴标题。

（5）图例：用不同的颜色或形状来显示不同的数据系列。

（6）垂直轴：可以确定图表中垂直坐标轴的最小和最大刻度值。

（7）水平轴：水平轴主要用于显示文本标签。

（8）数据系列：根据用户指定的图表类型以系列的方式显示在图表中的可视化数据。

（9）数据标签：用来直接标示图表中的数据点的值。

3. 图表的类型

（1）柱形图：用于显示一段时间内的数据变化或显示各项之间的比较情况。

（2）折线图：是将一系列的数据点用直线连接起来的，以等间隔显示数据的变化趋势。

（3）饼图：显示一个数据系列中各项的大小与各项总和的比例，饼图中的数据点显示为整个饼图的百分比。

（4）条形图：显示各个项目之间的比较情况。

（5）面积图：用于显示某个时间阶段总数与数据系列的关系。

（6）XY 散点图：显示若干数据系列中各数值之间的关系，或者将两组数绘制为 xy 坐标的一个系列。

（7）股价图：常用来显示股价的波动。

（8）曲面图：用来描述比较复杂的数学函数。

（9）圆环图：显示各个部分与整体之间的关系。

（10）气泡图：对成组的三个数值进行比较。

（11）雷达图：用来比较若干数据系列的聚合值。

4.4.2 编辑图表

图表创建完后，在功能区上方会出现“图表工具”，它包含三个选项卡“设计”“布局”“格式”，我们编辑图表时主要针对这三项内容。

1. 添加图表标签

以图4.82为例，第一，添加图表标题，单击“图表”，选择“图表工具”选项卡下方的“布局”选项，选择“标签”组中的“图表标题”下拉箭头，在下拉菜单中选择“在图表上方”按钮，此时在图表区显示“图表标题”，更名为：“每班各科平均成绩分析”，设置8号字体。第二，添加坐标轴标题，选择“标签”组中的“坐标轴标题”下拉箭头，在下拉菜单中选择“主要纵坐标轴”按钮，单击“坐标轴下方标题”，选择“竖排标题”此时在图表左方显示“坐标轴标题”，更名为：“平均成绩”，设置8号字体。第三，添加图例，选择“标签”组中的“图例”下拉箭头，在下拉菜单中选择“在右侧显示图例”按钮即可。第四，添加数据标签，选择“标签”组中的“数据标签”下拉箭头，在下拉菜单中选择“数据标签外”按钮即可。

2. 显示或隐藏坐标轴

单击“图表”，选择“图表工具”选项卡下方的“布局”选项，选择“坐标轴”组中的“坐标轴”下拉箭头，首先选择“主要横坐标轴”右侧的下拉列表，根据需要进行选择显示或隐藏即可；然后选择“主要纵坐标轴”右侧的下拉列表，根据需要进行选择显示或隐藏即可；同理网格线也可设置显示或隐藏。

3. 编辑图表数据列

图表中的数据与源数据是息息相关的，当修改图表数据时源数据的选择区跟着变化，当修改源数据时图表相应的数据也跟着变化。以图4.83为例，单击“图表”，选择“图表工具”中的“设计”选项卡，单击“数据”组中的“选择数据”按钮，弹出“选择数据源”对话框。在“选择数据源”对话框进行相应设置即可。

4. 更改图表类型

可以选择图表或图表中的某一数据系列，对图表的类型进行更改。单击“图表工具”中的“设计”选项卡，选择“类型”组中的“更改图表类型”按钮，弹出“更改图表类型”对话框。选择合适的图表类型即可。

5. 调整图表的大小和位置

单击“图表区”将鼠标移动到“图表”右下角出现上下斜箭头时，按住鼠标左键上下移动即可完成图表放大缩小的操作，将鼠标移到“图表区”出现十字箭头时，按住鼠标左键，移动“图表”到合适位置完成移动操作。

4.4.3　修饰图表

1. 更改图表样式

单击图表，选择“图表工具”中的“设计”选项卡，单击“图表样式”组中的“其他”按钮，弹出“样式”列表框。选择合适的样式即可。

2. 设置图表布局

选择需要更改布局的图表，选择“图表工具”中的“设计”选项卡，单击“图表布局”组的“其他”按钮，弹出“图表布局”列表框，选择合适的布局即可。

4.4.4　迷你图

1. 创建迷你图

在“2013 年图书销售分析”工作表中的 N4:N11 单元格中，插入用于统计销售趋势的迷你折线图，各单元格中迷你图的数据范围为所对应图书的 1—12 月份销售数据。并为各迷你折线图标记销量的最高点和最低点(真题)。首先选择“B4:M4”数据区域，然后单击“插入”选项卡，选择“迷你图”组中的“折线图”按钮，弹出“创建迷你图”窗口，单击位置范围右侧的按钮，单击 N4 单元格，然后单击“确定”按钮即可，如图 4.85 所示。其他迷你图用填充柄填充即可。

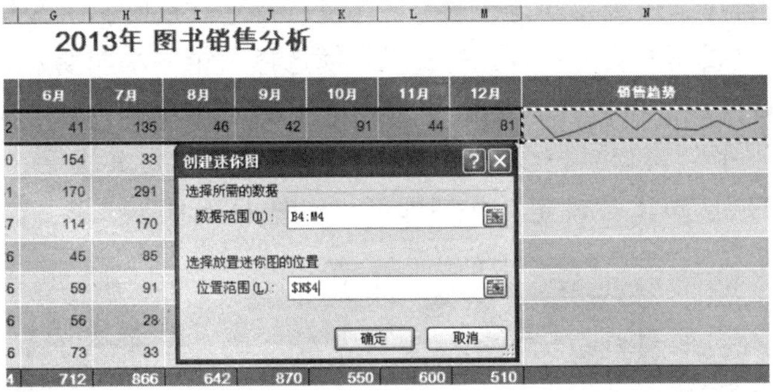

图 4.85　创建迷你图

2. 类型选择

选择“迷你图” M4 单元格，在功能区选择“迷你图工具”中的“设计”选项卡，单击“类型”组柱形图即可完成更改。

3. 格式化操作

可以对迷你图进行常规的格式设置，编辑数据：可以修改迷你图图组的源数据区域或单个迷你图的源数据区域；更改类型：可以更改迷你图的类型为折线图、柱形图、盈亏图；设置显示：可在迷你图中标识什么样的特殊数据；修改样式：可以使迷你图直接应用预定义格式的图表样式；更改迷你图颜色：可以修改迷你图折线或柱形的颜色；编辑颜色：可以对迷你图中特殊数据着重显示的颜色；修改坐标轴：可以选择迷你图坐标范围控制。

4.5 数据分析与处理

4.5.1 数据排序与筛选

1. 数据排序

根据某个特征值，按一定顺序排列数据。对数据进行排序不但便于查找所需数据，还可以快速组织数据。在 Excel 2010 中，可以对一列或多列中的数据按数值、文本、日期或时间等进行排序，还可以按单元格颜色、字体颜色或单元格图标进行排序。其次序分为升序、降序或自定义序列。

按一列进行排序：先单击需要排序列的任意单元格，然后选择“数据”选项卡“排序和筛选”组，单击“升序”按钮 A↓Z，或单击“降序”按钮 Z↓A，即可完成对该列的排序。

按多列进行排序：按多列排序时区分主要关键字和次要关键字。以图 4.86 为例，要求按班级升序进行排序，班级相同再按学号升序进行排序。这时，班级是主要关键字，学号是次要关键字。其操作方法为：首先打开工作簿选择“第一学期期末成绩”工作表，然后选择数据区域 A1:L19，再选择“数据”选项卡中的“排序和筛选”组，单击“排序”按钮，弹出“排序”窗口，按要求添加主要关键字和次要关键字，排序依据按“数值”，次序按“升序”，单击“确定”按钮即可，如图 4.86 所示。

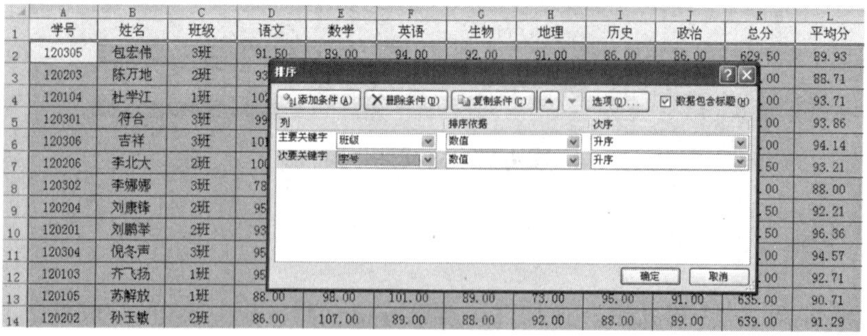

图 4.86 按多列进行排序

2. 数据筛选

在日常工作中会经常要从数据繁多的工作簿中查找符合某个或多个条件的数据，这时我们用 Excel 筛选功能会比较方便。筛选功能一般有：自动筛选、自定义筛选和高级筛序三种。

1） 自动筛选

自动筛选能快速地在表格中查到高于平均值、低于平均值、10 个最大值等条件的数据。如图 4. 86 为例，打开工作簿选择“第一学期期末成绩”工作表，选择“数据和筛选”工作组的“筛选”按钮，单击“语文”单元格旁边的按钮，在弹出的下拉菜单中选择“数字筛选”中的“低于平均值”选项，即可完成筛选，如图 4. 87 所示。

	A	B	C	D	E	F	G	H	I	J	K	L
1	学号	姓名	班级	语文	数学	英语	生物	地理	历史	政治	总分	平均分
6	120105	苏解放	1班	88.00	98.00	101.00	89.00	73.00	95.00	91.00	635.00	90.71
7	120106	张桂花	1班	90.00	111.00	116.00	72.00	95.00	93.00	95.00	672.00	96.00
8	120201	刘鹏举	2班	93.50	107.00	96.00	100.00	93.00	92.00	93.00	674.50	96.36
9	120202	孙玉敏	2班	86.00	107.00	89.00	88.00	92.00	88.00	89.00	639.00	91.29
10	120203	陈万地	2班	93.00	99.00	92.00	86.00	86.00	73.00	92.00	621.00	88.71
15	120302	李娜娜	3班	78.00	95.00	94.00	82.00	90.00	93.00	84.00	616.00	88.00
16	120303	闫朝霞	3班	84.00	100.00	97.00	87.00	78.00	89.00	93.00	628.00	89.71
18	120305	包宏伟	3班	91.50	89.00	94.00	92.00	91.00	86.00	86.00	629.50	89.93

图 4. 87　对语文成绩按“低于平均值”进行筛选

2） 自定义筛选

如果自动筛选方式不能满足需要，此时可自定义筛选数据。在“第一学期期末成绩”工作表，筛选出总分大于 616，小于 700 的学生，具体方法为：首先选择数据区域 A1:L19，再选择“数据”选项卡中的“排序和筛选”组，单击“筛选”按钮，单击“总分”单元格旁边的按钮，在弹出的下拉菜单中选择“数字筛选”中的“自定义筛选”选项，弹出“自定义自动筛选方式”对话框，设置筛选的条件，在第一个下拉列表框中选择“大于”选项，在后面的数值框中输入“616”，在第二个下拉列表框中选择“小于”选项，在后面的数值框中输入“700”，再选择“与”单选按钮，如图 4. 88 所示。单击“确定”按钮即可完成筛选。

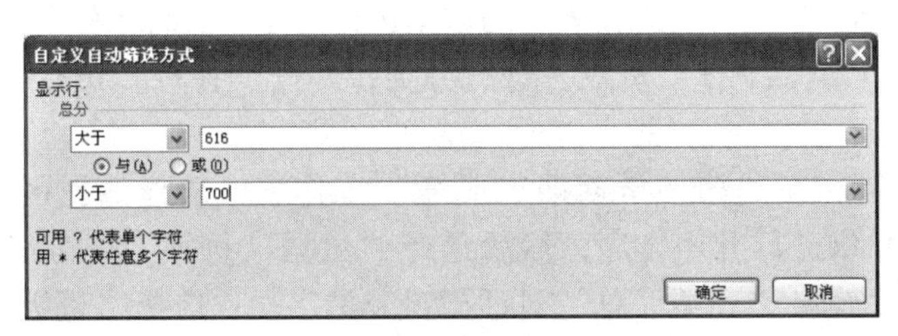

图 4. 88　自定义自动筛序设置窗口

3） 高级筛序

此功能能同时筛选出满足两个或两个以上约束条件的记录，同时可将筛选出的结果输出到确定位置。在“第一学期期末成绩”工作表，利用高级筛序功能，将符合班级为 2 班筛、语文成绩大于 90 的学生记录筛选出来。具体方法为：首先在“第一学期期末成绩”

工作表任意单元格输入条件，这里在 C21 单元格中输入“班级”，在 C22 单元格输入“2班”，在 D21 单元格输入“语文”，在 D22 单元格输入“ >90”，然后单击上方数据区域的任意单元格，再选择“数据”选项卡“排序和筛选”组，单击“高级”按钮，弹出“高级筛选”对话框如图 4.89 所示，方式选择为：在原有区域显示筛选结果，列表区域为：为 A1:L19，条件区域为：C21:D22，单击“确定”按钮即可。

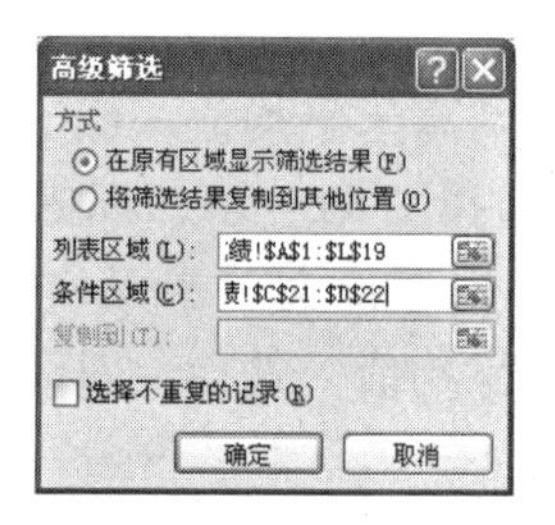

图 4.89 “高级筛序”对话框

4）取消筛选

第一种，对已经筛选的工作表，再次选择“数据”选项卡“排序和筛选”组，单击“筛选”按钮借款。第二种，如果要取消单列的筛选状态，可单击数据列表表头单元格旁边的按钮，在弹出的下拉菜单选择复选框，单击“确定”按钮即可。第三种，选择“数据”选项卡“排序和筛选”组，单击“清楚”按钮，即可取消数据列表中的所有筛选。

4.5.2 数据的分类汇总

分类汇总是一种常用的数据分析方法。将数据排序分类以后，使用分类汇总功能能够以某一列字段为分类项目，然后对表格中的其他数据列的数据进行汇总，如求和、平均值、最大值和最小值等。Excel 2010 可以对分类汇总的数据进行分级显示。可以对数据结果进行格式化、创建图表或者打印操作。针对同一个分类字段，可进行多种汇总。

1. 创建分类汇总

创建分类汇总前，首先要对工作表中的数据进行排序，然后在分类汇总。下面在“第一学期期末成绩”工作表中按“班级”进行分类，并按“各科”进行平均值汇总。具体操作如下。

首先打开工作簿，在“第一学期期末成绩”工作表，选择数据区域 A1:L19，单击“排序”按钮，按班级进行升序排序，然后选择“数据”选项卡“分级显示”组，单击“分类汇总”按钮，弹出“分类汇总”对话框，分类字段：选择“班级”，汇总方式：选择“平均值”，选定汇总项：语文、数学、英语、生物、地理、历史、政治。最后单击“确定”按钮即可，如图 4.90 所示。

注：默认创建分类汇总时，在表格中只显示一种汇总方式，用户可根据实际需要，在此次分类汇总的基础上，添加“求和”“最大值”等多重分类汇总项目。

	A	B	C	D	E	F	G	H	I	J	K	L
1	学号	姓名	班级	语文	数学	英语	生物	地理	历史	政治	总分	平均分
2	120101	曾令煊	1班	97.50	106.00	108.00	98.00	99.00	99.00	96.00	703.50	100.50
3	120102	谢如康	1班	110.00	95.00	98.00	99.00	93.00	93.00	92.00	680.00	97.14
4	120103	齐飞扬	1班	95.00	85.00	99.00	98.00	92.00	92.00	88.00	649.00	92.71
5	120104	杜学江	1班	102.00	116.00	113.00	78.00	88.00	86.00	73.00	656.00	93.71
6	120105	苏解放	1班	88.00	98.00	101.00	89.00	73.00	95.00	91.00	635.00	90.71
7	120106	张桂花	1班	90.00	111.00	116.00	72.00	95.00	93.00	95.00	672.00	96.00
8			1班 平均值	97.08	101.83	105.83	89.00	90.00	93.00	89.17		
9	120201	刘鹏举	2班	93.50	107.00	96.00	100.00	93.00	92.00	93.00	674.50	96.36
10	120202	孙玉敏	2班	86.00	107.00	89.00	88.00	92.00	88.00	89.00	639.00	91.29
11	120203	陈万地	2班	93.00	99.00	92.00	86.00	86.00	73.00	92.00	621.00	88.71
12	120204	刘康锋	2班	95.50	92.00	96.00	84.00	95.00	91.00	92.00	645.50	92.21
13	120205	王清华	2班	103.50	105.00	105.00	93.00	93.00	90.00	86.00	675.50	96.50
14	120206	李北大	2班	100.50	103.00	104.00	88.00	89.00	78.00	90.00	652.50	93.21
15			2班 平均值	95.33	102.17	97.00	89.83	91.33	85.33	90.33		
16	120301	符合	3班	99.00	98.00	101.00	95.00	91.00	95.00	78.00	657.00	93.86
17	120302	李娜娜	3班	78.00	95.00	94.00	82.00	90.00	93.00	84.00	616.00	88.00
18	120303	闫朝霞	3班	84.00	100.00	97.00	87.00	78.00	89.00	93.00	628.00	89.71
19	120304	倪冬声	3班	95.00	97.00	102.00	93.00	95.00	92.00	88.00	662.00	94.57
20	120305	包宏伟	3班	91.50	89.00	94.00	92.00	91.00	86.00	86.00	629.50	89.93
21	120306	吉祥	3班	101.00	94.00	99.00	90.00	87.00	95.00	93.00	659.00	94.14
22			3班 平均值	91.42	95.50	97.83	89.83	88.67	91.67	87.00		
23			总计平均值	94.61	99.83	100.22	89.56	90.00	90.00	88.83		

图 4.90 “分类汇总”后的窗口

2. 隐藏和显示当前的分类汇总

创建分类汇总后，为了更好地查看数据，可将分类汇总后的暂时不需要的数据隐藏起来，减小界面的占用空间。具体方法为：单击表格左侧的 [-] 按钮，即可隐藏不需要的分类汇总项目，隐藏后其表格左侧的 [-] 按钮变成 [+] 按钮，单击 [+] 按钮即可显示被隐藏的分类汇总项目；或单击工作表左上角的 1 2 3 图表，即可完成隐藏和显示当前的分类汇总。

3. 取消分类汇总

如果想要恢复分类汇总前的原样，就要删除分类汇总。其操作方法为：在分类汇总的工作表，选择“数据”选项卡“分级显示”组，单击“分类汇总”按钮，弹出“分类汇总”对话框，单击“全部删除”按钮即可。

4.5.3　数据的合并计算

Excel 2010 中的合并计算功能可以将相似结构或内容的多张表格进行合并汇总。具体方法有两种：一是按类别合并计算；二是按位置合并计算。合并计算的区域可以是同一张工作表的不同表格，也可以是同一工作簿中的不同工作表，还可以是不同工作簿中的表格。

1. 按位置合并计算表格的数据

图 4.91 有两个结构相同的数据表“电气信息学院纸张购买情况统计表”和“机械工程学院纸张购买情况统计表”，按位置合并计算表格中的各项数据，具体操作方法为：选择 A9 单元格，单击“数据”选项卡“数据工具”组中的“合并计算”按钮，弹出“合并计算”窗口，在“函数”下拉列表框选择“求和”，单击“引用”位置右侧按钮 ，

选择 A2:E6 区域，在所有引用位置右侧，单击“添加”按钮，继续单击“引用”位置右侧按钮 ，选择 G2:K6 区域，在所有引用位置右侧，单击“添加”按钮，然后单击“确定”按钮即可，效果如图 4.91 所示。

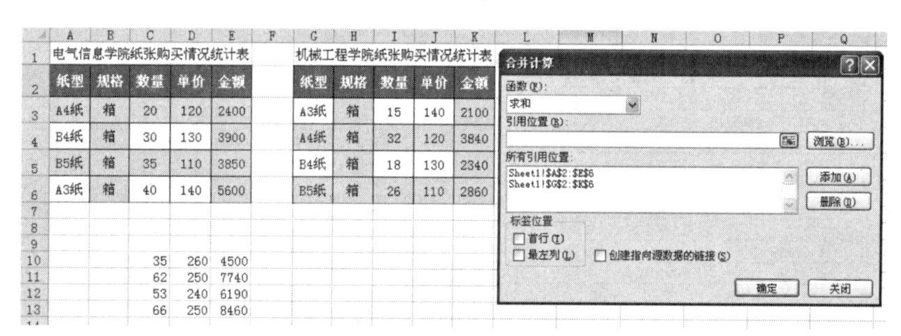

图 4.91　按位置合并计算效果图

2. 按类合并计算表格中的数据

同上例，在“合并计算”窗口，在标签位置下方，选择“首行”和“最左列”，单击“确定”按钮即可，效果如图 4.92 所示。

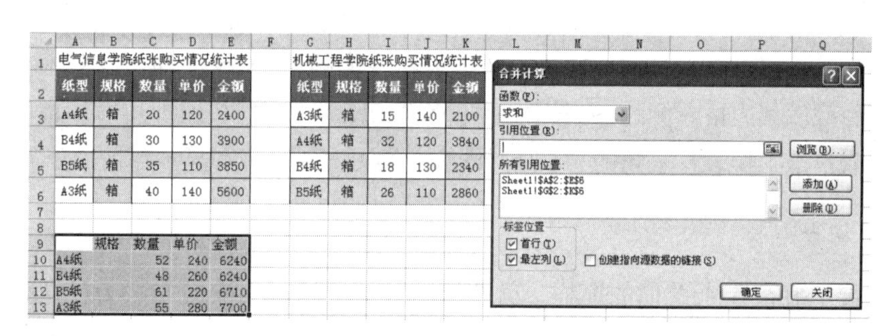

图 4.92　按类合并计算效果图

注：在使用类别合并时，数据源列表必须包含行或列标题，并且选择“标签位置”组合框中的复选框，同时选中“首行”和“最左列”时，所生成的合并结果中会缺失第一列的列标题；合并后的结果数据项的排列顺序默认为第一张的顺序。

4.5.4　数据透视表和数据透视分析

1. 数据透视表

数据透视表是一种特殊形式的表，它能从一个数据清单的特定字段中概括出信息。为工作表“销售情况”中的销售数据创建一个数据透视表，放置在一个名为“数据透视分析”的新工作表中，要求针对各类商品比较各门店每个季度的销售额。其中：商品名称为报表筛选字段，店铺为行标签，季度为列标签，并对销售额求和。最后对数据透视表进行格式设置，使其更加美观(真题)。

创建及设置数据透视表操作步骤如下。

① 首先选择 A3:F83 数据区域，单击“插入”选项卡“表格”组中的“数据透视表”，弹出下拉菜单，选择“数据透视表”，弹出“创建数据透视表”对话框，“请选择要分析的数据”已经提前选择好，“选择放置数据透视表的位置”选择“新工作表”，单击“确定”按钮，为新建的数据透视表 sheet1 重新命名为：“数据透视分析”，如图 4.93 所示。

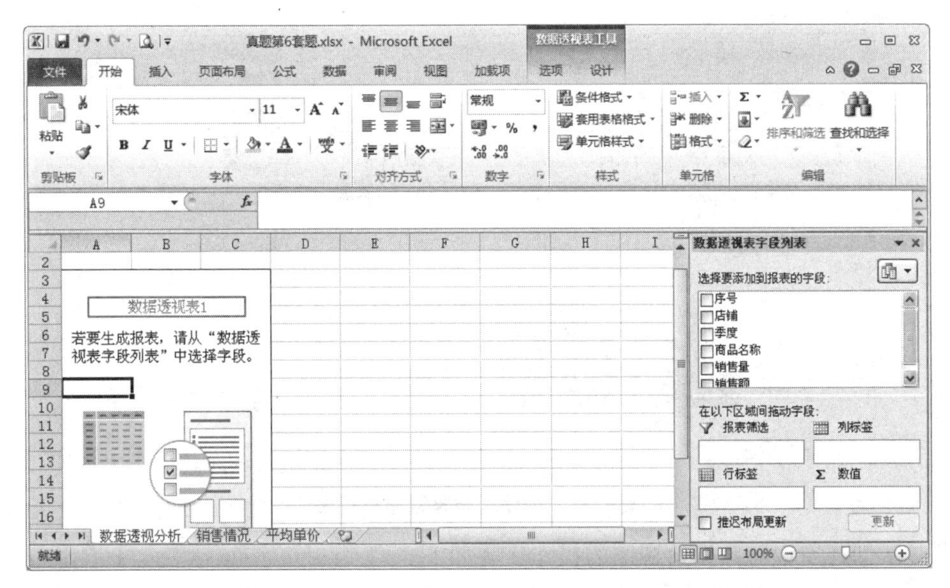

图 4.93　新建的“数据透视分析”工作表

② 然后设置数据透视表字段列表，根据要求将“商品名称”字段拖曳到“报表筛选”中，将“店铺”字段拖曳到“行标签”中，将“季度”字段拖曳到“列标签”中，将“销售额”字段拖曳到“数值”中并按设置“值字段设置”为求和。最后选择“数据透视表工具”中的“设计”选项卡，在“数据透视表样式”组选“数据透视表样式浅色 16”。如针对笔记本进行比较各门店每个季度的销售额，单击“商品名称”右侧的下拉菜单，选择“笔记本”即可，如图 4.94 所示。

	A	B	C	D	E	F
1	商品名称	笔记本				
2						
3	求和项:销售额	列标签				
4	行标签	1季度	2季度	3季度	4季度	总计
5	上地店	819416.016	637323.568	1001508.464	1274647.136	3732895.184
6	西直门店	910462.24	682846.68	1138077.8	1365693.36	4097080.08
7	亚运村店	955985.352	773892.904	1183600.912	1456739.584	4370218.752
8	中关村店	1047031.576	819416.016	1320170.248	1593308.92	4779926.76
9	总计	3732895.184	2913479.168	4643357.424	5690389	16980120.78

图 4.94　创建好的数据透视表

2. 数据透视图

数据透视图是以图形的形式呈现数据透视表中的汇总数据，其作用与普通图表一样，可以更形象化地对数据进行比较。以图 4.95 为例(真题)：根据生成的数据透视表，在透视表下方创建一个簇状柱形图，图表中仅对各门店四个季度笔记本的销售额进行比较。

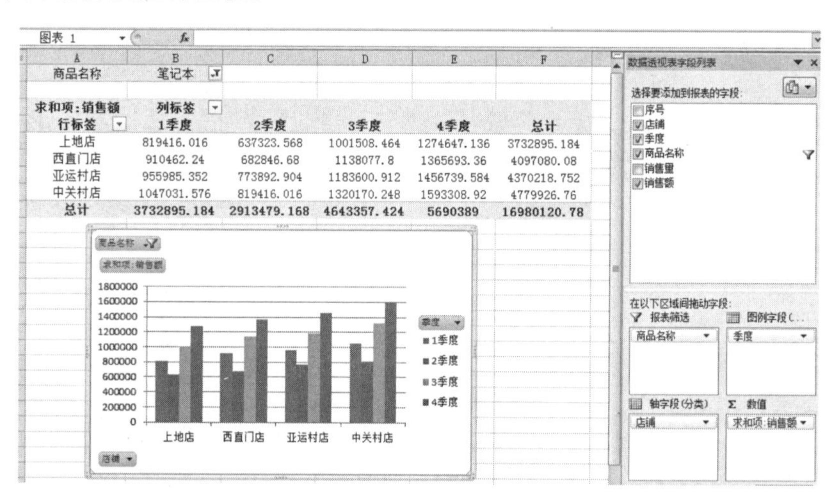

商品名称	笔记本				
求和项:销售额	列标签				
行标签	1季度	2季度	3季度	4季度	总计
上地店	819416.016	637323.568	1001508.464	1274647.136	3732895.184
西直门店	910462.24	682846.68	1138077.8	1365693.36	4097080.08
亚运村店	955985.352	773892.904	1183600.912	1456739.584	4370218.752
中关村店	1047031.576	819416.016	1320170.248	1593308.92	4779926.76
总计	3732895.184	2913479.168	4643357.424	5690389	16980120.78

图 4.95 创建及设置数据透视图

创建及设置数据透视图的操作步骤如下。

① 首先单击数据透视表数据区域的任意位置，选择“数据透视表工具”中“选项”选项卡，单击“工具”组中“数据透视图”按钮，弹出“插入图表”窗口。

② 选择“柱形图”中的“簇状柱形图”，单击“确定”按钮生成“数据透视图”，把其移动到数据区域下方合适的位置，在数据透视图上方“商品名称”右侧的下拉菜单选择“笔记本”，在数据透视图下方“店铺”右侧的下拉菜单选择“各门店”，在数据透视图中间“季度”右侧的下拉菜单选择“各季度”。

【参考视频】

4.5.5 案例分析 2

销售部助理小李需要根据 2012 年和 2013 年的图书产品销售情况进行统计分析，以便制订新一年的销售计划和工作任务。现在，请你按照如下需求，在文档“Excel. xlsx”中完成以下工作。

(1) 打开“Excel. xlsx”文件，在“销售订单”工作表“日期”列的所有单元格中，标注每个销售日期属于星期几，例如日期为“2013 年 1 月 18 日”的单元格应显示为“2013 年 1 月 18 日 星期六”，日期为“2013 年 1 月 16 日”的单元格应显为“2013 年 1 月 16 日 星期二”。

具体操作步骤如下。

① 打开“Excel. xlsx”文件，选中“A3:A647”单元格区域，单击“开始”选

项卡，选择“数字”组中的“对话框启动器”，弹出“设置单元格格式”窗口，在“数字”选项卡“分类”列表框中选择“自定义”。

② 在“类型”下方面的文本框中键入“yyyy”年"m"月"d"日“aaaa”，单击“确定”按钮，如图 4.96 所示。

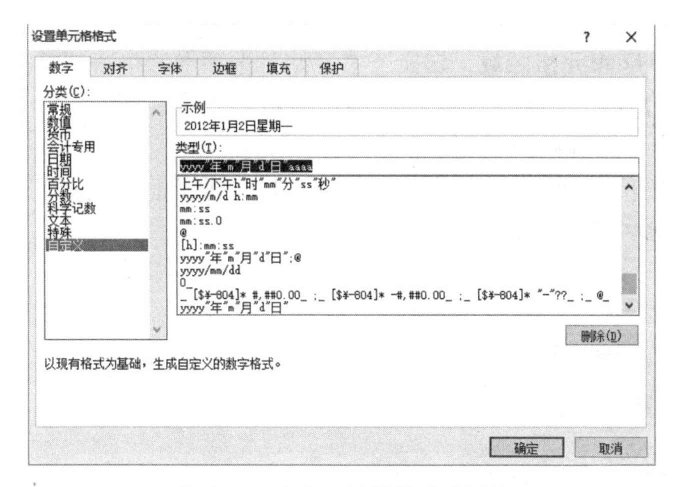

图 4.96　自定义日期格式对话框

（2）如果“日期”列中的日期为星期六或星期日，则在“是否加班”列的单元格中显示“是”，否则显示“否”（必须使用公式）。

具体操作步骤为：选择 J3 单元格，输入“= IF (WEEKDAY (A3,2) > 5," 是"," 否")”，按 Enter 键确认输入公式，自动计算出结果，如图 4.97 所示。

EXCEL - Microsoft Excel

文件　开始　插入　页面布局　公式　数据　审阅　视图　设计

J3　=IF(WEEKDAY(A3,2)>5,"是","否")

…合书城销售有限公司销售订单明细表

	单价	销量（本	发货地址	所属区域	销售额小计	是否加班
3		12	福建省厦门市思明区莲岳路118号中烟大厦1702室			否
4		20	广东省深圳市南山区蛇口港湾大道2号			否
5		41	上海市闵行区浦星路699号			否
6		21	上海市浦东新区世纪大道100号上海环球金融中心56楼			否
7		32	海南省海口市琼山区红城湖路22号			否
8		22	云南省昆明市官渡区拓东路6号			否
9		49	北京市石河子市石河子信息办公室			否
10		20	重庆市渝中区中山三路155号			否
11		12	广东省深圳市龙岗区坂田			否
12		32	江西省南昌市西湖区洪城路289号			否
13		43	北京市海淀区东北旺西路8号			否
14		22	北京市西城区西绒线胡同51号中国会			否
15		31	贵州省贵阳市云岩区中山西路51号			否
16		19	贵州省贵阳市中山西路51号			否
17		43	辽宁省大连中山区长江路123号大连日航酒店4层清苑厅			是
18		39	四川省成都市城市名人酒店			否
19		30	山西省大同市南城墙永泰西门			否
20		43	浙江省杭州市西湖区北山路78号香格里拉饭店东楼1栋555房			否
21		40	浙江省杭州市西湖区紫金港路21号			否

销售订单　2012年图书销售分析　统计报告　城市对照　图书单价

就绪　70%

图 4.97　判断是否加班

解析：

WEEKDAY(日期,系数)，当系数为 2 时，表示每周第一天以星期一为 1 计，星期二为 2，星期三为 3……星期六为 6，星期日为 7。

WEEKDAY(A3,2)返回1~7之间的整数，代表星期几。

IF(WEEKDAY(A3,2)>5,"是","否")用于判断是否在星期六或星期日上班。

(3) 在“销售订单”工作表中，将所有重复的订单编号数值标记为红色(标准色)字体，然后通过数据工具删除订单编号重复的记录，但须保持原订单明细的记录顺序。

具体操作步骤如下。

① 选中B3:B647单元格区域，切换至“开始”选项卡，单击“样式”组中的“条件格式”按钮，在弹出的下拉菜单中执行“突出显示单元格规则”命令，弹出子菜单，执行“重复值”命令，如图4.98所示。

② 弹出“重复值”对话框，在“设置为”下拉列表框中选择“红色文本”，单击“确定”按钮，如图4.99所示。

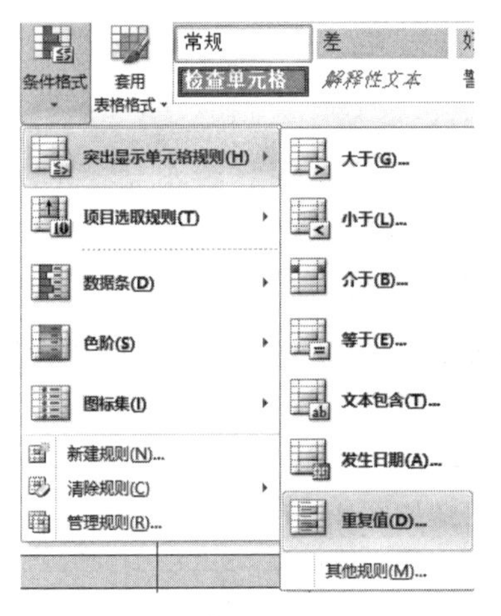

图4.98 条件格式菜单选项

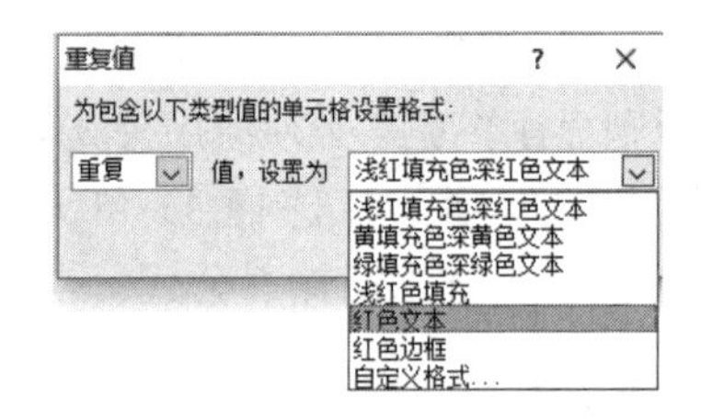

图4.99 设置重复值对话框

③ 单击“数据”选项卡，在“数据工具”选项组中，单击“删除重复项”按钮，在弹出的“删除重复项”对话框中，单击“取消全选”按钮，然后选中“订单编号”复选框，单击“确定”按钮，如图4.100所示。

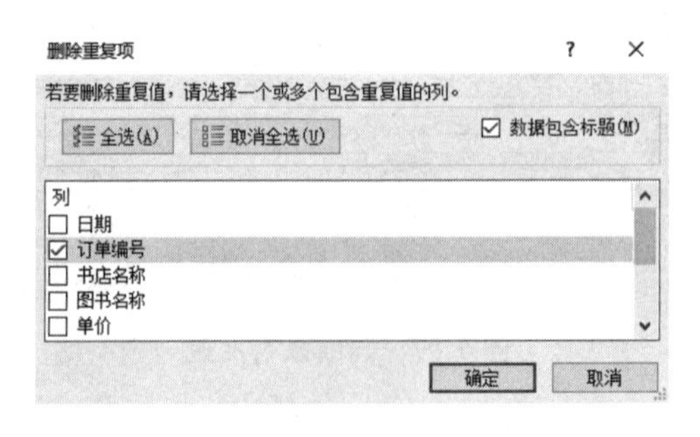

图4.100 “删除重复项”对话框

④ 单击“确定”按钮后，Excel将对选中的列进行重复值检查，并给出处理结果的提

示信息，单击“确定”按钮，如图 4.101 所示。

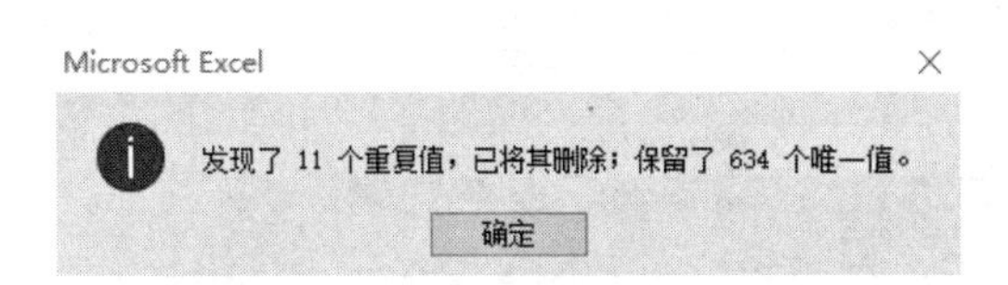

图 4.101　删除重复值提示信息窗口

(4) 在“日期”与“订单编号”插入新列“季度”，数据根据月份由函数生成，例如：1—3 月份对应“第 1 季度”、4—6 月份对应“第 2 季度”……

具体操作步骤如下。

① 选中 B 列，右键单击其列号，在弹出的快捷菜单中执行“插入”命令，即可插入新列；选择 B2 单元格，输入“季度”。

② 选择 B3 单元格，输入公式：

“ = "第" &IF(MONTH(A3) > 9 , "4" , IF(MONTH(A3) > 6 , "3" , IF(MONTH(A3) > 3 , "2" , "1"))) & "季度" ”，按 Enter 键确认输入公式，自动计算出结果，如图 4.102 所示。

B3　=“第”&IF(MONTH(A3)>9,“4”,IF(MONTH(A3)>6,“3”,IF(MONTH(A3)>3,“2”,“1”)))&“季度”

	A	B	C	D	
1					
2	日期	季度	订单编号	书店名称	图
3	2012年1月2日星期一	第1季度	DDB-08001	鼎盛书店	《计算机基础及
4	2012年1月4日星期三	第1季度	DDB-08002	博达书店	《嵌入式系统开
5	2012年1月4日星期三	第1季度	DDB-08003	博达书店	《操作系统原理
6	2012年1月5日星期四	第1季度	DDB-08004	博达书店	《MySQL数据库
7	2012年1月6日星期五	第1季度	DDB-08005	鼎盛书店	《MS Office高
8	2012年1月9日星期一	第1季度	DDB-08006	鼎盛书店	《网络技术》
9	2012年1月9日星期一	第1季度	DDB-08600	博达书店	《数据库原理》
10	2012年1月10日星期二	第1季度	DDB-08601	鼎盛书店	《VB语言程序设
11	2012年1月10日星期二	第1季度	DDB-08007	博达书店	《数据库技术》
12	2012年1月11日星期三	第1季度	DDB-08008	隆华书店	《软件测试技术
13	2012年1月11日星期三	第1季度	DDB-08009	鼎盛书店	《计算机组成与
14	2012年1月12日星期四	第1季度	DDB-08010	隆华书店	《计算机基础及
15	2012年1月12日星期四	第1季度	DDB-08011	鼎盛书店	《C语言程序设计

销售订单　2012年图书销售分析　统计报告　城市对照　图书单价

图 4.102　填充季度列的值

(5) 将工作表“图书单价”中的区域 A2:B19 定义名称为“图书单价”。在“销售订单”工作表的“单价”列中，利用 VLOOKUP 公式计算并填写相对应图书的单价金额。图书名称与图书单价的对应关系可参考工作表“图书单价”。

具体操作步骤如下。

① 击“图书单价”工作表标签，选中“A2:B19”区域，在“名称框”处输入“图书单价”，如图 4.103 所示。

图书单价参考表	
图书名称	单价
《计算机基础及MS Office应用》	¥ 41.30
《嵌入式系统开发技术》	¥ 42.50
《操作系统原理》	¥ 39.40
《MySQL数据库程序设计》	¥ 39.80
《MS Office高级应用》	¥ 40.60
《网络技术》	¥ 38.60
《数据库原理》	¥ 39.20
《VB语言程序设计》	¥ 36.30
《数据库技术》	¥ 34.90
《软件测试技术》	¥ 40.50
《计算机组成与接口》	¥ 44.50
《计算机基础及Photoshop应用》	¥ 36.80
《C语言程序设计》	¥ 43.90
《信息安全技术》	¥ 41.10
《Java语言程序设计》	¥ 37.80
《Access数据库程序设计》	¥ 43.20
《软件工程》	¥ 39.30

图 4.103　定义指定单元格区域名称

② 选择 B3 单元格，输入"=VLOOKUP(E3,图书单价!$A$2:$B$19,2,0)"，按 Enter 键确认输入公式，自动计算出结果，如图 4.104 所示。

=VLOOKUP(E8,图书单价!$A$2:$B$19,2,0)

联合书城销售有限公司销

订单编号	书店名称	图书名称	单价	销量
DDB-08001	鼎盛书店	《计算机基础及MS Office应用》	41.3	
DDB-08002	博达书店	《嵌入式系统开发技术》	42.5	
DDB-08003	博达书店	《操作系统原理》	39.4	
DDB-08004	博达书店	《MySQL数据库程序设计》	39.8	
DDB-08005	鼎盛书店	《MS Office高级应用》	40.6	
DDB-08006	鼎盛书店	《网络技术》	38.6	
DDB-08600	博达书店	《数据库原理》	39.2	
DDB-08601	鼎盛书店	《VB语言程序设计》	36.3	
DDB-08007	博达书店	《数据库技术》	34.9	
DDB-08008	隆华书店	《软件测试技术》	40.5	
DDB-08009	鼎盛书店	《计算机组成与接口》	44.5	
DDB-08010	隆华书店	《计算机基础及Photoshop应用》	36.8	
DDB-08011	鼎盛书店	《C语言程序设计》	43.9	

图 4.104　填充单价列的值

(6) 根据"销售订单"工作表的"发货地址"列信息，并参考"城市对照"工作表中省市与所属区域的对应关系，计算并填写"销售订单"工作表中每笔订单的"所属区域"。

具体操作步骤如下。

选择 I3 单元格，输入"=VLOOKUP(MID(H3,1,3),城市对照!$A$3:$B$25,2,0)"，按 Enter 键确认输入公式，自动计算出结果，如图 4.105 所示。

=VLOOKUP(MID(H3,1,3),城市对照!$A$3:$B$25,2,0)

发货地址	所属区域
福建省厦门市思明区莲岳路118号中烟大厦1702室	华东地区
广东省深圳市南山区蛇口港湾大道2号	中南地区
上海市闵行区浦星路699号	华东地区
上海市浦东新区世纪大道100号上海环球金融中心56楼	华东地区
海南省海口市琼山区红城湖路22号	中南地区
云南省昆明市官渡区拓东路6号	西南地区
北京市石河子市石河子信息办公室	华北地区
重庆市渝中区中山三路155号	西南地区
广东省深圳市龙岗区坂田	中南地区
江西省南昌市西湖区洪城路289号	华东地区
北京市海淀区东北旺西路8号	华北地区
北京市西城区西绒线胡同51号中国会	华北地区

图 4.105　填充所属区域列值

(7) 如果每笔订单的图书销量超过 20 本(含 20 本)，按照图书单价的 9.0 折进行销售，图书销量超过 40 本(含 40 本)，按照图书单价的 8.0 折进行销售；否则按照图书单价的原价进行销售。按照此规则，计算并填写“销售订单”工作表中每笔订单的“销售额小计”，数据类型设为“货币”类型，保留 2 位小数，有人民币货币符号。

具体操作步骤如下。

择 J3 单元格，输入“=IF(G3>=20,F3*0.9*G3,IF(G3>=40,F3*G3*0.8,F3*G3))”，按 Enter 键确认输入公式，自动计算出结果，如图 4.106 所示。

=IF(G3>=20,F3*0.9*G3,IF(G3>=40,F3*G3*0.8,F3*G3))

所属区域	销售额小计	是否加班
华东地区	495.6	否
中南地区	765	否
华东地区	1453.86	否
华东地区	752.22	否
中南地区	1169.28	否
西南地区	764.28	否
华北地区	1728.72	否
西南地区	653.4	否
中南地区	418.8	否
华东地区	1166.4	否
华北地区	1722.15	否
华北地区	728.64	否
西南地区	1224.81	否
西南地区	780.9	否

图 4.106　填充销售额小计列值

② 选中 J3:J636 单元格区域，右键单击选定区域，在弹出的快捷菜单中执行“设置单元格格式”命令，弹出“设置单元格格式”对话框，在“数字”选项卡中的分类列表框中选择“货币”选项，将小数位数设置为“0”，并在货币符号(国家/地区)下拉列表框中选择“人民币货币符号”，如图 4. 107 所示。

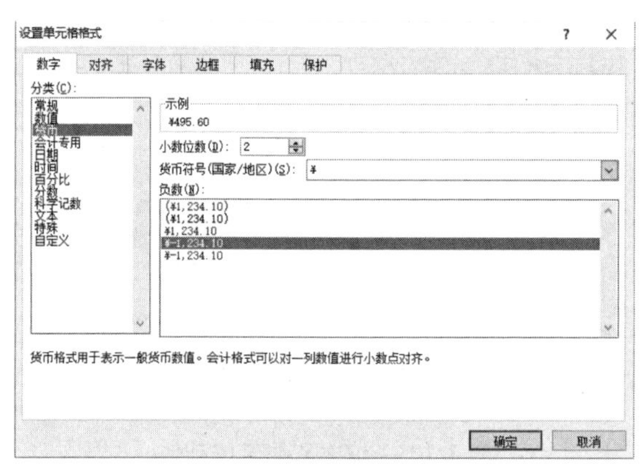

图 4. 107　设置货币格式对话框

（8）在“2012 年图书销售分析”工作表中，统计 2012 年各类图书在每月的销售量，并将统计结果填充在所对应的单元格中。为该表添加汇总行，在汇总行单元格中分别计算每月图书的总销量。并在“2012 年图书销售分析”工作表中的 N4:N20 单元格中，插入用于统计销售趋势的迷你折线图，各单元格中迷你图的数据范围为所对应图书的 1—12 月份销售数据。并为各迷你折线图标记销量的最高点和最低点。

具体操作步骤如下。

① 单击“2012 年图书销售分析”工作表标签，选择 E4 单元格，单击“公式”选项卡，在“函数库”组中单击“插入函数”按钮，如图 4. 108 所示。

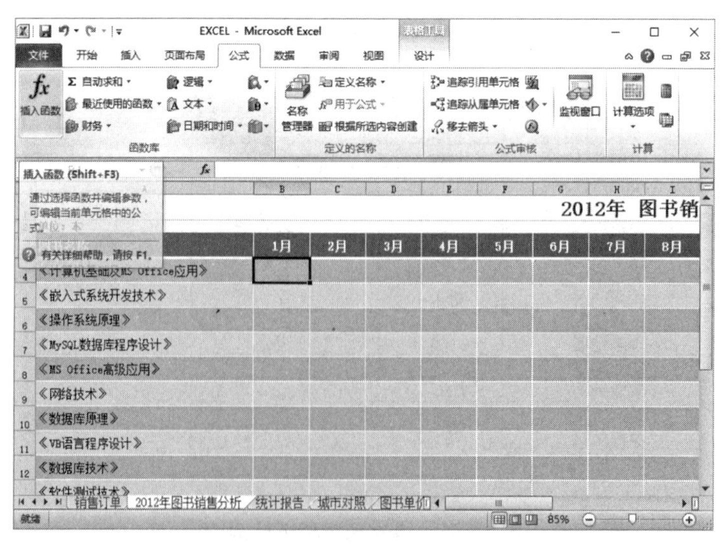

图 4. 108　插入函数

② 弹出“插入函数”对话框，在“搜索函数”文本框中输入“sumifs”，然后单击“转到”，如图 4.109 所示。

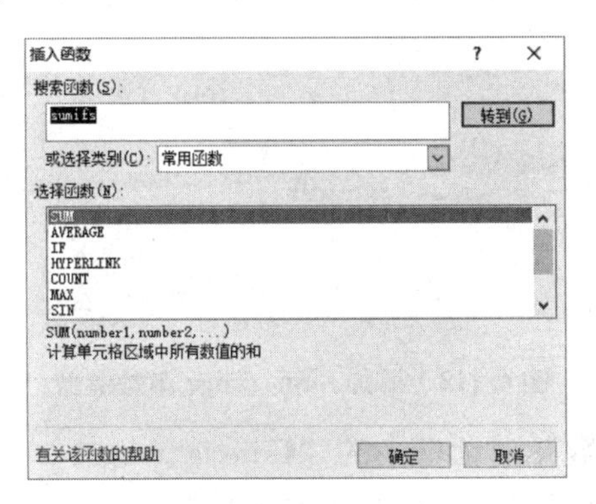

图 4.109　搜索函数

③ 在“插入函数”对话框中的“选择函数”列表框中，选择“sumifs”，如图 4.110 所示。

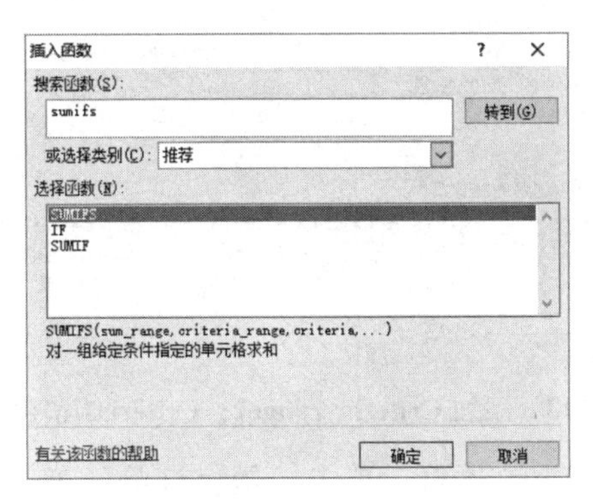

图 4.110　选择函数

④ 单击“确定”按钮，弹出“函数参数”对话框，如图 4.111 所示。

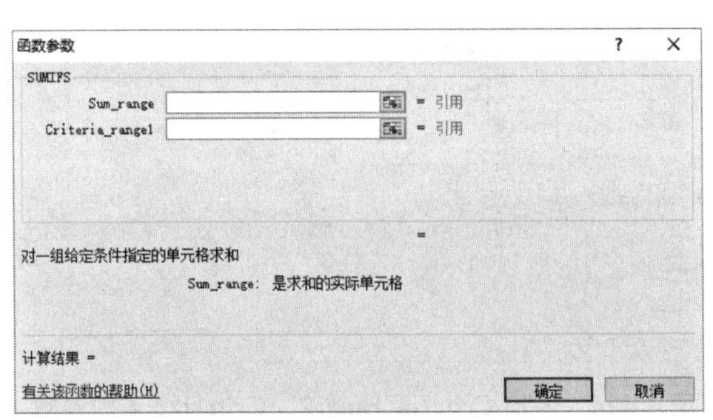

图 4.111　函数参数对话框

⑤ 双击“Sum_range”文本框，单击“销售订单”工作标签，选择 G3:G636 单元格区域，所选择区域将自动添加到“函数参数”对话框中，如图 4.112 所示。

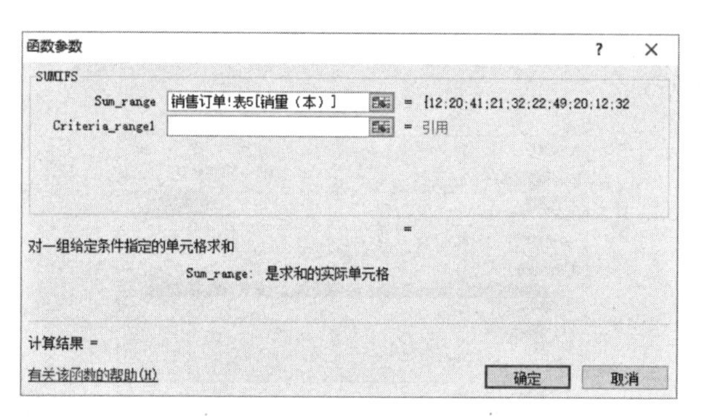

图 4.112　添加 Sum_range 函数参数

⑥ 依次单击“函数参数”对话框中的“Criteria_range1”文本框；单击“销售订单”工作标签，选择 A3:A636 单元格区域；单击 Criteria1 文本框，输入" > =2012 - 01 - 01"，如图 4.113 所示。

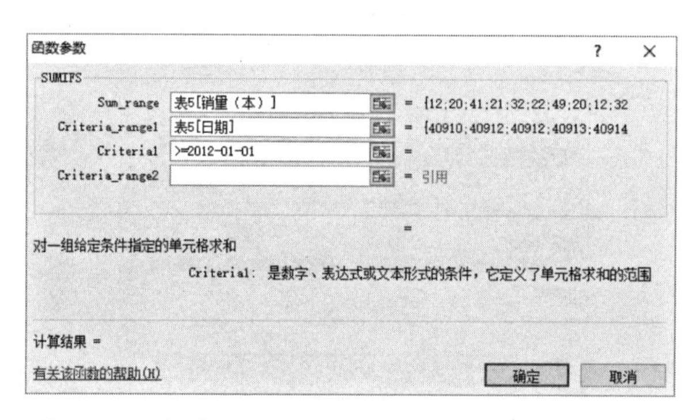

图 4.113　添加 Criteria_range1、Criteria1 函数参数

⑦ 单击“Criteria_range2”文本框，单击“销售订单”工作标签，选择 A3:A636 单元格区域；单击 Criteria2 文本框，输入" > =2012 - 01 - 31"，如图 4.114 所示。

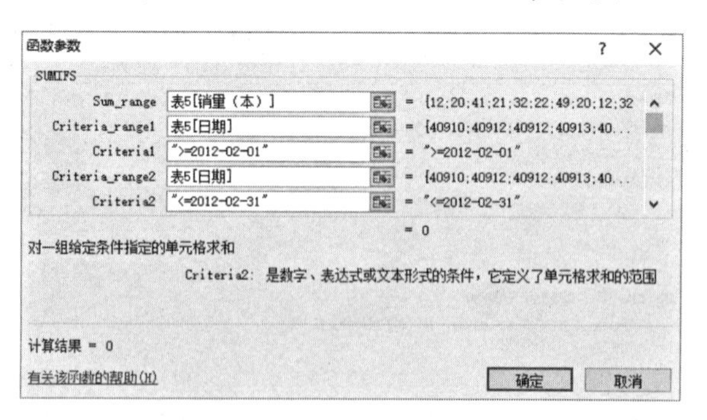

图 4.114　添加 Criteria_range2、Criteria2 函数参数

⑧ 单击“函数参数”对话框右侧垂直滚动条的下拉按钮，单击“Criteria_range3”文本框，单击“销售订单”工作标签，选择 E3:E636 单元格区域；单击 Criteria3 文本框，单击“2012 年图书销售分析”工作表标签，选择 A3 单元格，如图 4.115 所示。

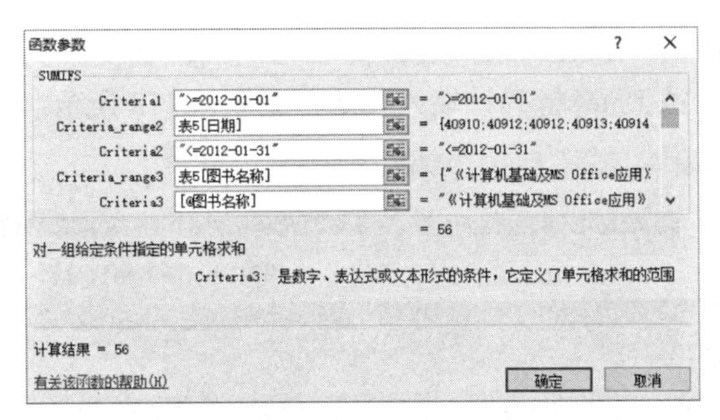

图 4.115　添加 Criteria_range3、Criteria3 函数参数

⑨ 单击“确定”按钮，执行函数运算，自动填充计算结果，如图 4.116 所示。

B4　=SUMIFS(表5[销量（本）],表5[日期],">=2012-01-01",表5[日期],"<=2012-01-31",表5[图书名称],[@图书名称])

2012年 图书销售分析

单位：本

图书名称	1月	2月	3月	4月	5月	6月	7月	8月	9月	10月	11月	12月
《计算机基础及MS Office应用》	56											
《嵌入式系统开发技术》	53											
《操作系统原理》	76											
《MySQL数据库程序设计》	43											
《MS Office高级应用》	70											
《网络技术》	42											
《数据库原理》	92											
《VB语言程序设计》	59											
《数据库技术》	44											
《软件测试技术》	51											
《计算机组成与接口》	81											
《计算机基础及Photoshop应用》	51											
《C语言程序设计》	76											
《信息安全技术》	34											
《Java语言程序设计》	30											
《Access数据库程序设计》	43											
《软件工程》	40											

销售订单　2012年图书销售分析　统计报告　城市对照　图书单价

图 4.116　自动填充计算结果

⑩ 右键单击 B4 单元格，在弹出的快捷菜单中执行“复制”命令；选取 C4:M20 单元格区域单元格，右键单击选定区域，在弹出的快捷菜单中执行“选择性粘贴”命令，弹出“选择性粘贴”对话框，选中粘贴“公式”按钮，如图 4.117 所示。

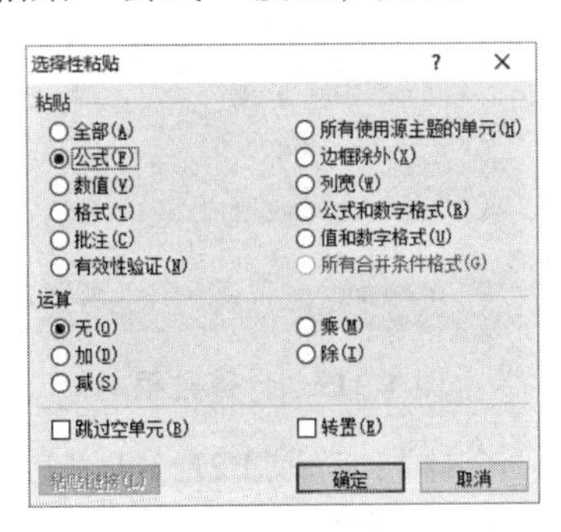

图 4.117　粘贴公式对话框

⑪ 单击 B4 单元格，单击函数编辑框，将时间范围依次更改为“ > =2012 - 02 - 01”“ < =2012 - 02 - 29”，按 Enter 键确认输入公式，如图 4. 118 所示。

=SUMIFS(表5[销量（本）],表5[日期],">=2012-02-01",表5[日期],"<=2012-02-29",表5[图书名称],[@图书名称])

2012年 图书销售分析

单位：本

图书名称	1月	2月	3月	4月	5月	6月	7月	8月	9月	10月	11月	12月
《计算机基础及MS Office应用》	56	[名称])										
《嵌入式系统开发技术》	53	53										
《操作系统原理》	76	76										
《MySQL数据库程序设计》	43	43										
《MS Office高级应用》	70	70										
《网络技术》	42	42										
《数据库原理》	92	92										
《VB语言程序设计》	59	59										
《数据库技术》	44	44										
《软件测试技术》	51	51										
《计算机组成与接口》	81	81										
《计算机基础及Photoshop应用》	51	51										
《C语言程序设计》	76	76										
《信息安全技术》	34	34										
《Java语言程序设计》	30	30										
《Access数据库程序设计》	43	43										
《软件工程》	40	40										

图 4. 118　粘贴公式对话框

⑫ 重复上述步骤，依次计算 3—12 月份各类图书销售量，结果如图 4. 119 所示。

=SUMIFS(表5[销量（本）],表5[日期],">=2012-12-01",表5[日期],"<=2012-12-31",表5[图书名称],[@图书名称])

图书名称	1月	2月	3月	4月	5月	6月	7月	8月	9月	10月	11月	12月
《计算机基础及MS Office应用》	56	30	0	40	76	100	19	0	25	50	56	50
《嵌入式系统开发技术》	53	25	0	48	24	38	15	0	42	26	93	33
《操作系统原理》	76	13	0	43	35	36	39	0	49	26	71	25
《MySQL数据库程序设计》	43	17	0	39	42	77	13	0	41	32	53	5
《MS Office高级应用》	70	47	9	48	17	55	41	28	26	30	86	40
《网络技术》	42	10	49	42	43	55	66	50	25	0	49	24
《数据库原理》	92	57	6	55	25	13	12	71	71	45	27	50
《VB语言程序设计》	59	34	32	67	37	15	5	35	43	40	2	53
《数据库技术》	44	33	43	35	100	44	78	55	66	59	97	100
《软件测试技术》	51	56	60	49	151	52	50	86	60	65	13	81
《计算机组成与接口》	81	39	100	28	110	64	80	76	50	68	30	82
《计算机基础及Photoshop应用》	51	59	90	19	59	4	50	107	94	74	28	70
《C语言程序设计》	76	25	51	83	30	62	12	83	79	88	36	88
《信息安全技术》	34	7	43	70	25	43	23	108	80	10	12	54
《Java语言程序设计》	30	18	89	16	34	42	16	60	38	67	35	29
《Access数据库程序设计》	43	15	80	54	12	42	48	74	73	48	21	72
《软件工程》	40	11	80	43	64	21	43	44	61	47	34	23

图 4. 119　计算结果

⑬ 单击 A21 单元格，输入“合计”；选取 B21:M21 单元格区域，右键单击选中区域，在弹出的快捷菜单中执行“清除内容”命令；选取 B4:M21 单元格区域，单击“开始”选

项卡，在“编辑”组中单击“自动求和”按钮，完成求各计算。

⑭ 选取 N4:N20 单元格区域，单击“插入”选项卡，在“迷你图”组单击“拆线图”按钮，弹出“创建迷你图”对话框，在“数据范围”文本框中键入“B4:M20”，单击“确定”按钮，如图 4.120 所示。

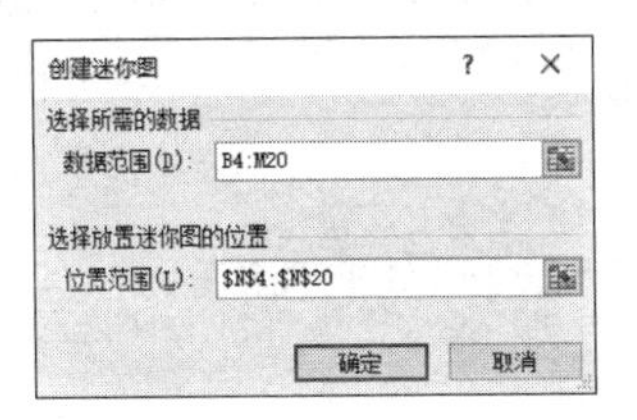

图 4.120　创建迷你图

⑮ 在“迷你图工具 设计”选项下，选中“显示”组中的“高点”和“低点”复选框，如图 4.121 所示。

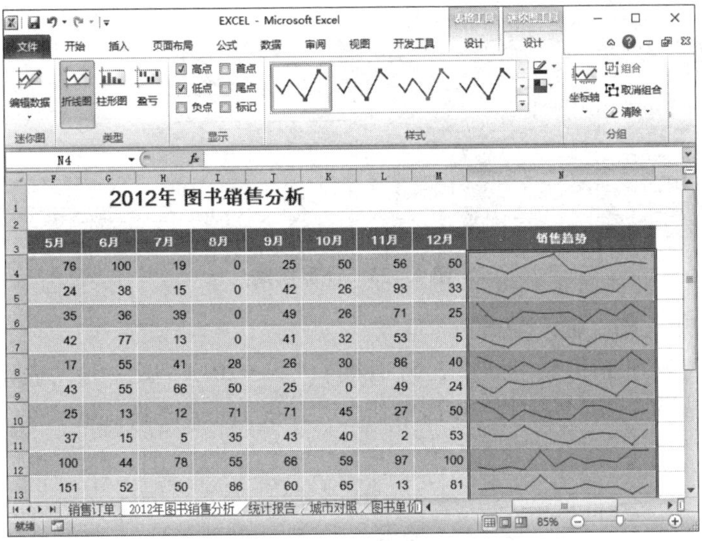

图 4.121　销售趋势迷你图

(9) 在“统计报告”工作表中，分别根据“统计项目”列的描述，计算并填写所对应的“统计数据”单元格中的信息。

具体操作步骤如下。

① 单击“统计报告”工作表标签，选中 B3 单元格，输入公式：“ =SUMIFS(表5[销售额小计],表5[日期]," > =2012 -01 -01",表5[日期]," < =2012 -12 -31")”，按 Enter 键确认输入公式，如图 4.122 所示。

② 选中 B4 单元格，输入公式：

“ =SUMIFS(表5[销售额小计],表5[日期]," > =2013 -01 -01",表5[日期]," < =2013 -12 -31",表5[图书名称],"《嵌入式系统开发技术》")”，按 Enter 键确认输入公式，如图 4.123 所示。

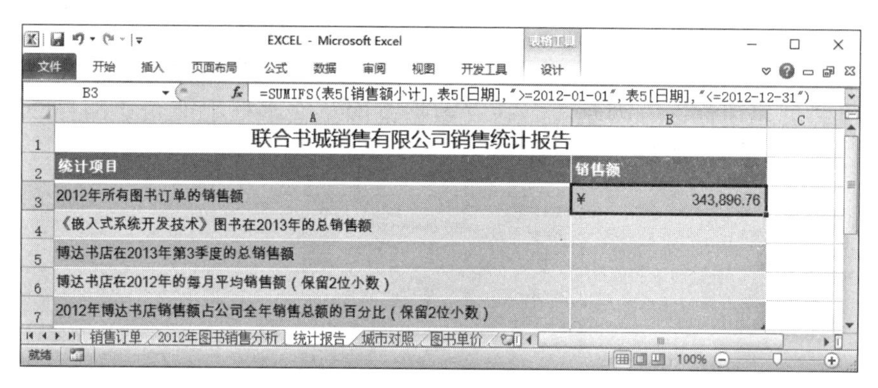

图 4.122　计算结果

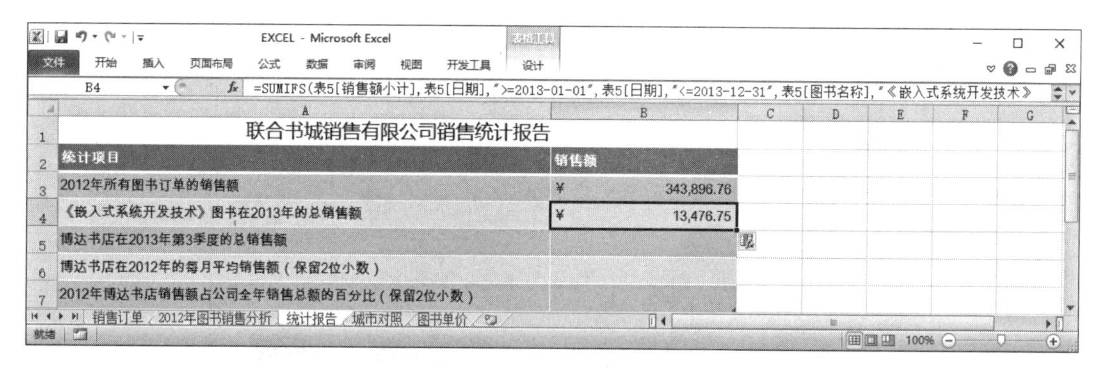

图 4.123　计算结果

③ 选中 B5 单元格，输入公式：

“ = SUMIFS(表 5[销售额小计] ,表 5[日期] ," > = 2013 - 07 - 01" ,表 5[日期] ," < = 2013 - 9 - 30" ,表 5[书店名称] ," 博达书店")”，按 Enter 键确认输入公式，如图 4.124 所示。

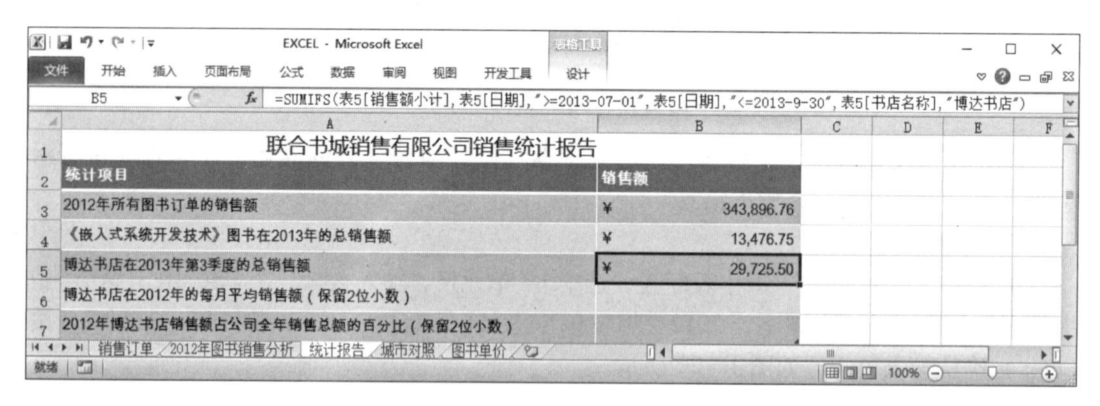

图 4.124　计算结果

④ 选中 B6 单元格，输入公式：

“ = SUMIFS(表 5[销售额小计] ,表 5[日期] ," > = 2012 - 01 - 01" ,表 5[日期] ," < =

2012 - 12 - 31",表 5[书店名称],"博达书店")/12”，按 Enter 键确认输入公式，如图 4.125所示。

EXCEL - Microsoft Excel

B6　　f_x　=SUMIFS(表5[销售额小计],表5[日期],">=2012-01-01",表5[日期],"<=2012-12-31",表5[书店名称],"博达书店")/12

	A	B
1	联合书城销售有限公司销售统计报告	
2	统计项目	销售额
3	2012年所有图书订单的销售额	¥ 343,896.76
4	《嵌入式系统开发技术》图书在2013年的总销售额	¥ 13,476.75
5	博达书店在2013年第3季度的总销售额	¥ 29,725.50
6	博达书店在2012年的每月平均销售额（保留2位小数）	¥ 8,393.05
7	2012年博达书店销售额占公司全年销售总额的百分比（保留2位小数）	

图 4.125　计算结果

⑤ 选中 B7 单元格，输入公式：“ = B6/B3”，按 Enter 键确认输入公式；右键单击 B7 单元格，在弹出的快捷菜单中执行“设置单元格格式”命令，在弹出对话框中的“分类”列表框中选择“百分比”选项卡，将小数位数设置为“2”，单击“确定”按钮，如图 4.126所示。

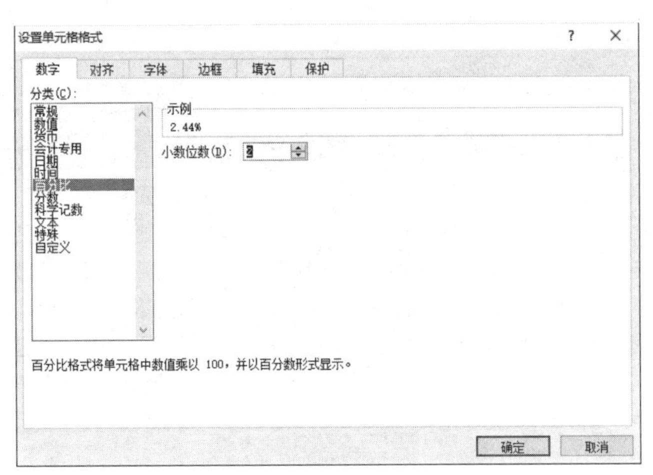

图 4.126　设置百分比数据格式

（10）复制工作表“销售订单”，将副本放置到原表右侧；改变该副本标签的颜色，并重命名为“按季度汇总”。只保留 2013 年的数据，通过分类汇总功能，按季度升序求出每个季度的销售额和销售量，并将每组结果分页显示。

具体操作步骤如下。

① 鼠标指针指向“销售订单”工作表标签，在拖动工作表的按住 Ctrl 键，至目标位置后释放鼠标，完成复制操作，如图 4.127 所示。

② 右键单击“销售订单(2)”工作表标签，在弹出的菜单中执行“工作表标签颜色”命令，在“颜色”面板中选择适合的颜色，本例选“标准色红色”；双击“销售订单(2)”工作表标签，此时呈现可编辑状态，输入工作表名称“按季度汇总”，如图 4.128 所示。

EXCEL - Microsoft Excel　表格工具

文件　开始　插入　页面布局　公式　数据　审阅　视图　开发工具　设计

B28　f_x　="第"&IF(MONTH(A28)>9,"4",IF(MONTH(A28)>6,"3",IF(MONTH(A28)>3,"2","1")))&"季度"

	日期	季度	订单编号	书店名称	图书名称	单价	销量（本）	发货地址
3	2012年1月2日星期一	第1季度	DDB-08001	鼎盛书店	《计算机基础及MS Office应用》	41.3	12	福建省厦门市
4	2012年1月4日星期三	第1季度	DDB-08002	博达书店	《嵌入式系统开发技术》	42.5	20	广东省深圳市
5	2012年1月4日星期三	第1季度	DDB-08003	博达书店	《操作系统原理》	39.4	41	上海市闵行区
6	2012年1月5日星期四	第1季度	DDB-08004	博达书店	《MySQL数据库程序设计》	39.8	21	上海市浦东新
7	2012年1月6日星期五	第1季度	DDB-08005	鼎盛书店	《MS Office高级应用》	40.6	32	海南省海口市
8	2012年1月9日星期一	第1季度	DDB-08006	鼎盛书店	《网络技术》	38.6	22	云南省昆明市
9	2012年1月9日星期一	第1季度	DDB-08600	博达书店	《数据库原理》	39.2	49	北京市石河子
10	2012年1月10日星期二	第1季度	DDB-08601	鼎盛书店	《VB语言程序设计》	36.3	20	重庆市渝中区
11	2012年1月10日星期二	第1季度	DDB-08007	博达书店	《数据库技术》	34.9	12	广东省深圳市
12	2012年1月11日星期三	第1季度	DDB-08008	隆华书店	《软件测试技术》	40.5	32	江西省南昌市
13	2012年1月11日星期三	第1季度	DDB-08009	鼎盛书店	《计算机组成与接口》	44.5	43	北京市海淀区
14	2012年1月12日星期四	第1季度	DDB-08010	隆华书店	《计算机基础及Photoshop应用》	36.8	22	北京市西城区
15	2012年1月12日星期四	第1季度	DDB-08011	鼎盛书店	《C语言程序设计》	43.9	31	贵州省贵阳市
16	2012年1月13日星期五	第1季度	DDB-08012	隆华书店	《信息安全技术》	41.1	19	贵州省贵阳市
17	2012年1月15日星期日	第1季度	DDB-08013	鼎盛书店	《数据库原理》	39.2	43	辽宁省大连市
18	2012年1月16日星期一	第1季度	DDB-08014	鼎盛书店	《VB语言程序设计》	36.3	39	四川省成都市
19	2012年1月16日星期一	第1季度	DDB-08015	鼎盛书店	《Java语言程序设计》	37.8	30	山西省大同市
20	2012年1月17日星期二	第1季度	DDB-08016	鼎盛书店	《Access数据库程序设计》	43.2	43	浙江省杭州市
21	2012年1月18日星期三	第1季度	DDB-08017	博达书店	《软件工程》	39.3	40	浙江省杭州市
22	2012年1月19日星期四	第1季度	DDB-08018	鼎盛书店	《计算机基础及MS Office应用》	41.3	44	北京市西城区
23	2012年1月22日星期日	第1季度	DDB-08019	博达书店	《嵌入式系统开发技术》	42.5	33	福建省厦门市

销售订单　销售订单 (2)　2012年图书销售分析　统计报告　城市对照　图书单价

就绪　100%

图 4.127　复制工作表

EXCEL - Microsoft Excel　表格工具

文件　开始　插入　页面布局　公式　数据　审阅　视图　开发工具　设计

C376　f_x　DDB-08372

联合书城销售有限公司销售订单明细表

	日期	季度	订单编号	书店名称	图书名称	单价	销量（本）	
3	2012年1月2日星期一	第1季度	DDB-08001	鼎盛书店	《计算机基础及MS Office应用》	41.3	12	福建省厦门市
4	2012年1月4日星期三	第1季度	DDB-08002	博达书店	《嵌入式系统开发技术》	42.5	20	广东省深圳市
5	2012年1月4日星期三	第1季度	DDB-08003	博达书店	《操作系统原理》	39.4	41	上海市闵行区
6	2012年1月5日星期四	第1季度	DDB-08004	博达书店	《MySQL数据库程序设计》	39.8	21	上海市浦东新
7	2012年1月6日星期五	第1季度	DDB-08005	鼎盛书店	《MS Office高级应用》	40.6	32	海南省海口市
8	2012年1月9日星期一	第1季度	DDB-08006	鼎盛书店	《网络技术》	38.6	22	云南省昆明市
9	2012年1月9日星期一	第1季度	DDB-08600	博达书店	《数据库原理》	39.2	49	北京市石河子
10	2012年1月10日星期二	第1季度	DDB-08601	鼎盛书店	《VB语言程序设计》	36.3	20	重庆市渝中区
11	2012年1月10日星期二	第1季度	DDB-08007	博达书店	《数据库技术》	34.9	12	广东省深圳市
12	2012年1月11日星期三	第1季度	DDB-08008	隆华书店	《软件测试技术》	40.5	32	江西省南昌市
13	2012年1月11日星期三	第1季度	DDB-08009	鼎盛书店	《计算机组成与接口》	44.5	43	北京市海淀区
14	2012年1月12日星期四	第1季度	DDB-08010	隆华书店	《计算机基础及Photoshop应用》	36.8	22	北京市西城区
15	2012年1月12日星期四	第1季度	DDB-08011	鼎盛书店	《C语言程序设计》	43.9	31	贵州省贵阳市
16	2012年1月13日星期五	第1季度	DDB-08012	隆华书店	《信息安全技术》	41.1	19	贵州省贵阳市
17	2012年1月15日星期日	第1季度	DDB-08013	鼎盛书店	《数据库原理》	39.2	43	辽宁省大连市
18	2012年1月16日星期一	第1季度	DDB-08014	鼎盛书店	《VB语言程序设计》	36.3	39	四川省成都市
19	2012年1月16日星期一	第1季度	DDB-08015	鼎盛书店	《Java语言程序设计》	37.8	30	山西省大同市
20	2012年1月17日星期二	第1季度	DDB-08016	鼎盛书店	《Access数据库程序设计》	43.2	43	浙江省杭州市

销售订单　按季度汇总　2012年图书销售分析　统计报告　城市对照　图书单价

就绪　100%

图 4.128　更改工作表标签颜色及名称

③ 选中行3:346，右键单击选中单元格区域，在弹出的快捷菜单中执行“删除”命令；

④ 选中A2:K292单元格区域，切换至“表格工具”设计选项卡，在“工具”组中单击“转换为区域”按钮，如图4.129所示。

⑤ 在弹出的对话框中单击“是”按钮，完成转换为普通区域的操作。

⑥ 将光标定位至“季度”列，切换至“数据”选项卡，单击“排序和筛选”组中的“升序”按钮，将“季度”按升序排序。

⑦ 在“数据”选项卡的“分级显示”组中单击“分类汇总”按钮，弹出“分类汇

日期	季度	订单编号	书店名称	图书名称	单价	销量（本）	
2013年1月2日星期三	第1季度	DDB-08343	鼎盛书店	《软件测试技术》	40.5	25	广东省佛山市
2013年1月4日星期五	第1季度	DDB-08344	博达书店	《计算机组成与接口》	44.5	25	辽宁省沈阳市
2013年1月4日星期五	第1季度	DDB-08345	博达书店	《计算机基础及Photoshop应用》	36.8	42	福建省福州市
2013年1月5日星期六	第1季度	DDB-08346	博达书店	《C语言程序设计》	43.9	22	辽宁省大连市
2013年1月6日星期日	第1季度	DDB-08347	鼎盛书店	《信息安全技术》	41.1	44	浙江省滨江区
2013年1月9日星期三	第1季度	DDB-08348	鼎盛书店	《数据库原理》	39.2	11	北京市西城区
2013年1月9日星期三	第1季度	DDB-08349	博达书店	《VB语言程序设计》	36.3	26	湖北省武汉市
2013年1月10日星期四	第1季度	DDB-08350	鼎盛书店	《Java语言程序设计》	37.8	40	河南省郑州金
2013年1月10日星期四	第1季度	DDB-08351	博达书店	《Access数据库程序设计》	43.2	49	福建省厦门市
2013年1月11日星期五	第1季度	DDB-08352	隆华书店	《软件工程》	39.3	47	广东省深圳市
2013年1月11日星期五	第1季度	DDB-08353	鼎盛书店	《MS Office高级应用》	40.6	46	上海市闵行区
2013年1月12日星期六	第1季度	DDB-08354	隆华书店	《网络技术》	38.6	27	上海市浦东新
2013年1月12日星期六	第1季度	DDB-08355	鼎盛书店	《数据库技术》	34.9	31	海南省海口市
2013年1月13日星期日	第1季度	DDB-08356	隆华书店	《软件测试技术》	40.5	40	云南省昆明市

图 4.129　转换为区域

总”对话框，在“分类字段”下拉列表中选择“季度”，在“汇总方式”下拉列表中选择“求和”选项，在“选定汇总项”列表框中勾选“销量(本)”和“销售额小计”复选框，勾选“每组数据分页”复选框，单击“确定”按钮，如图 4.130 所示。

（11）根据“销售订单”工作表中的销售记录，创建“华北地区”数据透视表，统计本销售区域各类图书的累计销售金额，将工作表中的金额设置为带千分位的、保留两位小数的数值格式。

具体操作步骤如下。

① 单击“销售订单”工作表标签，选中 A2:K636 单元格区域，单击“插入”选项卡，在“表格”组中单击“数据透视表”按钮下方的下拉按钮，在弹出的下拉列表中执行“数据透视表”命令，弹出“创建数据透视表”对话框，选中“选择放置数据透视表的位置”下方的“新工作表”按钮，如图 4.131 所示。

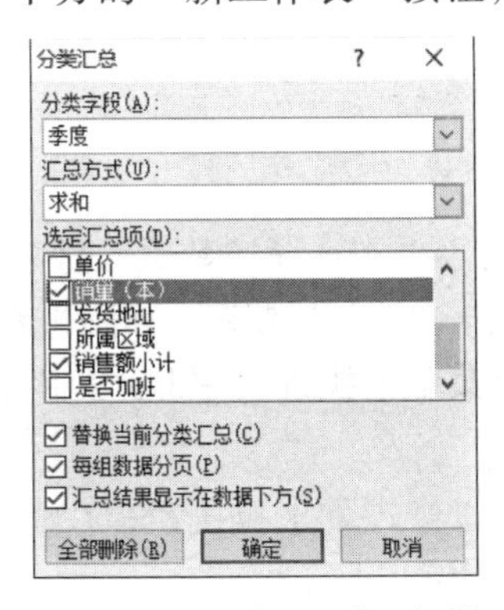

图 4.130　“分类汇总”对话框

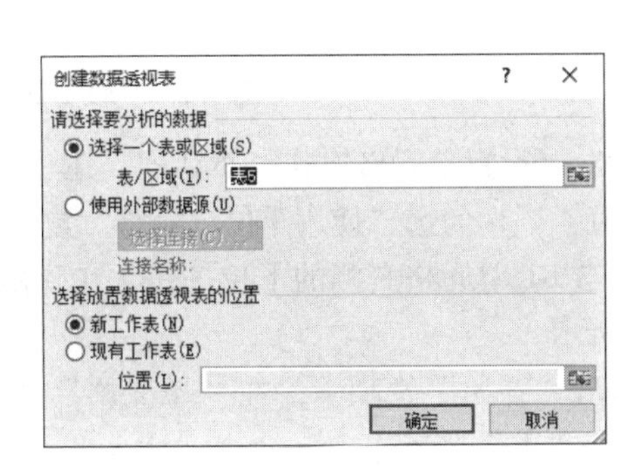

图 4.131　“创建数据透视表”对话框

② 单击“确定”按钮，系统自动在新的工作表中创建一个空白的数据透视表，在“数据透视表字段列表”窗格的“选择要添加到报表的字段”列表框中，勾选“图书名称”和“销售额小计”复选框，并将“所属区域”字段拖动至“报表筛选”列表框中，如图 4.132 所示。

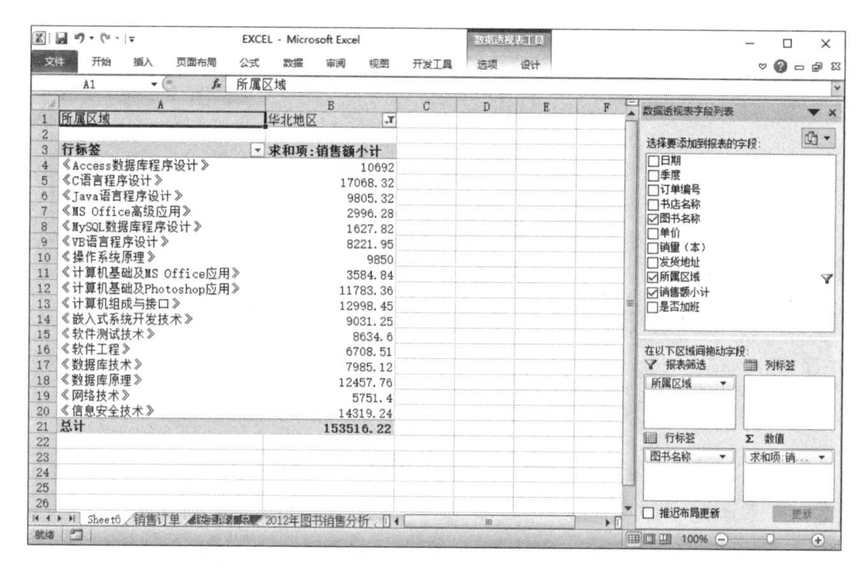

图 4.132　设置数据透视表字段

③ 单击 B3 单元格，在弹出的快捷菜单中执行“值字段设置”命令，在弹出的“值字段设置”对话框中单击“数字格式”按钮，如图 4.133 所示。

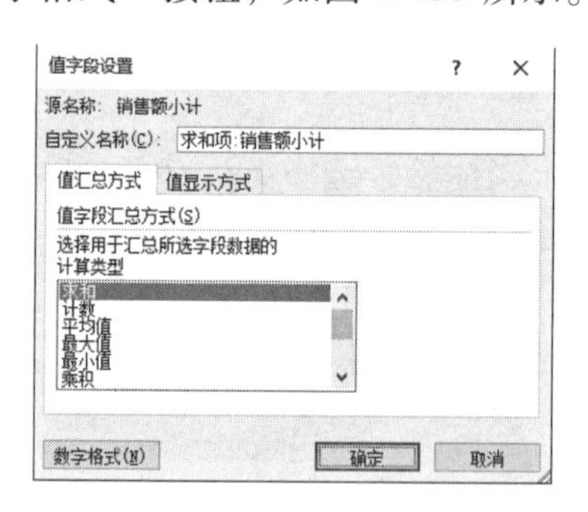

图 4.133　设置数据透视表字段

④ 弹出“设置单元格格式”对话框，在“分类”列表框中选择“数值”选项，将小数位数设置为“2”，勾选“使用千位分隔符”复选框，单击“确定”按钮，如图 4.134 所示。

⑤ 单击 B1 单元格右侧的下拉按钮，在弹出的下拉菜单中执行“华北地区”命令，如图 4.135 所示。

⑥ 单击“开始”选项卡，在“单元格”组中单击“格式”下拉按钮，在弹出的下拉菜单中执行“重命名工作表”命令，输入“华北地区销售情况”。

（12）根据生成的数据透视表，创建一个簇状柱形图，图表中仅对“华北地区”各类

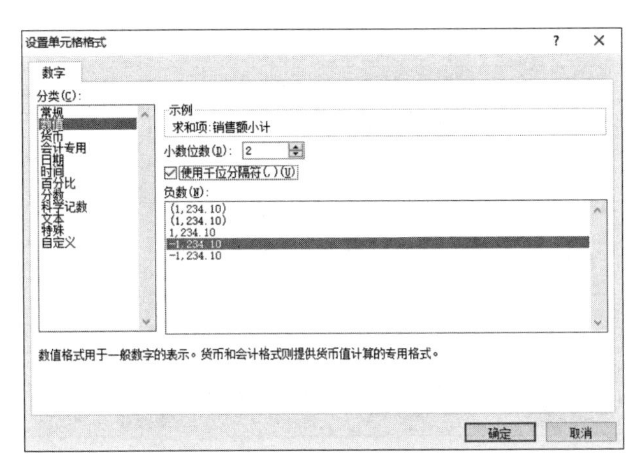

图 4.134　设置数据透视表中的数字格式

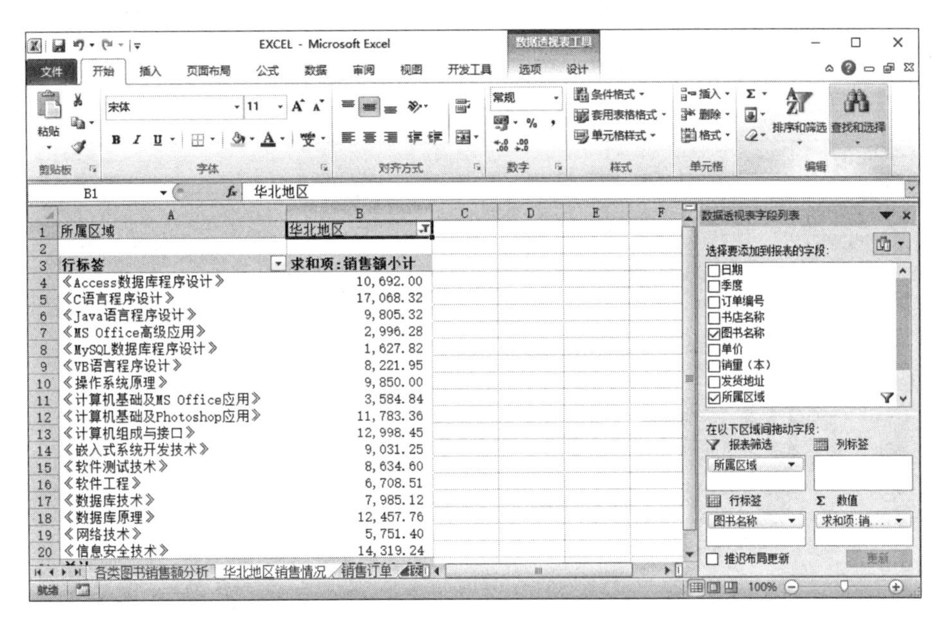

图 4.135　华北地区数据透视表

图书销售额进行比较，将此图移动到“各类图书销售额分析”新工作表中，将图表标题重新命名为：“各类图书销售额统计分析”。

具体操作步骤如下。

① 选中数据透视表中的任意单元格，单击“数据透视表工具”中的“选项”设计卡，单击“工具”组的中的“数据透视图”按钮，弹出“插入图表”对话框，选择图表类型和样式，如图 4.136 所示。

② 右击“华北地区销售情况”工作表标签，在弹出的快捷菜单中执行“插入”命令，即可插入一个新的空白工作表，双击新建工作表标签，输入“各类图书销售额分析”。

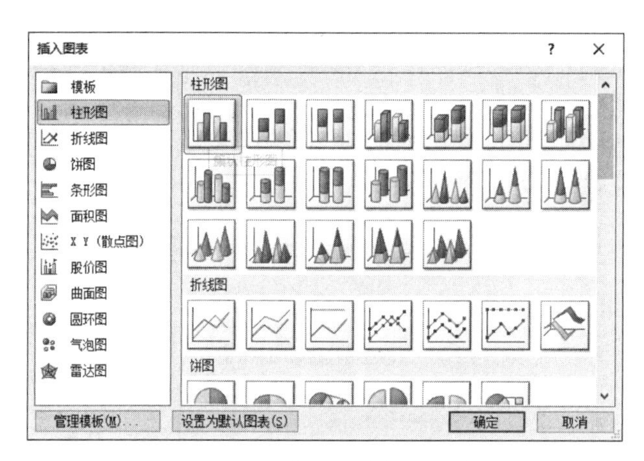

图 4.136 “插入图表”对话框

③ 单击“华北地区销售情况”工作表标签，右键单击图表，在弹出的快捷菜单中执行“剪切”命令；单击“各类图书销售额分析”工作表标签，右击 A1 单元格，在弹出的快捷菜单中执行“粘贴 使用目标格式”命令，如图 4.137 所示。

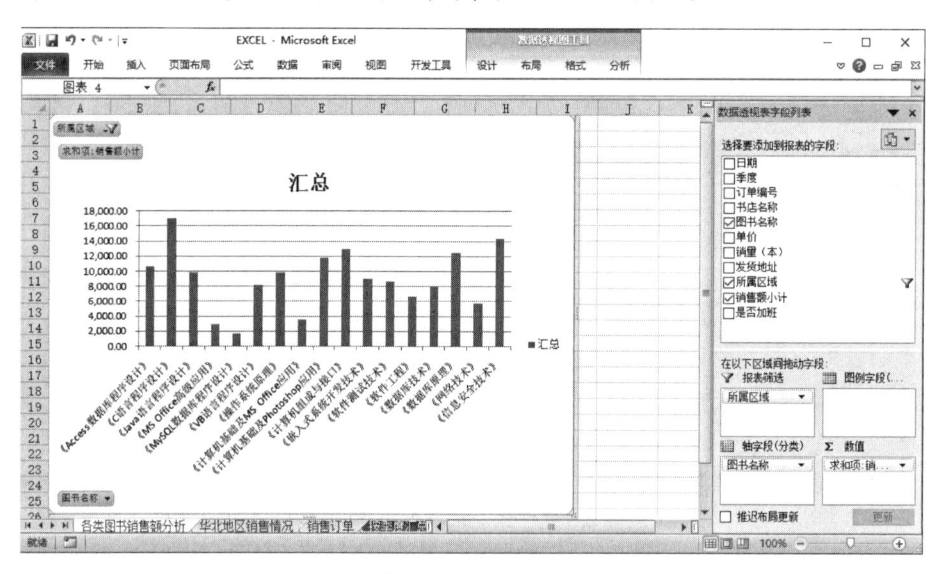

图 4.137 插入图表

④ 单击图表标题“汇总”，输入“各类图书销售额统计分析”，如图 4.138 所示。

(13) 最后将工作表另存为“销售订单统计分析 . xlsx”文件。

具体操作步骤为：单击“文件”选项卡，在左侧的窗格中执行“另存为”命令，在弹出的“另存为”对话框中设置文件保存的位置、文件名和文件类型，单击“保存”按钮，如图 4.139 所示。

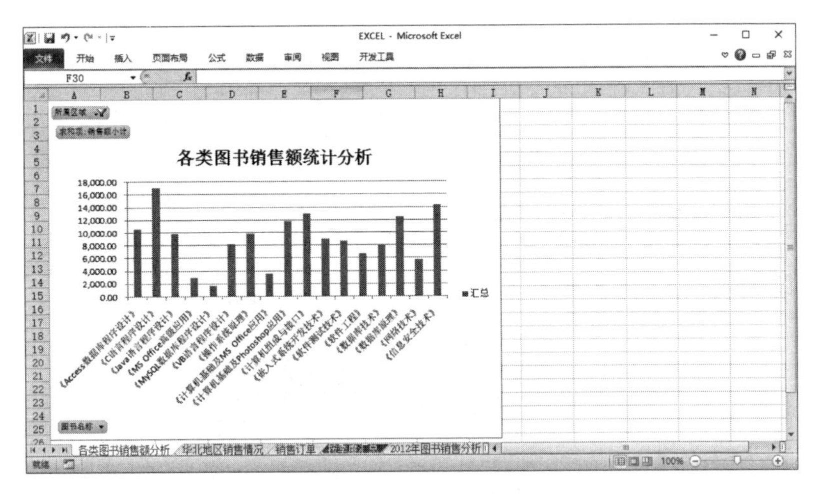

图 4.138　修改图表标题

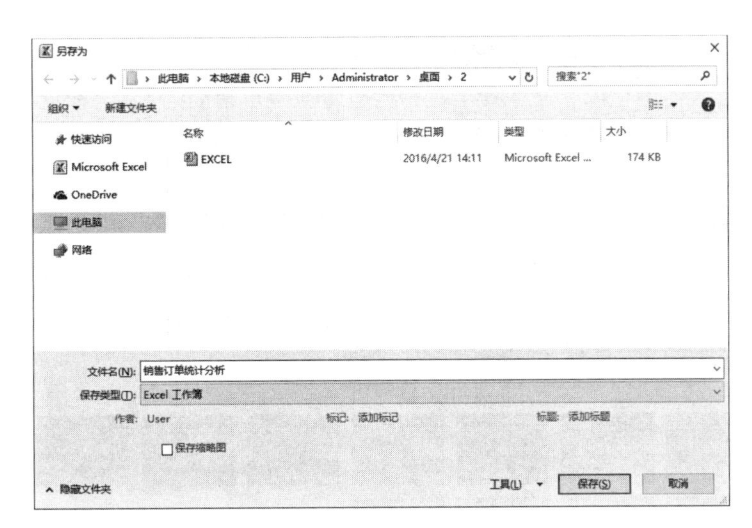

图 4.139　“另存为”对话框

4.5.6　案例分析 3

【参考视频】

小王是一所初中的学生处负责人，负责本校学生的成绩管理。他通过 Excel 来管理学生成绩，现在第二学期期末考试刚刚结束，小王将初一年级三个班级部分学生成绩录入了文件名为“第二学期期末成绩 . xlsx”的 Excel 工作簿文档中。

请你根据下列要求帮助小王对该成绩单进行整理和分析。

(1) 请对“初一 1 班”工作表进行格式调整，将 A2:K7 区域套用表格样式“表样式浅色 11”，使其转为普通区域；设置行高为：22，列宽为：9，字体宋体字号 11，居中对齐；语文、数学、英语、历史、政治、地理列保留整数，平均分、总分保留一位有效数字，学号列为文本格式；对表头“初一(1)班第二学期期末成绩单”合并并居中，字体微软雅黑，蓝色，字号 14；增加适当的边框，以使工作表更加美观。

具体操作步骤如下。

① 开“第二学期期末成绩.xlsx”文件，单击“初一1班”工作表标签，选中“A2:K7”单元格区域，依次选择“开始”选项卡“样式”组“套用表格格式”，“浅色”中的“表样式浅色11”选项，如图4.140所示。

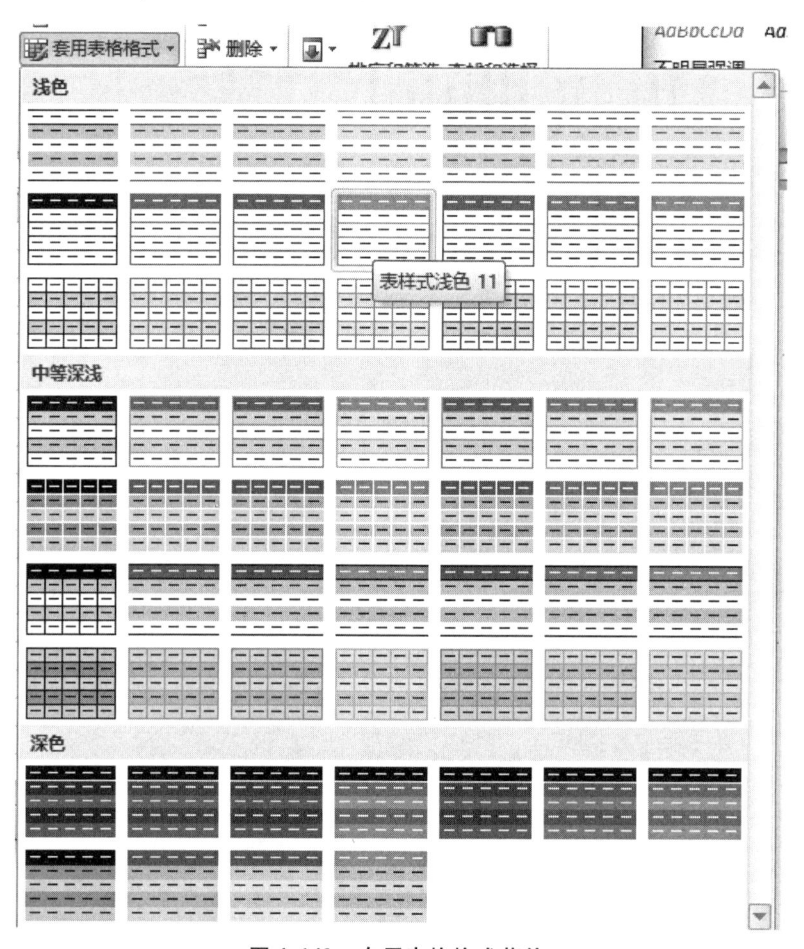

图4.140　套用表格格式菜单

② 在弹出的“创建表”对话框中，单击“确定”按钮。

③ 依次选择“表格工具 | 设计”选项卡“工具”组转换为区域命令，在弹出的对话框中单击“是”按钮，如图4.141所示。

④ 选中1:7行，依次执行“开始”选项卡“单元格”组、“格式”“行高”命令，在弹出的“行高”对话框中键入“22”。

⑤ 选中A:K列，依次执行“开始”选项卡，“单元格”组、“格式”“列宽”命令，在弹出的“列宽”对话框中键入“9”。

⑥ 选中“A2:K7”单元格区域，并单击鼠标右键，在弹出的快捷菜单中执行“设置单元格格式”命令，弹出“设置单元格格式”窗口，切换至“字体”选项卡，在“字体”

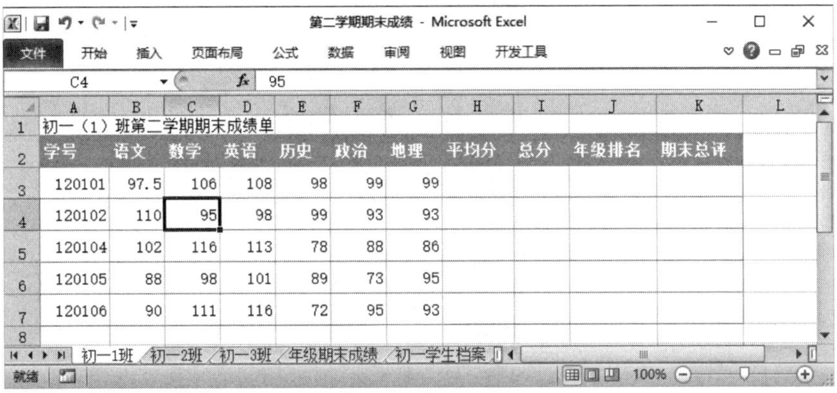

第二学期期末成绩 - Microsoft Excel
文件
开始
插入
页面布局
公式
数据
审阅
视图
开发工具
C4
95
初一（1）班第二学期期末成绩单
学号 语文 数学 英语 历史 政治 地理 平均分 总分 年级排名 期末总评
120101 97.5 106 108 98 99 99
120102 110 95 98 99 93 93
120104 102 116 113 78 88 86
120105 88 98 101 89 73 95
120106 90 111 116 72 95 93
初一1班 初一2班 初一3班 年级期末成绩 初一学生档案
就绪
100%

图 4.141　套用表格格式效果

列表框中选择“宋体”；在“字号”列表框中选择“11”；切换至“对齐”选项卡，分别单击在“水平对齐”“垂直对齐”列表框右侧的下拉按钮，选择“居中”命令，单击“确定”按钮。

⑦ 选中“B:G”列，并在选定区域单击右键，在弹出的快捷菜单中执行“设置单元格格式”命令，弹出“设置单元格格式”窗口，切换至“数字”选项卡，在“分类”列表框中选择“数值”选项，在右侧的小数位数文本框中输入“0”，单击“确定”按钮；参照本步骤将“H:I”列的小数位设置为 1。

⑧ 选中 A 列，并在选定区域单击右键，在弹出的快捷菜单中执行“设置单元格格式”命令，弹出“设置单元格格式”窗口，切换至“数字”选项卡，在“分类”列表框中选择“文本”选项，单击“确定”按钮。

⑨ 选中“A1:K1”单元格区域，依次选择“开始”选项卡“对齐方式”组“合并后并居中”命令；右键单击 A1 单元格，弹出“设置单元格格式”窗口，切换至“字体”选项卡，在“字体”列表框中选择“微软雅黑”；在“颜色”列表框中选择“蓝色”；在“字号”列表框中选择“14”，单击“确定”按钮。

⑩ 选中“A2:K7”单元格区域，并单击鼠标右键，在弹出的快捷菜单中执行“设置单元格格式”命令，弹出“设置单元格格式”窗口，切换至“边框”选项卡，在“线条样式”列表框中选择合适的线条后，单击“外边框”和“内部”按钮。

（2）将“初一 1 班”工作表的格式应用到“初一 2 班”工作表和“初一 3 班”工作表当中，行高仍为 22，列宽仍为 9。

具体操作步骤如下。

① 选中“A1:K7”单元格区域，并在选定区域单击右键，在弹出的快捷菜单中执行“复制”命令。

② 单击“初一 2 班”工作表标签，选中 A1 单元格，依次执行“开始”选项卡“剪贴板”的组“粘贴”组“其他粘贴选项”中的“格式”命令，如图 4.142 所示。参照本步骤，粘贴格式至“初一 3 班”工作表中。

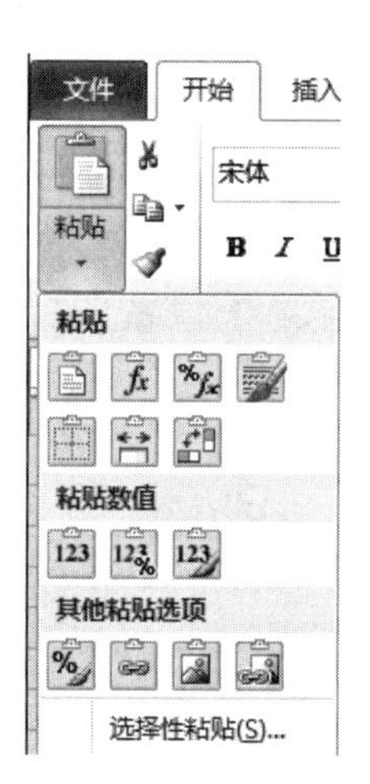

图 4.142　粘贴格式

(3) 利用合并计算把“初一1班”工作表,“初一2班”工作表,“初一3班”工作表合并到“年级期末成绩”工作表以学号列A2为起点的单元格中,在“语文”列左侧分别插入六列“班级”“姓名”“性别”“身份证号”“出生日期”“年龄”。

具体操作步骤如下。

① 单击“年级期末成绩”工作表标签,选中A2单元格,依次执行“数据”选项卡“数据工具”组“合并计算”命令,弹出“合并计算”对话框,在“函数”列表框中选择“求和”,单击“引用位置”文本框,切换至“初一1班”,选取“A2:K7”单元格区域,在“合并计算”对话框单击“添加”按钮;切换至“初一2班”,选取“A2:K7”单元格区域,在“合并计算”对话框单击“添加”按钮;切换至“初一3班”,选取“A2:K7”单元格区域,在“合并计算”对话框单击“添加”按钮,勾选“首行”和“最左列”复选框,单击“确定”按钮,如图4.143所示。

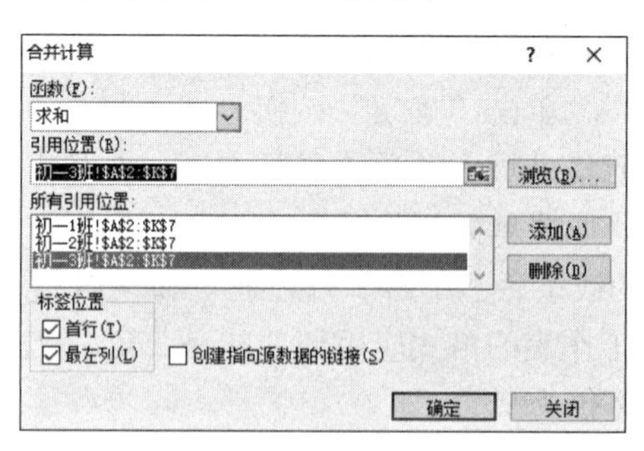

图 4.143　合并计算

② 选中A2单元格,输入“学号”。

③ 选中B:G列,并在选定区域单击右键,在弹出的快捷菜单中执行“插入”命令,单击B2单元格,依次键入“班级”“姓名”“性别”“身份证号”“出生日期”“年龄”。

(4) 将工作表“初一学生档案”中的区域“A1:D14”定义名称为“档案”,利用

VLOOKUP 函数求出“年级期末成绩”工作表中“姓名”“性别”“身份证号”三列的值，利用身份证号在“出生日期”列中，使用 MID 函数提取学生生日，单元格式类型为“yyyy”年“m”月“d”日，然后根据出生日期使用 TODAY 函数和 INT 函数计算学生的年龄(周岁)。

具体操作步骤如下。

① 单击“初一学生档案”工作表标签，选中“A1:D14”区域，在“名称框”处输入“档案”。

② 单击“年级期末成绩”工作表标签，选中 C3 单元格，输入“= VLOOKUP(A3,初一学生档案!$A$1:$D$14,2,0)”，按 Enter 键确认输入公式，完成数据填充。

③ 选中 D3 单元格，输入“= VLOOKUP(A3,初一学生档案!$A$1:$D$14,3,0)”，按 Enter 键确认输入公式，完成数据填充。

④ 选中 E3 单元格，输入“= VLOOKUP(A3,初一学生档案!$A$1:$D$14,4,0)”，按 Enter 键确认输入公式，完成数据填充。

⑤ 选择 F3 单元格，输入“= TEXT(MID(E3,7,8),"0000 年 00 月 00 日")”，按 Enter 键确认输入公式，完成数据填充。

⑥ 将 G 列的数字格式设置为“整数”；选择 G3 单元格，输入“= INT((TODAY() - F3)/365)”，按 Enter 键确认输入公式，完成数据填充。

(5) 学号第 3、4 位代表学生所在的班级，例如：“120101”代表 12 级 1 班 1 号。请通过函数提取每个学生所在的班级并按下列对应关系填写在“班级”列中：

“学号”的 3、4 位	对应班级
01	一班
02	二班
03	三班

具体操作步骤如下。

选中 B3 单元格，输入“= LOOKUP(MID(A3,3,2),{"01","02","03"},{"一班","二班","三班"})”，按 Enter 键确认输入公式，完成数据填充。

(6) 利用 average、sum、rank 及 if 函数计算每一个学生的平均分、总分、年级排名(按“第 n 名”的形式填入“年级排名”列中)、期末总评(如果总分成绩 > = 600 为优秀，> = 580 为良好，> = 570 为中，> = 530 为及格，其他为不及格)。

具体操作步骤如下。

① 选中 N3 单元格，输入“= AVERAGE(H3:M3)”，按 Enter 键确认输入公式，完成数据填充。

② 选中 O3 单元格，输入“= SUM(H3:M3)”，按 Enter 键确认输入公式，完成数据填充。

③ 选中 P3 单元格，输入“= "第" &RANK(O3,$O$3:$O$15)& "名"”，按 Enter 键确认输入公式，完成数据填充。

④ 选中 Q3 单元格，输入“= IF(O3 > = 600,"优秀",IF(O3 > = 580,"良好",IF(O3 >

=570,"中",IF(O3 > =530,"及格","不及格"))))”，按 Enter 键确认输入公式，完成数据填充。

（7）利用“条件格式”功能进行下列设置：将语文、数学、英语三科中不低于 110 分的成绩所在的单元格以一种颜色填充，其他三科中大于或等于 95 分的成绩以另一种颜色标出，所用颜色以不遮挡数据为宜。将“总分”列前 10 名学生用一种颜色填充，并突出字体颜色。

具体操作步骤如下。

① 选中 H3:J15 单元格区域，依次选择“开始”选项卡“样式”组“条件格式”组“突出显示单元格规则”中的“其他规则”菜单，弹出新建格式规则对话框，在“大于”下拉列表框中选择“大于或等于”，在文本框中输入“110”；单击“格式”按钮，在弹出的“设置单元格格式”对话框中，单击“颜色”下接按钮，在颜色板中选一种合适的颜色，单击“确定”按钮，如图 4.144 所示。参照本步骤将“K3:M15”单元格区域中大于或等于 95 分的成绩以合适的颜色标出。

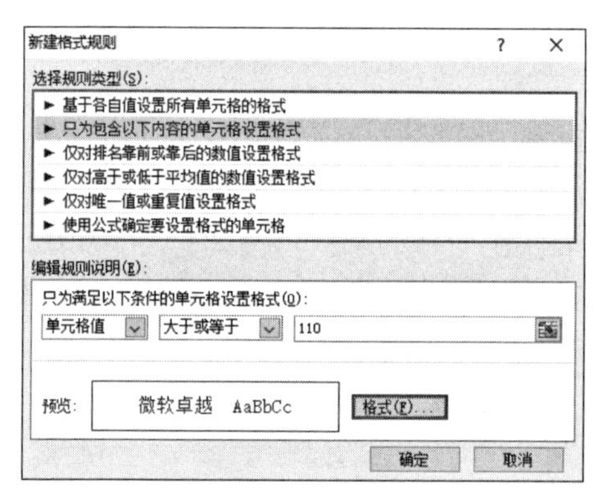

图 4.144　新建格式规则

② 选取“O3:O15”单元格区域，依次执行“开始”选项卡“样式”组“条件格式”组“项目选规则”中的“值最大的 10 项”命令，在弹出的对话框中选择合适的格式后，单击“确定”按钮。

（8）调整工作表“年级期末成绩”的页面布局以便打印：纸张方向为横向，缩减打印输出使得所有列只占一个页面宽(但不得缩小列宽)，水平居中打印在纸上，并设置工作表前两行为冻结拆分窗格。

具体操作步骤如下。

① 依次执行“页面布局”选项卡“页面设置”组“纸张方向”组中“横向”命令。

② 单击“页面布局”选项卡，在“调整为合适大小”组中单击对话框启动器，弹出的“页面设置”对话框，调整比例为“75%”，切换至“边距”选项卡，在“居中方式”选择“水平”复选框，单击“确定”按钮。

③ 选中 A3 单元格，单击“视图”选项卡，选择“窗口”组的“冻结窗格”按钮，在弹出的菜单中执行“冻结拆分窗格”命令，即可冻结前两行单元格。

(9) 根据“年级期末成绩”工作表，在“统计报告”工作表利用公式函数填写相应的数据。

具体操作步骤如下。

① 单击【年级期末成绩】工作表标签，选择 B2 单元格，输入“= SUMIFS(年级期末成绩! O3:O15,年级期末成绩!D3:D15,"男",年级期末成绩!B3:B15,"一班")”，按 Enter 键确认输入公式。

② 选择 B3 单元格，输入“= AVERAGEIF(年级期末成绩!B3:B15,"二班",年级期末成绩!O3:O15)”，按 Enter 键确认输入公式。

③ 选择 B4 单元格，输入“= AVERAGEIF(年级期末成绩!D3:D15,"女",年级期末成绩!J3:J15)”，按 Enter 键确认输入公式。

④ 选择 B5 单元格，输入“= COUNTIFS(年级期末成绩!I3:I15," >100",年级期末成绩!D3:D15," =女")”，按 Enter 键确认输入公式。

⑤ 选择 B6 单元格,，输入“= AVERAGE(初一 3 班!G3:G7)”，按 Enter 键确认输入公式。

(10) 通过分类汇总功能求出每个班各科的平均成绩，并将每组结果分页显示。

具体操作步骤如下。

① 将光标定位至“班级”列，切换至“数据”选项卡，单击“排序和筛选”组中的“升序”按钮，将“班级”按升序排序。

② 在“数据”选项卡的“分级显示”组中单击“分类汇总”按钮，弹出“分类汇总”对话框，在“分类字段”下拉列表中选择“班级”选项，在“汇总方式”下拉列表中选择“平均值”选项，在“选定汇总项”列表框中勾选各科科目名称复选框，勾选“每组数据分页”复选框，单击“确定”按钮。

(11) 在“年级期末成绩”工作表右面新建名为“柱形图”的工作表，设置该工作表标签颜色为红色，并在该工作表中以分类汇总结果为基础，创建一个带数据标记的簇状柱形图，水平轴标签为各科，对各科的班级平均成绩进行比较，图标标题为：各科班级平均成绩比较分析图。

具体操作步骤如下。

① 右击“初一学生档案”工作表标签，在弹出的快捷菜单中执行“插入”命令，在弹出的“插入”对话框中选择“工作表”，单击“确定”按钮；双击新建工作表标签，输入“柱形图”。

② 右击“柱形图”工作表标签，在弹出的快捷菜单中执行“工作表标签颜色”命令，在“颜色”面板中选择“标准色红色”。

③ 同时选取 B8、B14、B18、H8:M8、H14:M14、H18:M18 单元格区域，依次执行“插入”选项卡“图表”组“柱形图”组“二维柱形图”组中的“簇状柱形图”命令。

④ 右击图表，在弹出的快捷菜单中执行“选择数据”命令，弹出“选择数据源”对话框，如图 4. 145 所示。

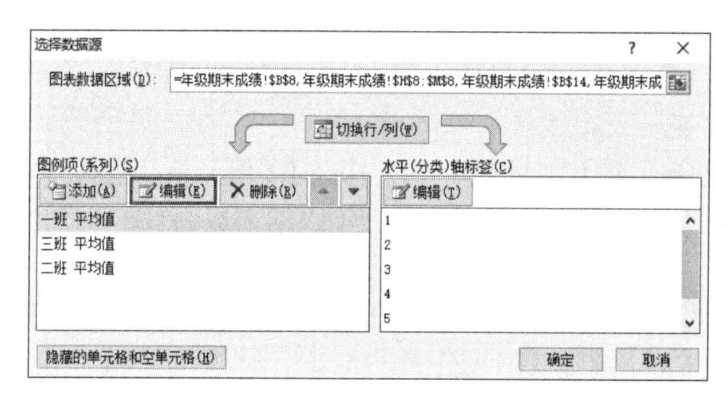

图 4.145 “选择数据源”对话框

⑤ 在对话框中，单击“图例项(系列)”列表框中的“一班平均值”，然后单击“编辑”按钮，弹出“编辑数据系列”对话框，在“系列名称”文本框中输入“一班”，单击“确定”按钮，如图 4.146 所示。参照上述步骤，将系列名称对应修改为“二班”“三班”。

⑥ 返回“选择数据源”对话框，单击“水平(分类)轴标签”下方的“编辑”按钮，弹出“轴标签”对话框，如图 4.147 所示。

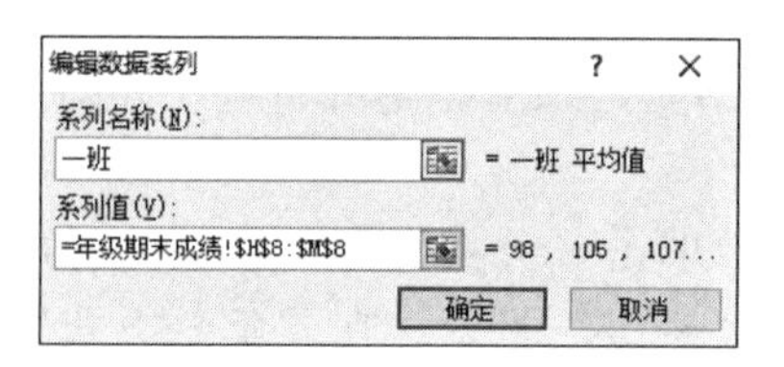

图 4.146 “选择数据源”对话框

图 4.147 “轴标签”对话框

⑦ 单击“年级期末成绩”工作表标签，选取“H2:M2”单元格区域，单击“轴标签”对话框中的“确定”按钮。

⑧ 单击“选择数据源”对话框中的“确定”按钮，完成插入图表的操作，如图 4.148 所示。

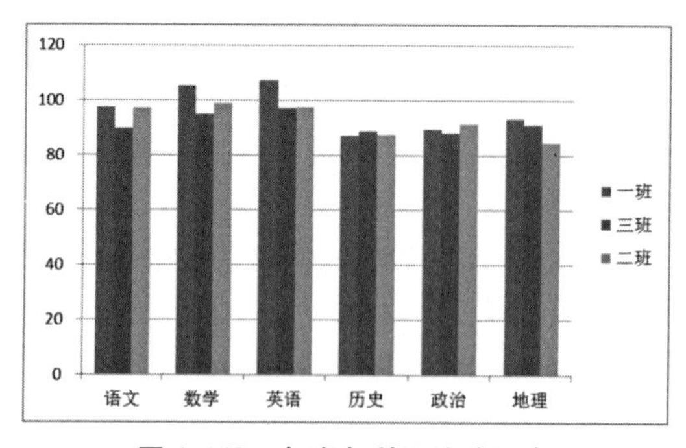

图 4.148 各班各科平均分图表

⑨ 右击图表，在弹出的快捷菜单中执行“添加数据标签”命令。

⑩ 选中图表，依次执行“图表工具|布局”选项卡“标签”组“图表标题”组中的

"图表上方"组命令，将图标题修改为"各科班级平均成绩比较分析图"。

⑪ 右击图表，在弹出的快捷菜单中执行"剪切"命令，切换至"柱形图"工作表，单击 A1 单元格，在键盘上按 CTRL + V 组合键，完成粘贴操作。

本章小结

本章主要介绍了 Excel 2010 电子表格软件在实践中的应用，通过三个案例阐述了 Excel 电子表格的基本操作、数据管理以及数据的统计分析等方面的实际应用。主要讲述了以下内容。

（1）Excel 2010 电子表格的基础知识：工作界面、打印设置及保存。

（2）表格的基本操作：基本数据的输入方法、数据填充的方法、数据有效性控制的设置、数据分列；工作簿的基本操作、工作表的基本操作、冻结拆分窗格。

（3）公式与函数基本操作：公式的基本操作、名称的定义与引用及常用函数的使用方法。

（4）图表的基本操作：创建图表、编辑图表、修饰图表、迷你图。

（5）数据分析与处理：数据排序与筛选、数据的分类汇总、数据的合并计算及数据透视表和数据透视图。

习　题

1. 在 Excel 某列单元格中，快速填充 2011 年 ~ 2013 年每月最后一天日期的最优操作方法是(　　)。

A. 在第一个单元格中输入"2011 - 1 - 31"，然后使用 MONTH 函数填充其余 35 个单元格

B. 在第一个单元格中输入"2011 - 1 - 31"，拖动填充柄，然后使用智能标记自动填充其余 35 个单元格

C. 在第一个单元格中输入"2011 - 1 - 31"，然后使用格式刷直接填充其余 35 个单元格

D. 在第一个单元格中输入"2011 - 1 - 31"，然后执行"开始"选项卡中的"填充"命令

2. 如果 Excel 单元格值大于 0，则在本单元格中显示"已完成"；单元格值小于 0，则在本单元格中显示"还未开始"；单元格值等于 0，则在本单元格中显示"正在进行中"，最优的操作方法是(　　)。

A. 使用 IF 函数　　B. 通过自定义单元格格式，设置数据的显示方式

C. 使用条件格式命令　　D. 使用自定义函数

3. 小刘用 Excel 2010 制作了一份员工档案表，但经理的计算机中只安装了 Office 2003，能让经理正常打开员工档案表的最优操作方法是(　　)。

A. 将文档另存为 Excel 97 - 2003 文档格式

B. 将文档另存为 PDF 格式

C. 建议经理安装 Office 2010

D. 小刘自行安装 Office 2003，并重新制作一份员工档案表

4. 在 Excel 工作表中，编码与分类信息以"编码 | 分类"的格式显示在了一个数据列内，若将编码与分类分为两列显示，最优的操作方法是(　　)。

A. 重新在两列中分别输入编码列和分类列，将原来的编码与分类列删除

B. 将编码与分类列在相邻位置复制一列，将一列中的编码删除，另一列中的分类删除

C. 使用文本函数将编码与分类信息分开

D. 在编码与分类列右侧插入一个空列，然后利用 Excel 的分列功能将其分开

5. 以下错误的 Excel 公式形式是(　　)。

A. =SUM(B3:E3)*$F$3　　B. =SUM(B3:3E)*F3

C. =SUM(B3:$E3)*F3　　D. =SUM(B3:E3)*F$3

6. 以下对 Excel 高级筛选功能，说法正确的是(　　)。

A. 高级筛选通常需要在工作表中设置条件区域

B. 利用“数据”选项卡中的“排序和筛选”组内的“筛选”命令可进行高级筛选

C. 高级筛选之前必须对数据进行排序

D. 高级筛选就是自定义筛选

7. 初二年级各班的成绩单分别保存在独立的 Excel 工作簿文件中，李老师需要将这些成绩单合并到一个工作簿文件中进行管理，最优的操作方法是(　　)。

A. 将各班成绩单中的数据分别通过复制、粘贴的命令整合到一个工作簿中

B. 通过移动或复制工作表功能，将各班成绩单整合到一个工作簿中

C. 打开一个班的成绩单，将其他班级的数据录入到同一个工作簿的不同工作表中

D. 通过插入对象功能，将各班成绩单整合到一个工作簿中

8. 某公司需要统计各类商品的全年销量冠军。在 Excel 中，最优的操作方法是(　　)。

A. 在销量表中直接找到每类商品的销量冠军，并用特殊的颜色标记

B. 分别对每类商品的销量进行排序，销量冠军用特殊的颜色标记

C. 通过自动筛选功能，分别找出每类商品的销量冠军，并用特殊的颜色标记

D. 通过设置条件格式，分别标出每类商品的销量冠军

9. 在 Excel 中，要显示公式与单元格之间的关系，可通过以下方式实现(　　)。

A. “公式”选项卡的“函数库”组中有关功能

B. “公式”选项卡的“公式审核”组中有关功能

C. “审阅”选项卡的“校对”组中有关功能

D. “审阅”选项卡的“更改”组中有关功能

10. 在 Excel 中，设定与使用“主题”的功能是指(　　)。

A. 标题　　B. 一段标题文字

C. 一个表格　　D. 一组格式集合

11. 在 Excel 成绩单工作表中包含了 20 个同学成绩，C 列为成绩值，第一行为标题行，在不改变行列顺序的情况下，在 D 列统计成绩排名，最优的操作方法是(　　)。

A. 在 D2 单元格中输入“=RANK(C2, $C2:$C21)”，然后向下拖动该单元格的填充柄到 D21 单元格

B. 在 D2 单元格中输入“=RANK(C2, C$2:C$21)”，然后向下拖动该单元格的填充柄到 D21 单元格

C. 在 D2 单元格中输入“=RANK(C2, $C2:$C21)”，然后双击该单元格的填充柄

D. 在 D2 单元格中输入“=RANK(C2, C$2:C$21)”，然后双击该单元格的填充柄

12. 在 Excel 工作表 A1 单元格里存放了 18 位二代身份证号码，在 A2 单元格中利用公式计算该人的年龄，最优的操作方法是(　　)。

A. =YEAR(TODAY())-MID(A1, 6, 8)　　B. =YEAR(TODAY())-MID(A1, 6, 4)

C. =YEAR(TODAY())-MID(A1, 7, 8)　　D. =YEAR(TODAY())-MID(A1, 7, 4)

13. 在 Excel 工作表多个不相邻的单元格中输入相同的数据，最优的操作方法是(　　)。

A. 在其中一个位置输入数据，然后逐次将其复制到其他单元格

B. 在输入区域最左上方的单元格中输入数据，双击填充柄，将其填充到其他单元格

C. 在其中一个位置输入数据，将其复制后，利用 Ctrl 键选择其他全部输入区域，再粘贴内容

D. 同时选中所有不相邻单元格，在活动单元格中输入数据，然后按 Ctrl + Enter 键

14. Excel 工作表 B 列保存了 11 位手机号码信息，为了保护个人隐私，需将手机号码的后 4 位均用“*”表示，以 B2 单元格为例，最优的操作方法是(　　)。

A. =REPLACE(B2, 7, 4," **** ")　　B. =REPLACE(B2, 8, 4," **** ")

C. =MID(B2, 7, 4," **** ")　　D. =MID(B2, 8, 4," **** ")

15. 现有一个学生成绩工作表，工作表中有 4 列数据，分别为：学号、姓名、班级、成绩，其中班级列中有三种取值，分别为：一班、二班和三班，如果需要在工作表中筛选出“三班”学生的信息，以下最优的操作方法是(　　)。

A. 鼠标单击数据表外的任一单元格，执行“数据”选项卡下“排序和筛选”功能组中的“筛选”命令，鼠标单击“班级”列的向下箭头，从下拉列表中选择筛选项。

B. 鼠标单击数据表中的任一单元格，执行“数据”选项卡下“排序和筛选”功能组中的“筛选”命令，鼠标单击“班级”列的向下箭头，从下拉列表中选择筛选项。

C. 执行“开始”选项卡下“编辑”功能组中的“查找和选择”命令，在查找对话框的“查找内容”框输入“三班”，单击【关闭】按钮。

D. 执行“开始”选项卡下“编辑”功能组中的“查找和选择”命令，在查找对话框的“查找内容”框输入“三班”，单击【查找下一个】按钮。

16. 在 excel 工作表中快速选中单元格 BE370，以下最优的操作方法是(　　)。

A. 拖动滚动条

B. 执行“开始”选项卡下“编辑”功能组中的“查找和选择”命令，在查找对话框的“查找内容”框输入“BE370”，单击【查找下一个】按钮。

C. 先使用 Ctrl + →键移到 BE 列，再使用 Ctrl + ↓键移动 370 行。

D. 在名称框中直接输入 BE370，输入完成后按 Enter 键。

17. 小李使用 excel 2010 制作了一份“产品销量统计表”，并且已经为该表创建了一张柱形分析图，制作完成后发现该表格缺少一个产品的销售数据，现在需要将缺少的数据添加到分析图中，以下最优的操作方法是(　　)。

A. 向工作表中添加销售记录，选中柱状分析图，单击“设计”选项卡下“类型”功能组中的“更改图表类型”按钮。

B. 直接向工作表中添加销售记录，因为图表和数据产生了关联，在图表中会自动产生一个新的数据系列。

C. 向工作表中添加销售记录，选中柱状分析图，按 delete 键将其删除，然后重新插入一个柱状分析图。

D. 向工作表中添加销售记录，选中柱状分析图，单击“设计”选项卡下“数据”功能组中的“选择数据”按钮，重新选择数据区域。

18. 在 excel 2010 中，仅把 A1 单元格的批注复制到 B1 单元格中，以下最优的操作方法是(　　)。

A. 复制 A1 单元格，到 B1 单元格中执行粘贴命令。

B. 复制 A1 单元格，到 B1 单元格中执行选择性粘贴命令。

C. 选中 A1 单元格，单击“格式刷”按钮，接着在 B1 单元格上单击。

D. 复制 A1 单元格中的批注内容，在 B1 单元格中执行“插入批注”，然后将从 A1 单元格中复制的批注内容粘贴过来。

19. 小王是某公司销售部的文员，使用 excel 2010 对单位第一季度的销售数据进行统计分析，其中工作表“销售额”中的 B2:E309 中包含所有的销售数据，现在需要在工作表“汇总”中计算销售总额，以下最优的操作方法是(　　)。

A. 在工作表“汇总”中输入公式“=销售额!(B2:E309)”，对“销售额”中数据进行统计。

B. 在工作表“汇总”中输入公式“=sum(B2:E309)”，对“销售额”中数据进行统计。

C. 在工作表“销售额”中，选中 B2:E309 区域，并在名称框中输入“sales”，然后在工作表“汇总”中输入公式“=sales”。

D. 在工作表“销售额”中，选中 B2:E309 区域，并在名称框中输入“sales”，然后在工作表“汇总”中输入公式“=sum(sales)”。

20. 张老师使用 excel 2010 软件统计班级学生考试成绩，工作表的第一行为标题行，第一列为考生姓名。由于考生较多，在 excel 的一个工作表中无法完全显示所有行和列的数据，为方便查看数据，现需要对工作表的首行和首列进行冻结操作，以下最优的操作方法是(　　)。

A. 选中工作表的 A1 单元格，单击“视图”选项卡下“窗口”功能组中的“冻结窗格”按钮，在下拉列表中选择“冻结拆分窗格”。

B. 选中工作表的 B2 单元格，单击“视图”选项卡下“窗口”功能组中的“冻结窗格”按钮，在下拉列表中选择“冻结拆分窗格”。

C. 首先选中工作表的 A 列，单击“视图”选项卡下“窗口”功能组中的“冻结窗格”按钮，在下拉列表中选择“冻结首列”，再选中工作表的第 1 行，单击“视图”选项卡下“窗口”功能组中的“冻结窗格”按钮，在下拉列表中选择“冻结首行”。

D. 首先选中工作表的第 1 行，单击“视图”选项卡下“窗口”功能组中的“冻结窗格”按钮，在下拉列表中选择“冻结首行”，再选中工作表的 A 列，单击“视图”选项卡下“窗口”功能组中的“冻结窗格”按钮，在下拉列表中选择“冻结首列”。

21. 小李在 Excel 中整理职工档案，希望“性别”一列只能从“男”“女”两个值中进行选择，否则系统提示错误信息，最优的操作方法是(　　)。

A. 通过 If 函数进行判断，控制“性别”列的输入内容

B. 请同事帮忙进行检查，错误内容用红色标记

C. 设置条件格式，标记不符合要求的数据

D. 设置数据有效性，控制“性别”列的输入内容

22. 小谢在 Excel 工作表中计算每个员工的工作年限，每满一年计一年工作年限，最优的操作方法是(　　)。

A. 根据员工的入职时间计算工作年限，然后手动录入到工作表中

B. 直接用当前日期减去入职日期，然后除以 365，并向下取整

C. 使用 TODAY 函数返回值减去入职日期，然后除以 365，并向下取整

D. 使用 YEAR 函数和 TODAY 函数获取当前年份，然后减去入职年份

23. 在 Excel 中，如需对 A1 单元格数值的小数部分进行四舍五入运算，最优的操作方法是(　　)。

A. =INT(A1)　　　　B. =INT(A1+0.5)

C. =ROUND(A1, 0)　　　　D. =ROUNDUP(A1, 0)

24. Excel 工作表 D 列保存了 18 位身份证号码信息，为了保护个人隐私，需将身份证信息的第 3、4

位和第 9、10 位用“*”表示，以 D2 单元格为例，最优的操作方法是(　　)。

A. =REPLACE(D2, 9, 2,"**")+REPLACE(D2, 3, 2,"**")

B. =REPLACE(D2, 3, 2,"**", 9, 2,"**")

C. =REPLACE(REPLACE(D2, 9, 2,"**"), 3, 2,"**")

D. =MID(D2, 3, 2,"**", 9, 2,"**")

25. 将 Excel 工作表 A1 单元格中的公式 SUM(B$2:C$4)复制到 B18 单元格后，原公式将变为(　　)。

A. SUM(C$19:D$19)　　B. SUM(C$2:D$4)

C. SUM(B$19:C$19)　　D. SUM(B$2:C$4)

26. 不可以在 Excel 工作表中插入的迷你图类型是(　　)。

A. 迷你折线图　　B. 迷你柱形图

C. 迷你散点图　　D. 迷你盈亏图

27. 小王是某单位的会计，现需要统计单位各科室人员的工资情况，按工资从高到低排序，若工资相同，以工龄降序排序。以下最优的操作方法是(　　)。

A. 设置排序的主要关键字为“科室”，次要关键字为“工资”，第二次要关键字为“工龄”。

B. 设置排序的主要关键字为“工资”，次要关键字为“工龄”，第二次要关键字为“科室”。

C. 设置排序的主要关键字为“工龄”，次要关键字为“工资”，第二次要关键字为“科室”。

D. 设置排序的主要关键字为“科室”，次要关键字为“工龄”，第二次要关键字为“工资”。

28. 李老师是初三年级的辅导员，现在到了期末考试，考试结束后初三年级的三个班由各班的班主任老师统计本班级的学生各科考试成绩，李老师需要对三个班级的学生成绩进行汇总，以下最优的操作方法是(　　)。

A. 李老师可以将班级成绩统计表打印出来，交给三个班级的班主任老师，让他们手工填上学生的各科考试成绩和计算出总成绩，收回后自己汇总。

B. 李老师可以建立一个 Excel 工作簿，为每个班级建立一个工作表，传给三个班级的班主任老师，让他们在自己班级的工作表上录入学生的各科考试成绩和计算总成绩，最后李老师可以使用“合并计算”功能汇总三个班级的考试成绩。

C. 李老师可以建立一个 Excel 工作簿，为每个班级建立一个工作表，传给三个班级的班主任老师，让他们在自己班级的工作表上录入学生的各科考试成绩和计算总成绩，最后李老师可以将每个班级的数据“复制/粘贴”到新工作表中进行汇总。

D. 李老师可以建立一个 Excel 工作簿，只制作一个工作表，三个班级的班主任老师依次分别录入各班的学生考试成绩，最后李老师根据录入的数据进行汇总。

29. 将 Excel 工作表中的数据粘贴到 PowerPoint 中，当 Excel 中的数据内容发生改变时，保持 PowerPoint 中的数据同步发生改变，以下最优的操作方法是(　　)。

A. 使用复制—粘贴—使用目标主题

B. 使用复制—粘贴—保留原格式

C. 使用复制—选择性粘贴—粘贴—Microsoft 工作表对象

D. 使用复制—选择性粘贴—粘贴链接—Microsoft 工作表对象

30. Excel 2010 中，需要对当前工作表进行分页，将 1－18 行作为一页，余下的作为另一页，以下最优的操作方法是(　　)。

A. 选中 A18 单元格，单击“页面布局”选项卡下“页面设置”功能组中的“分隔符/插入分页符”按钮。

B. 选中 A19 单元格，单击“页面布局”选项卡下“页面设置”功能组中的“分隔符/插入分页符”按钮。

C. 选中 B18 单元格，单击“页面布局”选项卡下“页面设置”功能组中的“分隔符/插入分页符”按钮。

D. 选中 B19 单元格，单击“页面布局”选项卡下“页面设置”功能组中的“分隔符/插入分页符”按钮。

31. 在 Excel 2010 工作表中根据数据源创建了数据透视表，当数据透视表对应的数据源发生变化时，需快速更新数据透视表中的数据，以下最优的操作方法是(　　)。

A. 单击“选项”选项卡下“操作”功能组中的“选择/整个数据透视表”项。

B. 单击“选项”选项卡下“数据”功能组中的“刷新”按钮。

C. 选中整个数据区域，重新创建数据透视表。

D. 单击“选项”选项卡下“排序和筛选”功能组中的“插入切片器”按钮。

32. 在 Excel 2010 中，设 E 列单元格存放工资总额，F 列用以存放实发工资。其中当工资总额超过 800 时，实发工资 = 工资 - (工资总额 - 800) * 税率；当工资总额少于或等于 800 时，实发工资 = 工资总额。假设税率为 5%，则 F 列可用公式实现。以下最优的操作方法是(　　)。

A. 在 F2 单元格中输入公式 =IF(E2>800, E2-(E2-800)*0.05, E2)。

B. 在 F2 单元格中输入公式 =IF(E2>800, E2, E2-(E2-800)*0.05)。

C. 在 F2 单元格中输入公式 =IF(“E2>800”, E2-(E2-800)*0.05, E2)。

D. 在 F2 单元格中输入公式 =IF(“E2>800”, E2, E2-(E2-800)*0.05)。

33. 在 Excel 2010 中，E3:E39 保存了单位所有员工的工资信息，现在需要对所有员工的工资增加 50 元，以下最优的操作方法是(　　)。

A. 在 E3 单元格中输入公式 =E3+50，然后使用填充句柄填充到 E39 单元格中。

B. 在 E 列后插入一个新列 F 列，输入公式 =E3+50，然后使用填充句柄填充到 F39 单元格，最后将 E 列删除，此时 F 列即为 E 列，更改一下标题名称即可。

C. 在工作表数据区域之外的任一单元格中输入 50，复制该单元格，然后选中 E3 单元格，单击右键，使用“选择性粘贴 - 加”，最后使用填充句柄填充到 E39 单元格中。

D. 在工作表数据区域之外的任一单元格中输入 50，复制该单元格，然后选中 E3:E39 单元格区域，单击右键，使用“选择性粘贴 - 加”即可。

34. 在 Excel 工作表中存放了第一中学和第二中学所有班级总计 300 个学生的考试成绩，A 列到 D 列分别对应“学校”“班级”“学号”“成绩”，利用公式计算第一中学 3 班的平均分，最优的操作方法是(　　)。

A. =SUMIFS(D2:D301, A2:A301,"第一中学", B2:B301,"3 班")/COUNTIFS(A2:A301,"第一中学", B2:B301,"3 班")

B. =SUMIFS(D2:D301, B2:B301,"3 班")/COUNTIFS(B2:B301,"3 班")

C. =AVERAGEIFS(D2:D301, A2:A301,"第一中学", B2:B301,"3 班")

D. =AVERAGEIF(D2:D301, A2:A301,"第一中学", B2:B301,"3 班")

35. Excel 工作表 D 列保存了 18 位身份证号码信息，为了保护个人隐私，需将身份证信息的第 9 到 12 位用“*”表示，以 D2 单元格为例，最优的操作方法是(　　)。

A. =MID(D2, 1, 8)+"****"+MID(D2, 13, 6)

B. =CONCATENATE(MID(D2, 1, 8),"****", MID(D2, 13, 6))

C. =REPLACE(D2, 9, 4,"****")

D. =MID(D2, 9, 4,"****")

学习目标

初识 PowerPoint 2010 工作界面；演示文稿和幻灯片的基本操作；演示文稿素材；演示文稿的视图模式；美化演示文稿；放映和打印输出演示文稿。

知识结构

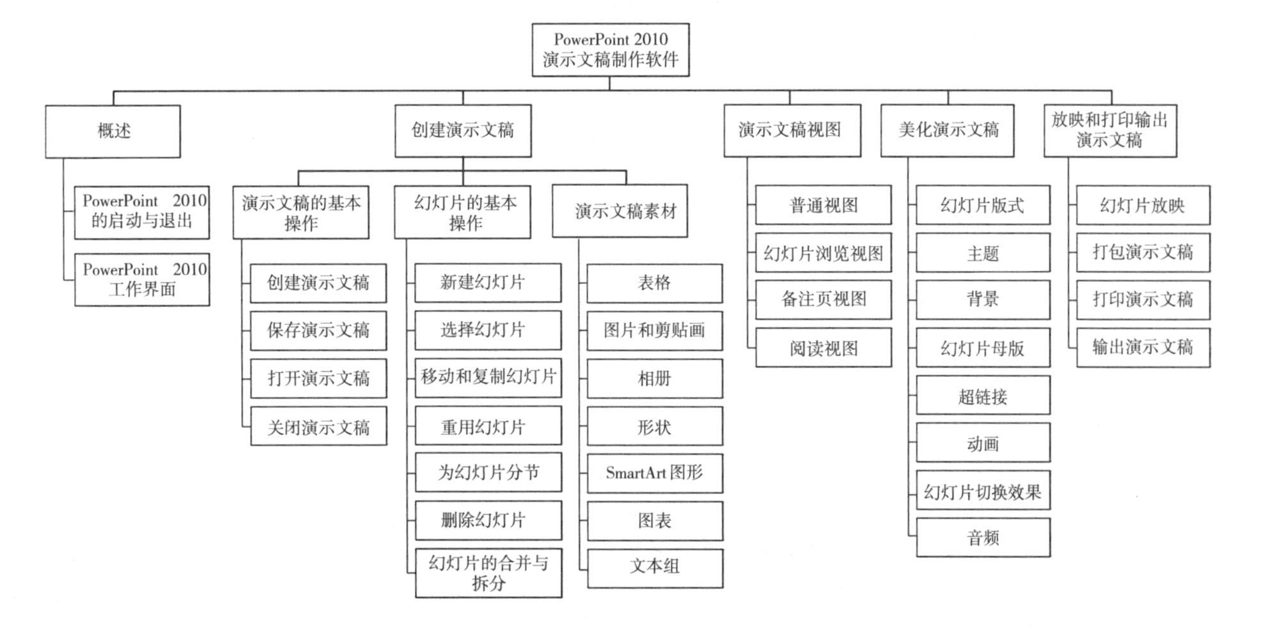

5.1 PowerPoint 2010 概述

5.1.1 PowerPoint 2010 的启动与退出

启动 PowerPoint 2010 的方式有多种，用户可以根据需要进行选择，常用的启动方式有如下几种。

方法一：单击“开始”按钮，在打开的“开始”菜单中选择“所有程序”，在“所有程序”的菜单中单击“Microsoft Office”选项，在“Microsoft Office”中单击“Microsoft PowerPoint 2010”。

方法二：双击桌面上的 Microsoft PowerPoint 2010 快捷方式图标 。

方法三：双击某个 PowerPoint 文档，可以启动 Microsoft PowerPoint 2010。

前两种方法系统将启动 Microsoft PowerPoint 2010，而第三种方法将打开已存在的演示文稿。

当制作完演示文稿或不需要使用该软件编辑演示文稿时，可对软件执行退出操作，将其关闭，退出 PowerPoint 2010 方式有如下几种。

方法一：单击标题栏右上角的关闭按钮。

方法二：双击窗口快速访问工具栏左端的控制菜单“关闭”图标按钮。

方法三：执行“文件”选项卡中的“退出”命令。

方法四：按 Alt + F4 组合键。

方法五：右击标题栏，执行“关闭”命令。

退出时系统会弹出对话框，要求用户确认是否保存演示文稿，选择“保存”则保存文档并退出，选择“不保存”则退出且不保存文档。

5.1.2 PowerPoint 2010 的工作界面

启动 PowerPoint 后将进入其工作界面，如图 5.1 所示。PowerPoint 2010 工作界面由标题栏、快速访问工具栏、“文件”菜单、功能选项卡、功能区、幻灯片/大纲窗格、幻灯片编辑区、备注窗格、状态栏等组成。

PowerPoint 2010 工作界面各部分的组成及作用如下。

1. 标题栏

标题栏位于窗口顶部，用于显示演示文稿名称和程序名称，右侧有“最小化”按钮、“最大化/向下还原”按钮和“关闭”按钮。

2. 快速访问工具栏

快速访问工具栏位于窗口的左端，该工具栏提供了最常用的“保存”按钮、“撤销”按钮和“恢复”按钮，利用右侧的“自定义快速访问工具栏”按钮，用户可以添加和更

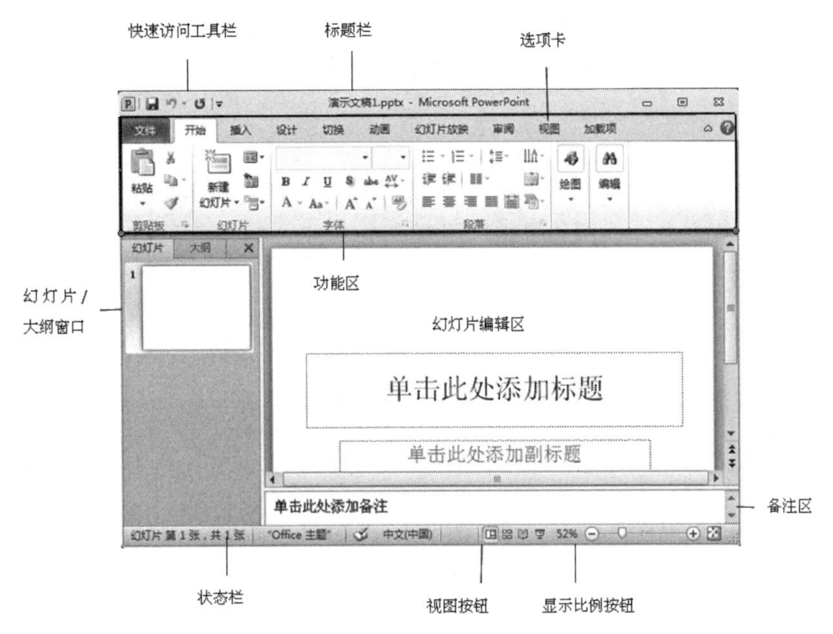

图 5.1　PowerPoint 2010 工作窗口

改按钮，如图 5.2 所示。单击“自定义快速访问工具栏”右边的下拉三角，在打开的下拉列表中，单击需要添加的项目，就可以将该项目添加到“快速访问工具栏”中。

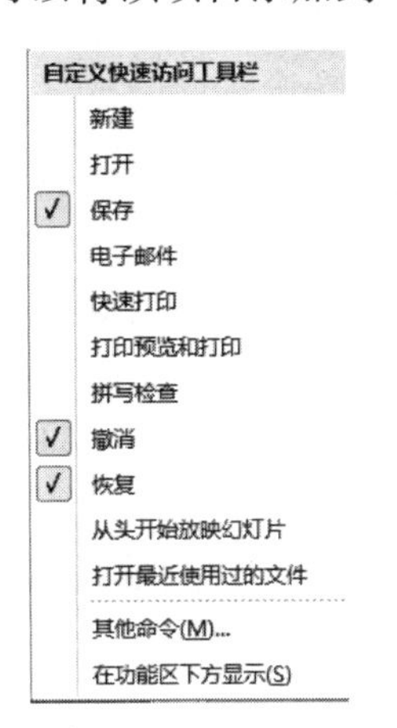

图 5.2　自定义快速访问工具栏

3. “文件”菜单

用于执行 PowerPoint 演示文稿的新建、打开、保存和退出等基本操作，该菜单右侧列出了用户经常使用的演示文稿的名称。

4. 功能选项卡

功能选项卡位于标题栏的下面，通常有“文件”“开始”“插入”“设计”“切换”“动画”“幻灯片放映”“审阅”“视图”“加载项”10个不同类别的选项卡，选项卡下含有多个命令组，如果在幻灯片中有文本框、图片、图表等对象时，还会增加相应的选项卡。

5. 功能区

功能区位于选项卡的下面，当选中某选项卡时，其对应的多个命令组出现在其下方，每个命令组内含有若干命令。例如单击“开始”选项卡，其功能区包含“剪贴板”“幻灯片”“字体”“段落”“绘图”“编辑”4个命令组。

6. 幻灯片/大纲窗格

由“大纲”选项卡和“幻灯片”选项卡两张选项卡组成。

7. 幻灯片编辑区

在幻灯片编辑区可以添加文本，插入图片、剪贴画、相册、形状、SmartArt图形、表格、文本框、视频/音频等。

8. 备注窗格

可以输入要应用于当前幻灯片的备注，对当前幻灯片进行解释说明。

9. 状态栏

状态栏位于窗口底部，在不同的视图模式下显示的内容略有不同，主要用于显示演示文稿中所选的当前幻灯片以及幻灯片总张数、视图切换按钮及显示比例等。视图按钮提供了当前演示文稿的不同显示方式，有“普通视图”“幻灯片浏览”“阅读视图”和“幻灯片放映”四个按钮，单击某个按钮就可以切换到相应的视图。关于演示文稿视图将在5.3节演示文稿视图模式中详细介绍。显示比例按钮位于视图按钮右侧，单击可打开显示比例对话框，设置幻灯片的显示比例，也可以拖动右方的滑块来调整显示比例。

5.2 创建演示文稿

5.2.1 演示文稿的基本操作

1. 创建演示文稿

创建演示文稿的方法有多种，实际上只要一启动PowerPoint，就会自动创建一个空白演示文稿，空白演示文稿是一个没有任何设计方案和示例文本的演示文稿，在这个空白演示文稿的基础上，根据需要可以添加多张不同版式的幻灯片。

执行“新建”命令创建演示文稿的操作步骤如下。

① 执行“文件”菜单下的“新建”命令，如图5.3所示。在新建对话框中，单击可

用的模板和主题中“空白演示文稿”后，在右侧单击“创建”按钮，就会显示一张空白幻灯片。如果是首次启动演示文稿，那么 PowerPoint 2010 默认的文件名是“演示文稿 1”，其扩展名为 . pptx。

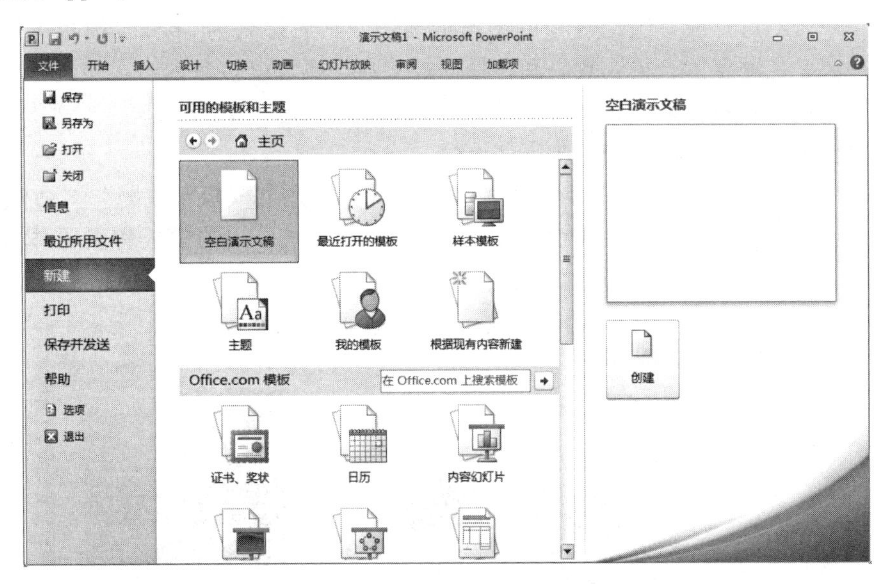

图 5.3　新建演示文稿对话框

② 在空白演示文稿中添加幻灯片，可以单击“开始”选项卡下“幻灯片”组的“新建幻灯片”右边的下拉三角，打开新建幻灯片下拉列表，如图 5.4 所示。

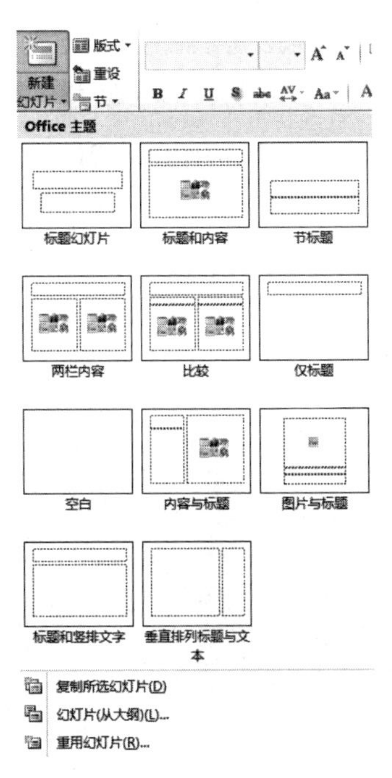

图 5.4　新建幻灯片下拉列表

③ 在“Office 主题”中，单击需要的版式，在 PowerPoint 编辑窗口中就会添加一张幻灯片。

除了创建空白演示文稿之外，还可以通过执行“新建”命令，利用可用的模板和主题来创建演示文稿。

模板是一张幻灯片或一组幻灯片的图案或蓝图，其后缀名为 . potx。模板可以包含版式、主题颜色、主题字体、主题效果和背景样式，甚至还可以包含内容。主题是将设置好的颜色、字体和背景效果整合到一起，一个主题中只包含这 3 个部分。

利用模板创建演示文稿的操作步骤如下。

① 执行“文件”菜单下的“新建”命令，打开“可用的模板和主题”对话框。

② 在这个对话框中，双击“样本模板”选项，打开“可用的模板和主题/样本模板”窗口，如图 5. 5 所示。

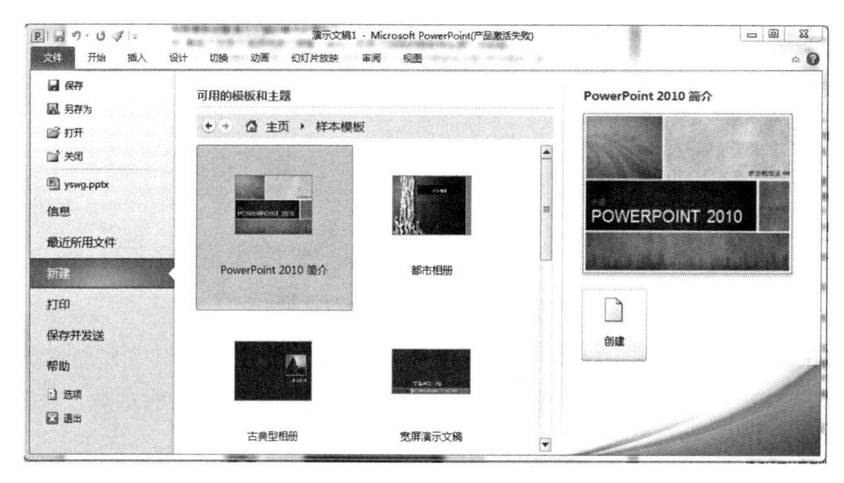

图 5. 5　可用的模板和主题/样本模板

③ 选择模板中的一种，例如单击“PowerPoint 2010 简介”选项，单击右侧的“创建”按钮，在 PowerPoint 编辑窗口就会显示使用这种模板创建的演示文稿，如图 5. 6 所示。

图 5. 6　模板“PowerPoint 2010 简介”

利用主题创建演示文稿的操作步骤如下。

① 执行“文件”菜单下的“新建”命令，打开“可用的模板和主题”对话框。

② 在这个对话框中，双击“主题”选项，打开“可用的模板和主题/主题”窗口，如图 5.7 所示。

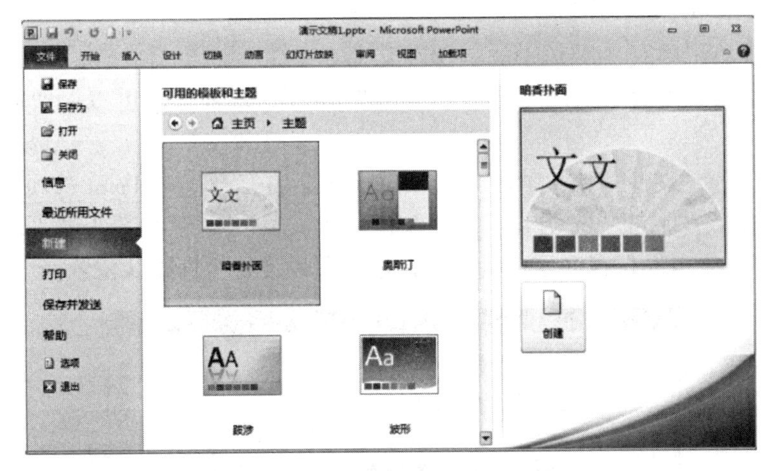

图 5.7　可用的模板和主题/主题

③ 单击模板中的一种，例如单击“暗香扑面”，单击右侧的“创建”按钮，在 PowerPoint 编辑窗口就会显示使用这种主题创建的演示文稿。

除了以上三种方法创建演示文稿之外，还可以根据给定的 Word 文件，将 Word 文件导入演示文稿中的方法来创建演示文稿。

实例 1[二级真题]：根据图书策划方案(请参考“图书策划方案.docx”文件)中的内容，按照如下要求完成演示文稿的制作。

创建一个新演示文稿，内容需要包含“图书策划方案.docx”文件中所有讲解的要点。

(1) 演示文稿中的内容编排，需要严格遵循 Word 文档中的内容顺序，并仅需要包含 Word 文档中应用了“标题 1”“标题 2”“标题 3”样式的文字内容。

(2) Word 文档中应用了“标题 1”样式的文字，需要成为演示文稿中每页幻灯片的标题文字。

(3) Word 文档中应用了“标题 2”样式的文字，需要成为演示文稿中每页幻灯片的第一级文本内容。

(4) Word 文档中应用了“标题 3”样式的文字，需要成为演示文稿中每页幻灯片的第二级文本内容。

具体操作步骤如下。

① 打开 Microsoft PowerPoint 2010，新建一个空白演示文稿。

② 执行“文件”菜单下的“打开”命令，将文件类型设置为“所有文件(*.*)”，找到考生文件夹下的文件“图书策划方案.docx”，单击“打开”选项，Microsoft PowerPoint 2010 就会自动将 Word 文件转换为 PowerPoint 文件。

2. 保存演示文稿

保存演示文稿有以下几种方法。

方法一：单击快速访问工具栏上的“保存”按钮，弹出“另存为”对话框，选择保存位置和输入文件名。

方法二：执行“文件”菜单下的“保存”命令。

方法三：执行“文件”菜单下的“另存为”命令。这种方法可以保留原有演示文稿的内容。

方法四：执行“文件”菜单下的“选项”命令，打开“PowerPoint 选项”对话框，如图 5.8 所示。选择“保存”选项卡，在“保存演示文稿”栏中可以设置“保存自动恢复信息时间间隔”，来自动保存演示文稿。在这里还可以设置文件默认位置。

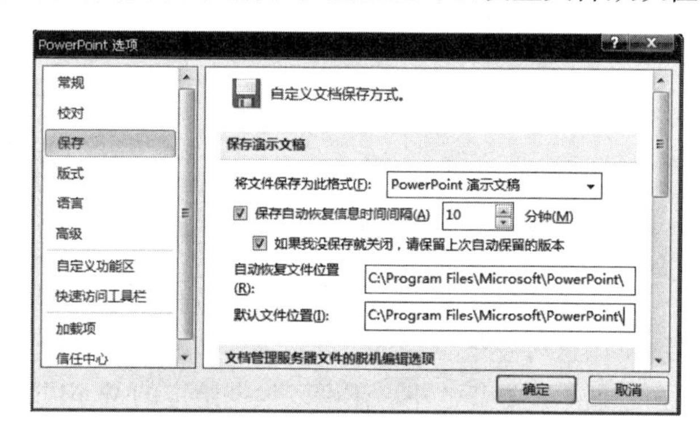

图 5.8 “PowerPoint 选项”窗口

3. 打开演示文稿

打开演示文稿可分为以下几种情况。

(1) 打开一般演示文稿。双击该演示文稿或启动 PowerPoint 2010 后，执行“文件”菜单下的“打开”命令，在“打开”对话框中，找到需要打开的演示文稿，单击“打开”按钮。

(2) 打开最近使用的演示文稿。启动 PowerPoint 2010 后，执行“文件”菜单下的“最近所用文件”命令，选择需要打开的演示文稿。

(3) 以只读方式打开演示文稿。执行“文件”菜单下的“打开”命令，在“打开”对话框中，找到需要打开的演示文稿，单击“打开”右侧下拉三角，选择“以只读方式打开”。

(4) 以副本方式打开演示文稿。执行“文件”菜单下的“打开”命令，在“打开”对话框中，找到需要打开的演示文稿，单击“打开”右侧下拉三角，选择“以副本方式打开”。

4. 关闭演示文稿

关闭演示文稿有以下几种方法。

方法一：单击标题栏右上角的“关闭”按钮。

方法二：右击标题栏，在弹出的菜单中执行“关闭”命令。

方法三：在“文件”菜单下执行“退出”命令。

方法四：在“文件”菜单下执行“关闭”命令。

前三种方法除了关闭演示文稿外，也退出了 PowerPoint 2010。而最后一种只是关闭演示文稿。

5.2.2　幻灯片的基本操作

1. 新建幻灯片

演示文稿由多张幻灯片组成，用户可以根据需要在演示文稿的任意位置新建幻灯片。常用的新建幻灯片的方法主要有以下两种。

方法一：通过快捷菜单新建幻灯片：启动 PowerPoint 2010，在新建空白演示文稿的“幻灯片”窗格空白处单击鼠标右键，在弹出的快捷菜单中执行“新建幻灯片”命令，使用这种方法新建的是一种版式为“标题幻灯片”的幻灯片，如图 5.9 所示。

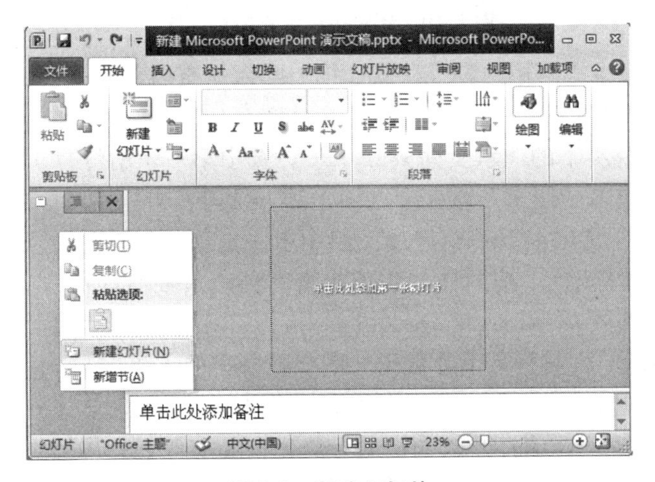

图 5.9　新建幻灯片

方法二：新建指定版式的幻灯片：启动 PowerPoint 2010，选择“开始”选项卡下“幻灯片”组“新建幻灯片”右侧下拉小三角，在弹出的下拉列表中选择新建幻灯片的版式，如图 5.10 所示。

实例 2［二级真题］打开考生文件夹下的演示文稿 yswg. pptx，根据考生文件夹下的文件“PPT－素材 . docx”，按照下列要求完善此文稿并保存。

使文稿包含七张幻灯片，设计第一张为“标题幻灯片”版式，第二张为“仅标题”

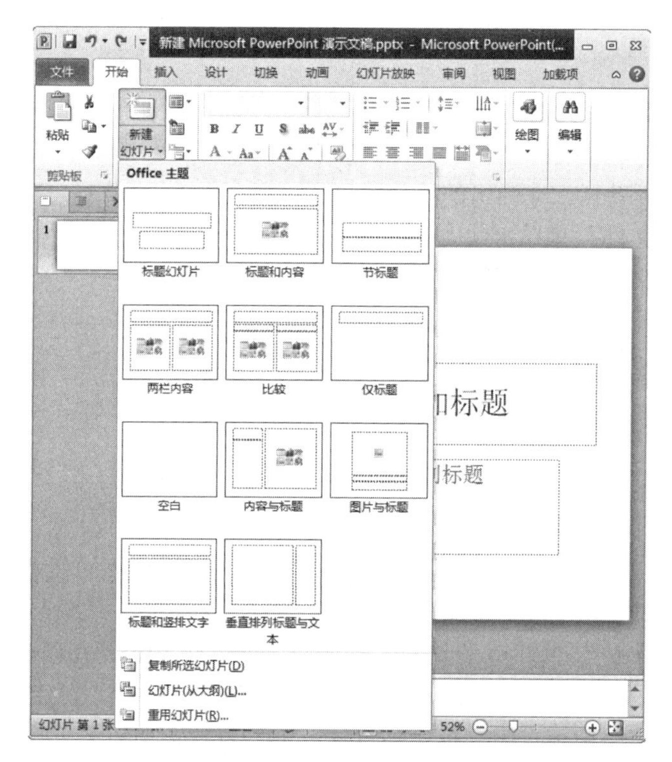

图 5.10　新建指定版式的幻灯片

版式，第三到第六张为“两栏内容”版式，第七张为“空白”版式。

具体操作步骤如下。

① 打开考生文件夹下的演示文稿 yswg. pptx。选中第一张幻灯片，在“开始”选项卡下“幻灯片”组中单击“版式”按钮，在弹出的下拉列表中选择“标题幻灯片”。

② 单击“开始”选项卡下“幻灯片”组中单击“新建幻灯片”下拉按钮，在弹出的下拉列表中选择“仅标题”。按同样方法新建第三到第六张幻灯片为“两栏内容”版式，第七张为“空白”版式。

实例 3［二级真题］文君是新世界数码技术有限公司的人事专员，“十一”过后，公司招聘了一批新员工，需要对他们进行入职培训。人事助理已经制作了一份演示文稿的素材“新员工入职培训 . pptx”，请打开该文档进行美化，要求如下：将第二张幻灯片版式设为“标题和竖排文字”，将第四张幻灯片的版式设为“比较”。

具体操作步骤如下。

① 选中第二张幻灯片，单击“开始”选项卡下的“幻灯片”组中的“版式”按钮，在弹出的下拉列表中选择“标题和竖排文字”。

② 采用同样的方式将第四张幻灯片的版式设置为“比较”。

2. 选择幻灯片

根据实际情况不同，选择幻灯片的方法也有所不同，主要有以下几种情况。

(1) 选择单张幻灯片：在“幻灯片/大纲”窗格或幻灯片浏览视图中，单击幻灯片缩略图，即可选择单张幻灯片。

(2) 选择多张连续幻灯片：在“幻灯片/大纲”窗格或幻灯片浏览视图中，单击要连续选择的幻灯片中的第一张，按住 Shift 键，再单击最后一张幻灯片，释放 Shift 键后两张幻灯片之间的所有幻灯片均被选中。

(3) 选择多张不连续幻灯片：在“幻灯片/大纲”窗格或幻灯片浏览视图中，单击要连续选择的幻灯片中的第一张，按住 Ctrl 键，再依次单击要选择的其他幻灯片，可选择多张不连续的幻灯片。

(4) 选择所有幻灯片：在“幻灯片/大纲”窗格或幻灯片浏览视图中，按住 Ctrl + A 键，即可选择当前演示文稿中的所有幻灯片。

3. 移动和复制幻灯片

可以通过下面三种方法实现幻灯片的移动和复制。

方法一：在“幻灯片/大纲”窗格或幻灯片浏览视图中，选择需要移动的幻灯片，按住鼠标左键拖动到目标位置后释放鼠标即可完成移动操作，选择幻灯片后，按住 Ctrl 键的同时拖动到目标位置可实现幻灯片的复制。

方法二：在“幻灯片/大纲”窗格或幻灯片浏览视图中，选择需要移动或复制的幻灯片，单击鼠标右键，在弹出的快捷菜单中执行“剪切”或“复制”命令，然后将鼠标定位到目标位置，单击鼠标右键，在弹出的快捷菜单中执行“粘贴”命令，完成幻灯片的移动或复制操作。

方法三：在“幻灯片/大纲”窗格或幻灯片浏览视图中，选择需要移动或复制的幻灯片，按 Ctrl + X 或 Ctrl + C 组合键，然后在目标位置按 Ctrl + V 组合键，也可完成幻灯片的移动或复制操作。

4. 重用幻灯片

在我们制作幻灯片的过程中，会碰到一些情况：比如我们要制作一批幻灯片，这些幻灯片中有一部分内容是大致相同的，例如各种图表、报告、数据等，这时我们完全可以通过使用 PowerPoint 2010 的“重用幻灯片”功能来减少重复工作。我们可以先将所有的演示文稿中相同的那一部分幻灯片内容全都集中到一起来制作一个演示文稿，然后再按照展示对象的不同，从里面选择出合适的幻灯片按实际需要的顺序生成新的演示文稿。

打开 PowerPoint 2010，在“开始”选项卡中单击“新建幻灯片”的右侧向下的小三角块，在下拉列表中选择“重用幻灯片”选项，此时在窗口右侧会显示“重用幻灯片”窗格。在“重用幻灯片”窗格的“从以下源中插入幻灯片”中输入事先做好的演示文稿的文件路径，按 Enter 键确认打开。或者单击“浏览”选择“浏览文件”，在“浏览”对话框中选择打开演示文稿。确认打开后演示文稿中的所有幻灯片都会显示在“重用幻灯片”窗格的列表中。如果需要保留源格式需勾选“保留源格式”复选框。

实例 4[二级真题]某学校初中二年级五班的物理老师要求学生两人一组制作一份物理

课件。小曾与小张自愿组合，他们制作完成的第一章后三节内容见文档“第 3 – 5 节 . pptx”，前两节内容存放在文本文件“第 1 – 2 节 . pptx”中。小张需要按下列要求完成课件的整合制作。

（1）为演示文稿“第 1 – 2 节 . pptx”指定一个合适的设计主题。为演示文稿“第 3 – 5 节 . pptx”指定另一个设计主题，两个主题应不同。

（2）将演示文稿“第 3 – 5 节 . pptx”和“第 1 – 2 节 . pptx”中的所有幻灯片合并到“物理课件 . pptx”中，要求所有幻灯片保留原来的格式。以后的操作均在文档“物理课件 . pptx”中进行。

具体操作步骤如下。

① 在考生文件夹下打开演示文稿“第 1 – 2 节 . pptx”，在“设计”选项卡下“主题”组中，我们选择“暗香扑面”主题(图 5. 11)，单击“保存”按钮。

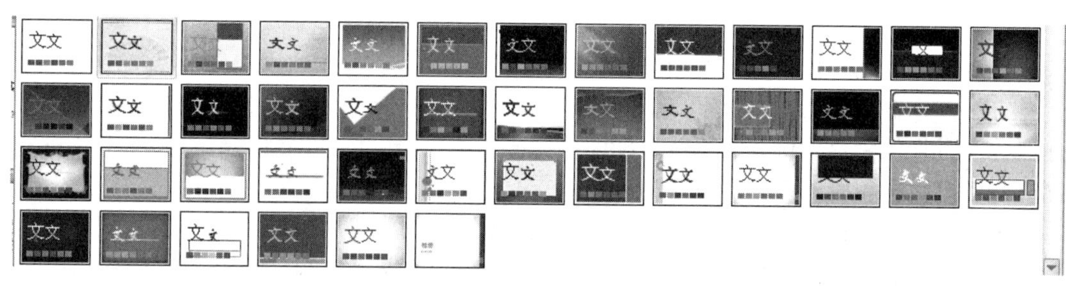

图 5. 11　选择“暗香扑面”主题

② 在考生文件夹下打开演示文稿“第 3 – 5 节 . pptx”，按照同样的方式，在“设计”选项卡下“主题”组中选择“跋涉”选项(图 5. 12)，单击“保存”按钮。

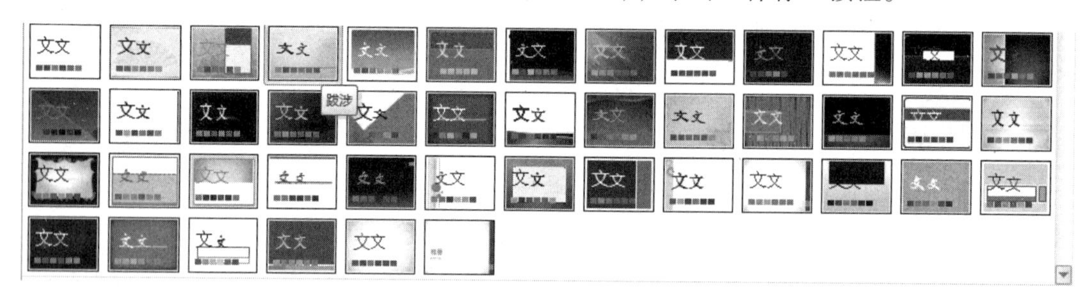

图 5. 12　选择“跋涉”主题

③ 新建一个演示文稿并命名为“物理课件 . pptx”，在“开始”选项卡下“幻灯片”组中单击“新建幻灯片”下拉按钮，从弹出的下拉列表中选择“重用幻灯片”，打开“重用幻灯片”任务窗格，单击“浏览”按钮，选择“浏览文件”，弹出“浏览”对话框，从考生文件夹下选择“第 1 – 2 节 . pptx”，单击“打开”按钮，勾选“重用幻灯片”任务窗格中的“保留源格式”复选框，如图 5. 13 所示，分别单击这四张幻灯片。将光标定位到第四张幻灯片之后，单击“浏览”按钮，选择“浏览文件”，弹出“浏览”对话框，从考生文件夹下选择“第 3 – 5 节 . pptx”，单击“打开”按钮，勾选“重用幻灯片”任务窗格

中的“保留源格式”复选框，分别单击每张幻灯片。关闭“重用幻灯片”任务窗格。

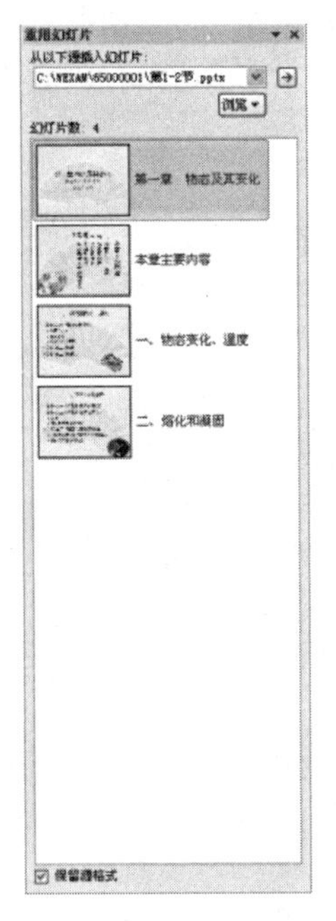

图 5.13 “重用幻灯片”窗格

5. 为幻灯片分节

在 PowerPoint 2010 中，不仅可以为幻灯片分节，还可以对节进行操作。为幻灯片分节的方法如下。

① 在普通视图“幻灯片”窗格中或在幻灯片浏览视图中，选择要分成节的幻灯片中的第一张幻灯片，选择“开始”选项卡“幻灯片”组右侧的下拉小三角，执行“新增节”命令，如图 5.14 所示，即可为幻灯片分节。

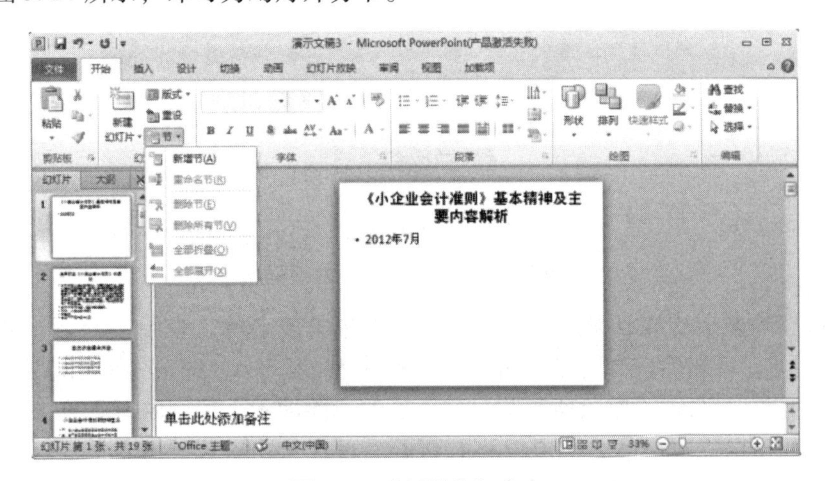

图 5.14 “新增节”命令

② 在幻灯片浏览视图下为幻灯片分节的效果如图 5.15 所示。新增的节名称都是“无标题节”，鼠标右键单击，选择“无标题节”，执行“重命名节”命令(图 5.16)，会弹出的“重命名节”对话框，如图 5.17 所示，可以输入节的名称，然后单击“重命名”按钮。

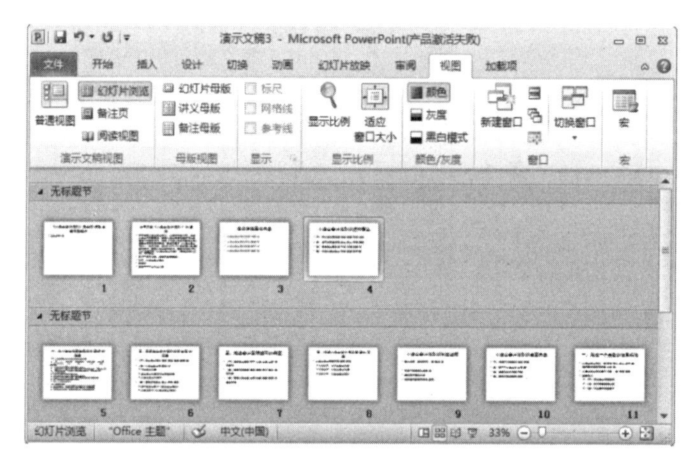

图 5.15　幻灯片浏览视图下分节效果

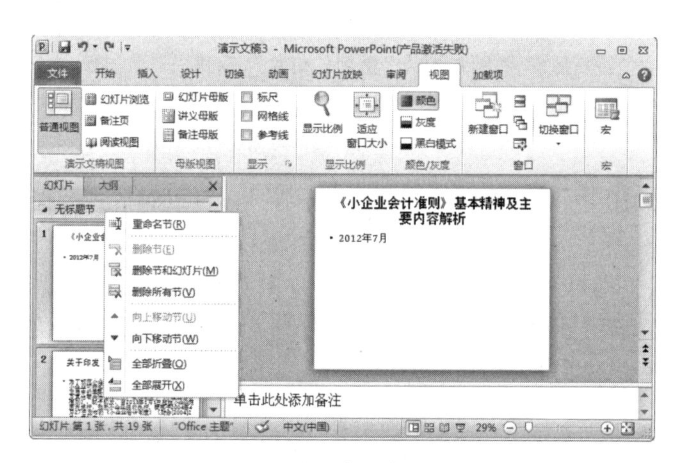

图 5.16　“重命名节”命令

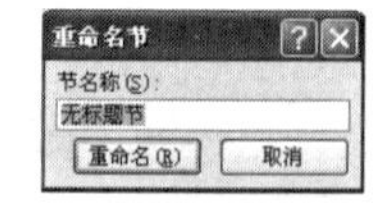

图 5.17　“重命名节”对话框

③ 可以删除多余的节或无用的节，鼠标右键单击节名称，在弹出的下拉列表中选择“删除节”选项，可删除选择的节；选择“删除节和幻灯片”选项，可删除本节(包括节中的所有幻灯片)；选择“删除所有节”选项，可删除演示文稿中的所有节。

④ 通过使用鼠标双击节名称可以将其折叠，再次双击可以将其展开。还可以鼠标右键单击节名称，选择“全部折叠”或“全部展开”选项，可以将节全部折叠或全部展开。

实例 5[二级真题]公司计划在“创新产品展示及说明会”会议茶歇期间，在大屏幕投影上向来宾自动播放会议的日程和主题，因此需要市场部助理小王完善 PowerPoint . pptx 文件中的演示内容。为演示文档创建 3 个节，其中“议程”节中包含第 1 张和第 2 张幻灯片，“结束”节中包含最后 1 张幻灯片，其余幻灯片包含在“内容”节中。

具体操作步骤如下。

① 在幻灯片视图中，选中编号为 1 的幻灯片，单击“开始”选项卡下“幻灯片”组中的“节”下拉按钮，在下拉列表中执行“新增节”命令。然后再次单击“节”下拉按钮，在下拉列表中执行“重命名节”命令。在打开的对话框中输入“节名称”为“议程”，单击“重命名”按钮，如图 5. 18 所示。

图 5. 18　“重命名节”对话框

② 选中第 3 张幻灯片，单击“开始”选项卡下“幻灯片”组中的“节”下拉按钮，在下拉列表中执行“新增节”命令，然后再次单击“节”下拉按钮，在下拉列表中执行“重命名节”命令，在打开的对话框中输入“节名称”为“内容”，单击“重命名”按钮。

③ 选中最后一张幻灯片，单击“开始”选项卡下“幻灯片”组中的“节”下拉按钮，在下拉列表中执行“新增节”命令，然后再次单击“节”下拉按钮，在下拉列表中执行“重命名节”命令，在打开的对话框中输入“节名称”为“结束”，单击“重命名”按钮。

6. 删除幻灯片

在“幻灯片/大纲”窗格或幻灯片浏览视图中，可以对演示文稿中多余的幻灯片进行删除。其方法是：选择需删除的幻灯片后，按 Delete 键或单击鼠标右键，在弹出的菜单中执行“删除幻灯片”命令。

7. 幻灯片的合并与拆分

在“幻灯片/大纲”窗格中可实现幻灯片的合并与拆分，切换至“大纲”视图，在“大纲”视图中将光标定位到要拆分的位置，按 Enter 键，然后单击“开始”选项卡“段落”组中的“降低列表级别”按钮，即可将幻灯片进行拆分；在“大纲”视图中将光标定位到后一张幻灯片的最前面的位置，然后单击“开始”选项卡“段落”组中的“提高列表级别”按钮，即可将两张幻灯片进行合并。

实例 6[二级真题]公司计划在“创新产品展示及说明会”会议茶歇期间，在大屏幕投影上向来宾自动播放会议的日程和主题，因此需要市场部助理小王完善 PowerPoint . pptx 文件中的演示内容。由于文字内容较多，将第 7 张幻灯片中的内容区域文字自动拆分为 2 张幻灯片进行展示。

具体操作步骤如下。

① 打开考生文件下的“PowerPoint . pptx”演示文稿。

② 在幻灯片视图中，选中编号为7的幻灯片，单击“大纲”按钮，切换至大纲视图中。

③ 将光标定位到大纲视图中“多角度、多维度分析业务发展趋势”文字的后面，按Enter键，单“开始”选项卡下“段落”组中的“降低列表级别”按钮，即可在“大纲”视图中出现新的幻灯片。

④ 将第7张幻灯片中的标题，复制到新拆分出幻灯片的文本框中。

5.2.3 演示文稿素材

1. 表格

(1) 插入表格。

选择要插入表格的幻灯片，单击“插入”选项卡“表格”组，单击“表格”下侧下拉三角，拖动鼠标在小格子上划过时，演示文稿就会出现正在设计的表格的雏形，如图5.19所示，这里选择插入一个4行5列的表格。还可以执行“插入表格”命令，弹出“插入表格”对话框，如图5.20所示，设置好行数为4和列数为5后，单击“确定”按钮，这样就插入了4行5列的表格。

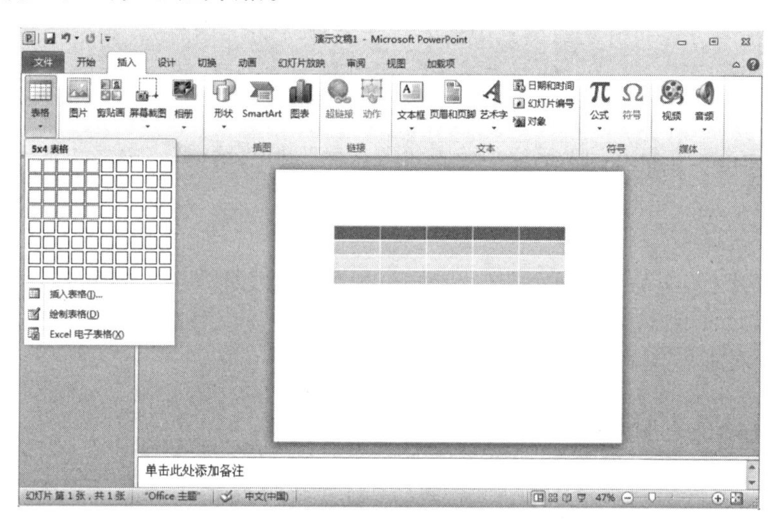

图5.19 插入表格

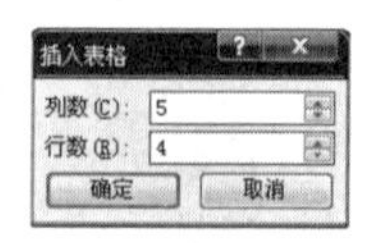

图5.20 “插入表格”对话框

创建表格后，就可以输入表格内容了，选定插入的表格，在标题栏上会显示“表格工具”的“设计”和“布局”两个选项卡，如图5.21所示，利用这些功能就可以编辑表格，例如调整表格的大小、设置行高和列宽、插入和删除行(列)、合并和拆分单元格等。与Word中表格的操作很相似，这里不再赘述。

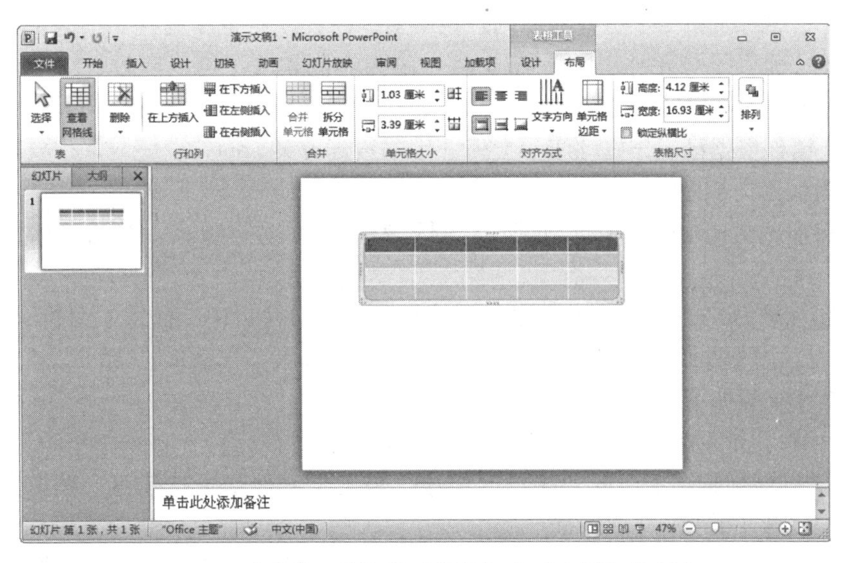

图 5.21　“表格工具”的“设计”和“布局”选项卡

（2）绘制表格。

单击“插入”选项卡“表格”组下拉三角，执行“绘制表格”命令，这时鼠标光标变成一个笔的形状，就可以在幻灯片上绘制表格了，在标题栏上会显示“表格工具”的“设计”和“布局”两个选项卡，利用这些功能就可以编辑表格。

（3）Excel 电子表格。

单击“插入”选项卡“表格”组下拉三角，执行“Excel 电子表格”命令，在幻灯片上显示一个小的 Excel 电子表格，选中后把它拉大，会在幻灯片上插入一个 Excel 工作区，这时的演示文稿如图 5.22 所示。在这个编辑区(默认情况下这个编辑区比较小)，用户可以像操作 Excel 一样进行数据排序、计算等操作，操作之后只需要在旁边空白的位置单击一下鼠标即可。

图 5.22　插入“Excel 电子表格”后的演示文稿

实例7[二级真题]为了更好地控制教材编写的内容、质量和流程，小李负责起草了图书策划方案。他将图书策划方案Word文档中的内容制作成了可以向教材编委会进行展示的PowerPoint演示文稿。

现在，请你根据已制作好的演示文稿“图书策划方案.pptx”，完成下列要求。

（1）为演示文稿应用一个美观的主题样式。

（2）将演示文稿中的第一页幻灯片，调整为“仅标题”版式，并调整标题到适当的位置。

（3）在标题为“2012年同类图书销量统计”的幻灯片页中，插入一个行、列的表格，列标题分别为“图书名称”“出版社”“出版日期”“作者”“定价”“销量”。

具体操作步骤如下。

① 打开考生文件夹下的“图书策划方案.pptx”。

② 在“设计”选项卡下的“主题”组中，单击“其他”下拉按钮，在弹出的下拉列表中选择“凤舞九天”。

③ 选中第一张幻灯片，在“开始”功能区的“幻灯片”组中，单击“版式”下拉按钮，在弹出的下拉列表中选择“仅标题”选项。

④ 拖动标题到恰当位置。

⑤ 依据题意选中第七张幻灯片，单击“单击此处添加文本”占位符中的“插入表格”按钮，弹出“插入表格”对话框。在“列数”微调框中输入“6”，在“行数”微调框中输入“6”，然后单击“确定”按钮即可在幻灯片中插入一个6行、6列的表格，如图5.23所示。

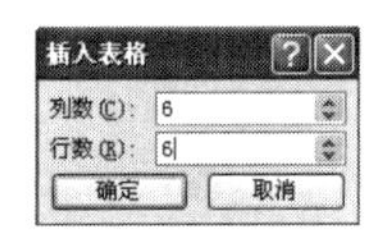

图5.23　插入表格

⑥ 在表格第一行中分别依次输入列标题“图书名称”“出版社”“出版日期”“作者”“定价”“销量”。

2. 图片和剪贴画

合理添加图片不仅可以丰富演示文稿内容，还可以起到辅助说明的作用。插入图片主要有两类，一类是剪贴画，在Office套装软件中自带有各类剪贴画；另一类是以文件形式存在的图片，用户可以在平时收集的图片文件中选择使用。

（1）插入图片。

插入图片和剪贴画有两种方法，一种是单击幻灯片内容区占位符中的图片或剪贴画图标，另一种是可以利用“插入”选项卡里“图像”组进行插入。下面分别来介绍这两种方法。

在幻灯片内容区占位符中插入图片或剪贴画的步骤如下。

① 在“标题和内容”版式的幻灯片中，单击内容区“插入来自文件的图片”图标，如图5.24所示。

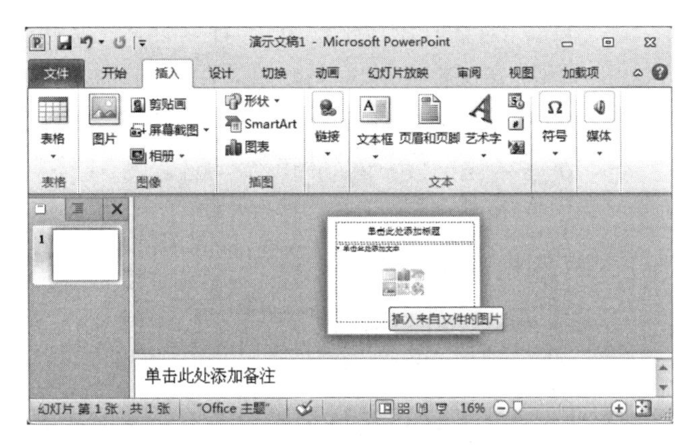

图 5.24　插入“图片”

② 打开“插入图片”对话框，选择用户所需图片并单击“插入”按钮即可完成操作。

③ 单击内容区“剪贴画”图标，右侧出现“剪贴画”窗口，如图 5.25 所示，搜索剪贴画并插入。

图 5.25　插入“剪贴画”

利用“插入”选项卡中的“图像”组进行插入。

① 执行“插入”选项卡里“图像”组里“图片”命令，打开“插入图片”对话框，选择好图片并单击“插入”按钮。

② 执行“剪贴画”命令，右侧出现“剪贴画”窗口，在“剪贴画”窗口中单击“搜索”按钮，从中选择合适的剪贴画插入即可。

(2) 编辑图片。

插入图片后，就会多一个选项卡，即“图片工具”下的“格式”选项卡，在这个选项卡下可以对插入的图片进行大小、位置、亮度和对比度、图片样式等方面的编辑。

调整图片大小和位置的操作如下：可以选中图片用鼠标拖动控制点来调节图片的大小和位置。也可以单击“格式”选项卡下“大小”组右下角的“大小和位置”按钮进行调整。在弹出的“设置图片格式”对话框中(图 5. 26)，在右侧的“高度”和“宽度”栏输入数值，通过这种方法可以精确定义图片的大小。如果在左侧选择“位置”项，在右侧输入图片左上角距幻灯片边缘的水平和垂直位置坐标，也可以确定图片的精确位置。

图 5. 26 “设置图片格式”对话框

(3) 裁剪图片。

裁剪图片的步骤：选择图片后，执行“格式”选项卡下“大小”组的“裁剪”命令，此时控制点将变为粗实线，将鼠标光标移动到一个控制点上，按住鼠标不放，向需要保留的区域移动，就可以进行图片的裁剪。

3. 相册

相册是以图片展示为主的演示文稿，在创建相册之前要准备好素材图片，制作相册的操作步骤如下。

① 新建一个演示文稿，单击“插入”选项卡“图像”组的“相册”下侧的下拉三角，在弹出的下拉列表中执行“新建相册”命令，打开“相册”对话框，如图 5. 27 所示。

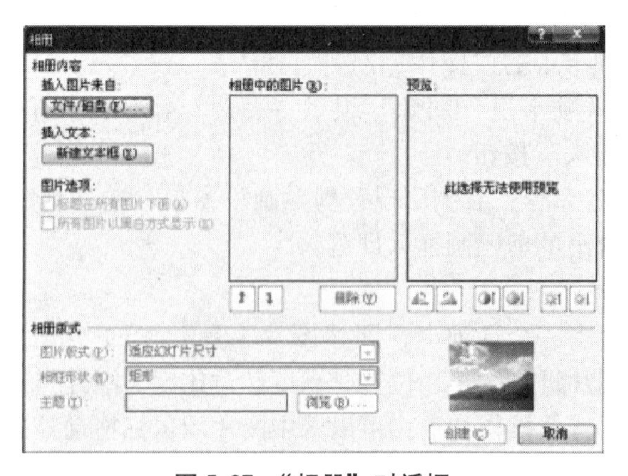

图 5. 27 “相册”对话框

② 在“相册”对话框中，单击“文件/磁盘”按钮，打开“插入新图片”对话框，在查找范围中找到素材图片所在的位置，选中一张图片后按 Ctrl + A 组合键选中全部图片，然后单击“插入”按钮，如图 5.28 所示。

图 5.28 “插入新图片”对话框

③ 返回到“相册”对话框，单击“创建”按钮，相册制作完成，即可查看创建的相册效果。

创建好的相册，我们也可以重新编辑，编辑相册的步骤如下。

① 打开需编辑的相册，单击“插入”选项卡“插图”组中“相册”下侧的下拉三角，在弹出的下拉列表中选择“编辑相册”选项，打开“编辑相册”对话框，如图 5.29 所示。

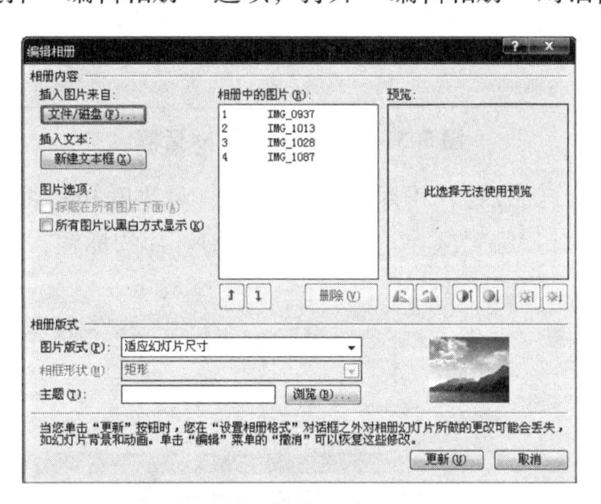

图 5.29 “编辑相册”对话框

② 在“相册版式”栏“图片版式”下拉列表中选择“4 张图片”，在“相册版式”栏“相框形状”下拉列表中选择“简单框架，白色”，在“图片选项”栏中选中“标题在所有图片下方”复选框，如图 5.30 所示。

③ 单击“主题”文本框后的“浏览”按钮，如图 5.31 所示。打开“选择主题”对话框，选择 Adjacency. thmx 主题。

图 5.30 设置“图片选项”和“图片版式”

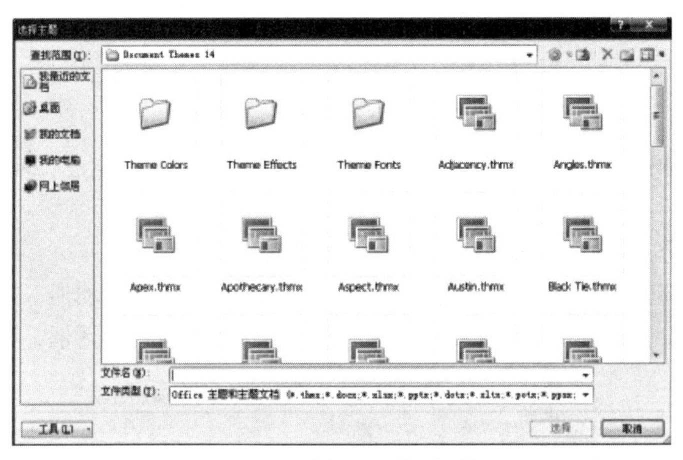

图 5.31 “选择主题”对话框

④ 单击“预览”下方的按钮，可对图片的亮度、对比度和是否翻转等进行设置，单击“更新”按钮。返回到幻灯片编辑区，可依次添加各幻灯片的标题，其效果如图 5.32 所示。

图 5.32 最终效果

实例 8[二级真题]校摄影社团在今年的摄影比赛结束后，希望可以借助 PowerPoint 将优秀作品在社团活动中进行展示。这些优秀的摄影作品保存在考试文件夹中，并以 Photo(1).jpg ~ Photo(12).jpg 命名。现在，请你按照如下需求，在 PowerPoint 中完成制作工作。

（1）利用 PowerPoint 应用程序创建一个相册，并包含 Photo(1).jpg ~ Photo(12).jpg 共 12 幅摄影作品。在每张幻灯片中包含 4 张图片，并将每幅图片设置为“居中矩形阴影”相框形状。

（2）设置相册主题为考试文件夹中的“相册主题.pptx”样式。

（3）为相册中每张幻灯片设置不同的切换效果。

（4）在标题幻灯片后插入一张新的幻灯片，将该幻灯片设置为“标题和内容”版式。在该幻灯片的标题位置输入“摄影社团优秀作品赏析”；并在该幻灯片的内容文本框中输入 3 行文字，分别为“湖光春色”“冰消雪融”和“田园风光”。

（5）将“湖光春色”“冰消雪融”和“田园风光”3 行文字转换为样式为“蛇形图片重点列表”的 SmartArt 对象，并将 Photo(1).jpg、Photo(4).jpg 和 Photo(9).jpg 定义为该 SmartArt 对象的显示图片。

具体操作步骤如下。

① 打开 Microsoft Power Point 2010 应用程序。

② 单击“插入”选项卡下“图像”组中的“相册”按钮，弹出“相册”对话框。

③ 单击“文件/磁盘”按钮，弹出“插入新图片”对话框，选中要求的 12 张图片。最后单击“插入”按钮。

④ 返回到“相册”对话框，在“相册板式”下拉列表中选择“4 张图片”，在“相框形状”下拉列表中选择“居中矩形阴影”，如图 5.33 所示。

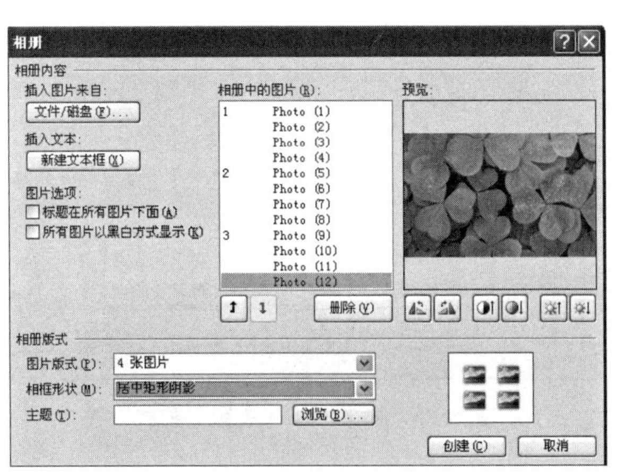

图 5.33　插入相册

⑤ 依次选中每张图片，单击鼠标右键，在弹出的快捷菜单中执行“设置图片格式”命令，即可弹出“设置图片格式”对话框。切换至“阴影”选项卡，在“预设”下拉列表框中执行“内部居中”命令后单击“确定”按钮即可完成设置，如图 5.34 所示。

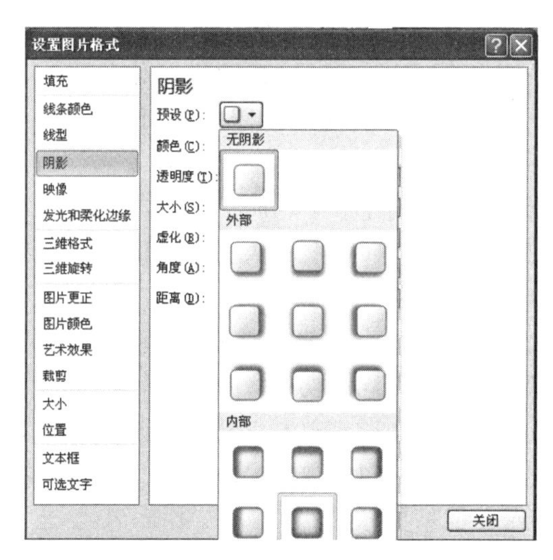

图 5.34　设置图片格式

具体操作步骤如下。

① 单击“设计”选项卡下“主题”组中的“其他”按钮，在弹出的下拉列表中选择“浏览主题”。

② 在弹出的“选择主题或主题文档”对话框中，我们选中“相册主题.pptx”文档，如图 5.35 所示。设置完成后单击“应用”按钮即可。

图 5.35　插入“相册主题”样式

具体操作步骤如下。

① 选中第一张幻灯片，在“切换”选项卡下“切换到此幻灯片”组中选择合适的切换效果，这里我们选择“淡出”。

② 选中第二张幻灯片，在“切换”选项卡下“切换到此幻灯片”组中选择合适的切换效果，这里我们选择“推进”。

③ 选中第三张幻灯片，在“切换”选项卡下“切换到此幻灯片”组中选择合适的切换效果，这里我们选择“擦除”。

④ 选中第四张幻灯片，在“切换”选项卡下“切换到此幻灯片”组中选择合适的切换效果，这里我们选择“分割”。

具体操作步骤如下。

① 选中第一张主题幻灯片，单击“开始”选项卡下“幻灯片”组中的“新建幻灯片”按钮，在弹出的下拉列表中选择“标题和内容”。

② 在新建的幻灯片的标题文本框中输入“摄影社团优秀作品赏析”；并在该幻灯片的内容文本框中输入 3 行文字，分别为“湖光春色”“冰消雪融”和“田园风光”。

具体操作步骤如下。

① 选中“湖光春色”“冰消雪融”和“田园风光”三行文字，单击“开始”选项卡下“段落”组中的“转化为 SmartArt”按钮，在弹出的下拉列表中选择“蛇形图片重点列表”，如图 5. 36 所示。

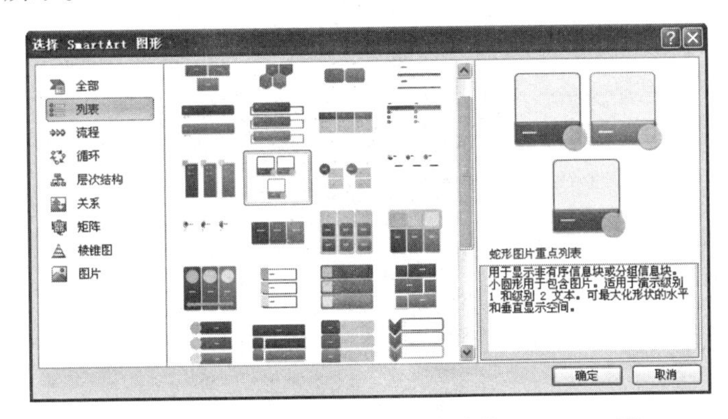

图 5. 36　选择“蛇形图片重点列表”SmartArt 图

② 在弹出的“在此处键入文字”对话框中，双击“湖光春色”所对应的图片按钮。在弹出的“插入图片”对话框中选择“Photo(1). jpg”图片，如图 5. 37 所示。

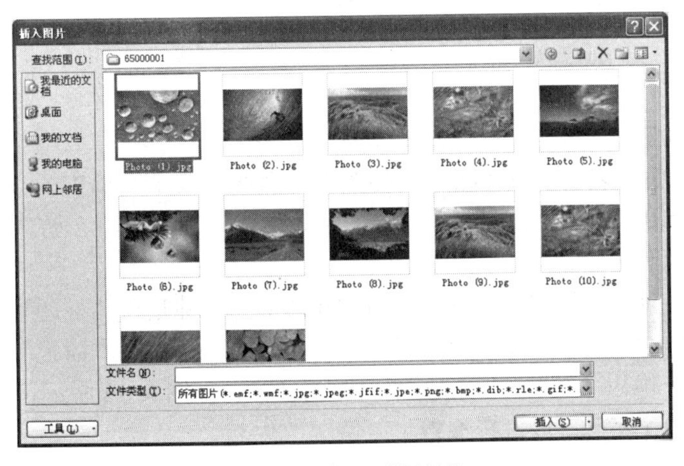

图 5. 37　插入“图片”

③ 类似于步骤②，在“冰消雪融”和“田园风光”行中依次选中 Photo(6). jpg 和 Photo(9). jpg 图片。

4. 形状

可以在 PowerPoint 2010 文件中添加一个形状，或者合并多个形状以生成一个绘图或一个更为复杂的形状。可用的形状包括：线条、基本几何形状、箭头、公式形状、流程图形状、星、旗帜和标注。在日常工作中，制作的各种示意图都可以通过形状来绘制完成，如流程图、组织结构图等。

插入形状有两种途径：一种是执行“插入”选项卡“插图”命令组“形状”命令，另一种是单击“开始”选项卡“绘图”命令组中“形状”列表右下角“其他”按钮，就会出现各类形状的列表，如图 5. 38 所示。

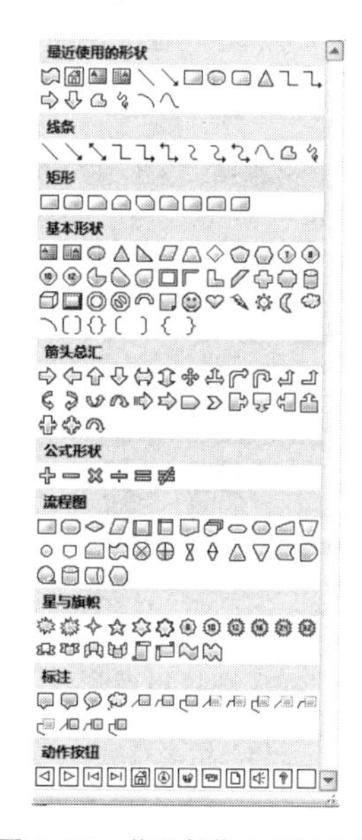

图 5. 38 “形状”下拉列表

5. SmartArt 图形

SmartArt 图形是一种智能化的矢量图形，是已经组合好的文本框、形状和线条。SmartArt 图形能清楚地表明各种事物之间的关系，因此在演示文稿中 SmartArt 图形使用较多。PowerPoint 2010 提供的 SmartArt 图形的类型有：列表、流程、循环、层次结构、关系、矩阵、棱锥图和图片。

以下两种方法可以在幻灯片中插入 SmartArt 图形：一种是在“标题和内容”版式的幻灯片的内容区单击“插入 SmartArt 图形”按钮，另一种是单击“插入”选项卡“插图”组的“SmartArt”，弹出“选择 SmartArt 图形”对话框，如图 5. 39 所示。

插入的 SmartArt 图形可以进行编辑。

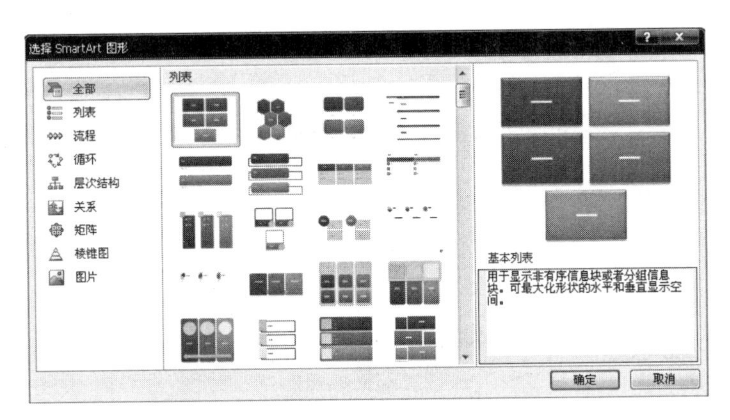

图 5.39　“选择 SmartArt 图形”对话框

(1) 添加和删除形状。

插入 SmartArt 图形后，就会在标题栏上显示“SmartArt 工具”的“设计”和“格式”两个选项卡，选中图形中的某一形状，单击“设计”选项卡“创建图形”组“添加形状”右侧下拉三角，如图 5.40 所示，根据需要在相应的位置添加图形。选中某一形状后，按 Delete 键，就可以将其删除。

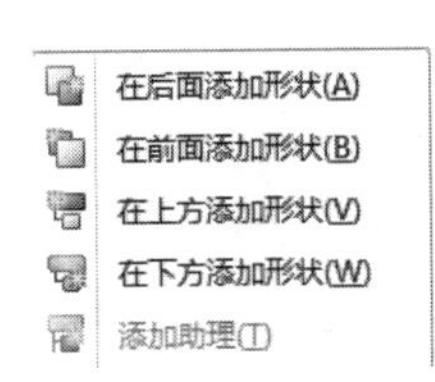

图 5.40　“添加形状”下拉列表

(2) 调整 SmartArt 图形位置和大小。

选中 SmartArt 图形后，在其周围出现一个边框，将鼠标移到边框四角或四边中间控制点上，拖动鼠标可调整 SmartArt 图形大小，当鼠标变成十字形状时，拖动鼠标可改变 SmartArt 图形的位置。

(3) 编辑文本。

在 SmartArt 图形中输入文本有两种方法，一种是选择需要输入文字的图形，直接输入，另一种是在文本窗格中进行输入，其方法是执行“设计”选项卡“创建图形”组“文本窗格”命令，在打开的窗格中输入所需要的文字，如图 5.41 所示，输入完毕后，单击“文本窗格”右上角的“关闭”按钮即可。

(4) 调整形状级别。

在编辑 SmartArt 图形时，可以根据需要对图形间各形状的级别进行调整，比如将上一级的形状下降一级，将下一级的形状升高一级，调整形状级别的方法是：选中 SmartArt 图形，执行“设计”选项卡“创建图形”组“升级”“降级”命令。

(5) 更改布局。

更改 SmartArt 图形布局有两种方法，一种是单击“设计”选项卡右侧“其他”按钮，

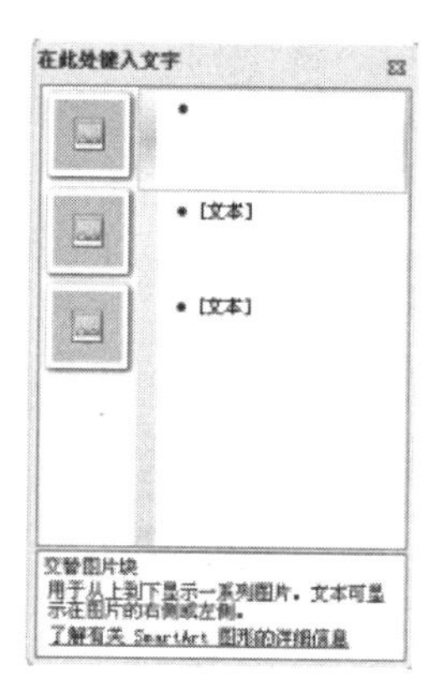

图 5.41 “文本窗格”对话框

在下拉列表中选择“其他布局”，弹出“选择 SmartArt 图形”对话框，选择所需要的布局。另一种是鼠标右键单击 SmartArt 图形，在弹出的快捷菜单中选择“更改布局”，在弹出的“选择 SmartArt 图形”对话框中选择所需要的布局。

（6）更改 SmartArt 形状。

如果对 SmartArt 图形中的形状不满意，可在保持 SmartArt 图形布局不变的情况下，对形状进行更改，其方法是：选中需更改的形状后，单击“格式”选项卡“形状”组右侧的下拉三角，在弹出的下拉列表中选择所需要的形状。

（7）应用 SmartArt 样式。

除了对 SmartArt 图形中的单个形状进行更改外，还可通过应用 SmartArt 样式对整个 SmartArt 图形进行更改，单击“设计”选项卡“SmartArt 样式”组“样式”栏右侧“其他”按钮，选择一种样式。

（8）更改 SmartArt 图形颜色。

默认的 SmartArt 图形颜色非常单调，可以单击“设计”选项卡“SmartArt 样式”组“更改颜色”下拉三角，重新选择一种颜色来更改 SmartArt 图形颜色。

6. 图表

在幻灯片中可以使用 Excel 提供的图表功能，在幻灯片中插入图表的操作步骤如下。

① 打开演示文稿，单击“开始”选项卡下“幻灯片”组的“新建幻灯片”下拉按钮，选择“标题和内容”版式。输入标题“学生成绩表”，如图 5.42 所示。

② 单击“单击此处添加文本”区域中的“插入图表”按钮，打开“插入图表”对话框，如图 5.43 所示。在左侧模板中选择“柱形图”，并且在右侧众多“柱形图”中选择“三维簇状柱形图”图表样式。

③ 选定图表样式后，单击“确定”按钮，PowerPoint 会自动启动 Excel，如图 5.44 所示，左侧是演示文稿的图表幻灯片，右侧是 Excel 工作表窗口。

④ 在 Excel 中填写的行列标题和数据会直接反映到 PowerPoint 中，如图 5.45 所示。这时在标题栏上会显示“设计”“布局”和“格式”3 个选项卡，对图表的操作与 Excel 中相似。

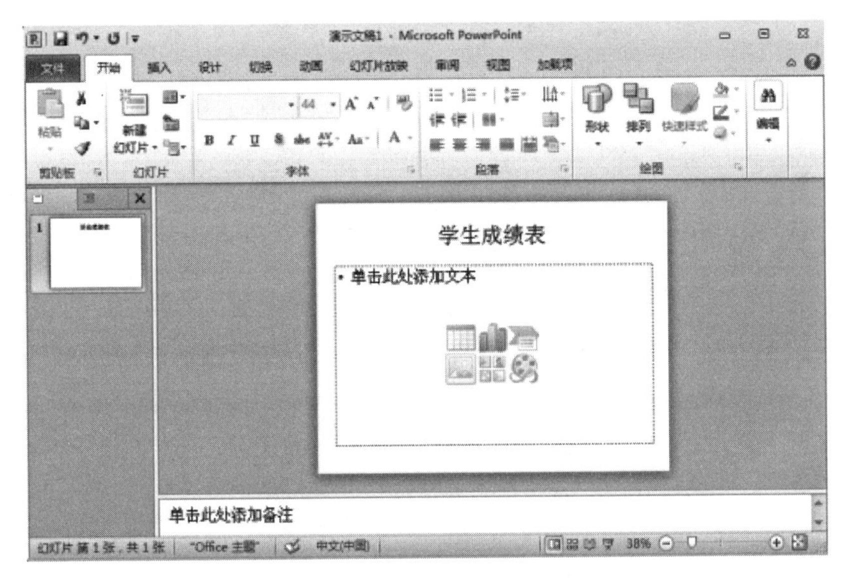

图 5.42　插入图表幻灯片

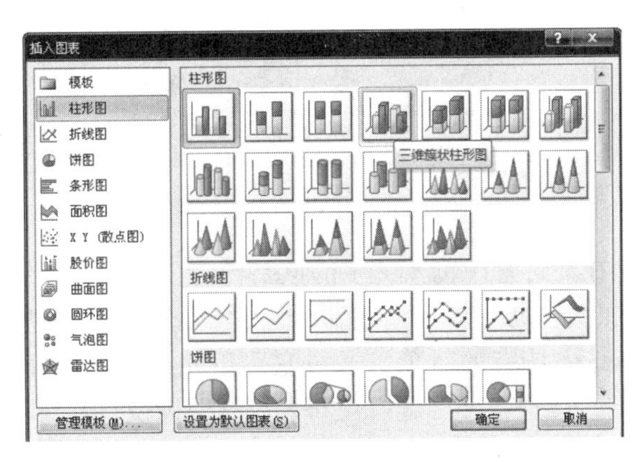

图 5.43　“插入图表样式”对话框

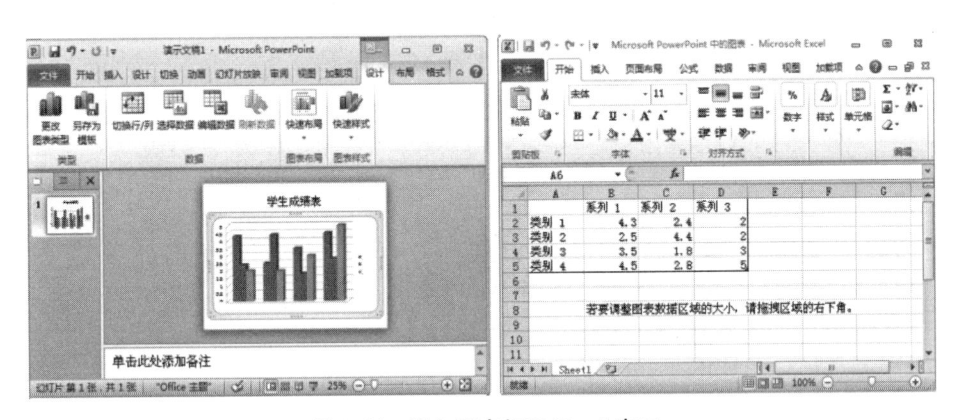

图 5.44　插入图表打开 Excel 窗口

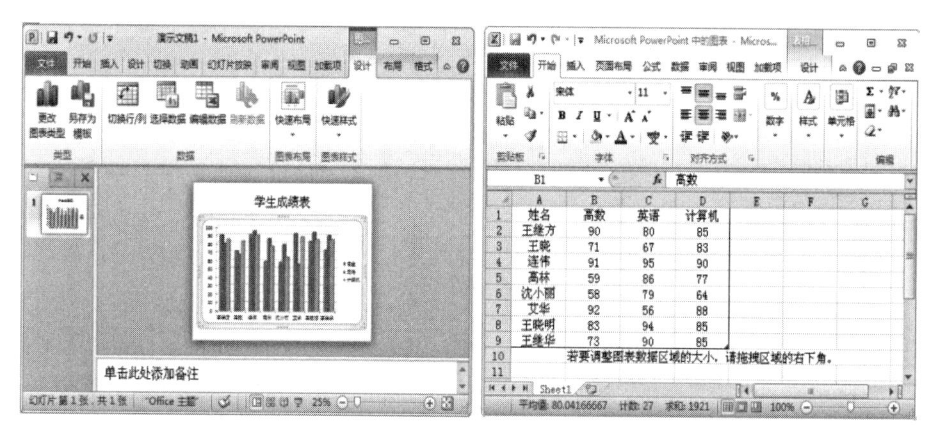

图 5.45　输入数据后插入图表的幻灯片

7. 文本组

演示文稿中插入文本(组)包括“文本框”“页眉和页脚”“艺术字”“日期和时间”和“幻灯片编号”等，如图 5.46 所示。

图 5.46　插入“文本”组

文本框和占位符是在幻灯片中输入文字的重要场所，在幻灯片中经常可以看到“单击此处添加标题”“单击此处添加文本”等有虚线边框的文本框，这些文本框就被称为占位符。占位符是 PowerPoint 中特有的对象，通过它可以输入文本、插入对象等。PowerPoint 2010 中含有三种类型的占位符，即标题占位符、副标题占位符和对象占位符，其中标题占位符和副标题占位符用于输入标题内容，而对象占位符用于插入表格、图表、图片、媒体剪辑等，如图 5.47 所示。用户可以对占位符移动位置、更改格式。

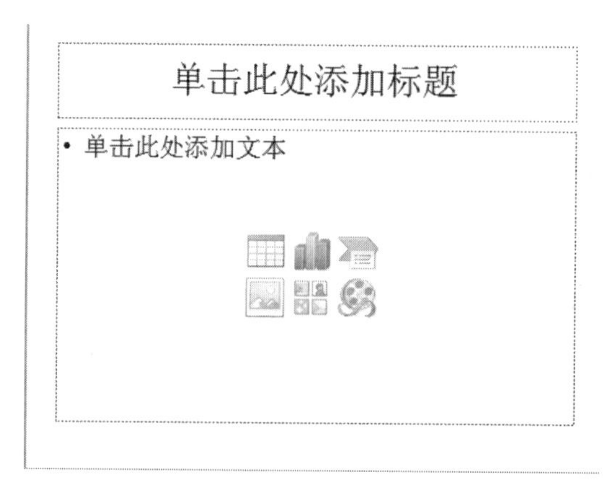

图 5.47　“占位符”

在占位符中输入文字是最常用的输入文字的方法，在幻灯片占位符中已经设置了文字的属性和样式，用户可以根据需要在相应的占位符中添加内容，其方法是：选择占位符后，将鼠标光标定位到占位符中，输入所需要的文本。

占位符也可以移动，其方法是：单击占位符后，将鼠标光标移动到占位符四周的边线上，当鼠标光标变成十字形状时，拖动鼠标移动占位符到目标位置后释放鼠标。还可以设置占位符的旋转角度，其方法是：单击占位符后，将鼠标光标放到绿色圆形钮上，鼠标形状变成可旋转形状时，按住鼠标拖动旋转占位符到所需角度后释放鼠标。

下面介绍在一个空白版式幻灯片中，插入文本(组)的所有项目，其步骤如下。

① 单击“开始”选项卡“幻灯片”组里“新建幻灯片”右侧下拉三角，选择“空白”版式的幻灯片。

② 单击“插入”选项卡“文本”组里“文本框”下拉按钮，选择“横排文本框”，这时鼠标指针呈“十”字形，鼠标在空白幻灯片中拖出横排文本框，在文本框中输入“横排文本框”。用同样的方法可以绘制出“垂直文本框”。

③ 执行“插入”选项卡“文本”组里“页眉和页脚”命令或“日期和时间”命令，也可以是“幻灯片编号”命令，都能打开“页眉和页脚”对话框，如图 5.48 所示。

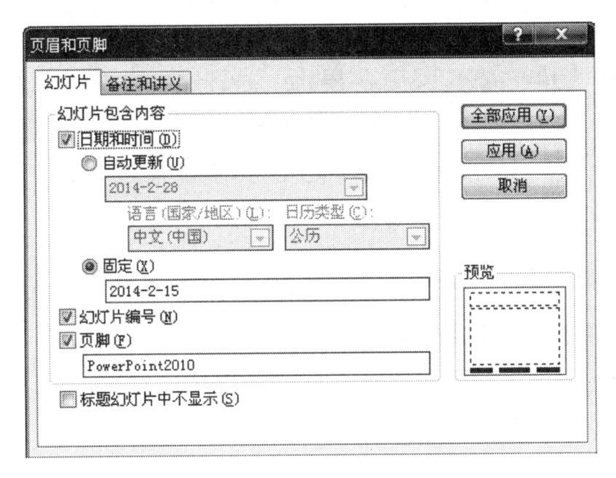

图 5.48　“页眉和页脚”对话框

④ 在“页眉和页脚”对话框中，在“幻灯片”选项卡下，设置“日期和时间”为“固定”式(也可以设置“自动更新”)，选中幻灯片编号，页脚设置为“PowerPoint 2010”，选择右侧的“全部应用”按钮，则所有的幻灯片的效果是一样的。

⑤ 单击“插入”选项卡下“文本”组的“艺术字”下拉按钮，打开下拉列表，选择“渐变填充 - 黑色，轮廓 - 白色，外部阴影”艺术字样式，单击显示框，输入“艺术字”。

在幻灯片中，每一段文本都有一定的级别，在输入文本时按 Enter 键后再次输入的文本将自动应用上一级的项目符号，这些文本都属于同一级别。对文本的级别进行修改，有以下两种方法。

方法一：在“大纲”窗格中修改文本级别

在“大纲”窗格中选择相应的文本后单击鼠标右键，在弹出的快捷菜单中执行“升

【参考视频】

级”命令可将当前选择的文本升级；执行“降级”命令可将当前选择的文本降级。

方法二：在幻灯片编辑区中修改文本级别

在幻灯片编辑区中选择需要更改级别的文本，执行“开始”选项卡“段落”组“提高列表级别”命令，可将当前选择的文本升级；执行“开始”选项卡“段落”组“降低列表级别”命令，可将当前选择的文本降级。

5.2.4　案例分析 1

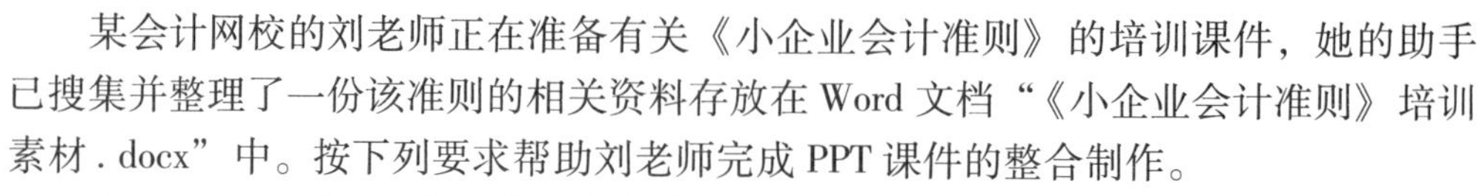

某会计网校的刘老师正在准备有关《小企业会计准则》的培训课件，她的助手已搜集并整理了一份该准则的相关资料存放在 Word 文档“《小企业会计准则》培训素材 . docx”中。按下列要求帮助刘老师完成 PPT 课件的整合制作。

【参考视频】

（1）在 PowerPoint 中创建一个名为“小企业会计准则培训 . pptx”的新演示文稿，该演示文稿需要包含 Word 文档“《小企业会计准则》培训素材 . docx”中的所有内容，每 1 张幻灯片对应 Word 文档中的 1 页，其中 Word 文档中应用了“标题 1”“标题 2”“标题 3”样式的文本内容分别对应演示文稿中的每页幻灯片的标题文字、第一级文本内容、第二级文本内容。

具体操作步骤如下。

① 启动 PowerPoint 演示文稿，单击“文件”选项卡下的“打开”按钮，弹出“打开”对话框，将文件类型选为“所有文件”，找到考生文件下的素材文件“《小企业会计准则》培训素材 . docx”，如图 5. 49 所示，单击“打开”按钮，即可将 Word 文件导入 PPT 中。

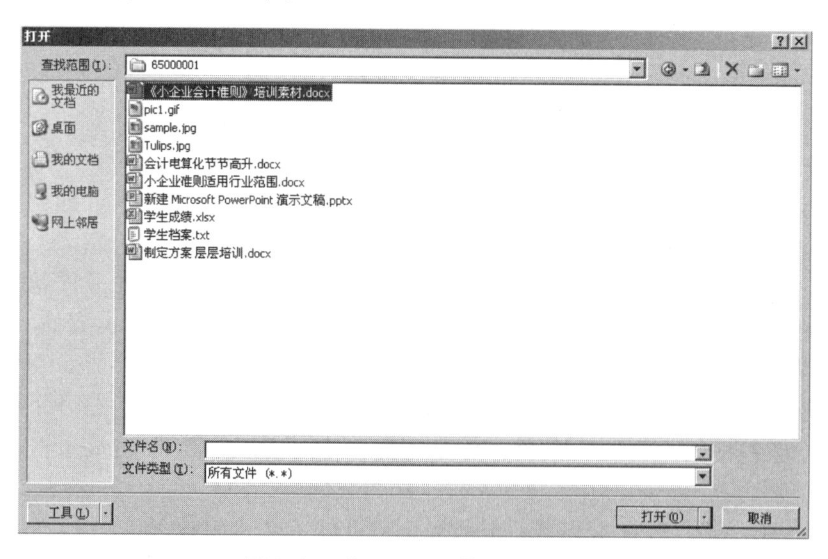

图 5. 49　将 Word 文件导入 PPT

② 单击演示文稿的“保存”按钮，弹出“另存为”对话框，输入文件名为“小企业会计准则培训 . pptx”，并单击“保存”按钮，如图 5. 50 所示。

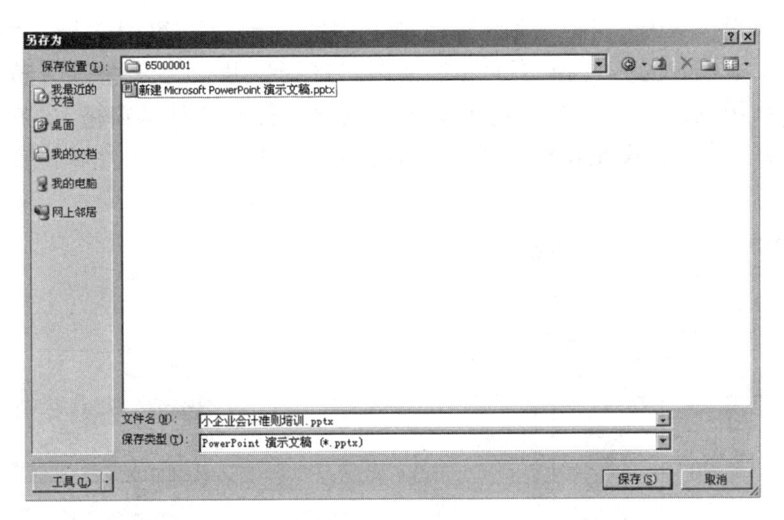

图 5.50　保存文件

（2）将第 1 张幻灯片的版式设为“标题幻灯片”，在该幻灯片的右下角插入任意一幅剪贴画，依次为标题、副标题和新插入的图片设置不同的动画效果，并且指定动画出现顺序为图片、标题、副标题。

具体操作步骤如下。

① 选择第 1 张幻灯片，单击“开始”选项卡下“幻灯片”组中的“版式”下拉按钮，在弹出的下拉列表中选择“标题幻灯片”选项，如图 5.51 所示。

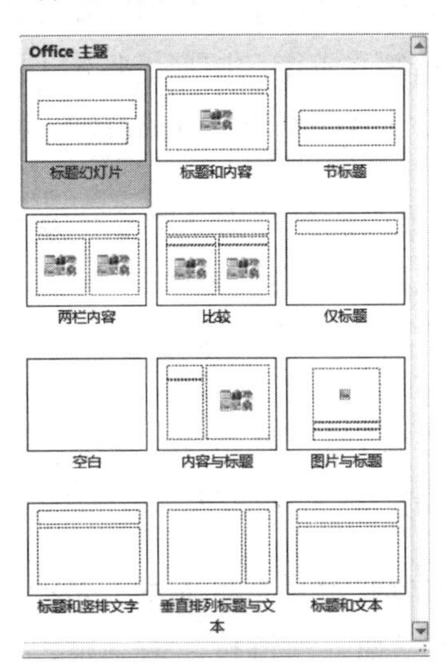

图 5.51　选择“标题幻灯片”版式

② 单击“插入”选项卡“图像”组中的“剪贴画”按钮，弹出“剪贴画”窗格，然后在“搜索文字”下的文本框中输入文字“人”，如图 5.52 所示，然后选择剪贴画。适当调整剪贴画的位置和大小。

③ 选择标题文本框，在“动画”选项卡中的“动画”组中选择“淡出”动画。选择副标题文本框，为其选择“浮入”动画。选择图片，为其选择“随机线条”动画。单击“高级动画”组中的“动画窗格”按钮，打开“动画窗格”，在该窗格中选择“Picture 2”将其拖曳至窗格的顶层，标题为第2层，副标题为第3层，如图5.53所示。

图5.52 “剪贴画”窗格

图5.53 动画窗格

（3）取消第2张幻灯片中文本内容前的项目符号，并将最后两行落款和日期右对齐。将第3张幻灯片中用绿色标出的文本内容转换为“垂直框列表”类的SmartArt图形，并分别将每个列表框链接到对应的幻灯片。将第9张幻灯片的版式设为“两栏内容”，并在右侧的内容框中插入对应素材文档第9页中的图形。将第14张幻灯片最后一段文字向右缩进两个级别，并链接到文件“小企业准则适用行业范围.docx”。

具体操作步骤如下。

① 选中第2张幻灯片中文本内容，单击“开始”选项下“段落”组中的“项目符号”右侧的下三角按钮，在弹出的下拉列表中选择“无”选项。选择最后的两行文字和日期，单击“段落”组中的“文本右对齐”按钮。

② 选中第3张幻灯片中文本内容，单击鼠标右键，在弹出的快捷菜单中选择“转换为SmartArt”级联菜单中的“其他SmartArt图形”选项，在弹出的对话框中选择“列表”选项。然后在右侧的列表框中选择“垂直框列表”选项，如图5.54所示，单击“确定”按钮。

③ 选中“小企业会计准则的颁布意义”文字，单击鼠标右键，在弹出的快捷菜单中选择“超链接”选项，弹出“插入超链接”对话框，在该对话框中单击“本文档中的位置”按钮，在右侧的列表框中选择“4. 小企业会计准则的颁布意义”幻灯片，如图5.55所示，单击“确定”按钮。使用同样的方法将余下的文字链接到对应的幻灯片中。

④ 选择第9张幻灯片，单击“开始”选项卡下“幻灯片”组中的“版式”下拉按钮，在弹出的下拉列表中选择“两栏内容”选项。将文稿中第9页中的图形复制粘贴到幻

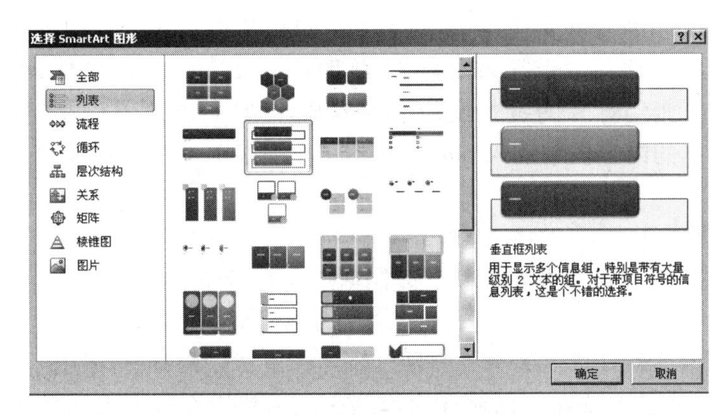

图 5.54　选择 SmartArt 图形

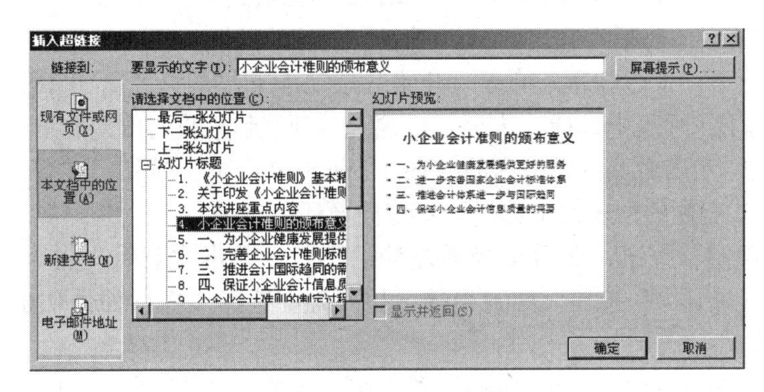

图 5.55　插入超链接

灯片中，并将右侧的文本框删除，适当调整图片的位置。

⑤ 选中第 14 张幻灯片中的最后一行文字，单击“段落”组中的“提高列表级别”按钮两次，然后单击鼠标右键，在弹出的快捷菜单中选择“超链接”选项，弹出“插入超链接”对话框，在该对话框中单击“现有文件或网页”按钮，在右侧的列表框中选择考生文件夹下的“小企业准则适用行业范围 . docx”，单击“确定”按钮。

(4) 将第 15 张幻灯片自“(二)定性标准”开始拆分为标题同为“二、统一中小企业划分范畴”的两张幻灯片、并参考原素材文档中的第 15 页内容将前一张幻灯片中的红色文字转换为一个表格。

具体操作步骤如下。

① 选择第 15 张幻灯片，切换至“大纲”视图，在“大纲”视图中将光标移至“100 人及以下”的右侧，按 Enter 键，然后单击“段落”组中的“降低列表级别”按钮，即可将第 15 张幻灯片进行拆分，然后将原有幻灯片的标题复制到拆分后的幻灯片中。

② 删除幻灯片中的红色文字，选择素材文稿中第 15 页标红的表格和文字，将其粘贴到第 15 张幻灯片上。然后选中粘贴的对象，在“表格工具”选项卡下的“设计”组中，将“表格样式”设置为“主体样式 1 - 强调 6”，并对表格内文字的格式进行适当调整。

(5) 将素材文档第 16 页中的图片插入对应幻灯片中、并适当调整图片大小。将最后一张幻灯片的版式设为“标题和内容”、将图片 pic1. gif 插入内容框中并适当调整其大小。将倒数第二张幻灯片的版式设为“内容与标题”，参考素材文档第 18 页中的样例，在幻灯片右侧的内容框中插入 SmartArt 不定向循环图，并为其设置一个逐项出现的动画效果。

具体操作步骤如下。

① 选中素材文件第 16 页中的图片，复制粘贴到第 17 张幻灯片中，并适当调整图片的大小和位置。

② 选择最后一张幻灯片，单击“开始”选项卡下“幻灯片”组中的“版式”下拉按钮，在弹出的下拉列表中选择“标题和内容”选项。然后在内容框内单击“插入来自文件的图片”按钮，弹出“插入图片”对话框，在该对话框中选择考生文件夹下的“pic1. gif”素材图片，然后单击“插入”按钮，适当调整图片的大小和位置。

③ 选择倒数第二张幻灯片，单击“开始”选项卡下“幻灯片”组中的“版式”下拉按钮，在弹出的下拉列表中选择“内容与标题”选项。然后将右侧内容框中的文字剪切到左侧的内容框内。单击右侧内容框内的“插入 SmartArt 图形”按钮，在弹出对话框中选择“循环”选项，在右侧的列表框中选择“不定向循环”选项。

④ 单击“确定”按钮，然后选择最左侧的形状，单击“设计”选项卡下“创建图形”组中的“添加形状”按钮，在弹出的下拉列表中选择“在前面添加形状”选项。然后在形状中输入文字。

⑤ 选中插入的 SmartArt 图形，选择“动画”选项卡“动画”组中的“缩放”选项。然后单击“效果选项”下拉按钮，在弹出的下拉列表中选择“逐个”选项，如图 5. 56 所示。

图 5. 56　效果选项

(6) 将演示文稿按下列要求分为 5 节，并为每节应用不同的设计主题和幻灯片切换方式。

节名	包含的幻灯片
小企业准则简介	1 ~ 3
准则的颁布意义	4 ~ 8
准则的制定过程	9
准则的主要内容	10 ~ 18
准则的贯彻实施	19 ~ 20

具体操作步骤如下。

① 将光标置于第 1 张幻灯片的上部，单击鼠标右键，在弹出的快捷菜单中选择“新增节”选项。然后选中“无标题节”文字，单击鼠标右键，在弹出的快捷菜单中选择“重命名节”选项，在弹出的对话框中将“节名称”设置为“小企业准则简介”，单击“重命名”按钮。

② 将光标置于第 3 张与第 4 张幻灯片之间，使用前面的介绍的方法新增节，并将节的名称设置为“准则的颁布意义”。使用同样的方法将余下的幻灯片进行分节。

③ 选中“小企业准则简介”节，然后选择“设计”选项卡下“主题”组中的“凤舞九天”主题。使用同样的方法为不同的节设置不同的主题，并对幻灯片内容的位置及大小进行适当的调整。

④ 选中“小企业准则简介”节，然后选择“切换”选项卡下“切换到此幻灯片”组中的“涟漪”选项。使用同样的方法为不同的节设置不同的切换方式。

5.3 演示文稿视图模式

演示文稿提供了编辑、浏览和观看幻灯片的多种视图模式，以便用户根据不同的需求使用，演示文稿的视图主要包括“普通视图”“幻灯片浏览视图”“备注页视图”和“阅读视图”四种方式。在工作界面下方单击视图切换按钮中的任意一个按钮，即可切换到相应的视图模式下，也可以在“视图”选项卡“演示文稿视图”组里进行切换。

5.3.1 普通视图

普通视图是 PowerPoint 2010 默认的视图模式，在该模式下用户可以方便地编辑和查看幻灯片的内容以及添加备注内容等。普通视图由三个窗口组成：“幻灯片/大纲”窗口、幻灯片编辑区及备注窗口。普通视图模式如图 5. 57 所示。

1. 幻灯片/大纲窗口

由“大纲”选项卡和“幻灯片”选项卡两张选项卡组成。其中“大纲”选项卡以大纲形式显示幻灯片文本，并能移动幻灯片和文本。“幻灯片”选项卡以缩略图形式显示各个幻灯片。

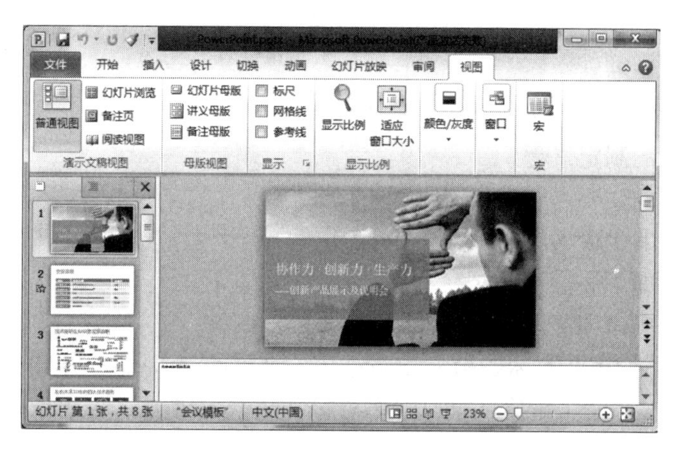

图 5.57　普通视图模式

2. 幻灯片编辑区

在此视图中显示当前幻灯片时，可以添加文本，插入图片、剪贴画、相册、形状、SmartArt 图形、表格和视频/音频等。

3. 备注窗口

可以输入要应用于当前幻灯片的备注。

可以在“幻灯片”和“大纲”选项卡之间进行切换，单击该窗口右上角的“关闭”按钮可隐藏该窗口，备注窗口可用鼠标拖曳进行放大和缩小。

5.3.2　幻灯片浏览视图

在幻灯片浏览视图模式下可浏览幻灯片在演示文稿中的整体结构和效果，可在右侧的幻灯片窗口中同时显示多张幻灯片缩略图，幻灯片浏览视图如图 5.58 所示。便于进行多张幻灯片顺序的编排，方便进行新建、复制、移动、插入和删除幻灯片等操作，还可以设置幻灯片的切换效果并预览，但不能对单张幻灯片的内容进行编辑。

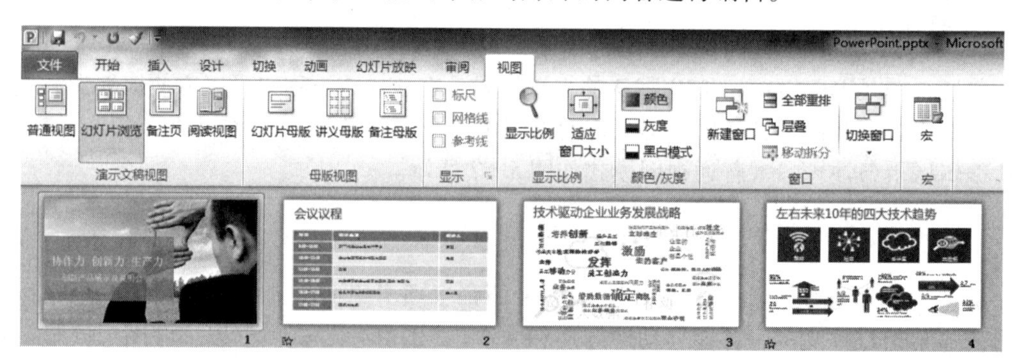

图 5.58　幻灯片浏览视图

5.3.3　备注页视图

备注页视图是在每一张幻灯片下显示备注编辑区，备注页上方显示的是当前幻灯片的内容缩览图，无法对幻灯片的内容进行编辑；下方的备注页为占位符，可向占位符中输入内容，为幻灯片添加备注信息。备注页视图如图 5.59 所示。

图 5.59　备注页视图

5.3.4　阅读视图

阅读视图即是一种放映的形式，将演示文稿的所有设置演示出来。视图只保留幻灯片窗口、标题栏和状态栏，用于幻灯片制作完成后的简单放映浏览，查看内容和幻灯片设置的动画和放映效果，如图 5.60 所示。通常是从当前幻灯片开始阅读，单击可以切换到下一张幻灯片，直到放映最后一张幻灯片后退出阅读视图。阅读过程中可随时按 Esc 键退出，也可以单击状态栏右侧的其他视图按钮退出阅读视图并切换到其他视图。

图 5.60　阅读视图

5.4 美化演示文稿

5.4.1 幻灯片的版式

幻灯片版式包含要在幻灯片上显示的全部内容的格式设置、位置和占位符。占位符是版式中的容器，可容纳如文本(包括正文文本、项目符号列表和标题)、表格、图表、SmartArt 图形、影片、声音、图片及剪贴画等内容。而版式也包含幻灯片的主题(颜色、字体、效果和背景)。

幻灯片版式确定了幻灯片内容的布局，执行“开始”菜单下“幻灯片”命令组的“版式”命令，可为当前幻灯片选择版式，如图 5.61 所示，在 PowerPoint 2010 中共有“标题幻灯片”“标题和内容”“节标题”“两栏内容”“比较”“仅标题”“空白”“内容和标题”“图片与标题”“标题和竖排文字”“垂直排列标题与文本”共 11 种幻灯片版式。

对于新建的空白演示文稿，默认的版式是“标题幻灯片”。确定了幻灯片的版式后，即可在相应的栏目和对象框内添加或插入文本框、图片、表格、图形、图表、媒体剪辑等内容。

用户也可以创建满足需求的自定义版式，这将在 5.4.4 节幻灯片母版中做详细介绍。

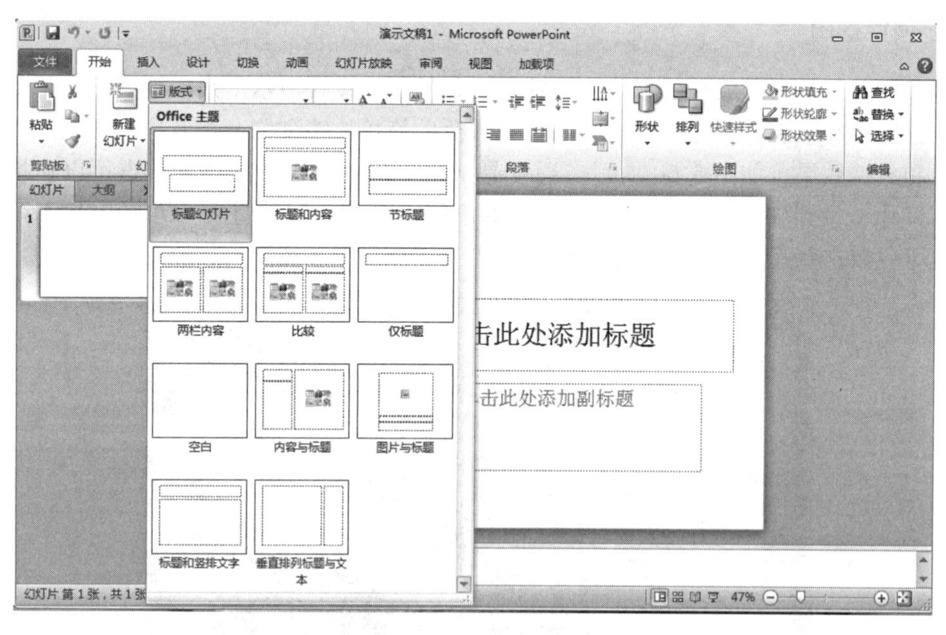

图 5.61 幻灯片版式

5.4.2 主题

主题是 PowerPoint 应用程序提供的方便演示文稿设计的一种手段，是一种包含背景图形、字体选择及对象效果的组合，是颜色、字体、效果和背景的设置，一个主题只能包含一种设置。主题作为一套独立的选择方案应用于演示文稿中，可以简化演示文稿的创建过程，使演示文稿具有统一的风格。PowerPoint 提供了大量的内置主题以供制作演示文稿时选用，用户可直接在主题中选择，也可以通过自定义方式修改主题颜色、主题字体和主题效果，形成自定义主题。

1. 使用内置主题

打开演示文稿，在“设计”选项卡的“主题”组中展示了主题模板，单击主题组右侧“其他”按钮，就可以显示全部内置主题，如图 5.62 所示。选择了一种主题模板后，演示文稿的所有幻灯片就变成所选的那种主题模板，如果就让当前幻灯片使用这种主题，需要选中该主题后，鼠标右键单击选择“应用于选定幻灯片”。

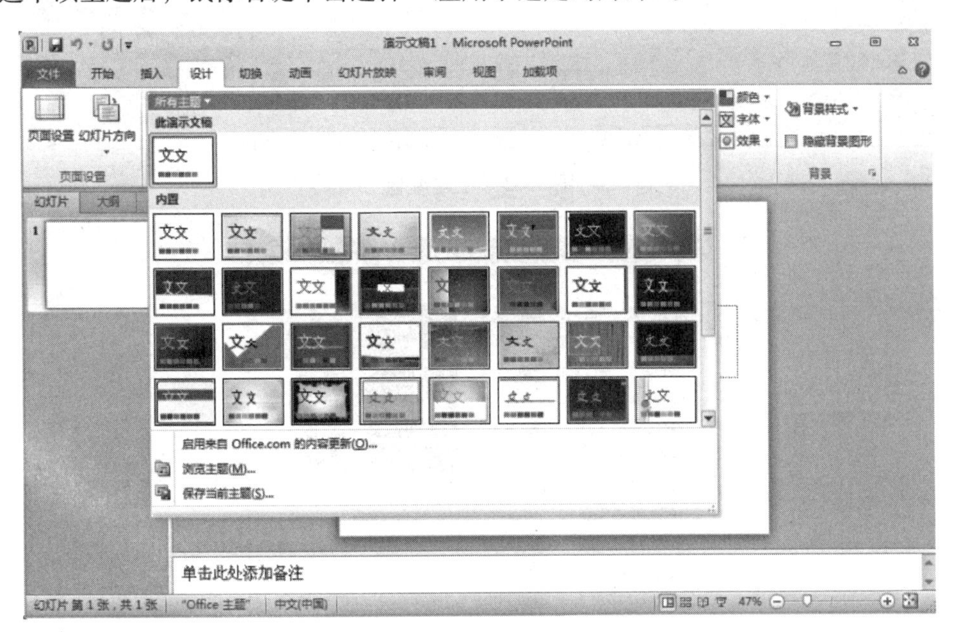

图 5.62　内置主题

2. 自定义主题

（1）自定义主题颜色。

选择了一种主题后，可以对颜色进行调整，在“设计”选项卡的“主题”命令组内，单击“颜色”右侧下拉三角，如图 5.63 所示。鼠标指针移到哪个颜色板上，幻灯片中主题的颜色就会变成那种颜色。如果这些还不能满足用户对色彩的要求，还可以自己定义主题的颜色。

单击“颜色”右侧下拉三角，在下拉列表中选择“新建主题颜色”选项，打开“新建主题颜色”对话框，如图 5.64 所示。在对话框的“主题颜色”列表中单击某一选择的右侧的下拉三角，打开颜色下拉列表(图 5.65)，选择某个颜色将更改主题颜色，选择

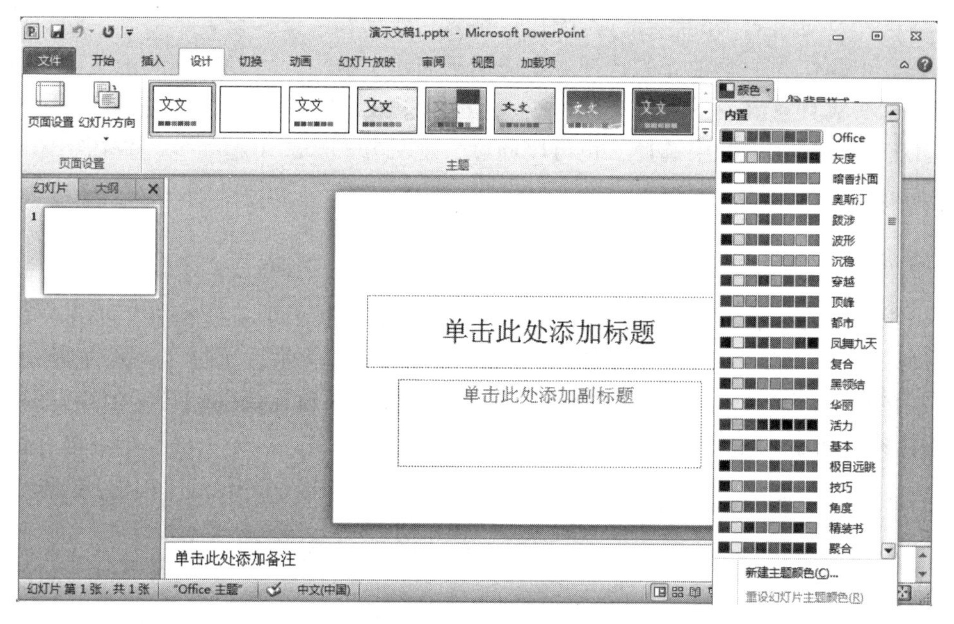

图 5.63　主题颜色

图 5.64　“新建主题颜色”对话框

“其他颜色”，可打开“颜色”对话框(图 5.66)，在该对话框中可进行颜色的自定义。根据需要新建主题颜色后，在名称框中输入当前自定义主题颜色的名称“自定义 1”，单击“保存”按钮，新建主题颜色就保存在“自定义 1”中，可以随时调用。自己定义的主题颜色，还可以重新编辑和删除。

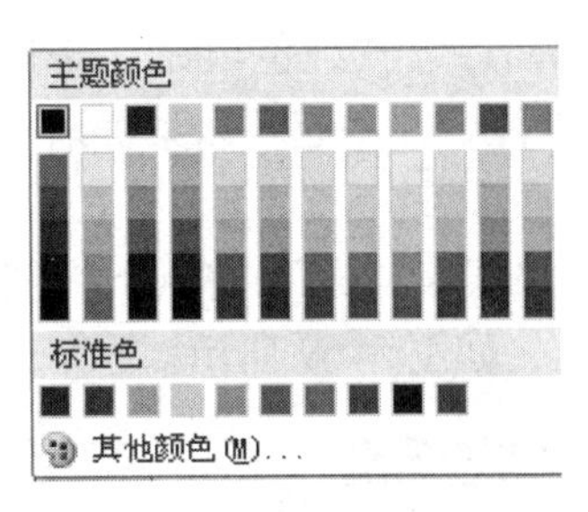

图 5.65　“主题颜色”对话框

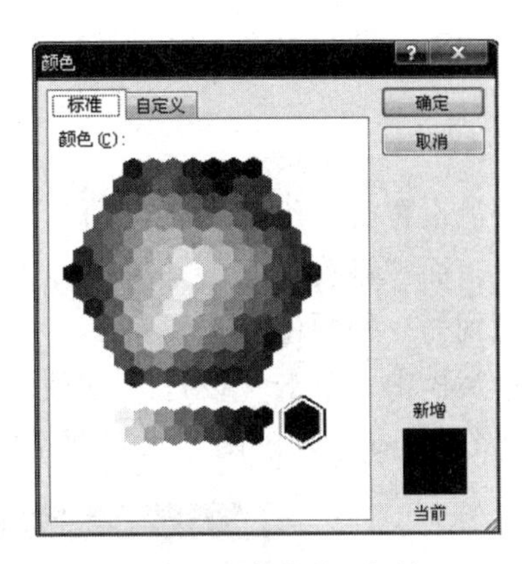

图 5.66　“颜色”对话框

(2) 自定义主题字体。

主题模板的字体也可以进行调整，自定义主题字体主要是定义幻灯片中的标题字体和正文字体。对已应用主题的幻灯片，在“设计”选项卡的“主题”命令组内，单击“字体”右侧的下拉三角，其中展示了各种字体和名称，如图 5.67 所示。鼠标指针移动到某个字体，演示文稿的幻灯片就会变成这种字体。如果这些不能满足用户对字体的要求，还可以自己定义主题的字体。

单击“字体”右侧下拉三角，在下拉列表中选择执行“新建主题字体”命令，打开“新建主题字体”对话框，如图 5.68 所示。在标题字体和正文字体中分别选择要设置的字体，在名称框中输入当前自定义主题字体的名称“自定义 2”，单击“保存”按钮，新建主题字体就保存在“自定义 2”中，可以随时调用。自己定义的主题字体还可以重新编辑和删除。

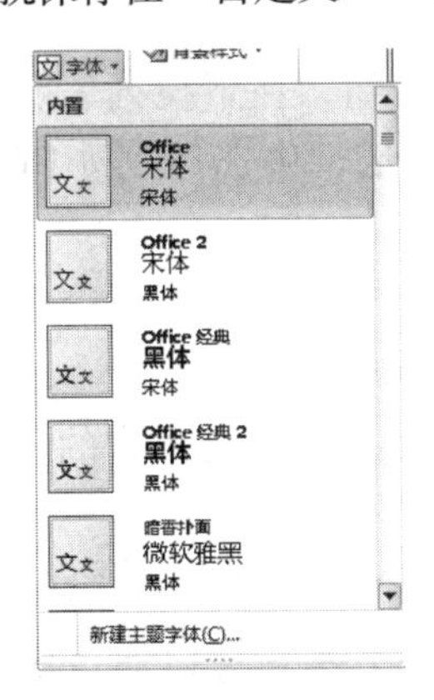

图 5.67　主题字体样式

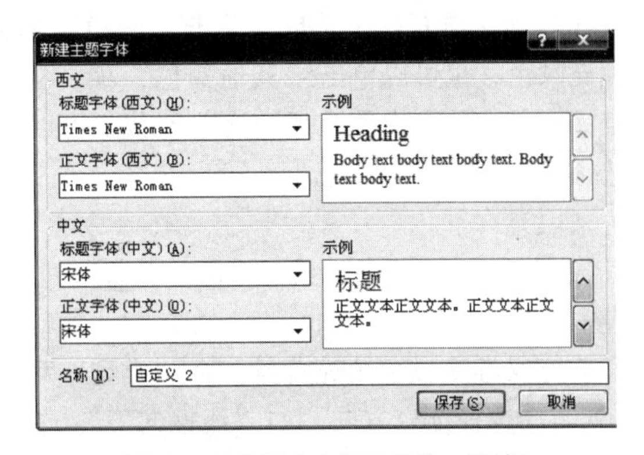

图 5.68　“新建主题字体”对话框

5.4.3　背景

背景样式设置功能可用于设置主题背景，也可用于无主题设置的幻灯片背景，用户可自行设计一种幻灯片背景，满足自己的演示文稿个性化要求。背景设置利用“设计背景格式”对话框完成，主要是进行幻灯片背景的颜色、图案和纹理等进行调整，包括改变背景颜色、图案填充、图片填充和纹理填充等方式。

1. 背景颜色设置

背景颜色设置有“纯色填充”和“渐变填充”两种方式。“纯色填充”是选择单一颜色填充背景，而“渐变填充”是将两种或更多颜色逐渐混合在一起，以某种渐变方式从一种颜色过渡到另一种颜色。

在演示文稿中，单击“设计”选项卡“背景”组“背景样式”右侧下拉三角，执行“设置背景格式”命令，弹出“设置背景格式”对话框，如图 5.69 所示。

图 5.69 “设置背景格式”对话框

若选择“纯色填充”单选框，单击“颜色”右侧的下拉按钮，在下拉列表颜色中选择背景填充颜色，也可以单击“其他颜色”项，从“颜色”对话框中选择或按 RGB 颜色模式自定义背景颜色。拖动“透明度”滑块，可以改变颜色的不透明度。

若选择“渐变填充”单选框，可以选择“预设颜色”来填充背景，也可以自己定义渐变颜色来填充背景。

（1）“预设颜色”填充背景：单击“预设颜色”右侧的下拉三角，在出现的预设渐变颜色列表中选择。

（2）自定义渐变颜色填充背景：在“类型”列表中，选择渐变类型，如“线性”；在“方向”列表中选择渐变方向，如“线性向下”；在“渐变光圈”项，可以通过单击“添加渐变光圈”和“删除渐变光圈”来调整渐变光圈的数量；每种颜色都有一个渐变光圈，单击某一个渐变光圈，在“颜色”栏的下拉列表中可以改变颜色，拖动渐变光圈位置也可以调节该渐变颜色，还可以通过调节颜色的“亮度”或“不透明度”来达到用户满意。

单击“关闭”按钮，则所选背景颜色应用于当前幻灯片；若单击“全部应用”按钮，则应用于所有幻灯片的背景；若选择“重置背景”按钮，则撤销本次设置，恢复设置前状态。如图 5.70 所示，为设置“渐变填充”。

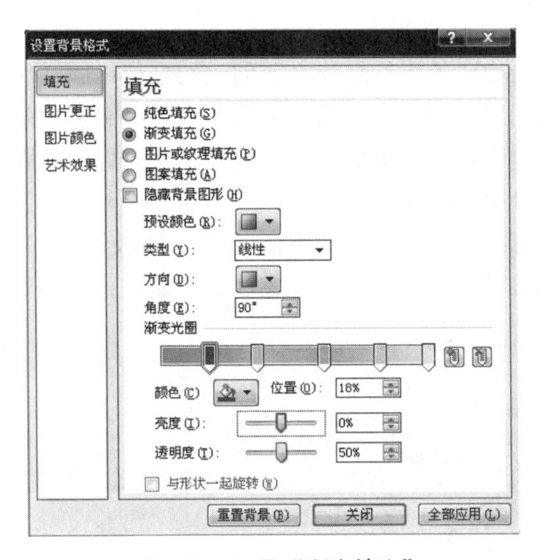

图 5.70　设置“渐变填充”

2. 图片或纹理填充

打开“设置背景格式”对话框，单击左侧“填充”项，右侧选择“图片或纹理填充”单选按钮，在“插入自”栏单击“文件”按钮，在弹出的“插入图片”对话框中选择所需图片文件，则所选图片成为幻灯片背景。

打开“设置背景格式”对话框，单击左侧“填充”项，右侧选择“图片或纹理填充”单选按钮，单击右侧的“纹理”按钮，在出现的各种纹理列表中选择所需要的纹理，则所选纹理成为幻灯片背景。

3. 图案填充

打开“设置背景格式”对话框，单击左侧“填充”项，右侧选择“图案填充”单选按钮，在出现的图案列表中选择所需图案，通过“前景”和“背景”栏可以自定义图案的前景色和背景色，单击“关闭”按钮，则所选图案填充应用于当前幻灯片；若单击“全部应用”按钮，则应用于所有幻灯片的背景。

5.4.4　幻灯片母版

幻灯片母版是幻灯片层次结构中的顶层幻灯片，用于存储有关演示文稿的主题和幻灯片的信息，包括背景、颜色、字体、效果、占位符大小和位置。

每个演示文稿至少包含一个幻灯片母版。修改和使用幻灯片母版的主要优点是可以对演示文稿中的每张幻灯片(包括以后添加到演示文稿中的幻灯片)进行统一的样式更改。使用幻灯片母版时，由于无须在多张幻灯片上输入相同的信息，因此节省了时间。如果演示文稿非常长，其中包含大量幻灯片，则幻灯片母版特别方便。

由于幻灯片母版影响整个演示文稿的外观，因此在创建和编辑幻灯片母版或相应版式时，需要在“幻灯片母版”视图下操作。

最好的做法是在开始构建各张幻灯片之前创建幻灯片母版，而不是在构建了幻灯片之后再创建母版。如果先创建了幻灯片母版，则添加到演示文稿中的所有幻灯片都会统一于该幻灯片母版和相关联的版式。需要更改时，也务必在幻灯片母版上进行。

创建或定义幻灯片母版的操作步骤如下。

① 打开演示文稿，然后在“视图”选项卡下“母版视图”组中，单击“幻灯片母版”选项，打开创建和编辑幻灯片母版或相应版式的窗口，如图 5. 71 所示。

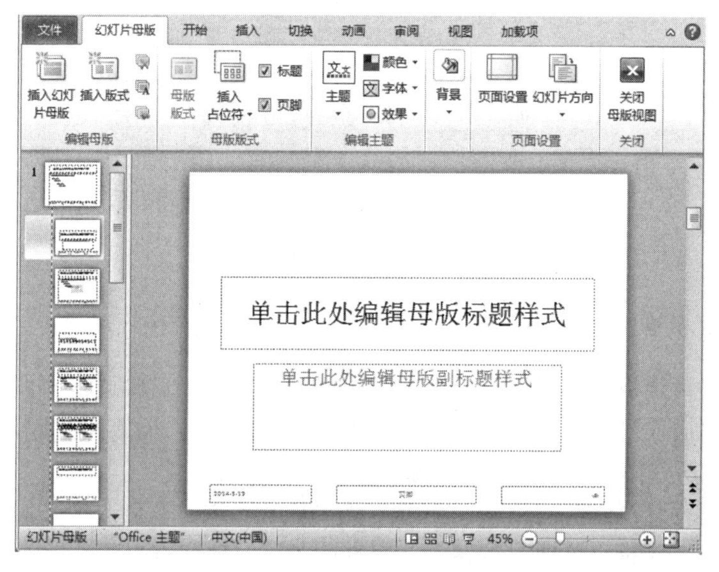

图 5. 71　幻灯片母版视图

② 创建整个演示文稿有统一的主题，单击“编辑主题”组中的“主题”下侧下拉三角，打开主题样式，单击“暗香扑面”主题，在“幻灯片母版”选项卡下“关闭”组中单击“关闭母版视图”。下面再添加的幻灯片都是这个母版的样式，如图 5. 72 所示。

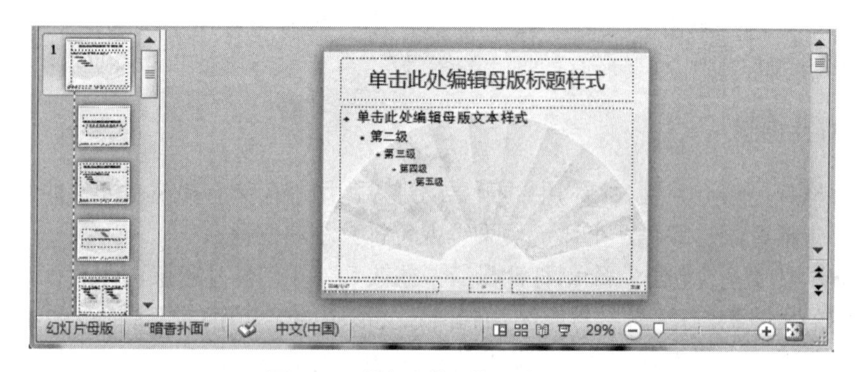

图 5. 72　“暗香扑面”母版主题

③ 若要自定义幻灯片母版，需要在“幻灯片母版”窗口中，选择第一个母版，单击

“母版版式”组“插入占位符”右侧下拉三角，在弹出的下拉列表中选择“图片”，如图 5. 73所示，调整到幻灯片上适当位置，删除底部占位符，则修改和插入占位符后的母版如图 5. 74 所示。

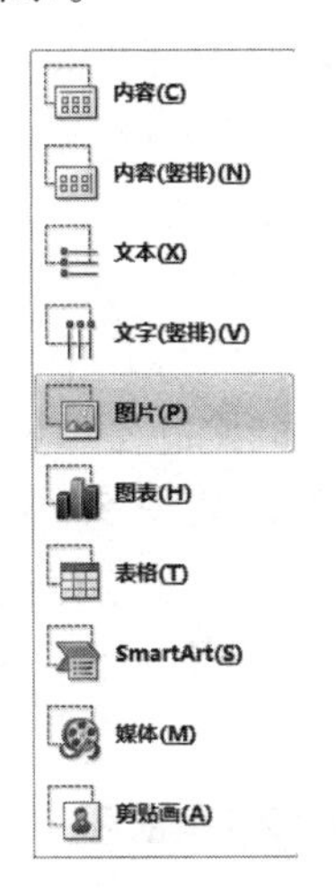

图 5. 73　“插入占位符”下拉列表

图 5. 74　修改和插入占位符后的母版

④ 返回到普通视图后，再打开新建幻灯片时，幻灯片版式已经是刚刚自定义的版式了，如图 5. 75 所示。

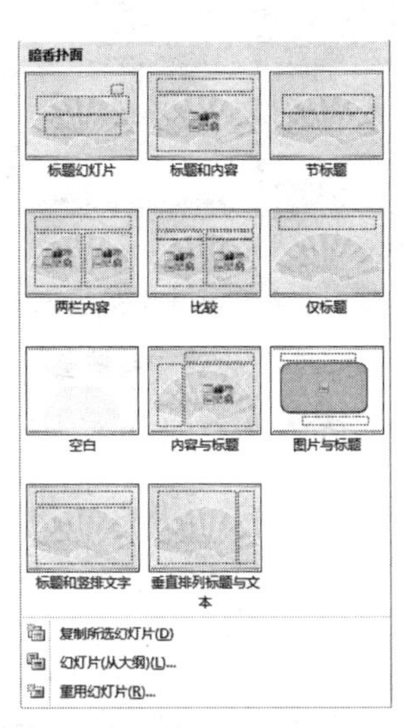

图 5. 75　新建幻灯片版式列表

⑤ 无论是创建幻灯片母版，还是自定义幻灯片母版，若要设置演示文稿中所有幻灯片的页面方向，需要在“幻灯片母版”选项卡下“页面设置”组中单击“幻灯片方向”，然后执行“纵向”或“横向”命令。

5.4.5 超链接

用户在浏览网页的过程中，单击某段文本或某张图片时，就会自动弹出另一个相关的网页，这些被单击的对象称为超链接。在 PowerPoint 2010 中可以为幻灯片的各种对象，例如文本、图片、表格、图形等添加超链接。

1. 链接到本文档中位置

在演示文稿中，当遇到含有目录或提纲的幻灯片时，就可以在幻灯片中添加相应的超链接，从而能快速跳转到相应的幻灯片。下面介绍为内容添加超链接的操作步骤。

① 选择要建立超链接的幻灯片，选中要建立超链接的对象，如图 5.76 所示，选中“第一代计算机”文本，单击“插入”选项卡下“链接”命令组的“超链接”按钮，或单击鼠标右键，在弹出的快捷菜单中执行“超链接”命令，打开“插入超链接”对话框。

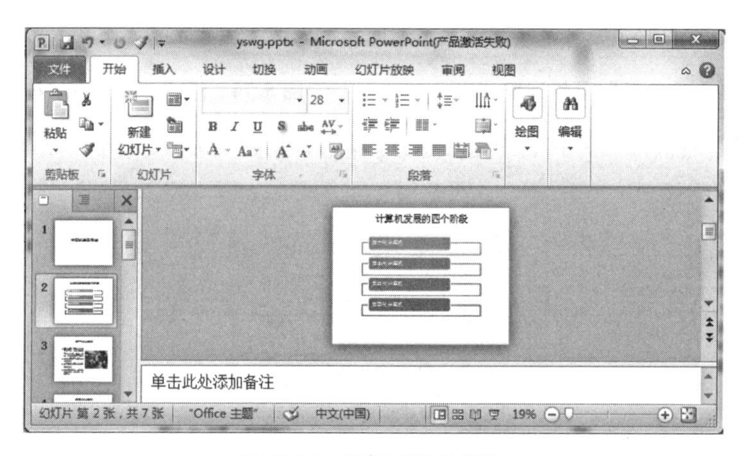

图 5.76 设置“超链接”

② 在“插入超链接”对话框，在左侧选择“本文档中的位置”，在中间选择“幻灯片标题”下的标号为 3 的幻灯片，如图 5.77 所示，单击“确定”按钮。

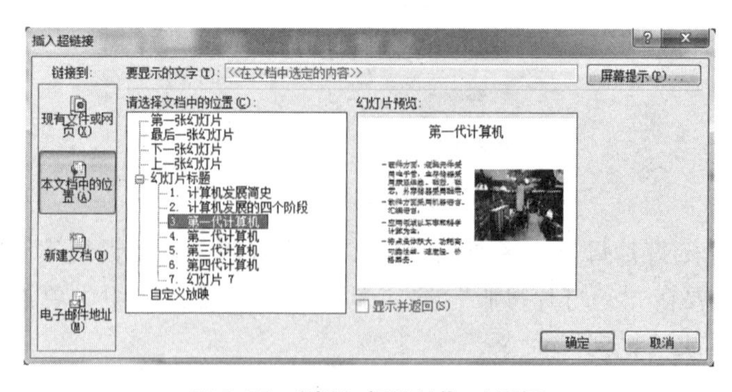

图 5.77 “插入超链接”对话框

③ 返回幻灯片编辑区即可看到设置超链接的文本颜色已经发生变化。其效果如图 5.78 所示。

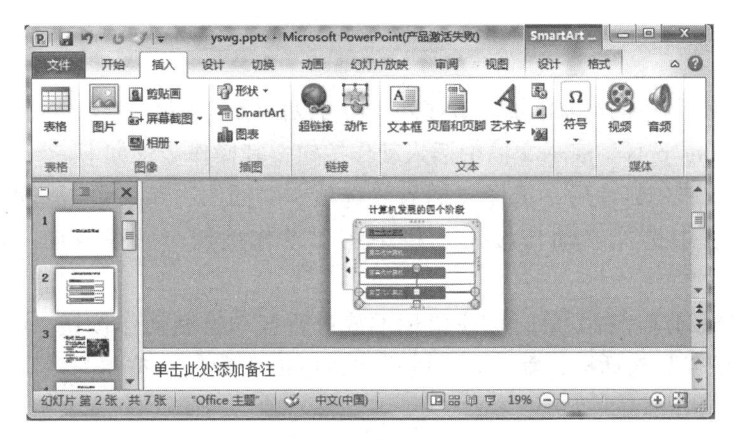

图 5.78　查看效果

设置了超链接的幻灯片，当幻灯片放映时，单击设置超链接的对象，放映会转到所设置的位置，对图 5.76 所示的幻灯片进行放映时，单击“第一代计算机”，放映会转到第 3 张幻灯片。

2. 链接到其他对象

在 PowerPoint 2010 中，除了可以将对象链接到本演示文稿的其他幻灯片外，还可以链接到其他对象，如其他演示文稿、电子邮件以及网页。

（1）链接到其他文件。

为幻灯片中的文本、图形、图表等对象设置链接的方法是：选择链接对象后，在其上方单击鼠标右键，在弹出的快捷菜单中执行“超链接”命令。在打开的“插入超链接”对话框中单击“现有文件或网页”按钮，然后在“查找范围”下拉列表框中选择要链接的文件的位置，在其下方的列表框中选择目标文件，如图 5.79 所示。

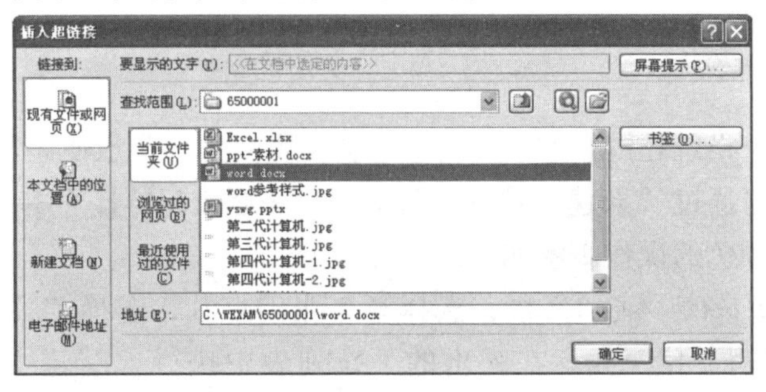

图 5.79　“插入超链接”对话框

（2）链接到网页。

在 PowerPoint 中还可以将幻灯片链接到网页，建立链接方法的操作步骤如下。

在幻灯片中选择需要建立链接的文本，执行“插入”选项卡“链接”组“超链接”

命令，打开“插入超链接”对话框，在左侧单击“现有文件或网页”，在右侧地址栏中输入网址，单击“确定”按钮。放映幻灯片时，就可直接访问链接的网站。

3. 添加动作按钮

除了可为幻灯片中的对象添加超链接外，还可以自行绘制动作按钮，并为其创建超链接。下面在“yswg. pptx”演示文稿中插入动作按钮，其操作步骤如下。

① 选择第3张幻灯片后，选择“插入”选项卡“插图”组，单击“形状”按钮，在弹出的下拉列表中选择“动作按钮”栏中的“动作按钮：后退或前一项”选项，如图5. 80所示。

② 将其移到幻灯片右下角时按住鼠标不放进行拖动绘制动作按钮。绘制完成后将自动打开“动作设置”对话框，默认其中的设置，单击“确定”按钮完成动作按钮的设置，如图5. 81 所示。

图 5. 80　插入形状中“动作按钮：后退或前一项”

图 5. 81　“动作设置”对话框

③ 使用相同的方法，可以在选定幻灯片右下角绘制“动作按钮：前进或下一项”按钮、“动作按钮：开始”按钮和“动作按钮：结束”按钮，并保持“动作设置”对话框的默认设置不变。

4. 设置超链接颜色

设置超链接后，设置超链接的文本的颜色会发生变化，要想使超链接的文字颜色与其他文本有所区分，可通过“新建主题颜色”对话框来修改超链接文本的颜色。在演示文稿中改变超链接文本颜色的操作步骤如下。

① 打开“yswg. pptx”演示文稿，选择第2张幻灯片，选择“设计”选项卡下“主题”组“颜色”右侧下拉三角，在弹出的下拉列表中执行“新建主题颜色”命令，如图5. 82所示。

② 打开“新建主题颜色”对话框，单击“超链接”右侧的下拉三角，在弹出的下拉列表中选择“红色”，或者选择“其他颜色”选项，弹出“颜色”对话框，在“自定义”选项卡的颜色模式RGB中，将红色的数值设置为255，绿色和蓝色都设置为0，如图5. 83 所示。

图 5.82　“新建主题颜色”对话框

图 5.83　“颜色”设置对话框

③ 单击“已访问的超链接”右侧的按钮，用同样的方法将其设置为“灰色”，单击“保存”按钮。

④ 返回幻灯片编辑区，添加文字的颜色变成红色，当放映幻灯片时，单击添加链接的文字后，文字的颜色会变成灰色。

5. 更改超链接

如果设置的超链接有错误，可以更改，更改超链接的步骤为：选择需要更改超链接的对象，单击鼠标右键，在弹出的快捷菜单中执行“编辑超链接”命令，打开“编辑超链接”对话框，在该对话框中重新选择正确的链接位置，单击“确定”按钮。

6. 删除超链接

删除超链接的步骤为：选择需要删除超链接的对象后，单击鼠标右键，在弹出的快捷菜单中执行“取消超链接”命令，如图 5.84 所示。

删除超链接也可以利用“编辑超链接”对话框删除，其操作步骤为：选择需要删除超链接的对象后，单击鼠标右键，在弹出的快捷菜单中执行“编辑超链接”命令，弹出“编辑超链接”对话框，选择“删除超链接”按钮，即可删除。

图 5.84　选择“取消超链接”命令

5.4.6　动画

动画是演示文稿中的重要元素之一，一个完整的演示文稿离不开动画，为幻灯片中的对象设置动画效果，使它们按照一定的规则和顺序动起来，赋予它们进入、退出、大小或颜色变化甚至移动等视觉效果，既能突出重点，吸引观众的注意力，又使放映过程十分有趣，使演示文稿更加生动，提高演示文稿的效果。

PowerPoint 2010 的“动画”选项卡下有“预览”“动画”“高级动画”和“计时”选项，如图 5. 85 所示，不仅可以设置“动画”，还可以利用“高级动画”选项创建“动画”。

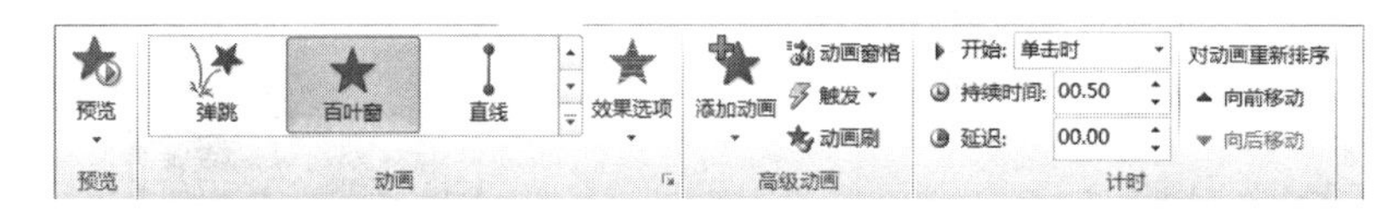

图 5. 85 “动画”选项卡

PowerPoint 2010 中有以下四种不同类型的动画效果。

“进入”效果：例如，可以使对象逐渐淡入焦点、从边缘飞入幻灯片或者跳入视图中。

“退出”效果：这些效果包括使对象飞出幻灯片、从视图中消失或者从幻灯片旋出。

“强调”效果：这些效果的示例包括使对象缩小或放大、更改颜色或沿着其中心旋转。

动作路径：指定对象或文本沿行的路径，它是幻灯片动画序列的一部分。使用这些效果可以使对象上下移动、左右移动或者沿着星形或圆形图案移动(与其他效果一起)。

下面以“yswg. pptx”为例，为第 2 张幻灯片中设置动画，其操作步骤如下。

① 选中“第一代计算机”，单击“动画”选项卡下“动画”组右侧的“其他”按钮，打开动画效果样式列表，如图 5. 86 所示。

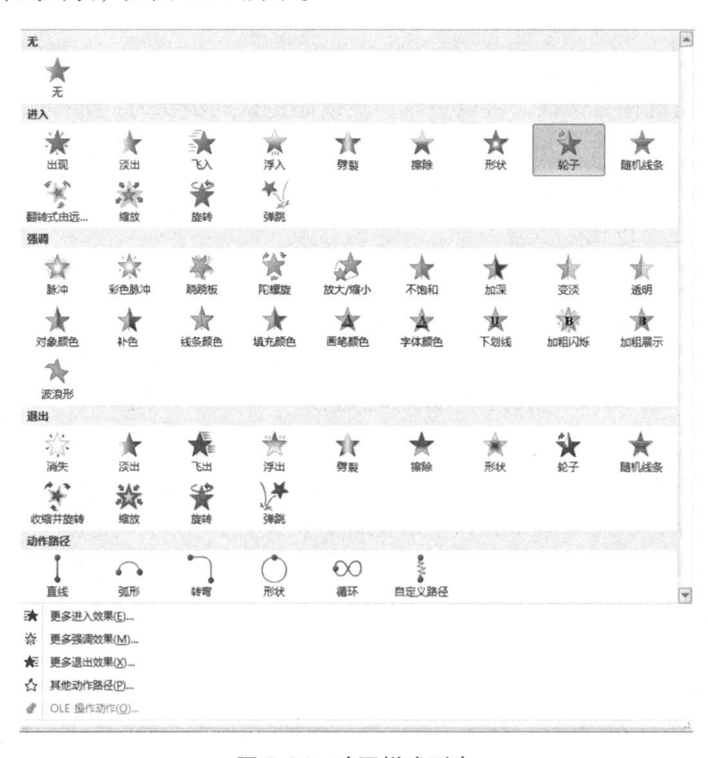

图 5. 86 动画样式列表

② 单击选中的“轮子”效果。对其他三行文本，即“第二代计算机”“第三代计算机”和“第四代计算机”，进行同样的动画设置，全部设置完成后，在对象的左上角有个数字，这个数字是动画效果的出场顺序号，如图 5.87 所示。

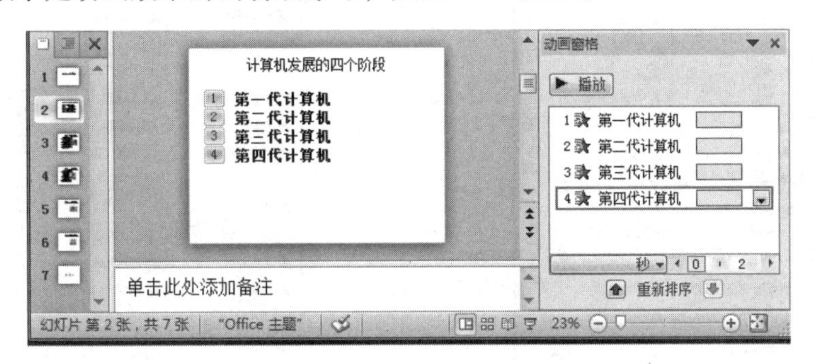

图 5.87　设计“动画”结果

③ 选中“第一代计算机”，单击“动画”组里的“效果选项”下侧的下拉三角，选择“1 轮辐图案”。对其他两行文本进行同样设置，如图 5.88 所示。

④ 单击“高级动画”组“动画窗格”按钮，弹出“动画窗格”对话框，如图 5.89 所示。在“动画窗格”对话框中，可以通过重新排序已经设计的动画，也可以将已经设置的动画删除。

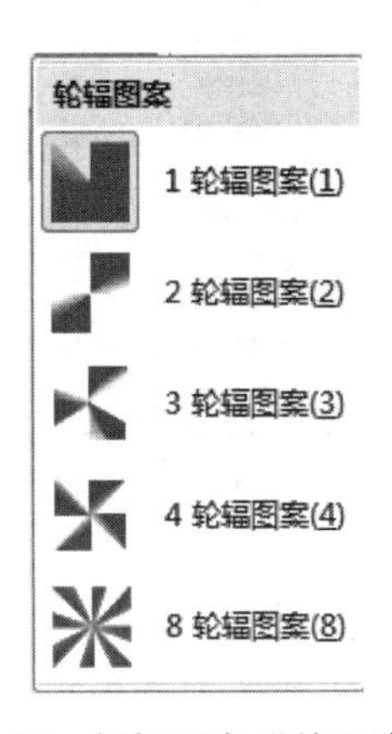

图 5.88　轮辐图案“效果选项”

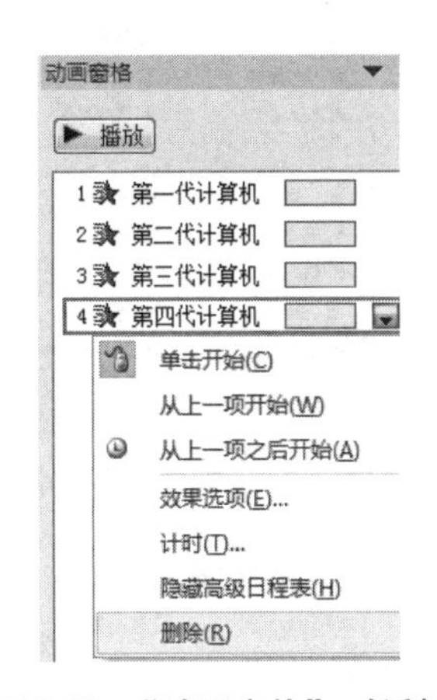

图 5.89　“动画窗格”对话框

每一个独立的动画对象，都可以进一步设置进入、强调、退出、动作路径这四种动画效果。当单击“动画”选项卡，打开动画效果样式列表后，在列表的下面有四个选项，分别为“更多进入效果”“更多强调效果”“更多退出效果”和“其他动作路径”。这些选项分别如图 5.90 至图 5.93 所示。

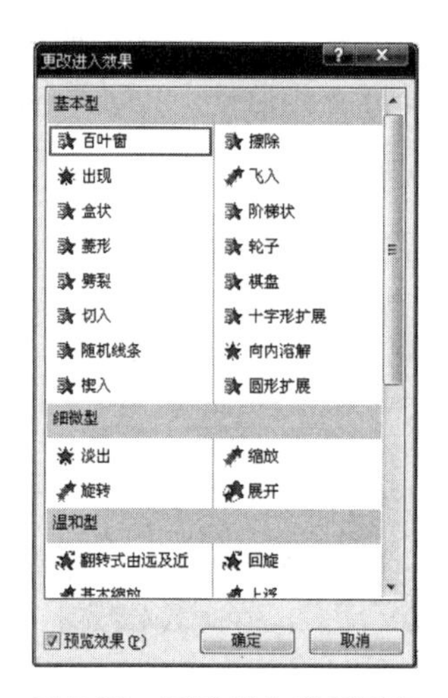

图 5.90　更改进入效果列表

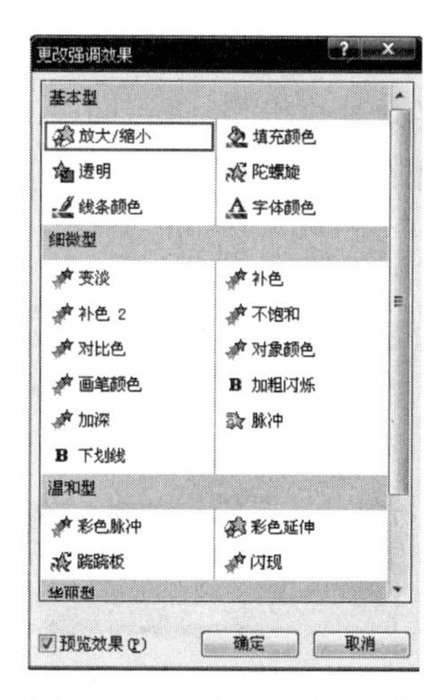

图 5.91　更改强调效果列表

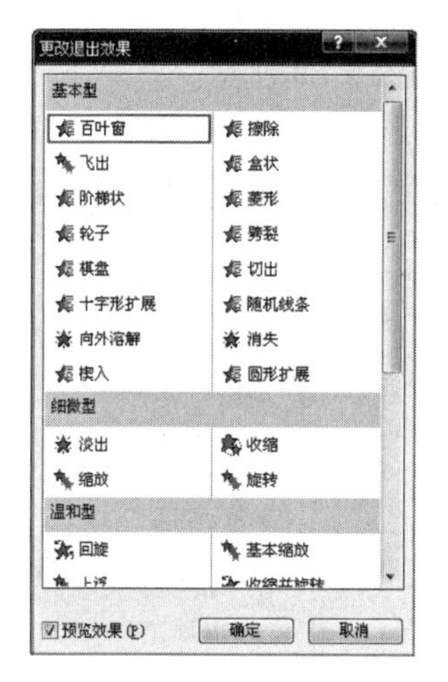

图 5.92　更改退出效果列表

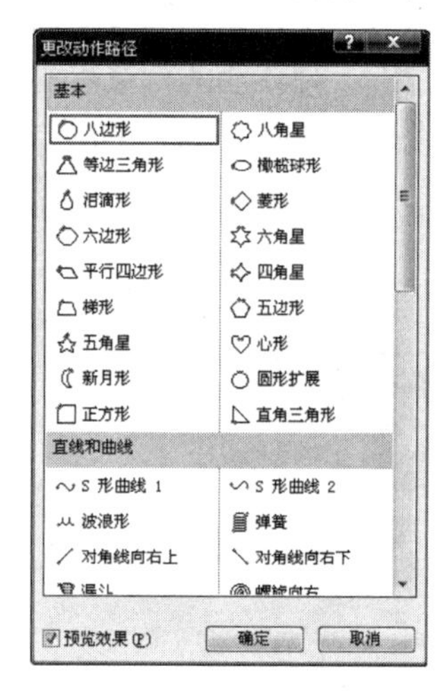

图 5.93　更改动作路径列表

5.4.7　幻灯片切换效果

幻灯片切换效果是指演示文稿放映时幻灯片进入和离开时的整体视觉效果。这个切换包括切换的效果、切换的声音和切换的速度。

为幻灯片设置切换效果步骤如下。

① 单击“切换”选项卡“切换到此幻灯片”组的右侧“其他”下拉按钮，打开切换效果列表，如图 5.94 所示。

② 单击其中一种切换选项如“擦除”时，幻灯片就会自动演示切换效果。单击“效果选项”按钮，打开“效果选项”下拉列表，如图 5.95 所示。有些切换效果没有“效果选项”设置。

③ 单击“声音”按钮，打开声音选项列表，如图 5.96 所示。单击一种声音选项，如“箭头”，再单击“全部应用”按钮，即可以在切换幻灯片时，发出所选的声音。

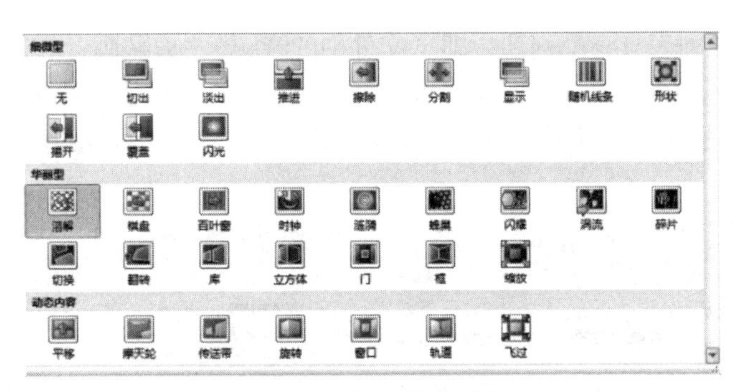

图 5.94　切换效果列表

图 5.95　“切换效果”选项

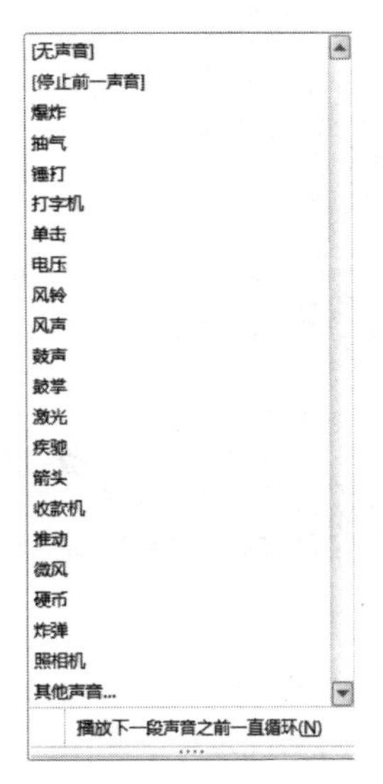

图 5.96　声音设置

④ 在“切换”选项卡“计时”组“持续时间”输入时间值，如“02.00”，再单击“全部应用”按钮，那么所有幻灯片切换效果进行同样的持续时间设置。

⑤ 在“换片方式”项可以选择“单击鼠标时”和“设置自动换片时间”。“单击鼠标时”指单击鼠标时进行幻灯片切换，“设置自动换片时间”是指经过设置的时间后进行幻灯片切换，如果两项全选，则由先发生的事件触发换片动作。

5.4.8　音频

1. 插入“剪贴画音频”

【参考视频】

声音的加入使演示文稿的内容更加丰富多彩，在 PowerPoint 中可以插入不同扩展名以及不同途径的声音文件，如文件中的音频、剪贴画音频和录制的声音。插入“剪贴画音频”的操作步骤如下。

① 选择要插入音频的幻灯片，单击“插入”选项卡下“媒体”组的“音频”下

侧下拉三角，在下拉列表有三个选项，即“文件中的音频”“剪贴画音频”和“录制音频”。

② 选择“剪贴画音频”项，打开“剪贴画窗格”，单击其中的音频图标或在其上单击鼠标右键，在弹出的快捷菜单中执行“插入”命令，音频文件就插入到幻灯片中，如图 5.97所示。

图 5.97　插入“剪贴画音频”

插入音频文件后，当选定插入的音频时，在标题栏上会显示“音频工具”的“格式”和“播放”两个选项卡，利用这些功能就可以编辑音频。

2. 设置声音的属性

在幻灯片中插入声音文件后，程序就会自动创建一个声音图标，单击声音图标后，在标题栏上会显示“音频工具”的“格式”和“播放”两个选项卡，在“格式”选项卡中可以对声音图标进行美化，在“播放”选项卡中可以对声音进行编辑，如设置音量、为声音设置放映时隐藏等。

如果想在幻灯片放映整个过程中都播放声音，除了需要在“播放”选项卡“音频选项”组选中“循环播放，直到停止”外，还需要在“开始”下拉列表中选择“跨幻灯片播放”选项。

5.4.9　案例分析 2

“天河二号超级计算机”是我国独立自主研制的超级计算机系统，2014 年 6 月再登“全球超算 500 强”榜首，为祖国再次争得荣誉。作为北京市第 × × 中学初二年级物理教师，李晓玲老师决定制作一个关于“天河二号”的演示幻灯片，用于学生课堂知识拓展。请你根据考生文件夹下的素材“天河二号素材 . docx”及相关图片文件，帮助李老师完成制作任务，具体要求如下。

（1）演示文稿共包含 10 张幻灯片，标题幻灯片 1 张，概况 2 张，特点、技术参数、自主创新和应用领域各 1 张，图片欣赏 3 张(其中一张为图片欣赏标题页)。幻灯片必须选择一种设计主题，要求字体和色彩合理、美观大方。所有幻灯片中除了标题和副标题，其他文字的字体均设置为“微软雅黑”。演示文稿保存为“天河二号超级计算机 . pptx”。

具体操作步骤如下。

① 启动 Microsoft PowerPoint 2010 软件，打开考生文件夹下的“天河二号素材 . docx”素材文件。

② 选择第一张幻灯片，切换至“设计”选项卡，在“主题”选项组中，应用“暗香扑面”主题，如图 5. 98 所示，按 Ctrl + M 组合键添加幻灯片，使片数共为 7，将演示文稿保存为“天河二号超级计算机 . pptx”。

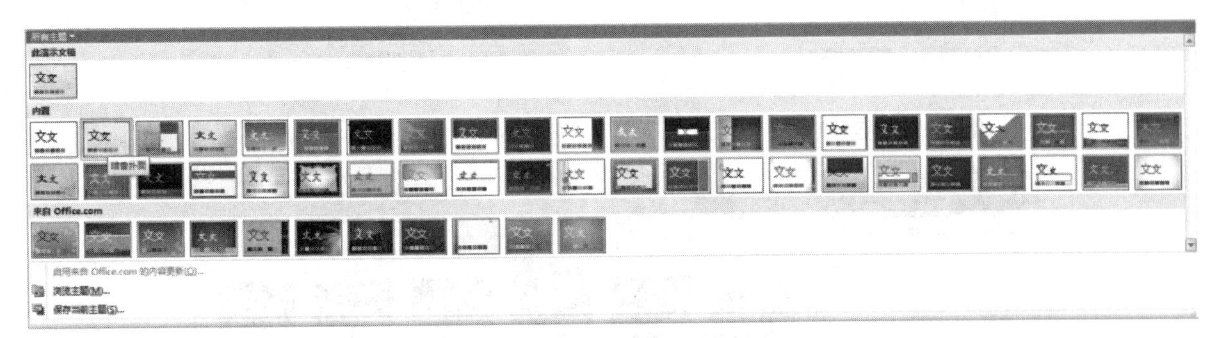

图 5. 98　选择“暗香扑面”主题

（2）第 1 张幻灯片为标题幻灯片，标题为“天河二号超级计算机”，副标题为“——2014 年再登世界超算榜首”。

具体操作步骤如下。

① 选择第 1 张幻灯片，切换至“开始”选项卡，在“幻灯片”选项组中将“版式”设置为“标题幻灯片”，如图 5. 99 所示。

② 将幻灯片标题设置为“天河二号超级计算机”，副标题设置为“——2014 年再登世界超算榜首”。

（3）第 2 张幻灯片采用“两栏内容”的版式，左边一栏为文字，右边一栏为图片，图片为考生文件夹下的“Image1. jpg”。

具体操作步骤如下。

① 选择第 2 张幻灯片，切换至“开始”选项卡，在“幻灯片”选项组中将“版式”设置为“两栏内容”的版式，如图 5. 100 所示。

② 复制“天河二号素材 . docx”文件内容到幻灯片，左边一栏为文字，“字体”设置为微软雅黑，字号为 20，“字体颜色”设为黑色。

③ 右边一栏为图片，单击“插入”选项卡下“图像”组中的“图片”按钮，在弹出的“插入图片”对话框中选择考生文件夹下的“Image1. jpg”素材图片，如图 5. 101 所示。

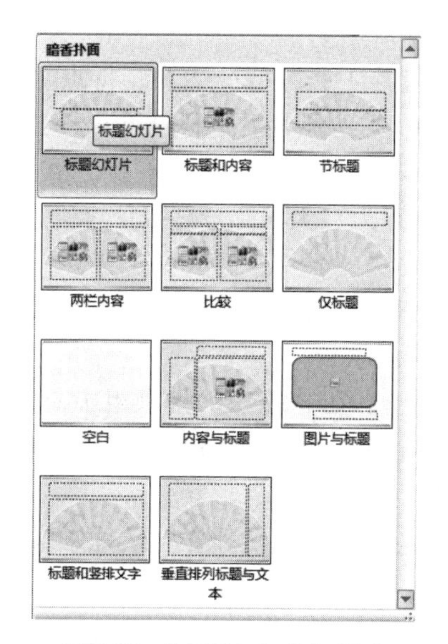

图 5.99 “标题幻灯片”版式

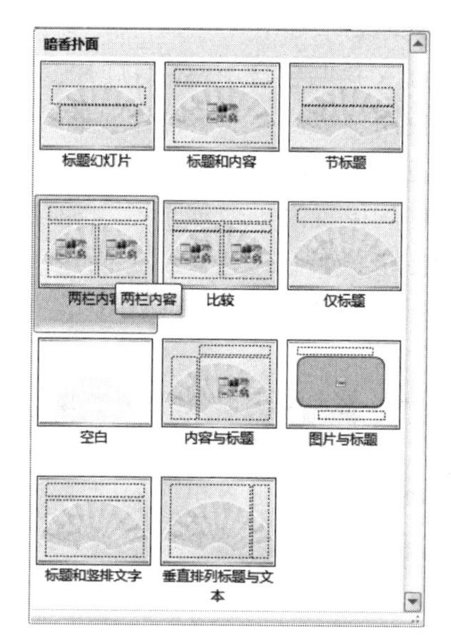

图 5.100 “两栏内容”板式

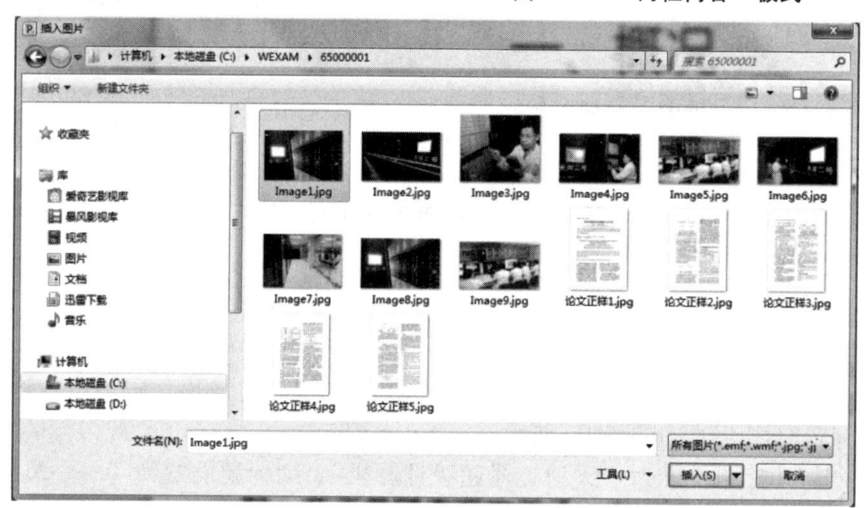

图 5.101 插入“图片”

(4) 以下的第 3、4、5、6、7 张幻灯片的版式均为“标题和内容”。素材中的黄底文字即为相应页幻灯片的标题文字。

具体操作步骤如下。

① 切换至“开始”选项卡，将第 3、4、5、6、7 张幻灯片的版式均为“标题和内容”。

② 根据天河二号素材中的黄底文字，输入相应页幻灯片的标题文字和正文文字。

③ 分别对 3、5、6、7 张幻灯片添加内容进行相应的设置格式，使其美观。

(5) 第 4 张幻灯片标题为“二、特点”，将其中的内容设为“垂直块列表”SmartArt 对象，素材中红色文字为一级内容，蓝色文字为二级内容。并为该 SmartArt 图形设置动画，要求组合图形“逐个”播放，并将动画的开始设置为“上一动画之后”。

具体操作步骤如下。

① 将天河二号素材中的黄底文字“二、特点”复制粘贴到第 4 张幻灯片标题处。将其他内容复制粘贴到文本框中。

② 选中文本框中的内容，单击鼠标右键，选择转换为 SmartArt 图形，选择其下拉列表中的“其他 SmartArt 图形”，弹出“选择 SmartArt 图形”对话框，选择“列表”下的“垂直块列表”，如图 5. 102 所示。

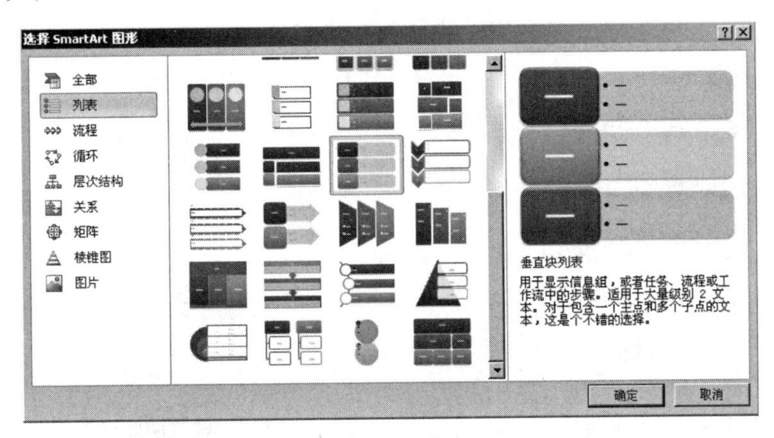

图 5. 102　选择“垂直块列表”SmartArt 图

③ 在“文本窗格”中，将鼠标光标定位到“高性能”后，按 Delete 键，删除“，”后回车，选中文字为“峰值速度和持续速度都创造了新的世界纪录；”的文本框，执行“设计”选项卡“创建图形”组“降级”命令，文本窗格中的显示效果如图 5. 103 所示。

④ 使用相同的方法为其他的文本框作相同的处理，操作之后的文本窗格如图 5. 104 所示。

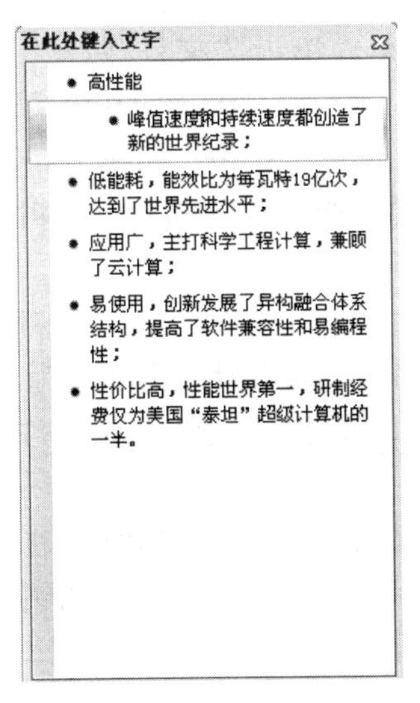

图 5. 103　文本窗格

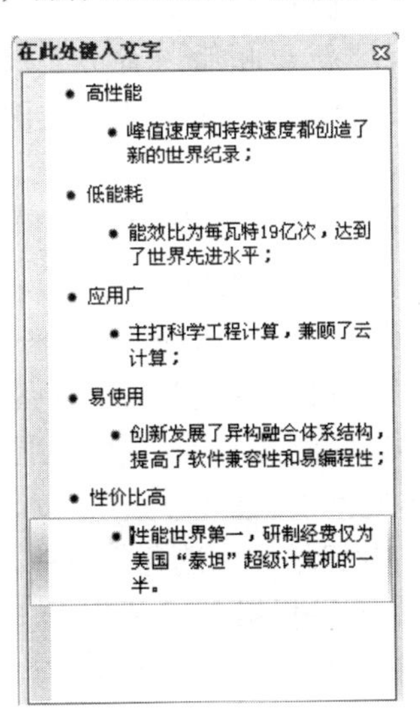

图 5. 104　文本窗格

⑤ 选择 SmartArt 图形，切换到“动画”选项卡，添加“进入”动画下的“飞入”，如图 5.105 所示，在“效果选项”下的“序列”中选择“逐个”，如图 5.106 在“计时”选项组中将“开始”设为“上一动画之后”，如图 5.107 所示。

图 5.105　设置“飞入”进入动画

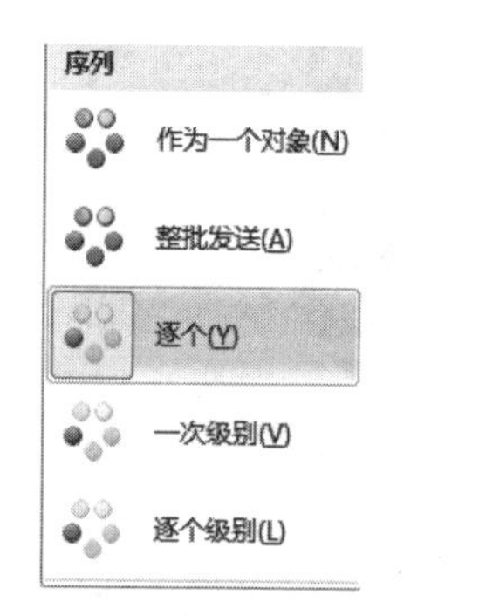

图 5.106　效果选项

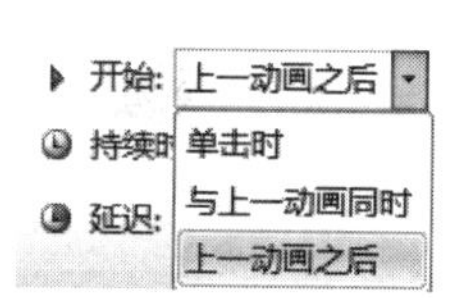

图 5.107　设置动画开始时刻

（6）利用相册功能为考生文件夹下的“Image2. jpg”~“Image9. jpg”8 张图片“新建相册”，要求每页幻灯片 4 张图片，相框的形状为“居中矩形阴影”；将标题“相册”更改为“六、图片欣赏”。将相册中的所有幻灯片复制到“天河二号超级计算机 . pptx”中。

具体操作步骤如下。

① 切换至“插入”选项卡下的“图像”选项组中，单击“相册”下拉按钮，在其下拉菜单中执行“新建相册”命令，弹出相册对话框，单击“文件/磁盘”按钮，选择“Image2. jpg”~“Image9. jpg”素材文件，单击“插入”按钮，将“图片版式”设为“4 张图片”，“相框形状”设为“居中矩形阴影”，单击“创建”按钮，如图 5.108 所示。

② 将标题“相册”更改为“六、图片欣赏”，将二级文本框删除。将相册中的所有幻灯片复制到“天河二号超级计算机 . pptx”中。

（7）将该演示文稿分为 4 节，第一节为“标题”，包含 1 张标题幻灯片；第二节为“概况”，包含 2 张幻灯片；第三节为“特点、参数等”，包含 4 张幻灯片；第四节为“图片欣赏”，包含 3 张幻灯片。每一节的幻灯片均为同一种切换方式，节与节的幻灯片切换方式不同。

具体操作步骤如下。

① 在幻灯片窗格中，选择第 1 张幻灯片，单击鼠标右键，在弹出的快捷菜单中执行“新增节”命令，选择第 2、3 张幻灯片单击鼠标右键，在弹出的快捷菜单中执行“新增节”命令，使用同样的方法，将 4 ~7 幻灯片为一节，8 ~10 幻灯片为一节。

② 选择节名，单击鼠标右键，在弹出的快捷菜单中执行“重命名节”命令，弹出“重命名节”对话框，输入相应的节名，单击“重命名”按钮。

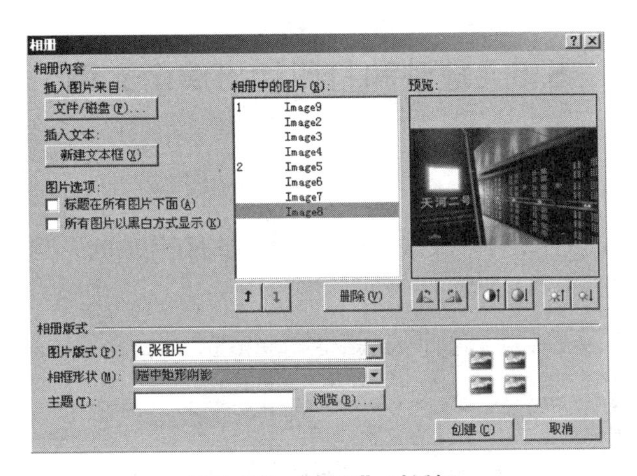

图 5.108　“相册”对话框

③ 为每一节的幻灯片均为同一种切换方式，节与节的幻灯片切换方式不同，设置第一节切换方式为“切出”，第二节切换方式为“淡出”，第三节切换方式为“推进”，第四节切换方式为“擦除”。

(8) 除标题幻灯片外，其他幻灯片的页脚显示幻灯片编号。

具体操作步骤如下。

切换到“插入”选项卡，在“文本”选项组中单击“页眉和页脚”按钮，弹出“页眉和页脚”对话框，在“幻灯片”选项卡中，勾选“幻灯片编号”和“标题幻灯片中不显示”复选框，并勾选“全部应用”按钮，如图 5.109 所示。

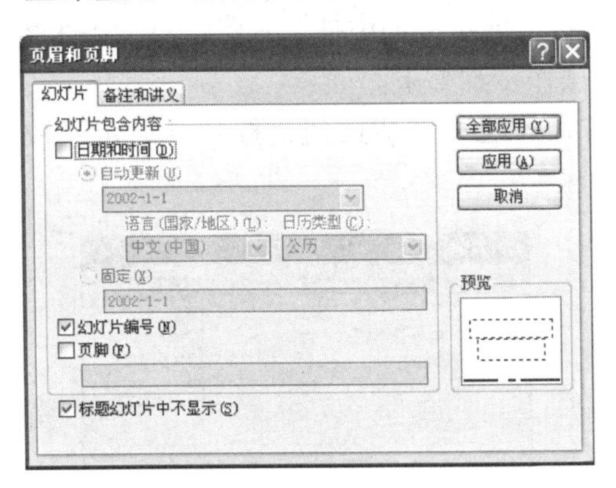

图 5.109　设置显示幻灯片编号

(9) 设置幻灯片为循环放映方式，如果不点击鼠标，幻灯片 10 秒钟后自动切换至下一张。具体操作步骤为：选择 1 ~ 10 幻灯片，切换到“切换”选项卡，在“计时”选项组中，勾选“设置自动换片时间”复选框，并将其持续时间设置为 10 秒(图 5.110)，单击“全部应用”按钮。

图 5.110　设置自动换片时间

5.5 放映和打印输出演示文稿

5.5.1 幻灯片放映

PowerPoint 提供了多种幻灯片放映式样，单击“幻灯片放映”选项卡，显示幻灯片放映各组的功能项，如图 5.111 所示。

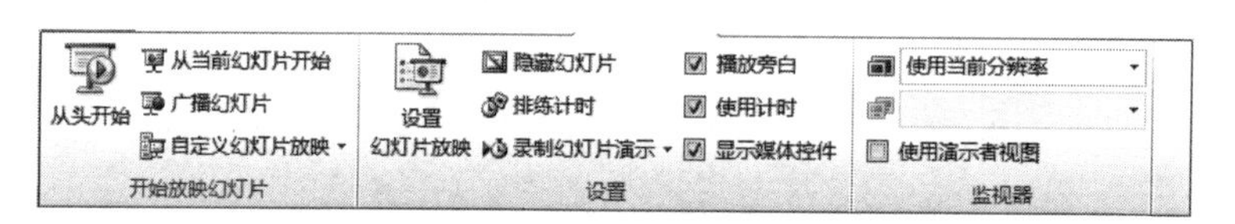

图 5.111 幻灯片放映选项卡

1. “开始放映幻灯片”组

“开始放映幻灯片”组提供了四种放映形式。

▶ 从头开始：从演示文稿的第一张开始放映。

▶ 从当前幻灯片开始：从当前选定的幻灯片开始放映。

▶ 广播幻灯片：使用广播幻灯片，必须打开 IE 浏览器。单击此按钮打开“广播幻灯片”对话框，在这个对话框中需要单击“启动广播”，表示同意条款后，方可在 Web 浏览器中观看远程幻灯片。

▶ 自定义幻灯片放映：从演示文稿中抽取几张幻灯片出来播放，可以改变放映顺序。

自定义幻灯片放映的操作步骤如下。

① 单击“自定义幻灯片放映”右侧按钮，打开“自定义放映”对话框，如图 5.112 所示。

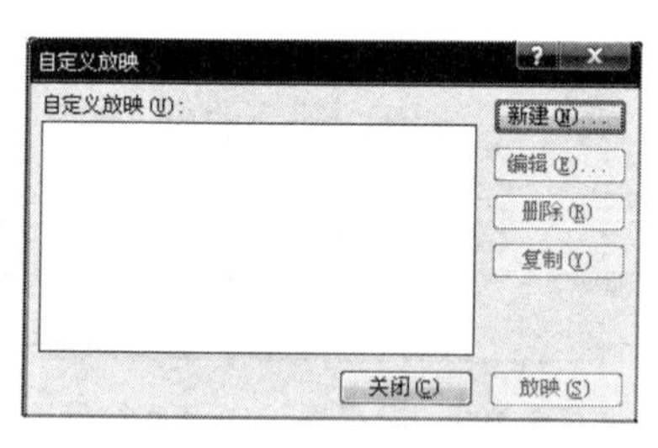

图 5.112 “自定义放映”对话框

② 单击“新建”按钮，打开“定义自定义放映”对话框，如图 5.113 所示。利用“添加”和“删除”按钮，定义自定义放映的幻灯片。这里选取了第 1、2、3 和第 7 张幻灯片。

③ 在“幻灯片放映名称”栏中输入“自定义放映 1”，单击“确定”按钮，回到“自定义放映”对话框，单击“放映”按钮即可放映。

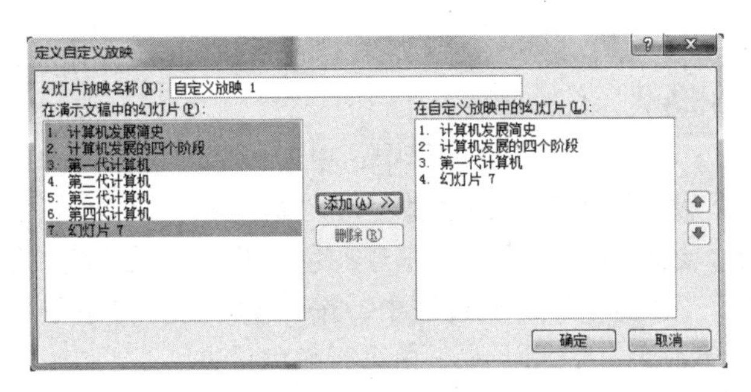

图 5.113　“定义自定义放映”对话框

2. “设置”组

执行“设置”命令组的“设置幻灯片放映”命令，弹出“设置放映方式”对话框，此对话框分为“放映类型”“放映选项”“放映幻灯片”和“换片方式”，如图 5.114 所示。

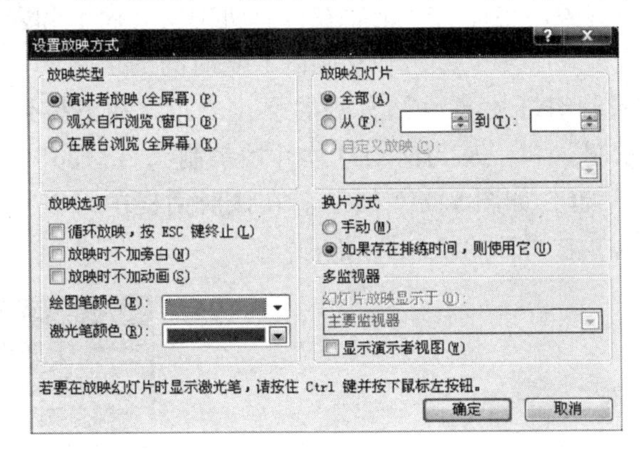

图 5.114　“设置放映方式”对话框

“放映类型”有三种可选：

▶“演讲者放映(全屏幕)”：此项为默认项，演讲者放映是全屏幕放映，表示演讲者可以控制播放的演示文稿，比如可以暂停放映、控制每张幻灯片的演示时间。

▶“观众自行浏览(窗口)”：此项是指演示文稿在一个提供命令的窗口中播放，它允许观众利用窗口命令控制放映进程，观众可以利用窗口右下方的左右箭头，分别切换到前一张幻灯片和后一张幻灯片，利用两箭头之间的“菜单”命令，弹出放映控制菜单，利用菜单的“定位至幻灯片”命令，可以快速地切换到指定的幻灯片。这种放映方式适合在展览会上。

▶“在展台浏览(全屏幕)”：此项可自行运行演示文稿。

无论哪种放映类型，在放映的过程中，都可以按 Esc 键终止放映。

“放映选项”有三种，即“循环放映，按 Esc 键终止”“放映时不加旁白”和“放映时不加动画”。

“放映幻灯片”栏中，可以确定幻灯片的放映范围(全部或部分幻灯片)。放映部分幻灯片时，可以指定放映的开始序号和终止序号。

“换片方式”栏中，有“手动”和“如果存在排练时间，则使用它”两种。可以选择控制放映速度的换片方式，“在展台浏览(全屏幕)”这种放映方式通常如果进行了事先排练，可选择后一种换片方式，自行播放。

▶ “绘图笔颜色”：在幻灯片放映过程中，单击鼠标右键，在弹出的快捷菜单中选择“指针”选项，在其下级列表中有两种笔型：即“笔”和“荧光笔”，可以利用它在幻灯片上勾画出重要内容，还可以通过执行“墨迹颜色”命令来设置绘图笔的颜色。

▶ “激光笔颜色”：在幻灯片放映过程中，按住 Ctrl 键并按下鼠标左键就可以使用激光笔，可单击“激光笔颜色”右侧下拉三角进行颜色设置。

▶ 排练计时：排练计时是指在放映时，用户来安排每张幻灯片放映的时间以及共放映多长时间。其操作步骤为：单击“排练计时”选项，在放映幻灯片的左上角显示录制时间框，如图 5.115 所示。在放映时，单击幻灯片就转到下一张幻灯片，时间又从零开始，最右侧的时间框是总的时间。

录制幻灯片演示：在无人放映演示文稿时，可以通过录制旁白的方法事先录制好演讲者的演说词。要求在录制旁白之前，一定要在计算机中安装声卡和麦克风。录制幻灯片演示与排练计时相比，这种录制多了旁白和动画的放映时间的录制。单击“幻灯片放映”选项卡“放映”组的“录制幻灯片演示”右侧的下拉三角，在下拉列表中显示了两种录制方式，即“从头开始录制”和“从当前幻灯片开始录制”，选择其中任何一个，都会弹出“录制幻灯片演示”对话框，如图 5.116 所示。在该对话框中可以在选中和取消两个复选框进行选择。设置好后单击“开始录制”按钮。

图 5.115 录制排练计时

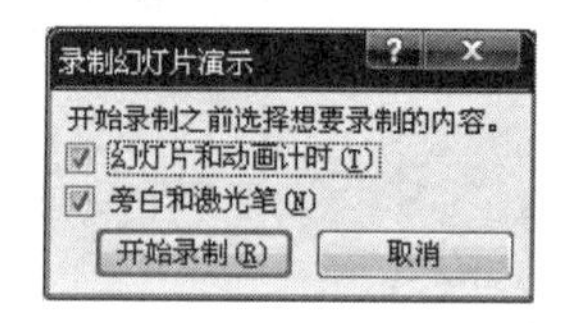

图 5.116 “录制幻灯片演示”对话框

5.5.2 打包演示文稿

制作完成的演示文稿可以直接在安装 PowerPoint 应用程序的环境下演示，如果计算机上没有安装 PowerPoint ，演示文稿就不能直接演示，但 PowerPoint 提供了演示文稿的打包功能，将演示文稿打包到文件夹或 CD，甚至可以将 PowerPoint 播放器和演示文稿一起打包。这样，即使在没有安装 PowerPoint 应用程序的计算机上，也能放映演示文稿。

将演示文稿打包的操作步骤如下。

① 演示文稿中执行“文件”选项卡下的“保存并发送”命令，然后在“文件类型”栏中选择“将演示文稿打包成 CD”，如图 5.117 所示。

② 右侧单击“打包成 CD”按钮，打开“打包成 CD”对话框，如图 5.118 所示。在该对话框中显示了当前要打包的演示文稿，可以通过“添加”和“删除”按钮将希望打包的其他演示文稿添加进来。

③ 单击“选项”按钮，弹出“选项”对话框，如图 5.119 所示。在默认情况下，打包应包含与演示文稿相关的“链接文件”和“嵌入的 TrueType 字体”，可以在该对话框中

改变这些设置。除此之外，还可以进行密码设置。

④ 如果单击“复制到文件夹”按钮，弹出“复制到文件夹”对话框，如图 5.120 所示。输入文件夹名称和位置，并单击“确定”按钮，则系统开始打包并存放到指定的文件夹中。如果单击“复制到 CD”（该操作要求计算机中有刻录光驱）按钮，将演示文稿打包到 CD，此时要求在光驱中放入空白光盘，出现“正在将文件复制到 CD”对话框，提示复制的进度，完成其后的打包操作。

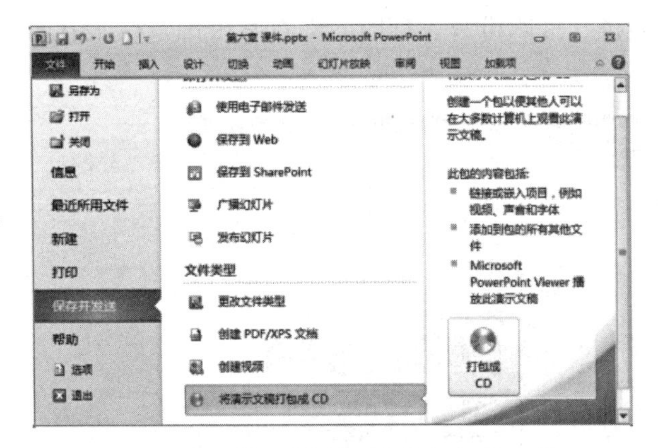

图 5.117　选择“将演示文稿打包成 CD”

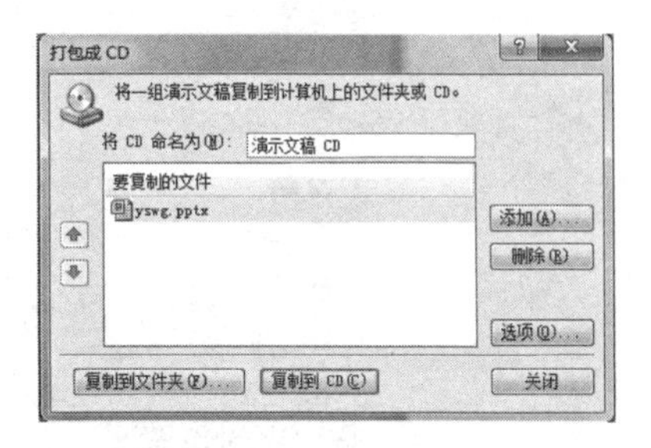

图 5.118　“打包成 CD”对话框

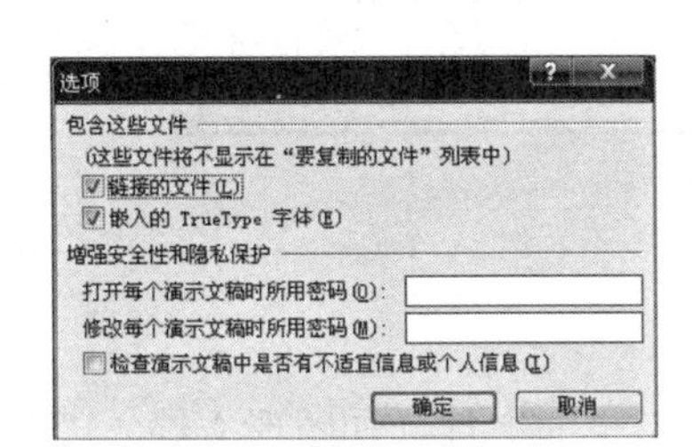

图 5.119　“选项”对话框

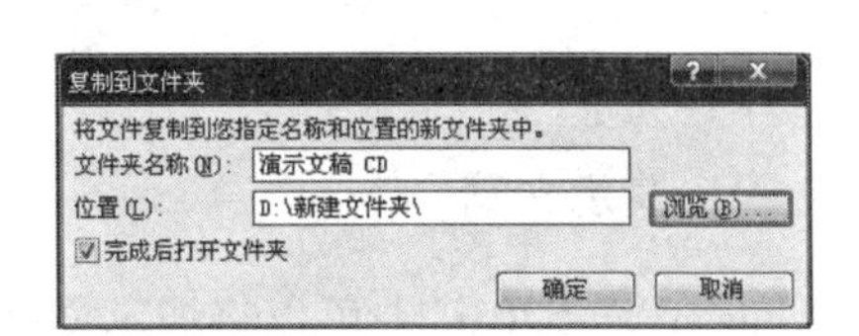

图 5.120　“复制到文件夹”对话框

5.5.3　打印演示文稿

演示文稿不仅可以进行现场演示，还可以将其打印在纸张上，打印之前可以先进行页面设置，预览打印效果，并对打印参数进行设置。

1. 页面设置

打开演示文稿，执行“设计”选项卡下“页面设置”组的“页面设置”命令，弹出“页面设置”对话框，如图 5.121 所示，在该对话框内可以对幻灯片的大小、宽度、高度、方向等进行重新设置。

2. 打印参数的设置

选择“文件”选项卡下“打印”选项，不仅可以预览到幻灯片的打印效果，而且还

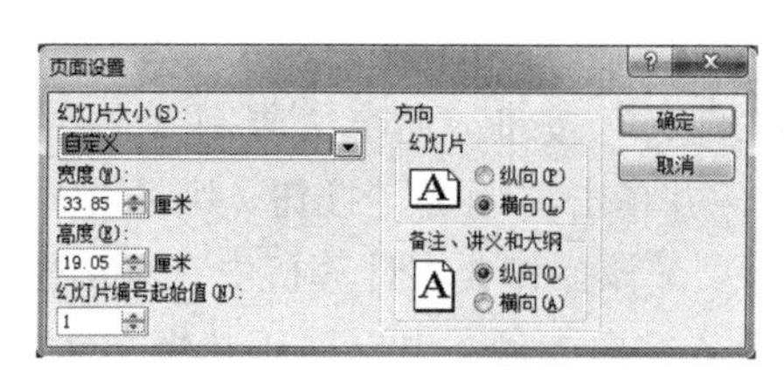

图 5.121 “页面设置”对话框

可以根据需要设置打印参数，如选择打印机、打印份数、打印的幻灯片范围、打印方向等，如图 5.122 所示。

图 5.122 打印页面

5.5.4 输出演示文稿

在 PowerPoint 2010 中可以将演示文稿输出为多种形式的文件，如图形文件、RTF 大纲文件、PDF 文件等。

1. 输出为图形文件

PowerPoint 2010 可以将演示文稿中的幻灯片输出为 GIF、JPG、PNG 以及 TIFF 等格式的图片文件，其方法是：打开演示文稿，执行“文件”选项卡下“另存为”命令，打开“另存为”对话框。在“保存位置”下拉列表框中选择输出文件的保存位置，在“保存类型”下拉列表框中选择图片文件格式选项，单击“保存”按钮。此时会弹出一个提示对话框，如图 5.123 所示，在其中单击“每张幻灯片”按钮，再在弹出的提示对话框中单击“确定”按钮。

2. 输出为大纲文件

大纲 RTF 文件不包含幻灯片中的图形、图片以及插入幻灯片文本框中的内容，将演示文稿中的幻灯片输出为大纲 RTF 文件的方法是：在打开的演示文稿中执行“文件”选项

图 5.123　提示对话框

卡下的“另存为”命令，打开“另存为”对话框。在“保存位置”下拉列表框中选择输出文件的保存位置，在“保存类型”下拉列表框中选择“大纲/RFT 文件”选项，单击“保存”按钮。

3. 输出为 PDF 文件

PDF 文件允许设定密码和其他多种保护方式以防止非法使用。例如必须使用密码才允许阅读、打印、复制、注释或修改。将演示文稿中的幻灯片输出为 PDF 文件的方法是：在打开的演示文稿中执行“文件”选项卡下的“另存为”命令，打开“另存为”对话框。在“保存位置”下拉列表框中选择输出文件的保存位置，在“保存类型”下拉列表框中选择“PDF”选项，单击“保存”按钮。

5.5.5　案例分析 3

在某展会的产品展示区，公司计划在大屏幕投影上向来宾自动播放并展示产品信息，因此需要市场部助理小王完善产品宣传文稿的演示内容。按照如下需求，在 PowerPoint 中完成制作。

【参考视频】

（1）打开素材文件“PowerPoint _素材 . PPTX”，将其另存为“PowerPoint . pptx”，之后所有的操作均在“PowerPoint . pptx”文件中进行。

具体操作步骤为：启动 Microsoft PowerPoint 2010 软件，打开考生文件夹下的“PowerPoint _素材 . pptx”素材文件，将其另存为“PowerPoint . pptx”。

（2）将演示文稿中的所有中文文字由“宋体”替换为“微软雅黑”。

具体操作步骤如下。

① 在“视图”选项卡“母版视图”中选择“幻灯片母版”。

② 将左侧区域的垂直滚动条拉到最上方，选中第一张幻灯片，选中“单击此处编辑母版标题样式”的文本框，在“开始”选项卡“字体”组选择“微软雅黑”字体，用同样的方法为“单击此处编辑母版文本样式”文本框设置“微软雅黑”字体。

（3）为了布局美观，将第 2 张幻灯片中的内容区域文字转换为“基本维恩图”SmartArt 布局，更改 SmartArt 的颜色，并设置该 SmartArt 样式为“强烈效果”。

具体操作步骤如下。

① 切换到第 2 张幻灯片，选择内容文本框中的文字，切换至“开始”选项卡“段落”选项组中，单击转换为“SmartArt 图形”按钮，在弹出的下拉列表中选择“基本维恩图”。

② 切换至“SmartArt 工具”下的“设计”选项卡，单击“SmartArt 样式”选项

组中的“更改颜色”按钮，选择一种颜色，如图 5. 124 所示，在“SmartArt 样式”选项组中选择“强烈效果”样式，如图 5. 125 所示，使其保持美观。

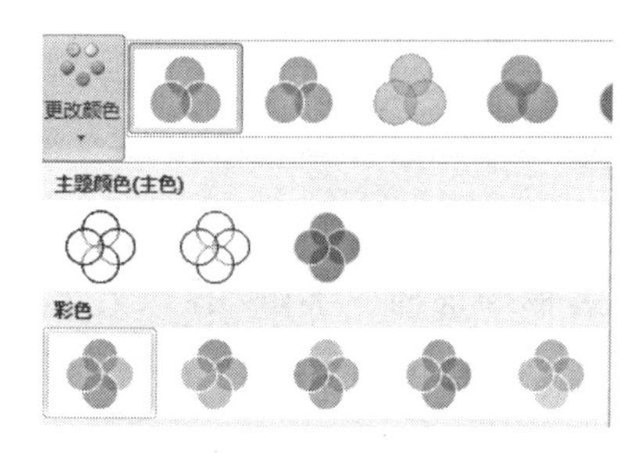

图 5. 124 更改颜色

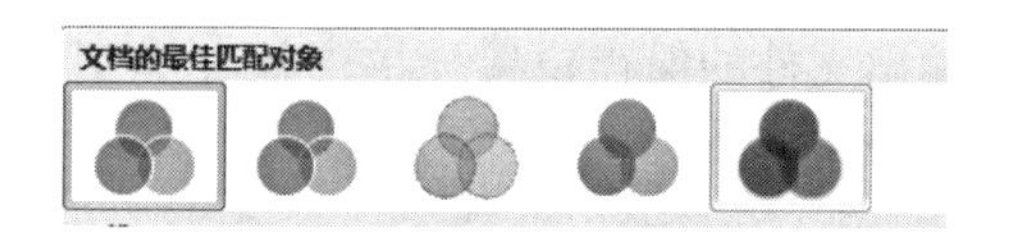

图 5. 125 “强烈效果”SmartArt 样式

(4) 为上述 SmartArt 图形设置由幻灯片中心进行“缩放”的进入动画效果，并要求自上一动画开始之后自动、逐个展示 SmartArt 中的三点产品特性文字。

具体操作步骤如下。

① 选中 SmartArt 图形，切换至“动画”选项卡，选择“动画”选项组中“进入”选项组中“缩放”效果。

② 单击“效果选项”下三角按钮，在其下拉列表中，选择“消失点”中的“幻灯片中心”“序列”设置为“逐个”，如图 5. 126 所示。

③ 单击“计时”组中“开始”右侧的下三角按钮，选择“上一动画之后”，如图 5. 127所示。

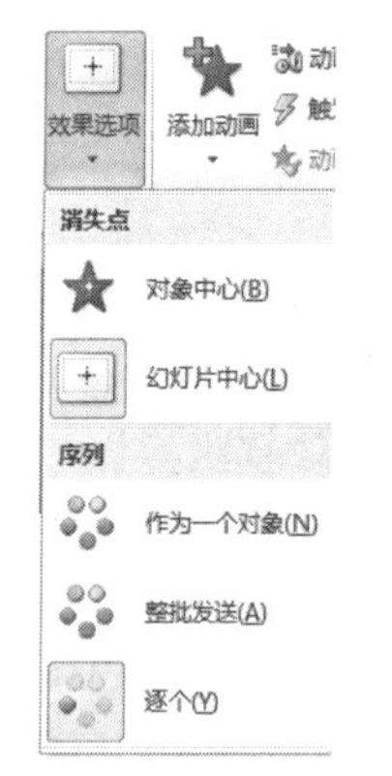

图 5. 126 “效果选项”

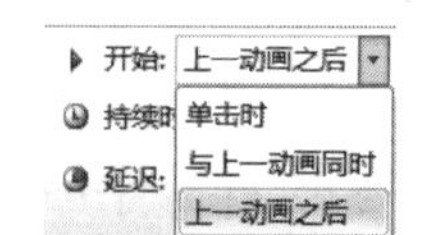

图 5. 127 设置动画开始时间

(5) 为演示文稿中的所有幻灯片设置不同的切换效果。

具体操作步骤如下。

① 选择第一张幻灯片，切换至“切换”选项卡，为幻灯片选择“切出”切换效果，如图 5. 128 所示。

② 用相同方式为第二张幻灯片设置的切换效果为“淡出”，为第三张幻灯片设置的切换效果为“推进”，为第四张幻灯片设置的切换效果为“擦出”，为第五张幻灯片设置的切换效果为“分割”，为第二张幻灯片设置的切换效果为“显示”。

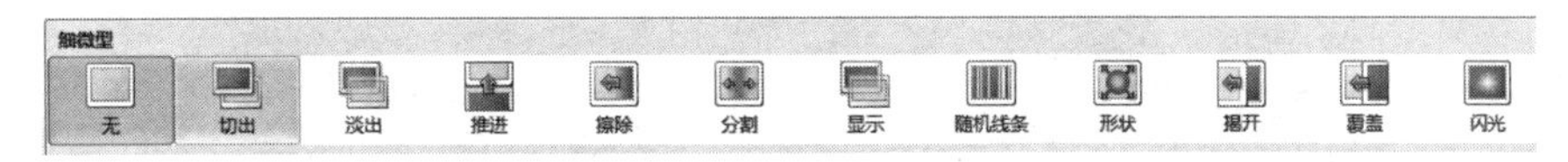

图 5.128　设置切换效果

（6）将考试文件夹中的声音文件“BackMusic. mid”作为该演示文稿的背景音乐，并要求在幻灯片放映时即开始播放，至演示结束后停止。

具体操作步骤如下。

① 选择第一张幻灯片，切换至“插入”选项卡，选择“媒体”选项组的“音频”下拉按钮，在其下拉列表中选择“文件中的音频”选项，选择素材文件夹下的 BackMusic. MID 音频文件，如图 5. 129 所示。

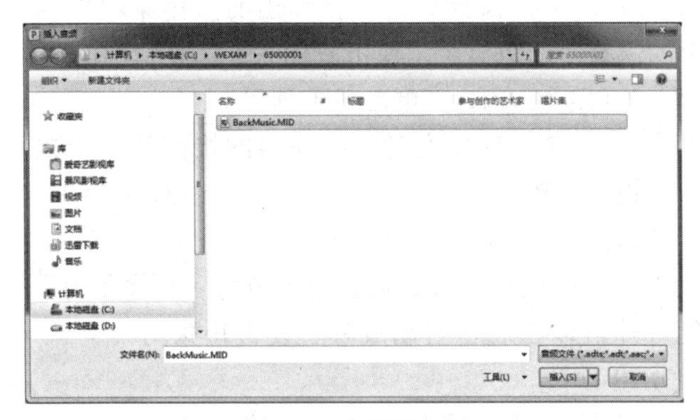

图 5.129　设置音频

② 选中音频按钮，切换至“音频工具”下的“播放”选项卡中，在“音频选项”选项组中，将开始设置为“跨幻灯片播放”，勾选“循环播放直到停止”如图 5. 130 所示，最后适当调整位置。

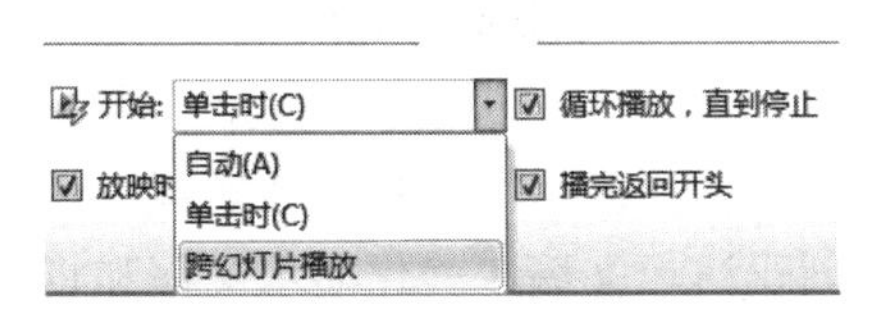

图 5.130　音频选项

（7）为演示文稿最后一页幻灯片右下角的图形添加指向网址 www. microsoft. com 的超链接。

具体操作步骤如下。

选择最后一张幻灯片的箭头图片，单击鼠标右键，在弹出的快捷菜单中执行“超链接”命令，弹出“插入超链接”对话框，选择“现有文件或网页”选项，在“地址”后的输入栏中输入 www. microsoft. com 并单击“确定”按钮，如图 5. 131 所示。

（8）为演示文稿创建 3 个节，其中“开始”节中包含第 1 张幻灯片，“更多信息”节中包含最后 1 张幻灯片，其余幻灯片均包含在“产品特性”节中。

具体操作步骤如下。

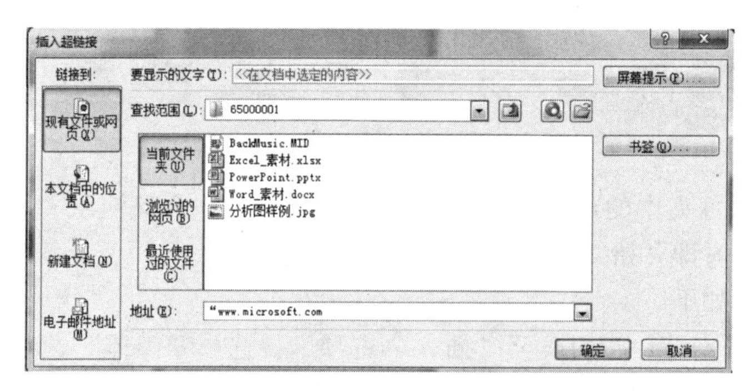

图 5.131　设置超链接

① 选中第 1 张幻灯片，单击鼠标右键，在弹出的快捷菜单中执行“新增节”命令，这时就会出现一个无标题节，选中节名，单击鼠标右键，在弹出的快捷菜单中选择“重命名节”，将节重命名为“开始”，单击“重命名”即可。

② 选中第 2 张幻灯片，单击鼠标右键，在弹出的快捷菜单中执行“新增节”命令，这时就会出现一个无标题节，单击鼠标右键，在弹出的快捷菜单中选择“重命名节”命令，将节重命名为“产品特性”，单击“重命名”即可。

③ 选中第 6 张幻灯片，按同样的方式设置第 3 节为“更多信息”。

(9) 为了实现幻灯片可以在展台自动放映，设置每张幻灯片的自动放映时间为 10 秒钟。

具体操作步骤为：切换至“切换”选项卡，选择“计时”选项组，勾选“设置自动换片时间”，并将自动换片时间设置为 10 秒(图 5.132)，单击“全部应用”按钮。

图 5.132　设置换片方式

本章小结

本章主要介绍了 PowerPoint 2010 演示文稿软件在实践中的应用，通过三个案例阐述了如何利用 PowerPoint 2010 来创建演示文稿、美化演示文稿和将演示文稿进行打印输出。主要讲述了以下内容。

(1) PowerPoint 2010 概述：PowerPoint 2010 的启动和退出、PowerPoint 2010 工作界面。

(2) 创建演示文稿：演示文稿的基本操作方法、幻灯片的基本操作方法、演示文稿素材。

(3) 演示文稿的视图模式：普通视图、幻灯片浏览视图、备注页视图、阅读视图。

(4) 美化演示文稿：版式、主题、背景、幻灯片母版、超链接、动画、幻灯片切换效果、音频。

(5) 放映和打印输出演示文稿：幻灯片放映、打包演示文稿、打印演示文稿、输出演示文稿。

习　题

1. 在一次校园活动中拍摄了很多数码照片，现需将这些照片整理到一个 PowerPoint 演示文稿中，快速制作的最优操作方法是(　　)。

A. 创建一个 PowerPoint 相册文件

B. 创建一个 PowerPoint 演示文稿，然后批量插入图片

C. 创建一个 PowerPoint 演示文稿，然后在每页幻灯片中插入图片

D. 在文件夹中选中所有照片，然后单击鼠标右键直接发送到 PowerPoint 演示文稿中

2. 小姚负责新员工的入职培训。在培训演示文稿中需要制作公司的组织结构图。在 PowerPoint 中最优操作方法是(　　)。

A. 通过插入 SmartArt 图形制作组织结构图

B. 直接在幻灯片的适当位置通过绘图工具绘制出组织结构图

C. 通过插入图片或对象的方式，插入在其他程序中制作好的组织结构图

D. 先在幻灯片中分级输入组织结构图的文字内容，然后将文字转换为 SmartArt 组织结构图

3. 在 PowerPoint 中，旋转图片的最快捷方法是(　　)。

A. 拖动图片四个角的任一控制点　　B. 设置图片格式

C. 拖动图片上方绿色控制点　　D. 设置图片效果

4. 小李利用 PowerPoint 创建了一份关于公司新业务推广的演示文稿，现在发现第 3 张幻灯片的内容太多，需要将该张幻灯片分成两张显示，以下最优操作方法是(　　)。

A. 选中第 3 张幻灯片，使用“复制/粘贴”，生成一张新的幻灯片，然后将原来幻灯片的后一部份内容删除，将新幻灯片的前一部分内容删除。

B. 选中第 3 张幻灯片，单击“开始”选项卡下“幻灯片”功能组的“新建幻灯片”按钮，产生一张新的幻灯片，接着将第 3 张幻灯片中的部分内容“复制/粘贴”到新幻灯片中。

C. 将幻灯片切换到大纲视图下，将光标置于需要分页的段落末尾处，按回车键产生一个空段落，此时再切换回幻灯片设计视图即可分为两张幻灯片。

D. 将幻灯片切换到大纲视图下，将光标置于需要分页的段落末尾处，按回车键产生一个空段落，在单击“开始”选项卡下“段落”功能组中的“降低列表级别”按钮，此时再切换回幻灯片设计视图即可分为两张幻灯片。

5. 王老师是初三班的物理老师，为了便于教学，他使用 PowerPoint 制作了相关课程的课件，其中文件“1－2 节 . pptx”中保存了 1－2 节的内容，文件“3－7 节 . pptx”中保存了 3－7 节的内容，现在需要将两个演示文稿合并为一个文件。以下最优操作方法是(　　)。

A. 分别打开两个文件，先将“3－7 节 . pptx”中所有幻灯片进行复制，然后到“1－2 节 . pptx”中进行粘贴即可。

B. 打开文件“1－2 节 . pptx”文件，再单击“文件”选项卡下的“打开”命令，找到文件件“3－7 节. pptx”，单击“打开”按钮，即可将文件“3－7 节 . pptx”中的幻灯片放到“1－2 节 . pptx”文件中。

C. 打开文件“1－2 节 . pptx”文件，再单击“开始”选项卡下“幻灯片”功能组中的“新建幻灯片”按钮，从下拉列表中选择“重用幻灯片”，单击“浏览”按钮，找到文件“3－7 节 . pptx”，最后单击右侧的执行按钮即可。

D. 分别打开两个文件并切换至“大纲视图”，在大纲视图下复制“3 - 7 节 . pptx”中的所有内容，然后到“1 - 2 节 . pptx”文件中进行粘贴即可。

6. 将 Excel 工作表中的数据粘贴到 PowerPoint 中，当 Excel 中的数据内容发生改变时，保持 PowerPoint 中的数据同步发生改变，以下最优的操作方法是(　　)。

A. 使用复制—粘贴—使用目标主题

B. 使用复制—粘贴—保留原格式

C. 使用复制—选择性粘贴—粘贴—Microsoft 工作表对象

D. 使用复制—选择性粘贴—粘贴链接—Microsoft 工作表对象

7. 在一个 PPT 演示文稿的一页幻灯片中，有两个图片文件，其中图片 1 把图片 2 覆盖住了，若要设置图片 2 覆盖住图片 1，以下最优的操作方法是(　　)。

A. 选中图片 1，单击鼠标右键，选择置于顶层

B. 选中图片 2，单击鼠标右键，选择置于底层

C. 选中图片 1，单击鼠标右键，选择置于顶层/上移一层

D. 选中图片 2，单击鼠标右键，选择置于顶层/上移一层

8. 在 PowerPoint 演示文稿中通过分节组织幻灯片，如果选中某一节内的所有幻灯片，最优的操作方法是(　　)

A. 按 Ctrl + A 组合键

B. 选中该节的一张幻灯片，然后按 Ctrl 键，逐个选中该节的其它幻灯片

C. 选中该节的一张幻灯片，然后按 Shift 键，单击该节的最后一张幻灯片

D. 单击节标题

9. 小刘正在整理公司各产品线介绍的 PowerPoint 演示文稿，因幻灯片内容较多，不易于对各产品线演示内容进行管理。快速分类和管理幻灯片的最优操作方法是(　　)。

A. 将演示文稿拆分成多个文档，按每个产品线生成一份独立的演示文稿

B. 为不同产品线幻灯片分别指定不同的设计主题，以便浏览

C. 利用自定义幻灯片放映功能，将每个产品线定义为独立的放映单元

D. 利用节功能，将不同的产品线幻灯片分别定义为独立节

10. 针对 PowerPoint 幻灯片中图片对象的操作，描述错误的是(　　)。

A. 可以在 PowerPoint 中直接删除图片对象的背景

B. 可以在 PowerPoint 中直接将彩色图片转换为黑白图片

C. 可以在 PowerPoint 中直接将突破转换为铅笔素描效果

D. 可以在 PowerPoint 中将图片另存为 . PSD 文件格式

11. 在 PowerPoint 中，幻灯片浏览视图主要用于(　　)。

A. 对所有幻灯片进行整理编排或次序调整　　B. 对幻灯片的内容进行编辑修改及格式调整

C. 对幻灯片的内容进行动画设计　　D. 观看幻灯片的播放效果

12. 在使用 PowerPoint 制作演示文稿的过程中，多数页面中都添加了备注信息，现在需要将这些信息删除掉，以下最优的操作方法是(　　)。

A. 打开演示文稿文件，逐一检查每页幻灯片的备注区，若有备注信息，则将备注信息删除。

B. 单击“视图”选项卡下“母版视图”功能组中的“备注母版”按钮，打开“备注母版”视图，在该视图下删除备注信息。

C. 单击“文件”选项卡下“信息”选项卡下的“检查问题”按钮，从下拉列表中选择“检查文件”按钮，弹出“文件检查器”对话框，勾选“演示文稿备注”复选框，然后单击“检查”。

D. 单击“视图”选项卡下“演示文稿视图”功能组中的“备注页”按钮，切换到“备注页”视图，在该视图下逐一删除幻灯片中的备注信息。

13. 可以在 PowerPoint 同一窗口显示多张幻灯片，并在幻灯片下方显示编号的视图是(　　)。

A. 普通视图　　B. 幻灯片浏览视图

C. 备注页视图　　D. 阅读视图

14. 如果需要在一个演示文稿的每页幻灯片左下角相同位置插入学校的校徽图片，最优操作方法是(　　)。

A. 打开幻灯片母版视图，将校徽图片插入在母版中

B. 打开幻灯片普通视图，将校徽图片插入在幻灯片中

C. 打开幻灯片放映视图，将校徽图片插入在幻灯片中

D. 打开幻灯片浏览视图，将校徽图片插入在幻灯片中

15. 可以在 PowerPoint 内置主题中设置的内容是(　　)。

A. 字体、颜色和表格　　B. 效果、背景和图片

C. 字体、颜色和效果　　D. 效果、图片和表格

16. 李老师在用 PowerPoint 制作课件，她希望将学校的徽标图片放在除标题页之外的所有幻灯片右下角，并为其指定一个动画效果。最优操作方法是(　　)。

A. 先在一张幻灯片上插入徽标图片，并设置动画，然后将徽标图片复制到其他幻灯片上

B. 分别在每一张幻灯片上插入徽标图片，并分别设置动画

C. 先制作一张幻灯片并插入徽标图片，为其设置动画，然后多次复制该张幻灯片

D. 在幻灯片母版中插入徽标图片，并为其设置动画

17. 若需在 PowerPoint 演示文稿的每张幻灯片添加包含单位名称的水印效果，最优操作方法是(　　)。

A. 制作一个带单位名称的水印背景图片，然后将其设置为幻灯片背景

B. 添加包含单位名称的文本框，并置于每张幻灯片的底层

C. 在幻灯片母版的特定位置放置包含单位名称的文本框

D. 利用 PowerPoint 插入“水印”功能实现

18. 如果想更改正在编辑的演示文稿中所有幻灯片标题的字体，以下最优操作方法是(　　)。

A. 打开“开始”选项卡，逐一更改字体。　　B. 全选所有幻灯片再统一更改字体。

C. 在幻灯片模板里面更改字体。　　D. 在幻灯片母版里面更改字体。

19. 初三班的小周完成了一件 PowerPoint 幻灯片作品的制作，作品内容编排的非常不错，可是制作时使用的颜色太杂乱，使用的字体、字号也很多，给人以非常凌乱的视觉感受，老师看到此情况后，给予了小周指导和帮助，以下最优操作方法是(　　)。

A. 统一使用字体，字体颜色尽量少　　B. 每张幻灯片采用预先制作的同一张图片做背景

C. 制作幻灯片模版并应用　　D. 推翻原方案，重新进行设计

20. 小张创建了一个 PowerPoint 演示文稿文件，现在需要将幻灯片的起始编号设置为从 101 开始，以下最优的操作方法是(　　)。

A. 使用“插入”选项卡下“文本”功能组中的“幻灯片编号”按钮进行设置

B. 使用“设计”选项卡下“页面设置”功能组中的“页面设置”按钮进行设置

C. 使用“幻灯片放映”选项卡下“设置”功能组中的“设置幻灯片放映”按钮进行设置

D. 使用“插入”选项卡下“文本”功能组中的“页眉和页脚”按钮进行设置

21. 如果将 PowerPoint 演示文稿中的 SmartArt 图形列表内容通过动画效果一次性展现出来，最优的操作方法是(　　)。

A. 将 SmartArt 动画效果设置为“整批发送”

B. 将 SmartArt 动画效果设置为“一次按级别”

C. 将 SmartArt 动画效果设置为“逐个按分支”

D. 将 SmartArt 动画效果设置为“逐个按级别”

22. 邱老师在学期总结 PowerPoint 演示文稿中插入了一个 SmartArt 图形，它希望将该 SmartArt 图形的动画设置为逐个形状播放，最优的操作方法是(　　)。

A. 为该 SmartArt 图形设置为一个动画类型，然后再进行适当的动画效果设置

B. 只能将 SmartArt 图形作为一个整体设置动画效果，不能分开制定

C. 先将该 SmartArt 图形取消组合，然后再为每个形状一次设置动画

D. 先将该 SmartArt 图形转换为形状，然后取消组合，再为每个依次设置动画

23. 小梅将 PowerPoint 演示文稿内容制作成一份 Word 版本讲义，以便后续可以灵活编辑及打印，最优的操作方法是(　　)。

A. 将演示文稿另存为“大纲/RTF 文件”格式，然后在 Word 中打开

B. 在 PowerPoint 中利用“创建讲义”功能，直接创建 Word 讲义

C. 将演示文稿幻灯片以粘贴对象的方式一张张复制到 Word 文档中

D. 切换到演示文稿的“大纲”视图，将大纲内容直接复制到 Word 文档中

24. 小江在制作公司产品介绍的 PowerPoint 演示文稿时，希望每类产品可以通过不同的演示主题进行展示，最优的操作方法是(　　)。

A. 为每类产品分别制作演示文稿，每份演示文稿均应用不同的主题

B. 为每类产品分别制作演示文稿，每份演示文稿均应用不同的主题，然后将这些演示文稿合并为一

C. 在演示文稿中选中每类产品所包含的所有幻灯片，分别为其应用不同的主题

D. 通过 PowerPoint 中“主题分布”功能，直接应用不同的主题

25. 设置 PowerPoint 演示文稿中的 SmartArt 图形动画，要求一个分支形状展示完成后再展示下一分支形状内容，最优的操作方法是(　　)。

A. 将 SmartArt 动画效果设置为“整批发送”

B. 将 SmartArt 动画效果设置为“一次按级别”

C. 将 SmartArt 动画效果设置为“逐个按分支”

D. 将 SmartArt 动画效果设置为“逐个按级别”

26. 在 PowerPoint 演示文稿中通过分节组织幻灯片，如果要求一节内所有幻灯片切换方式一致，最优的操作方法是(　　)。

A. 分别选中该节的每一张幻灯片，逐个设置其切换方式

B. 选中该节的一张幻灯片，然后按 Ctrl 键，逐个选中该节的其他幻灯片，再设置切换方式

C. 选中该节的第一张幻灯片，然后按 Shift 键，单击该节的最后一张幻灯片，再设置切换方式

D. 单击节标题，再设置切换方式

27. 在 PowerPoint 演示文稿中，不可以使用的对象是(　　)。

A. 图片　　　　B. 超链接

C. 视频　　　　D. 书签

28. 小李利用 PowerPoint 制作产品宣传方案，并希望在演示时能够满足不同对象的需要，处理该演示文稿的最优操作方法是(　　)。

A. 制作一份包含适合所有人群的全部内容的演示文稿，每次放映时按需要进行删减

B. 制作一份包含适合所有人群的全部内容的演示文稿，放映前隐藏不需要的幻灯片

C. 制作一份包含适合所有人群的全部内容的演示文稿，然后利用自定义幻灯片放映功能创建不同的演示方案

D. 针对不同的人群，分别制作不同的演示文稿

29. PowerPoint 演示文稿包含了 20 张幻灯片，需要放映奇数页幻灯片，最优操作方法是(　　)。

A. 将演示文稿的偶数页幻灯片删除后再放映

B. 将演示文稿的偶数页幻灯片设置为隐藏后再放映

C. 将演示文稿的奇数页幻灯片添加到自定义放映方案中，然后再放映

D. 设置演示文稿的偶数张幻灯片的换片时间为 0.01 秒，自动换片时间为 0 秒，然后再放映

30. 李老师制作完成了一个带有动画效果的 PowerPoint 教案，她希望在课堂上可以按照自己讲课的节奏自动播放，最优操作方法是(　　)。

A. 为每张幻灯片设置特定的切换持续时间，并将演示文稿设置为自动播放

B. 在练习过程中，利用“排练计时”功能记录适合的幻灯片切换时间，然后播放即可

C. 根据讲课节奏，设置幻灯片中每一个对象的动画时间，以及每张幻灯片的自动换片时间

D. 将 PowerPoint 教案另存为视频文件

31. 假如你是某公司销售部的文员，现在正在制作一份关于公司新产品的推广宣传演示文稿，而宣扬场地的计算机并未安装 PowerPoint 软件，为确保不影响推介会的顺利开展，以下最优操作方法是(　　)。

A. 必须在另外一台计算机上安装好 PowerPoint 软件才能播放文件

B. 需要把演示文稿和 PowerPoint 软件都复制到另一台计算机上去。

C. 使用 PowerPoint 的“打包”工具并且包含“播放器”。

D. 使用 PowerPoint 的“打包”工具并且包含全部的 PowerPoint 程序。

32. 假设一个演示文稿有 100 张幻灯片，现在根据实际情况第 51 至 55 张幻灯片不需要播放，以下最优操作方法是(　　)。

A. 选中第 51 至 55 张幻灯片，单击右键，隐藏幻灯片。

B. 选中第 51 至 55 张幻灯片，单击右键，删除幻灯片。

C. 单击“幻灯片放映”选项卡下“设置”功能组中的“设置幻灯片放映”按钮，设置放映第 1—49 张幻灯片，放映完成后，再设置放映第 56—100 张幻灯片。

D. 单击“幻灯片放映”选项卡下“设置”功能组中的“设置幻灯片放映”按钮，在自定义幻灯片放映对话框中单击“新建”按钮，依次添加第 1—49 张幻灯片和 56—100 张幻灯片，播放时使用自定义方案进行播放。

33. 一份演示文稿文件共包含 10 页幻灯片，现在需要设置每页幻灯片的放映时间为 10 秒，且播放时不包含最后一张致谢幻灯片，以下最优的操作方法是(　　)。

A. 在“幻灯片放映”选项卡下“设置”功能组中，单击“排练计时”按钮，设置每页幻灯片的播放时间为 10 秒，且隐藏最后一张幻灯片。

B. 在“切换”选项卡下“计时”功能组中，勾选“设置自动换片时间”复选框，并设置时间为 10 秒，然后单击“幻灯片放映”选项卡下的“设置”功能组中的“设置幻灯片放映”按钮，设置幻灯片放映从 1—9。

C. 在“切换”选项卡下“计时”功能组中，勾选“设置自动换片时间”复选框，并设置时间为 10 秒，然后单击“开始放映幻灯片”选项卡下的“开始放映幻灯片”功能组中的“自定义幻灯片放映”按钮，设置包含幻灯片 1 至 9 的放映方案，最后播放该方案。

D. 在“幻灯片放映”选项卡下的“设置”功能组中，单击“录制幻灯片演示”按钮，设置每页

幻灯片的播放时间为10秒，然后单击“开始放映幻灯片”选项卡下的“开始放映幻灯片”功能组中的“自定义幻灯片放映”按钮，设置包含幻灯片1至9的放映方案，最后播放该方案。

34. 销售员小李手头有一份公司新产品介绍的Word文档，为了更加形象地向客户介绍公司新产品的特点，他需要将Word文档中的内容转换成PowerPoint演示文稿进行播放，为了顺利完成文档的转换，以下最优的操作方法是(　　)。

A. 新建一个PowerPoint演示文稿文件，然后打开Word文档，将文档中的内容逐一复制粘贴到PPT的幻灯片中。

B. 将Word文档打开，切换到大纲视图，然后新建一个PowerPoint文件，使用“开始”选项卡下“幻灯片”功能组中的“新建幻灯片”按钮下拉列表中的“幻灯片(从大纲)”，将Word内容转换成PowerPoint文档中的每一页幻灯片。

C. 将Word文档打开，切换到大纲视图，然后选中Word文档中作为PowerPoint每页幻灯片标题的内容，将大纲级别设置为1级，将Word文档中作为PowerPoint每页内容的文本的大纲级别设置为2级，最后使用“开始”选项卡下“幻灯片”功能组中的“新建幻灯片”按钮下拉列表中的“幻灯片(从大纲)”，将Word内容转换成PowerPoint文档中的每一页幻灯片。

D. 首先确保Word文档未被打开，然后新建一个PowerPoint文件，单击“插入”选项卡下“文本”功能组中的“对象”按钮，从弹出的对话框中选择“由文件创建”，单击“浏览”按钮，选择需要插入的Word文件，最后单击“确定”按钮，将Word内容转换成PowerPoint文档中的每一页幻灯片。

参考文献

[1] 教育部考试中心．全国计算机等级考试二级教程：2015 版．MS Office 高级应用[M]. 北京：高等教育出版社，2015.

[2] 全国计算机等级考试命题研究中心，未来教育教学与研究中心．全国计算机等级考试真题汇编与专用题库．二级 MS Office 高级应用[M]. 北京：人民邮电出版社，2014.

[3] 王昆．大学计算机基础[M]. 北京：科学出版社，2014.

[4] 靳广斌．现代办公自动化教程(Microsoft Office Specialist 2010 合订本)[M]. 北京：中国人民大学出版社，2012.

[5] 九州书源．PowerPoint 高效办公从入门到精通[M]. 北京：清华大学出版社，2012.

[6] 李宁，胡新和．办公自动化技术[M]. 北京：中国铁道出版社，2009.

[7] 刘亚刚．大学计算机基础[M]. 北京：清华大学出版社，2010.

[8] 于双元．全国计算机等级考试二级教程：MS Office 高级应用(2013 年版)[M]. 北京：高等教育出版社，2013.

[9] 赵淑芬．大学计算机基础[M]. 北京：清华大学出版社，2011.

[10] 王英英，刘增杰．Excel 2010 办公技巧大全[M]. 北京：清华大学出版社，2013.